恶劣气象条件下公路运行安全管理与保障技术

李长城　汤筠筠　葛　涛　编著
郭忠印　陈　辉　孙芙灵

人民交通出版社

内 容 提 要

本书提供了较为完整的恶劣气象条件下公路安全管理与应急保障的知识架构，分别介绍了恶劣气象条件下的综合监测技术、预报预警技术、安全保障技术、安全管理技术和应急管理技术，具有较强的理论性和实践性。

本书可供交通安全科研人员、交通管理与设计人员、公路工程技术人员学习和参考。

图书在版编目(CIP)数据

恶劣气象条件下公路运行安全管理与保障技术 / 李长城等编著. —北京：人民交通出版社，2012.5

ISBN 978-7-114-09617-4

Ⅰ. ①恶… Ⅱ. ①李… Ⅲ. ①气候影响—公路运输—交通运输安全—安全管理 Ⅳ. ①U491

中国版本图书馆 CIP 数据核字(2012)第 011657 号

书　　名：恶劣气象条件下公路运行安全管理与保障技术
著 作 者：李长城　汤筠筠　葛　涛　郭忠印　陈　辉　孙芙灵
责任编辑：吴有铭　丁　遥
出版发行：人民交通出版社
地　　址：(100011)北京市朝阳区安定门外外馆斜街 3 号
网　　址：http://www.ccpress.com.cn
销售电话：(010)59757973
总 经 销：人民交通出版社发行部
经　　销：各地新华书店
印　　刷：化学工业出版社印刷厂
开　　本：787×1092　1/16
印　　张：23.75
字　　数：565 千
版　　次：2012 年 5 月　第 1 版
印　　次：2012 年 12 月　第 2 次印刷
书　　号：ISBN 978-7-114-09617-4
定　　价：98.00 元

丛书编委会名单

序　言

汽车作为人类工业文明的伟大发明之一，拓展了人类的生活空间，提高了人类的生活质量，解放和发展了生产力，促进了现代经济的发展和繁荣。但在人类发明和使用汽车已有百年历史的今天，以汽车为主要载体的现代道路交通却无法回避这样一个事实：道路交通事故已成为影响人类生命和健康的重要因素。据世界卫生组织预计，如果不立即采取有效行动，到2030年，交通事故将成为威胁人类的第五大“杀手”。采取积极有效措施，减少交通事故导致的死亡和受伤，已成为世界各国政府的共识。

文明因生命而传承，世界因生命而精彩。在以科学发展观为主题的我国社会主义现代化建设总体战略中，“以人为本”是核心，“安全发展”是重要理念。改革开放30多年来，我国经济实现了高速增长，社会面貌发生了翻天覆地的变化，城市化进程不断加快，机动化水平快速提高，这些都决定了我国的人、车、路、环境、管理等影响道路交通安全的因素比任何国家都要复杂。如何在加快建设适度超前的道路运输网络、支撑经济和社会持续稳步发展的同时，实现道路交通的安全发展，为广大人民群众提供安全、高效的交通环境和运输服务，是我们面临的一项严峻挑战。

为有效降低道路交通事故率，科技部、公安部、交通运输部三部门联合组织开展了国家级重大科技支撑项目——《国家道路交通安全科技行动计划》一期研究，重点实施了《重特大道路交通事故综合预防与处置集成技术开发与示范应用》项目研发工作。这一项目以前所未有的科研资源投入和大规模的示范应用，开创了我国道路交通安全科技研发与应用的新局面。该丛书是在归纳总结科技行动计划一期项目，由交通运输部负责的课题二《山区公路网安全保障技术体系研究与示范工程》研究工作基础上编写的，是项目的重要成果之一。丛书由课题承担单位交通运输部公路科学研究院组织编写，凝聚了交通运输行业50家项目参与单位、300多名科研人员的智慧与心血。

理论研究的生命力在于指导工作实践。丛书从人的因素出发，围绕山区公路重特大交通事故的预防和人员生命保障，对公路设计、交通安全设施设置、公路安全运营管理、恶劣气象条件下的公路通行保障、施工区安全管理、公路网交通安全风险评估等技术进行了研究，全面介绍了我国山区公路交通安全技术的最新发展和安全保障综合解决方案，既是一套理论研究专著，又是一套先进实用的工具书，具有重要的指导意义和实用价值。希望这套丛书的出版发行，能够为公路交通行业广大建设者和管理人员提供有益的借鉴，促进我国山区公路交通安全保障技术水平迈上一个新台阶。

冯正霖

二〇一二年三月

丛书前言

自人类进入汽车社会以来，道路交通事故就如影随形，道路交通安全问题已经成为当今世界一个严重的社会问题。为了遏制道路交通事故的发生，降低道路交通事故的危害，人类做出了不懈的努力。进入21世纪，国际社会对道路交通安全问题愈发重视，在全球范围内掀起了提高道路交通安全性的新高潮。但是遏制道路交通事故发生、缓解道路交通安全压力仍是一项长期、漫长和艰巨的任务。

与世界各国相比，我国的道路交通安全问题显得尤为严重。统计数据显示，2001年至2003年我国连续3年交通事故死亡人数超过10万人，占全世界交通事故死亡人数的10%以上，高居世界第一，而同期的汽车保有量只占世界的2%。自2003年开始，我国政府首次全面部署道路交通安全工作，逐步形成了政府统一领导、有关部门各司其职、齐抓共管、综合治理、标本兼治的工作格局，采取了一系列系统性和针对性措施，在短时间内遏制了我国道路交通事故高发的态势，使我国道路交通安全形势得到迅速改善。截至2011年，道路交通事故六大指标已连续7年大幅下降，2011年我国道路交通事故死亡人数已降至6.2万余人，比最高峰2002年降低了43%。虽然道路交通安全形势逐步好转，但由于影响我国道路交通安全的诸因素还没有发生根本性的改变，交通事故仍然存在伤亡惨重，万车死亡率居高不下，重特大交通事故特别是群死群伤的特大恶性事故时有发生的特点，这与改善民生的要求，与发达国家的情况相比还存在较大差距。

国际经验表明，科技进步和新技术应用是解决道路交通安全问题的重要手段。为构建安全和谐的道路交通环境，充分发挥科技创新对交通安全保障的重要支撑作用，2008年2月18日，科技部、公安部和交通部正式在人民大会堂共同签署《国家道路交通安全科技行动计划》合作协议，旨在动员和集成相关科技、产业和政府资源，通过科技创新建立和完善我国道路交通安全保障技术、措施和标准体系，提升道路交通可持续发展能力，以全面提高我国道路交通安全保障水平。它标志着我国最大规模的一次道路交通安全科技合作行动正式全面启动。

《山区公路网安全保障技术体系研究与示范工程》课题是《国家道路交通安全科技行动计划》第一期项目《重特大道路交通事故综合预防与处置集成技术开发与示范应用》的重要组成部分。课题从我国交通安全问题最严重的山区公路网出发，但不局限于山区公路，围绕重特大交通事故的预防和人员生命保障，对公路设计、交通安全设施设置、公路安全运营管理、恶劣气象条件下的公路通行保障、施工区安全管理、公路网交通事故风险评估等技术进行了研究，目的是在充分分析我国山区公路网交通安全的现状和特点的基础上，通过自主创新和山区国省干线安全保障技术的集成应用，形成可用、实用的山区公路网交通安全保障成套技术及装备，组织大规模的示范工程，提高山区公路网对交通事故的主动和被动防护能力，并在此基础上形成一系列标准、规范和技术指南，以促进整个交通行业安全水平的提升。

《山区公路网安全保障技术体系研究与示范工程》课题在科技部、交通运输部和公安部三部委的高度重视下，调动了在各相关方向有专长的科研单位、高校、企业及交通运输行业主管单位等50家单位、300余位研究人员参加研究、示范工程建设及标准规范制修订工作，取得了丰富的研究成果，并通过“产、学、研、用”相结合的方式，保证研究成果达到了“实际、实用、实效”的要求。本丛书是对《山区公路网安全保障技术体系研究与示范工程》课题成果的总结，是《国家道路交通安全科技行动计划》项目的重要成果之一。本丛书从驾驶行为、道路安全设计、路侧安全及防护、速度管理、公路网交通事故风险评估与安全管理、恶劣气象条件下公路运行安全保障、施工作业区安全管理等方面，介绍了我国山区公路交通安全技术的最新发展和安全保障综合解决方案，为公路行业的运营管理及交通安全改善工作提供指导，有助于进一步提升山区公路交通安全保障能力，具有重要的指导意义和实用价值。

丛书有幸得到交通运输部冯正霖副部长的题序，感谢冯正霖副部长对丛书的指导和认可。正如他在序言中所说，“在以科学发展观为主题的我国社会主义现代化建设总体战略中，‘以人为本’是核心，‘安全发展’是重要理念。”“如何在加快建设适度超前的道路运输网络，支撑经济和社会持续稳步发展的同时，实现道路交通的安全发展，为广大人民群众提供安全、高效的交通环境和运输服务，是我们面临的一项严峻挑战。”“希望这套丛书的出版发行，能够为公路交通行业广大建设者和管理人员提供有益的借鉴，促进我国山区公路交通安全保障技术水平迈上一个新台阶。”

丛书在编写过程中，得到了交通运输部公路局李华、成平、李春风、李健，交通运输部科技司赵冲久，交通运输部公路科学研究院周伟、王笑京、高海龙、蔚晓丹等领导的鼎力支持，得到了交通运输部杨盛福、中交第一公路勘察设计研究院有限公司陈永耀、交通运输部公路科学研究院陈国靖等专家的热情指导，交通运输部公路科学研究院等50家课题参加单位领导、同仁给予了大力配合，在此表示衷心的感谢！丛书中参阅了大量的国内外文献，引述文献已尽量予以标注，但难免存在疏漏，在此对各文献作者一并致谢！

在今后一段时期内，我国仍将处于机动化水平快速提高的进程中，机动车数量和居民人均出行量将进一步快速增长，道路交通安全形势仍然不容乐观，改善道路交通安全的压力和难度将逐步增大，保障道路交通安全的任务仍十分艰巨。希望通过我们大家的共同努力，为我国交通安全事业的发展贡献微薄之力。

前　言

公路作为国民经济发展的大动脉，尤其是高速公路，快速、高效、安全、准时一直是其区别于其他公路的根本特征。然而，我国目前的公路运输系统在自然灾害面前却十分脆弱，每年由大雾、冰雪等恶劣气象条件导致的恶性交通事故和交通瘫痪时有发生，这对我国公路运输构成了严重制约。气象对交通系统的影响是个世界性的问题，国外发达国家公路交通气象的研究和应用较早，经过近30年的发展，已拥有了较完善的交通气象监测系统，建立了专用的公路交通气象预报模式，形成了综合的公路出行信息一站式服务体系，具有多样化的公路交通气象服务方式和面向恶劣气象的养护决策支持系统。在恶劣气象条件中，大雾和冰雪是我国公路特别是高速公路上影响区域最广、发生频率最高、预测难度最大、最容易导致恶性事故和交通中断发生的气象条件，它们降低了道路能见度和路面安全性能，对安全行驶构成了重大威胁。因此，恶劣气象条件下公路运行安全管理与保障技术就成了恶劣气象条件下保障交通快速、高效、安全、准时的关键。

我国从20世纪90年代初便开始在高速公路沿线建设气象站，此时的气象站不仅对局地气象灾害预报针对性不强，而且缺乏与监控系统的整合，实际服务效果不明显。20世纪90年代末，气象实时监测信息被逐步整合到交通管理系统中，用于危险警告和交通控制。21世纪初，交通气象监测与服务由局部路段拓展至路线或区域路网，信息发布的渠道和手段更加多样化，交通与气象信息的融合更加深入。因此，国内在借鉴国外恶劣气象条件下公路运行安全管理与保障研究和经验积累的基础上，从无到有，由浅入深，从单一到系统，逐渐形成了系统的恶劣气象条件下公路运行安全管理与保障技术，并在京珠北、思小、京港澳、沪宁、京津塘、京沈等高速公路上进行了示范和验证。

为更好地指导公路设计部门和公路管理部门采取科学合理的方法减缓恶劣气象条件对公路安全运行和通畅的不利影响，提高恶劣气象条件下公路网交通安全保障能力，本书以“十一五”国家科技支撑计划重大项目《重特大道路交通事故综合预防与处置集成技术开发与示范应用》中课题二《山区公路网安全保障技术体系研究与示范工程》(课题编号2009BAG13A02)的最新研究成果为基础，总结国内已经形成的恶劣气象条件下公路运行安全管理与保障的成功经验，系统地介绍了恶劣气象条件下公路运行安全管理与保障技术。

本书分为五篇，共十八章。绪论简要介绍国内外公路交通气象安全保障技术的发展；第一篇分为三章，分别从交通气象监测、视频监测和交通监测三个方面介绍综合监测技术；第二篇分为三章，分别从能见度预报、路面温度与状态预报、公路气象预警与服务三个方面介绍预报预警技术；第三篇分为四章，分别从安全设施运用、信息联动发布、雾天智能引导、冬季路面冰雪控制四个方面介绍安全保障技术；第四篇分为三章，分别从恶劣气象条件下安全管控策略、路网安全评价与预警、路段安全管理预案三个方面介绍安全管理技术；第五篇分为五章，分别从应急事件检测与识别、评估与态势预测、路网交通组织、恶劣气象条件下应急资源配置、管理与调度等方面介绍应急管理技术；附录中给出了路网交通流组织的各种管理方法或对策的决策准则、应急事件下重大基础设施及其关联路网安全管理决策准则。本书绪论由汤筠筠、李长城执笔；第一章由李长城、汤筠筠执笔；第二章由汤筠筠、王京丽执笔；第三章由汤筠筠、李长城执笔；第四章由陈辉、狄靖月、包红军执笔；第五章由赵琳娜、田华、李军执笔；第六章由吴昊、王志、杨晓丹、许凤雯执笔；第七章由孙芙灵、高晓波、高燕、周群执笔；第八章由蔡蕾、张纪升、刘文峰、汪林、支晓伶执笔；第九章由支晓伶、李长城执笔；第十章由李长城、支晓伶执笔；第十一章由李长城、胡晗执笔；第十二章由汤筠筠、蔡蕾、李斌、刘文峰、汪林执笔；第十三章由文涛、李长城、蔡蕾、孔涛、张利执笔；第十四章由郭忠印、柳本民、蒋锐执笔；第十五章由郭忠印、柳本民、陈富坚执笔；第十六章由郭忠印、陈富坚、吕瑶瑶执笔；第十七、十八章由葛涛、罗沛、邹杰、张昊执笔。全书由汤筠筠、李长城统稿。

本书大量引用了“十一五”国家科技支撑计划重大项目《重特大道路交通事故综合预防与处置集成技术开发与示范应用》中课题二《山区公路网安全保障技术体系研究与示范工程》的研究实施成果，也引用了大量国内外文献资料，引用和理解不当及标注疏漏之处，敬请见谅，并向付出辛勤劳动的人员表示衷心的感谢。

本书在完成过程中得到了交通运输部西部科技项目管理中心、交通运输部公路科学研究院、国家气象中心、同济大学、中交第一公路勘察设计研究院有限公司、北京交科公路勘察设计研究院有限公司、广东省交通集团有限公司、湖北省高速公路管理局、河南省高速公路管理局、湖南省高速公路管理局等单位的领导、专家以及其他同事的关心、帮助和支持，也得到了人民交通出版社的热情指导，在此表示感谢。

恶劣气象条件下公路网安全运行管理与应急保障能力的提升，既是当前我国公路交通气象领域研究和应用的热点、难点，也是摆在公路管理和决策者面前亟待解决的难题之一。鉴于此，本书编写组联合国内在公路交通安全、路网交通组织、气象预报预警与服务、公路交通气象等方面具有优势地位的多家单位，在对多项国家级、省部级研究成果的梳理和总结，以及对国内外相关领域成熟良好经验的吸收与借鉴的基础上编著此书。

本书体系完整，内容翔实，旨在为读者提供较为完整的关于恶劣气象条件下公路安全管理与应急保障的知识架构。本书具有很强的实践性，可为一般交通管理与设计人员提供理念、方法、案例等，例如交通气象监测技术、恶劣气象条件下安全设施运用技术、雾天智能引导系统、恶劣气象条件下安全管控策略、恶劣气象条件下路段安全管理预案等。同时本书也具有较强的理论性，可为相关科研人员提供参考和借鉴，例如能见度预报技术、路面温度与状态预报技术、应急事件评估与态势预测、恶劣气象条件下应急资源配置与调度技术等。

因编写时间仓促，且作者水平有限，书中难免有疏漏、不足之处，恳请专家、同仁和广大读者批评指正。

作　者
2011 年 9 月于北京

目　录

第三篇　安全保障技术

第四篇　安全管理技术

第五篇　应急管理技术

绪　论

第一节　公路交通气象

一、公路交通气象概述

我国气象灾害种类多、强度大、频率高、受灾国土面积广，是世界上遭受气象灾害最为严重的国家之一。公路交通作为我国交通运输体系中的主要运输方式之一，其所追求的快速、高效、安全、准时，在相当大的程度上受到大雾、沙尘暴、暴雨、低温冰冻等不利气象因素的影响和制约。随着我国公路里程的不断增加和路网的日益完善，公路交通运输对气象因素的高敏感度也日益显现。

相对我国而言，国外发达国家更早地认识到了气象条件对交通系统的重大影响，并成立了专门研究交通气象的国际组织——国际道路气象委员会(Standing International Road Weather Commission，简称 SIRWEC)。自 1984 年起，该组织每年召开国际道路气象会议(International Road Weather Conference)，讨论气象条件对交通的影响。北美和北欧国家对于微观或者小区域气候对交通安全和通行的影响十分关注，采取了很多行之有效的保障措施。

国外对公路气象的研究和应用较早，在公众出行信息服务和安全保障支撑能力方面都显出良好的应用效果。但国外的相关研究成果和经验做法并不完全适用于我国。近年来，我国加强公路气象领域的研究和应用，出台多项文件和政策，促进交通、气象等多部门间的合作，积极应对恶劣气象条件对公路运输的不利影响。2005 年，我国交通部建立了交通气象会商制度，在气象部门、新闻媒体的支持和配合下，每天都对我国主要高速公路和国省道干线公路的气象情况进行预测分析，并形成全国公路交通气象预报，通过电视媒体和网站向公众发布(图 0-1)。对于可能引起重大交通事故和气象地质灾害的情况，则向有关部门和管理机构发布预警信息。交通运输部还制定了详细的《公路交通突发事件应急预案》，使相关部门能够在发生大范围的气象灾害时做到快速响应和正确应对。通过多方面努力，目前我国已经初步建立了比较完备的交通气象灾害防控体系。

二、气象对交通的影响

近 10 年来，由于受恶劣天气影响，我国交通安全形势显得异常严峻，呈现出交通事故频繁发生、交通中断或延误加剧等特点，给社会和经济发展造成了巨大的损失。雨、雪、雾、道路冰冻等不利气象条件导致了更多设施损毁、交通事故、交通延误、环境污染等，提高了出行与物流成本，严重影响了大众出行，同时也带来了巨大的社会经济损失。

图 0-1 中国公路信息服务网公路气象板块

1. 气象条件与交通事故

对正常交通影响更频繁、对百姓日常生活和出行影响更严重的是一些比较常见的气象条件，比如大雨、大雪、大雾、大风等。这些气象条件能够降低公路能见度、影响驾驶员视觉、降低路面摩擦系数、影响车辆行驶稳定性等，很容易导致交通事故的发生。据统计，近年来我国公安交通管理部门受理的道路交通事故案件中因恶劣天气导致的交通事故每年都接近 30%，可以说恶劣的气象条件是名副其实的交通杀手。据美国的统计分析，每年有近 7 400 人死于与天气有关的交通事故，与天气相关的交通事故造成的受伤人数超过 690 000。每年有大约 17%的死亡事故、22%的受伤事故和 25%的财产损失事故发生在不良天气条件下或湿滑路面条件下。其中，14%发生在降雪或降冬雪(雨夹雪)的时候，13%发生在路面结冰的条件下，10%发生在积雪或泥泞路面条件下(数据来源:美国国家道路运输安全管理局 NHTSA 1995～2004 年 10 年统计的平均结果)。在我国，每年大约有 10%的道路交通事故与雨雪雾等恶劣天气条件有关。冰雪湿滑路面条件、雾霾等低能见度天气成为道路交通事故，特别是高速公路交通事故的主要诱因之一(图 0-2)。在路面积水、积雪、结冰、凝冻等路面湿滑行车条件下，交通事故率较高。2009 年，高速公路上 21.43%的交通事故与路面湿滑条件有关(数据来源:全国道路交通事故统计年报白皮书)。

图 0-2　高速公路因恶劣天气发生多车相撞的恶性交通事故

2. 气象条件与交通阻断

恶劣天气会严重影响车辆平均运行速度，导致通行能力下降，引起更为严重的交通拥堵延误甚至中断，造成巨大社会经济损失。国外研究表明，恶劣天气以及与天气相关的路况对公路运输的成本和安全影响将增加。随着交通密度(车流率)的增大，恶劣天气对车辆速度的影响也将增大(图 0-3)。

根据 2011 年全国公路阻断事件的成因分析，恶劣天气施工养护和事故灾难是造成交通阻断的两个主要原因。其中，39.6%的阻断事件是由于雨、雪、雾等恶劣天气引起的，22.7%的阻断事件是由于施工养护引起的，20.7%的阻断事件是由于事故灾难引起的，三个因素引发阻断事件之和占所有阻断事件的 83%。具体原因主要包括大雾(占 25.6%)、车辆交通事故(占 18.5%)、公路施工养护(占 16.7%)和降雪(占 8.6%)，四方面原因引发的阻断事件占全部阻断事件的 69.4%。2011 年，大雾和降雪等恶劣天气因素仍然是造成公路通行受阻的主要原因。

3. 气象条件与设施损毁

持续强降雨、台风易诱发洪水、泥石流等地质灾害，直接毁坏公路、桥梁等基础设施(图 0-4～图 0-6)。据交通运输部统计，近些年我国因公路水毁造成的直接经济损失总体呈上升趋势，2010 年全国累计 25 个省份遭受洪涝灾害，共有 20 条高速公路、39 条国道及 220 余条省道发生交通中断，公路水毁损失约是 2009 年的 4 倍多。

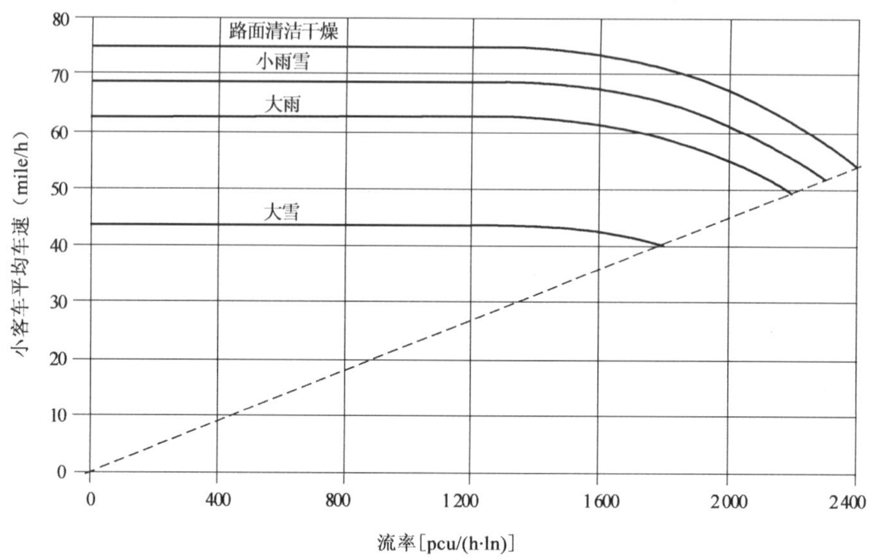

图 0-3　不同天气条件对速度—流量关系的影响

注：自由流速度为 120km/h，1mile/h=0.44704m/s。

图 0-4　恶劣天气造成交通阻断

图 0-5　汛期公路水毁

图 0-6　甘肃舟曲特大泥石流

此外，冬季路面冰雪控制中融雪剂的使用也对环境造成了一定的危害，不仅缩短了高速公路的使用寿命，腐蚀了桥梁等路政设施及车辆，严重威胁绿化植物生长，还会污染土壤和水资源。

第二节　国内外公路交通气象安全保障技术发展

一、道路气象信息系统

道路气象信息系统(Road Weather Information System，简称 RWIS)是一类为公路运营管理部门进行决策提供公路气象信息的重要系统。

1. 系统目标

道路气象信息系统的建设目标是能够对因雨、雪、雾等恶劣天气导致的高速公路低能见度、低路面附着系数以及道路上的交通状况进行实时监测，并提供相关的预警信息，通过积极的引导以及对交通的有效控制，对突发的异常情况能够快速地响应，消除不利影响，最终达到保障恶劣天气条件下行车安全与畅通的目的。

2. 系统功能

道路气象信息系统不仅要保障恶劣气象条件下驾驶人员及车辆的基本安全，还应最大限度地发挥其整体功能，保证人、车、路、环境及管理的协调统一。系统应具备信息监测与采集、天气预警、优化交通流管理与控制、公众出行信息服务、道路养护决策、紧急救援指挥与调度等主要功能。

3. 系统组成

针对恶劣天气对道路行车安全的影响，在我国现有公路管理水平的基础上，建立一个由信息采集子系统、处理控制子系统、信息发布子系统、诱导子系统以及支持子系统组成的结构复杂、能有效工作的道路气象信息系统，如图 0-7 所示。

二、国内外公路交通气象安全保障技术

目前世界上已有 30 多个国家和地区开发并应用了 RWIS。该系统正逐步与先进的道路管理系统相融合，公路管理部门借助这样的系统能够更好地对恶劣气象进行预测、预防以及采取有效合理的措施。它的应用在节约养护成本的同时，有效保障了高速公路在恶劣天气条件下的正常运营，最大限度地减少交通事故的发生和损失，减少交通阻塞和道路封闭，提高高速公路使用效率。下面重点介绍国内外在公路气象安全保障方面的研究应用进展。

1. 美国公路交通气象安全保障技术发展

美国交通部在 1995 年 5 月～2000 年 11 月进行了“高级运输气象信息系统”研究。该项目利用中尺度气象分析和预报等技术生成空间和时间气象信息，并将这些信息集成到高级运输信息系统中，增进公路交通的安全性和有效性。通过这样的研究，建立了气象信息模型和公路交通气象管理中心，支持交通气象分析和预报，并开发气象环境支撑决策系统。

此外，美国正在建立遍布全美的交通气象服务系统，利用设置在路网中的气象检测器构成覆盖全国的监测网，利用互联网、移动通信等多种便捷通信手段构建庞大的用户终端，其目标

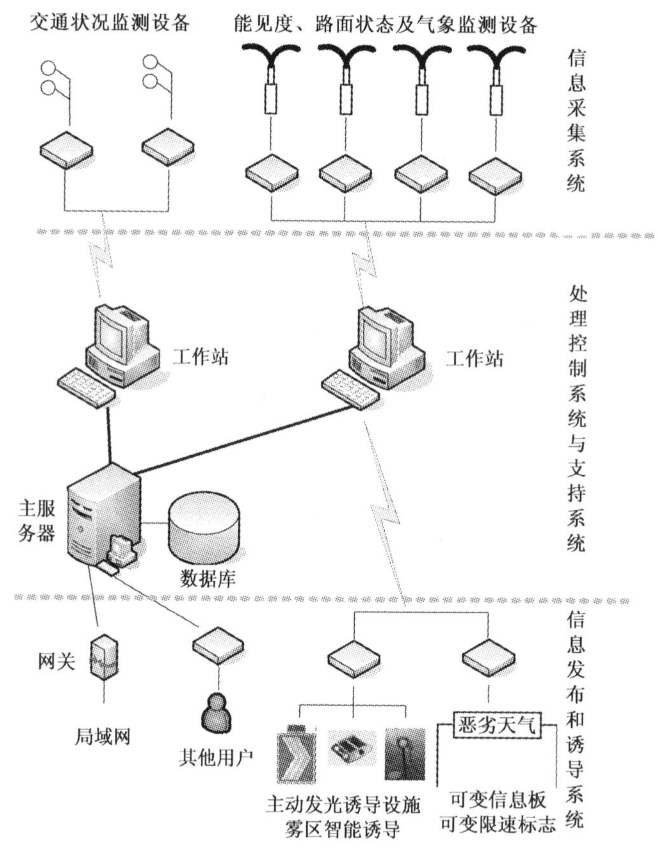

图 0-7　道路气象信息系统构成

是使驾驶员能够提前获取前方目的地和沿途的实时气象信息，以更好地规划行程和变更出行路线。

其中，美国全国统一号码的 511 路况服务系统正在进一步整合，以便在任何一个州都可以利用该号码获得语音电话服务。大多数州运输部的网站上都开辟了交通出行专栏，且道路气象信息已经与交通、事故、施工养护作业等路况信息集成在一起。除了政府机构为公众提供公路气象信息服务外，许多公司也致力于这一市场，Meridian Environment Technology 公司开发了集成的道路交通安全出行信息网，涉及交通气象、交通实况、道路施工与养护、事故、绕行等多方面的信息。

2. 德国公路交通气象安全保障技术发展

德国于 20 世纪 80 年代初期开始在道路沿线布设天气检测设备，以检测天气的变化及其对道路交通的影响。德国道路气象信息系统（SWIS）始于 1991 年，是由联邦运输部、联邦州公路局以及德国气象局（DWD）联合开展的一项计划。SWIS 的目标是阻止道路结冰，尽可能地缩短打滑路面状况的持续时间。在此项计划中，地方公路管理部门负责作出是否实施冬季道路养护的决定，气象部门负责发布天气信息并研究新的天气预测方法。通过良好的分工与协作，SWIS 取得了很好的成效。

3. 日本公路交通气象安全保障技术发展

日本国土交通省道路局和地方公路局紧密协作，建立了全国整合的道路交通信息服务系统，以互联网的形式向道路使用者提供服务，道路气象信息作为其中重要的组成部分被纳入统一管理。道路气象信息通过道路沿线的道路气象站采集完成，采集的要素主要包括气温、路面温度、路面状况、雨、雪、风、能见度等。这个信息服务系统的最大特色体现在集成上，用户能够从网站上了解到全国所有主要道路的交通拥堵、交通事故、道路施工养护作业、沿线气象、路面状况和绕行提示等信息。

4. 中国公路交通气象安全保障技术发展

2005 年 7 月 27 日，交通部、中国气象局在北京签署了共同开展公路交通气象预报工作备忘录。双方将通过共同努力，向社会发布更为及时、准确的公路交通气象信息，以减少恶劣天气造成的交通延误和交通事故，节省出行时间，创造更安全、更畅通、更便捷的公路出行条件。2006 年，交通部路况信息管理系统正式运行，并印发了关于《公路交通出行信息服务工作规定》和《交通部公路交通阻断信息报送制度》的通知，采用信息化的手段及时获取全国路网运行状态。同时，交通部建设的全国公路交通出行信息服务网，将路网基础设施、实时路况、交通出行气象、出行指南等信息通过统一平台集成在一起，为公众出行信息参考提供“一站式”服务。2008 年，交通运输部设立了国家路网监测与协调处置中心，作为国家级公路交通运营监测管理的应急、日常办事机构，为公路网重大突发事件应急管理提供决策支持。同年，李盛霖部长赴中国气象局，进一步加强沟通交流，探讨两部门更深入更广泛的合作。2010 年，交通运输部与中国气象局联合发布了《关于进一步加强公路交通气象服务工作的通知》，开通了交通运输部与中国气象局的数据信息专线，制定了《公路交通气象观测站网建设技术要求》。同时，交通运输部还将气象检测器纳入收费公路沿线设施调查范围，作为收费公路年度统计重要工作之一。中国气象事业发展战略研究也将交通气象纳入发展目标，到 2020 年，建立和完善现代化的交通气象监测、警报、预警、预报综合系统，为交通运输的畅通和安全提供国际水平的气象保障服务。

在此期间，江苏、安徽、河北、陕西、山西、河南、云南等省交通运输部门和当地气象部门也陆续开展了密切合作，双方逐步建立了交通气象保障的联合工作机制和信息共享平台。气象部门做好暴雨、大雾、大雪、道路结冰等气象灾害的监测和预报预警，交通运输部门则根据气象部门发布的预报预警信息，负责开展高速公路、国省干线的预报预警工作，建立和完善应急系统和应对机制，及时启动应急预案，做好防灾减灾的准备工作。此外，交通运输部公路科学研究院、江苏省气象科学研究所、同济大学等单位也在公路交通气象服务领域开展了相关的研究工作。

与国外相比，虽然我国公路交通气象安全保障工作起步较晚，但是国家、地方层面的各有关部门、单位都加大了研发、服务与合作的力度，逐步形成了系统的公路交通气象安全保障技术。

第一篇　综合监测技术

交通气象综合监测是RWIS的重要组成部分，它不仅包括嵌入路面和安装在路侧气象站塔架上的传感器，也包括任何获取和传输道路气象信息的设备，主要有能见度仪、路面状态传感器及气象监测设备、交通流采集设备和交通流监视设备等，通过它们获得道路气象信息系统所需的能见度、路面状态、气象条件和交通状态等综合监测数据。本篇主要包括三章内容，第一章主要介绍公路交通气象主要监测要素及其适用的传感器与工作原理，公路气象站的选址布设与传感器的配置安装等技术要求；第二章主要阐述视频技术在交通与气象综合监测中的应用，包括基于视频的交通事件检测技术以及基于视频的能见度检测技术；第三章介绍了常用的交通检测器的技术原理与适用性。

第一章　交通气象监测技术

交通气象监测包括能见度监测、路面气象条件监测、气象环境监测等几个方面，主要监测各种道路气象环境参数，包括气温、湿度、风向、风速、降水、能见度、路面状态（路面温度、路面干湿状况、积雪、黑冰、雪深和融雪剂残留）等。

交通气象监测在实施时应结合公路运行安全、交通特性、沿线天气与气候特征、沿线地形地貌等因素进行综合考虑，重点针对受恶劣天气条件影响严重地区的路段进行监测，在适合位置设置相应的监测设备。通常将这些监测设备集成安装在公路交通气象观测站上，也可以根据情况直接架设在公路交通安全设施上。

监测数据自动处理后及时上传到监控中心，实现对影响行车安全的气象要素的监测和预警，监控中心利用实时监测数据制订最佳交通管理方案，通过信息发布和诱导系统及时将动态信息提供给各终端，预防恶劣天气条件下公路交通事故的发生。

第一节　交通气象监测技术原理

一、能见度监测

能见度是指视力正常的人能从极限远处背景中分辨出的最远目标物的距离。相对于人工能见度观测方法，使用能见度专用观测仪器能够十分精确地获取能见度数据。目前能见度监测设备已经在我国高速公路上得到了大规模的应用，并起到了很好的作用。

依据能见度的观测原理，能见度仪主要有透射式能见度仪、散射式能见度仪（后向散射式、前向散射式）、视频能见度仪（该内容将在第二章作介绍）、激光雷达等多种类型。目前，散射式能见度仪在公路交通气象领域中应用最广泛，技术最成熟。

1. 透射式能见度仪

透射式能见度仪采用测量发射器和接收器之间水平空气柱的平均消光（透射）系数算出能见度。发射器提供一个经过调制的固定功率的光通量源，接收器主要由一个光检测器组成。由光检测器输出测定透射系数，再据此计算消光系数和气象光学视程。常见的透射式能见度仪器有芬兰的 MITRAS、美国的 Optec、瑞典的 QL1250 型透射式能见度仪等。透射法测量消光系数示意图如图 1-1 所示。

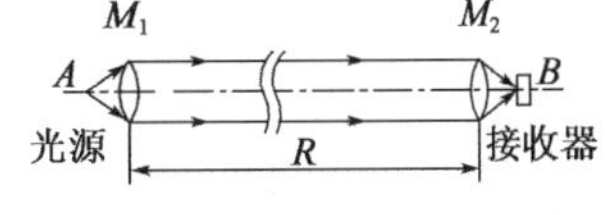

图 1-1　透射法测量消光系数示意图

透射式能见度仪测定气象光学视程根据的是准直光束的散射和吸收导致光的损失的原理，所以它与气象光学视程的定义密切相关，观测的能见距离与真实能见度较为一致，但是占地范围大，场地要求高，价格昂贵，不适用于高速公路环境。

2.散射式能见度仪

散射式能见度仪是通过测量散射系数估算出气象光学视程的仪器，其优点是基线长度很短，光源与接收器安装在同一支架上，避免基线难以对准。它的原理就是通过从适当的角度测量散射光强来计算消光系数，进而获得能见度。散射式能见度仪在结构上都是单端式设备，根据探测原理不同，又分为后向散射式和前向散射式两类。

1)后向散射式能见度仪

后向散射式能见度仪的工作原理是探测大气后向散射能量的变化。工作方式是由光发射器发出光束，光线被空气中的粒子散射后，其后向散射能量再被光接收器接收，进而利用相关数学模型演算出大气能见度值，其工作原理见图 1-2。

后向散射式能见度仪采用相对测量方式，不需要标定激光的发射能量，镜头污染对探测结果的影响较小，采样空间相对较大，仪器的尺寸很小、成本低。但是测量信号很大程度上依赖于视觉障碍(雨、雪、雾、霾等)，易受外界杂光干扰，必须作天气定标函数后才能进行精确测量，使得实际操作复杂化。

2)前向散射式能见度仪

前向散射式能见度仪的工作方式是由光发射器发出激光，光线被空气中的粒子散射后，其前向散射能量再被前方一定夹角(一般取 35°左右)的光接收器接收，从而测量出大气粒子前向散射回波，进而利用相关数学模型演算出大气能见度值，其工作原理见图 1-3。

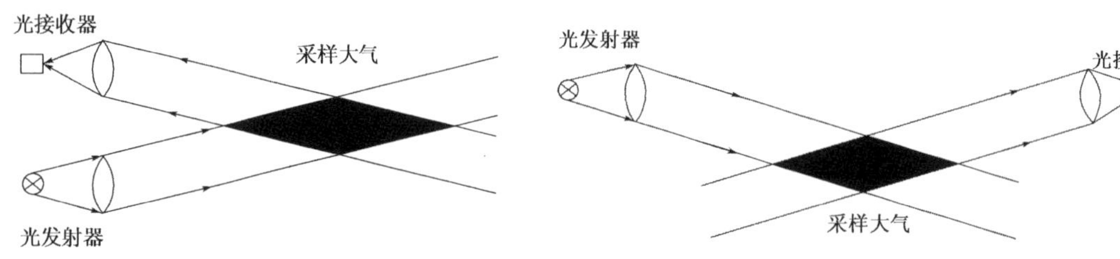

图 1-2 后向散射式能见度仪原理图

图 1-3 前向散射式能见度仪原理图

其中单光路前向散射式能见度仪体积相对较小，价格较低，性价比高。但是测量信号同样与视觉障碍(雨、雪、雾、霾等)有关，但好于后向散射式能见度仪，体积较后向散射式能见度仪大。

3.激光雷达能见度仪

激光雷达能见度仪是继透射式、前向散射式能见度仪之后的一种新型的能见度观测工具。与透射式能见度仪相比，它不需要测量基线，这样应用的范围就更加广泛；与前向散射式能见度仪相比，它探测到的不是“以点代面”的局部值，而是测量路径上能见度的平均值，具有更广阔的测量区域，对于有效监测对高速公路运营安全有致命威胁的团雾具有重要意义。同时激光雷达测量能见度不需过多考虑光学镜头的污染问题，而这是影响透射式、前向散射式能见度仪测量精度的重要因素之一，这样自然就提高了测量精度。

在高速公路出现团雾的情况下，激光雷达能见度仪可用于实现全天候实时监测的预警系统，具有非常广阔的应用前景，但是设备成本较高。

综上所述，适用于高速公路的能见度仪器有：单光路前向散射式能见度仪技术比较成熟，性能价格比较高，是目前比较理想的仪器，特别是对雾的预警非常有效，更适宜于在高速公路沿线小区域内应用；后向散射式能见度仪体积小，结构简单，功能与前向散射式能见度仪相近，有一定的应用前景。

二、路面条件监测

1. 路面条件监测要素

路面条件监测内容主要包括路温、路面状况、冰点温度以及融雪剂浓度等方面。路面条件的自动监测通常利用路面传感器实现。

路温观测包括公路表面温度和公路表面以下 10cm 处的温度，对于预测路面温度及路面状态至关重要，一般通过路面传感器和/或路温传感器（铂电阻）进行观测。

路面状况泛指路面处于干燥、潮湿、积水、积雪、结冰（霜）等状态，也包括水膜、积雪、积冰的厚度情况。一般通过路面传感器和/或专用传感器进行观测。

冰点温度是指在公路表面的液态水（含有或不含融雪剂）开始结冰的温度。由于公路表面通常含有各种杂质，有时也含有一定量的融雪剂，路面结冰的真实温度不一定是 0℃。路面冰点温度的观测对于优化融雪剂的使用，提高冬季防结冰与铲冰除雪养护作业具有重要意义。冰点温度属于路面观测中的可选项目，一般通过主动式路面传感器进行观测。

冬季公路养护部门在进行防结冰与铲冰除雪作业时，通常会以不同方式撒布融雪剂材料，以降低路面冰点温度，提高冰雪融化速度。由于车辆碾压、车轮甩溅、排水渗漏等作用，融雪剂的浓度是不断变化的，而且一般难以人工进行估算。融雪剂浓度是指路面积水中融雪剂的百分比含量。融雪剂浓度属于路面观测中的可选项目，一般通过路面传感器进行观测。

2. 路面条件监测设备

早期的埋入式路面状态检测器主要用于路面的冰雪灾害预警，美国明尼苏达州在 20 世纪 70 年代开始测试它的第一个冰雪灾害预警传感器。目前世界上路面状况检测器的主要厂商包括芬兰 Vaisala 公司、德国 LUFFT 公司、美国 SSI 公司、瑞士 Boschung 公司等，其产品大多数都可以提供路面温度、地表下温度、路面状况、化学除雪剂的残留情况，部分传感器还可以测量路面的黑冰、露点温度等参数。

根据是否带有冰点温度观测功能，可将路面传感器分为主动式传感器和被动式传感器。主动式传感器具有冷却装置，通过冷却表面液体直至凝固来确定公路表面液体的实际冰点温度；被动式传感器一般不具备路面冰点温度观测功能。主动式传感器由于带有冷却装置，一般功耗较高，在供电敏感（如采取太阳能供电方式）的条件下需要慎重选择。主动式与被动式传感器的区分是相对的，随着技术的发展，当前也有主动与被动一体式传感器可供选择，一体式传感器可实现包括冰点温度在内的大部分路面观测项目。

根据传感器的观测原理或安装方式，可将路面传感器分为埋入式传感器和非接触式传感器。埋入式传感器安装时需要切割路面，将传感器埋入路面适当位置，并使传感器表面与公路表面齐平；非接触式传感器一般安装于路侧杆柱的适当高度，使传感器对准路面适当位置。非接触式传感器不具有冰点温度和融雪剂浓度观测功能。

因此，应根据实际需要的监测项目和适合的安装方式选择路面传感器的类型。目前，国内外产品主要有：

1)美国SSI公司埋入式和非接触式路面状况检测器

FP2000埋入式路面状况检测器(图1-4)拥有专利技术的温度、电容及四点探测电极网点结构，采用独特的锯齿状容水槽，具有强大的收集路面潮气的能力，能够检测路面温度、潮湿存在及类型、融雪剂浓度、结冰点温度、冰晶百分比含量、积水深度等，已经有6 000多套成功在用，遍布整个北美，其中有的检测单元已经服务15年以上，为路面传感器行业开创了很高的标准。

optic-Q是一款非接触式路面状况检测器(图1-4)，用来检测道路结冰、积雪和积水。采用多光谱成像技术检测路面条件而无须在路面上安装传感器。另外，它提供路面摩擦系数的测量，同时还可测量路面冰的厚度、积水或泥泞的深度。optic-Q检测器检测冰、水膜和雪厚度的精度能够达到0.025cm。它既可以安装在现有的气象站上，也可以安装在路面视野无遮挡的其他建筑物上。

图1-4　美国SSI公司埋入式和非埋入式路面状况检测器(左：FP2000，右：optic-Q)

2)芬兰Vaisala公司埋入式和非接触式路面状况传感器

埋入式路面状况传感器DRS511(图1-5)由多个传感器模块组成，利用热传递原理，即没有使用可能会改变已测量环境的人工加热或冷却能量，采用无限碳纤维电极和光纤维技术组成传感器块。它由一个环氧化合物和与道路相匹配的提高热传导率和发射率的工具组成。在没有外部调节的情况下，该传感器可以磨损达35mm。

非埋入式路面状况传感器DSC111(图1-5)使用近红外光谱技术，能够准确测量水、冰、雪的量，还提供湿滑程度的测量。它避免了对道路表面的破坏，进而避免了以前因为安装道路气象站引起的对交通的干扰。非埋入式路面状况传感器无须切割路面或断路，可以安装在路边的立柱上，也可以加装在已有的交通气象监测系统上。

图1-5　芬兰Vaisala公司埋入式和非埋入式路面状况传感器(左：DRS511，右：DSC111)

3)德国 LUFFT 公司埋入式和非接触式路面状况传感器

ARS31 路面状况传感器(图 1-6)使用自身的各种探头来测量公路的状态,通过 RS485 接口传输。该探头耗电少,额定电压为 12V。采用表层温度测量、多频测量、含盐度和冰点温度测量、传感器表面水膜高度测量技术。

NRS31 路面状况传感器(图 1-6)使用多光谱技术测量水、冰、雪的量。可以用来检测道路表面温度、道路表面湿滑度、路况等,通过检测地面的干燥程度来计算地面的摩擦力。

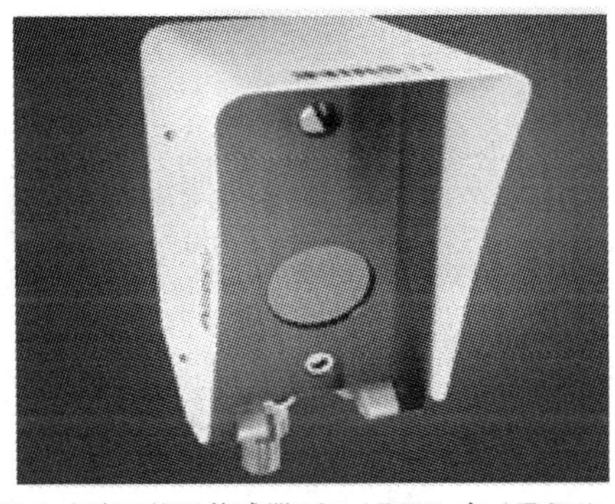

图 1-6　德国 LUFFT 公司埋入式和非埋入式路面状况传感器(左:ARS31,右:NRS31)

此外,还有瑞士 Boschung 公司的 ARCTIS 埋入式路面状况传感器(图 1-7)、英国 CODEL 公司的 MLST 非接触式路面状况传感器(图 1-8)和我国凯迈(洛阳)环测有限公司的埋入式路面状况传感器(图 1-9)。

图 1-7　瑞士 Boschung 公司 ARCTIS 埋入式路面状况传感器

图 1-8　英国 CODEL 公司 MLST 非接触式路面状况传感器

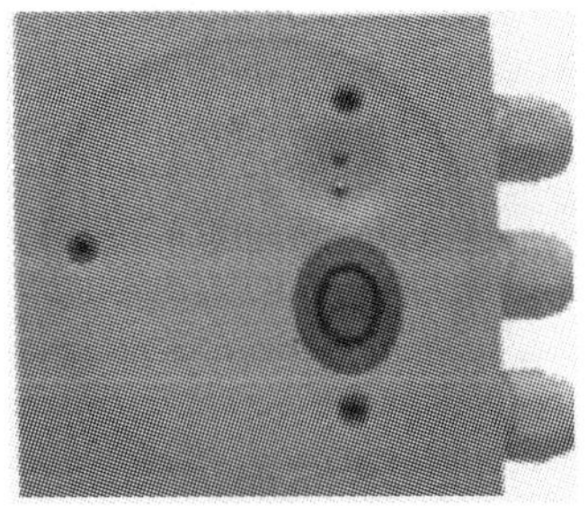

图 1-9　中国凯迈(洛阳)环测有限公司埋入式路面状况传感器

三、气象环境观测

1. 气象环境监测要素

气象环境监测内容主要包括气温、相对湿度、风向、风速、降水和天气现象等方面。路面条件的自动监测通常利用道路气象站实现。

气温是指空气温度,是表示空气冷热程度的物理量。在公路交通气象观测中,温度与湿度的观测通常是由一个集成式传感器来完成的。气温的单位为摄氏度(℃),取一位小数。常见的测量温度的仪器有玻璃温度表、双金属片温度计、金属电阻温度表和热敏电阻温度表等。

湿度是指空气湿度,是表示空气中的水汽含量和潮湿程度的物理量。在公路交通气象观测中的湿度是指空气的相对湿度。湿度的单位为百分数(%),取整数。常用的湿度测量仪器有干湿球湿度表、露点仪和电学湿度片等。

风速是指单位时间内空气移动的水平距离。风速单位为米每秒(m/s)，取一位小数，在实际应用中可以转换为风力等级表示。风向是指风的来向。风向单位为度(°)，取整数，在实际应用中可以转换为16方位表示。风速、风向观测一般采用风速、风向传感器，根据工作原理可分为机械式、散热式和超声波风传感器。

降水是指从天空降落到地面上的液态或固态(经融化后)的水。降水的观测通常包括降水量、降水强度和降水类型三个指标。降水通常是指每分钟内的累计降水量，单位为毫米(mm)，取一位小数。根据每分钟的降水量可统计出不同时间段内的降水量。降水强度指单位时间的降水量，通常用分钟降水量表示，单位为毫米每分钟(mm/min)。降水强度是公路交通气象观测中的一个重要项目，在实际应用中它往往与降水量和能见度同步分析。降水量测量仪器主要有雨量器和雨量计两种类型。

在公路交通气象观测中，天气现象自动观测主要指降水，包括自动观测并判别有/无降水、降水类型(雨、雨夹雪、雪等)、降水强度(小、中、大等)，同时也能够判别雾、沙尘等天气现象。天气现象通常由天气现象传感器实现自动观测。当前广泛应用的天气现象传感器通常包括散射式能见度装置、雨感装置、测温装置等，采用一体化设计，同时具备能见度和天气现象两方面的观测功能。

2.气象环境监测设备

下面主要介绍一些适于在高速公路使用的气象环境观测设备。

1)金属电阻温度表

金属电阻温度表可用来测量小范围的温度变化，可测的温度范围较广，观测值易于自动记录，适合在高速公路上使用。它是利用金属电阻随温度变化而变化的原理制成的温度表。常用的金属丝有铂、镍和铜三种，阻值在几十欧姆至一百欧姆之间。其中铂电阻丝的稳定性最好，可用它制作标准温度表。

2)薄膜测湿电容

薄膜测湿电容是以高分子聚合物为介质的电容元件，利用聚合物吸收空气中的水汽改变元件电容量的特性制成。它制作工艺精巧，性能优良，适宜在自动气象站上用作测湿元件。

3)机械式风传感器

机械式风传感器由风速(风杯)传感器和风向(风向标)传感器组成，它的感应部分是一个固定于转轴上的感应风的组件。它的工作原理是把转动转换成电信号，先经过一个临近感应开头，对转轮的转动进行“计数”并产生一个脉冲系列，再经检测仪转换处理，即可得到转速值。

气象站最常用的机械式风速计为风杯风速计(图1-10)，它由三个互成120°固定在支架上的抛物锥空杯组成感应部分，空杯的凹面都顺向一个方向。

虽然风杯风速计具有简单、牢固、可靠以及使用时不用对准风向，风速值与风杯转速成正比等特点，但它不能响应高频的风速脉动，在风速脉动场中测量风速存在较大的误差。此外，风速仪的转轮式探头测量5～40m/s的风速效果最理想，对于低速风(0～5m/s)的测量不够准确。在与能见度相关的风速测量中，应尽量避免使用旋转式风速计。

4)超声波风速计

超声波风速计(图1-11)的测量原理是，在声波传播方向的风速分量将增加(或减低)声波传播速度，利用这种特性制作的声学风速表可用来测量风速分量。声学风速表至少有两对感应元件，每对包括发声器和接收器各一个。两个发声器的声波传播方向相反，如果一组声波顺着风速分量传播，另一组恰好逆风传播，则两个接收器收到声脉冲的时间差值将与风速分量成正比。如果同时在水平和铅直方向各装上两对元件，就可以分别计算出水平风速、风向和铅直风速。

图 1-10　风杯风速计

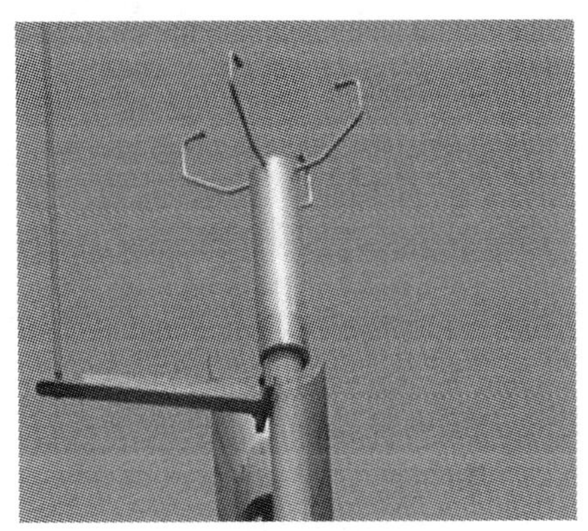

图 1-11　超声波风速计

由于超声波具有抗干扰、方向性好的优点，其测量结果易于电子化形成电子记录，适宜于在高速公路路侧环境下使用。与机械式风传感器相比，超声波风传感器具有维护工作量小、平均无故障时间长的优点，但是价格相对较高。在北方冬季降雪量大、气温低，或是沙尘、冻雨天气较多地区，宜采用超声波风传感器。

5）翻斗式雨量计

翻斗式雨量计的测量器是两个三角形的翻斗，每次只有其中的一个翻斗正对漏斗口。当翻斗盛满 0.2mm 降水时，由于重心外移而翻倒，将盛水倒出，同时使第二个翻斗移到漏斗口下，由翻斗交替次数和时间的记录可得降水资料。

翻斗式雨量计通过记录翻斗交替次数和时间获得降水量数据，可通过仪器设备自动记录，观测结果易于电子化，适宜于在高速公路上自动观测使用。

第二节　交通气象监测技术要求

一、交通气象监测设备技术指标

根据高速公路环境和运营特点，高速公路气象监测设备需要满足以下技术要求。

1. 在恶劣天气条件下具有较高的精度

对于公路交通安全管理而言，气象监测与气象学的要求是完全不同的。考虑到公路管理对气象数据的实际需求，而且传感器的技术指标和性能要符合开展公路交通气象观测、预报、服务、科研等需要，气象监测设备的观测范围和观测精度应满足表 1-1 的要求。

2. 具有自动采集、存储、简单处理与上报功能

气象监测设备通常需要设置在野外的路段上，距离监控中心比较远，因此所选择的监测仪

器设备不但要获得满足监测和预警要求的观测数据，而且应具备能够完成自动采集、预处理、数据存储、数据上报、工作状态监测等功能。公路交通气象观测站由主控系统提供通信接口，按照约定的通信协议与监控中心建立双向通信，实现指令下达和数据上传等功能，满足公路交通气象观测站自动组网的功能要求。

气象监测设备主要技术指标要求　　表 1-1

传感器类型	测量范围	分辨力	准确度
能见度	5～10 000m	1m	±10%(≤1 500m)
			±20%(>1 500m)
气温	−50～+50℃	0.1℃	±0.2℃
相对湿度	5%～100%	1%	±3%(≤80%)
			±5%(>80%)
风速	0～60m/s	0.1m/s	±(0.5+0.03v)m/s
风向	0～360°	3°	±5°
降水	0～4mm/min	0.1mm	±0.4mm(≤10mm)
			±4%(>10mm)
路温	−50～+80℃	0.1℃	±0.5℃
路面状况	至少可以准确区分干燥、潮湿、积水、路面潮湿且有融雪剂、路面积水且有融雪剂、凝霜、积雪、覆冰等 8 种路面状态		
天气现象	至少可识别有/无降水、降水类型(雨、雪、雨夹雪)、降水强度(微量、小、中、大、特大等)；可识别雾、霾、沙尘等视程障碍现象；能够对各种天气状况下的能见度进行观测，观测性能同本表能见度仪的技术要求		

注：v 代表风速。

公路交通气象观测站自动采集各观测要素，对采集的数据进行预处理并进行相关统计和存储。通过硬件开关或控制中心指令，可打开或关闭各观测要素的采集和处理功能。自动管理采集器内置的存储器，具有内存自动清除、循环管理、纠错、采集时间记忆、未测和缺测标记等功能。公路交通气象观测站存储器需保存 1 个月的各观测要素的逐分钟数据，以及公路交通气象观测站工作参数和最新工作状态信息。各公路交通气象观测站按照特定时间间隔(常规设置 1min，选择设置 10min)自动上传观测数据，每小时上传一次公路交通气象观测站的工作状态信息。接受监控管理中心指令，可补传公路交通气象观测站中存储的历史气象数据，可对公路交通气象观测站的日期和时间进行定期校准，可监测蓄电池工作电压、机箱内温度、无线通信在线状态、主要传感器工作状态参数、观测站工作状态。

3. 具有较强的环境适应性和抗干扰能力

由于公路用地范围有限，在很多情况下，气象监测设备只能设置在距离行车道很近的路肩上或公路交通安全设施上。因此，所选择的气象监测设备应该能够适应在噪声、振动、尾气污染的状态下正常工作。

4. 体积小、功耗低

为了便于共同分析各监测内容，同时也为了节省建设成本，通常将能见度、温度、湿度等观测内容的观测设备设置在一个支撑架上。在有限的设置空间内，在同一个支撑架上布设多个设备，本身就要求设备必须具有体积小、易在路边安装的特点。为了便于公路交通气象观测站在野外长期运行，监测设备还应具有能耗低的特点。

5. 维护方便、运行成本较低

为了便于设备的维护，监测设备应能够完成定期自检并将检测结果上报的工作。同时设备还应该提供远程修复功能，使设备维护人员在监控中心通过远程计算机操纵即可完成设备故障的检测和维修，提高系统维护效率，降低维护成本。

二、交通气象监测设备类型

综合第一章第一节的分析，适于在高速公路使用的气象监测设备如表1-2所示。

气象监测设备类型选择　　表1-2

序　号	要素名称	类　型
1	能见度	散射式能见度仪
2	气温	集成数字式温(湿)度传感器或铂电阻(PT100)温度传感器(金属电阻型温度计)
3	相对湿度	集成数字式(温)湿度传感器或湿敏电容湿度传感器(薄膜测湿电容湿度计)
4	风速	三杯风速传感器或超声波风传感器
5	风向	单翼风向传感器或超声波风传感器
6	降水	翻斗式雨量传感器或天气现象传感器
7	天气现象	天气现象传感器
8	路温	铂电阻(PT100)温度传感器或满足要求的路面传感器的温度输出
9	路面状况	路面传感器
10	冰点温度	(主动式)路面传感器
11	融雪剂浓度	路面传感器

注：气温、相对湿度、风速、风向的观测也可以采用满足相应技术要求的多功能紧凑型气象传感器，此类传感器应用超声波技术或热风测量技术，可集成温度、相对湿度、风向、风速或气压等要素的观测于一体，具有集成度高、体积小、安装方便等优点。

二、交通气象监测设备布设

为了节省资金投入，提高观测的针对性和效率，必然要求气象监测设备设置在比较合理的位置。理论上，每个气象监测设备能够表征的路段气象特征越长，监测设备的使用效率就越高；监测设备越靠近恶劣气象条件频发的核心区域，针对性和有效性就越高。本节以公路交通气象观测站为基础，在不影响各个传感器正常工作，并保证各个传感器之间的相互干扰尽可能小的前提下，同时也要能有效减少行驶车辆、公路路面、绿化、路边其他设备等对传感器的影响，合理设计传感器在公路交通气象观测站上的安装布局以及公路交通气象观测站的布设。

1. 传感器布局

降水传感器与路温、路面传感器(埋入式)等需要安装在基础平台或路面上，其他各传感器应安装在支架上，布局要求如下：

(1)公路交通气象观测站外廓距离公路外侧行车道边缘不应小于3m。

(2)能见度传感器安装高度为(3±0.2)m,以散射式能见度仪取样点为基准。

(3)空气温度、湿度传感器安装高度为(3±0.2)m,传感器安装在防辐射罩内。

(4)风速、风向传感器安装高度为(3.5±0.2)m。

(5)若采用路面传感器(非接触式)、多要素组合传感器、天气现象传感器等,根据各类传感器的安装要求,在公路交通气象观测站支架上安装或使用独立支架进行安装。

(6)雨量传感器安装在基础平台上,与公路交通气象观测站主杆相距2.0m以上,若观测站点条件允许,间距可增加到3m。以观测站基础平面为基准,雨量传感器的承水口水平,承水口高度为0.70m,并确保行驶车辆在雨天不会将路面上的积水溅到雨量传感器承水器内。雨量传感器需要采用金属防盗罩加固。

(7)埋入式路面(路温)传感器应安装在行车道内靠近车辙的位置(无法在行车道内安装的,可考虑在硬路肩或应急停车带安装),以使路面温度与状态的观测更具代表性。传感器的位置应进行调整以使其避开车辙,因为车辙往往会积水,会影响传感器的读数。由于类似的原因,传感器也应避开排水位置,防止路肩或中间带排水影响传感器。传感器的位置还应尽可能远离路侧防护栏或中央隔离(绿化)带。路面传感器应埋入路面,但要与路面齐平。在有槽的路面上,传感器同样要与槽的上面齐平。

(8)非接触式路面传感器安装时要确保其观测点对准行车道内靠近车辙的位置,或符合厂家安装使用的特殊要求。

2.公路交通气象观测站布设

1)站点分类

公路气象观测站根据气象代表性和服务功能定位可分为普通路段公路气象站(以下简称普通站)和局地性公路气象站(以下简称局地站)。

普通站代表大范围或较长路段的一般天气状况;局地站代表较短路段、特殊地形地物处、或桥梁结构物的特定交通天气现象,如低能见度大雾频发路段、易结冰桥梁或易发生水淹水毁路段等。

普通站与局地站在传感器选择与气象站设置方面存在较大的差异。一般来讲,普通站包含更多类型的传感器,气象站设置在无遮挡的地方;局地站包括的传感器较少,通常针对局部恶劣条件频发且影响严重的交通气象条件。当普通站和局地站的观测项目和区域重合时,可共用一个气象站。

普通站的观测要素一般包括温度、相对湿度、风速、风向、降水。但有时候也会根据需要增加额外的传感器,如在雾多发区域,普通站应配置能见度仪或天气现象传感器;在冬季路面结冰严重区域,应配置路面传感器,以提高对冰雪湿滑路面状态的监测预测能力。

为保证普通站具有代表性,气象站应布设在公路条件一致的地方,以降低局地(小范围)天气的影响以及来自于外部条件的非气象因素的影响,如局地热源、水汽源头、风的遮挡与屏蔽。普通站应布设在相对平坦的开阔地带,位于主导风向的上风侧,例如,如果需要特别关注冬季的道路气象条件,且冬季的主导风向是北风,那么气象站应位于道路的北侧。

局地站观测的对象是短路段、特殊地形地物条件处或桥梁结构物的特定交通天气状况。局地站传感器的配置主要取决于特定关注点的需求。例如,在路面易结冰、结霜、积雪致使车辆打滑的路段，气象站应配置路面传感器，为提高路面温度的预测精度，也可能额外配置温湿度传感器以及路温传感器；在低能见度的地方，气象站应配置能见度仪，为更好地监视和预见能见度的变化，也可能额外配置温湿度以及风速与风向传感器。

局地站的布设主要针对以下情况：①路面结冰、结霜造成车辆打滑的地方，或是风吹堆积物、积雪严重的地方；②附近存在大的水体(河流、池塘、沼泽、水库或河道网)，易产生大量水汽而导致低能见度的地方；③出现影响行车安全的大的横风的地方，如大型跨河、跨海桥梁或位于狭窄山谷或山岭的路段；④地势低洼可能受到水淹的路段。

2)站点布局要求

由于观测目的的不同，普通站和局地站的布局要求也有所不同。

普通站重点在于实现对路线或路网层面的公路沿线天气观测，布设建议如下：

(1)对于平原或微丘地区，在公路沿线按 30～50km 间距布设。

(2)对于山岭或重丘等地形较为复杂的地区，应充分考虑海拔高度、地形、地貌对气象的影响，在公路沿线按 20～40km 间距布设。

(3)对于我国西部地广人稀且地形与气象条件变化不频繁，或是以沙尘暴和大风为主要交通高影响天气的(半)干旱、沙漠等地区，普通站的布设可采用 50km 以上的间距。

(4)在路网相对密集地区，普通站的布设需要对区域公路网沿线的气象站进行统筹考虑。

局地站重点在于实现对路线上或路网中因恶劣天气条件或路面状况对行车安全造成严重影响的局部点段的监测，布设建议如下：

(1)能见度观测。

以能见度观测为主的局地站应安装在低能见度出现频率较高且对行车安全产生严重影响的路段。低能见度主要出现在大量存在水汽、烟气或灰尘的局部地区或山谷，以及地势低洼容易滞留含有水汽的冷空气的地方。为了更好地监视和预测雾的发生和消散过程，可在气象站上加装温湿度传感器和风传感器。

对于季节性浓雾多发地区，局地站按 10～15km 间距布设；对于浓雾多发的山区和水网地区，气象站应进行加密，按平均不大于 5km 间距布设。

(2)路面观测。

以路面观测为主的局地站应安装在湿滑路面状况影响行车安全的地方，尤其是冬季路面结霜、结冰的地方。气象站布设的典型位置包括：低洼路段、高海拔路段、背阴路段、大型桥梁，或其他容易出现黑冰、结霜、吹雪、冰冻的地方。温湿度传感器对监测路面结霜很有帮助，在路面结霜对公路运行影响严重的地区，应考虑在接近路面高度的位置增加温湿度传感器。另外，路温传感器对于准确预测路面温度起到重要作用，可考虑与路面传感器同步安装(有些路面传感器带有路温观测功能)。

对于长度小于 10km 的易出现低温冰冻湿滑状况的路段，可在该路段适当位置布设 1～2 处局地站；对于长度大于 10km 的路段，按平均不低于 10km 间距布设；对于个别易出现结冰的桥梁，视具体情况，可考虑单独布设局地站；如果采用公路热谱分析技术进行路面温度与状况预测，可将局地站的布设间距增大至 20～30km。

(3)大风观测。

以大风观测为主的局地站应布设在大风对行车安全影响严重的地方。3～5m 高度处的 6

级以上横风将会对车辆的稳定性产生影响，对车体高、侧面受风面积大的大型车辆（如集装箱车、大型客车等）影响更显著。大风、强的阵风通常出现在桥梁、山谷的风口、没有树木或建筑物遮挡的开阔地带、山脊等处。在由山谷地形条件形成的风道处，应考虑将风传感器安装在风进口或（和）出口的位置，这些位置会出现风剪效应。

以大风观测为主的局部性气象站应布设在 7 级以上阵风多发且对行车安全影响严重的个别地点或风区路段；对于长度小于 20km 的风区路段，可在该路段适当位置布设 1～2 处局地站，宜选择在风区两侧开始位置附近；对于长度大于 20km 的路段，按平均不低于 10km 间距布设。

第二章　视频监测技术

视频监测是道路气象综合监测系统的重要手段，主要通过在路段上安装视频监视设备，加上图形处理设备，即可以对该区域交通状况、事故、天气现象等情况进行监视，还可以通过图形处理获得交通量、能见度等交通、天气特性参数。本章主要介绍基于图像处理原理和智能识别技术的视频交通事件检测技术、视频能见度检测技术，视频交通流检测技术将在第三章第三节作介绍。

第一节　视频交通事件检测技术

视频交通事件检测技术是智能交通领域刚刚兴起的一门新技术，该技术通过对道路摄像机采集的视频图像进行处理和综合分析，采用基于视频检测和目标跟踪的技术，实现对突发停车、车辆驶出道路、交通拥堵、行人横穿马路、车辆逆行、遗弃物等各种道路异常交通事件的实时检测，并且系统能够快速自动报警和录像，为道路的交通安全管理和道路运营提供极大的帮助。

一、视频交通事件检测技术原理

视频交通事件检测的过程如图 2-1 所示，外场摄像机拍摄的视频帧经与背景绝对差分后，转换为二值化图像，经形态学等处理后，应用特征识别算法，提取本帧各车辆特征信息（如重心、面积、灰度等），该特征信息经特征匹配、跟踪，并与前帧（或者前几帧）信息比较后，输出对应的交通事件信息（如停车、遗撒、行人等）。

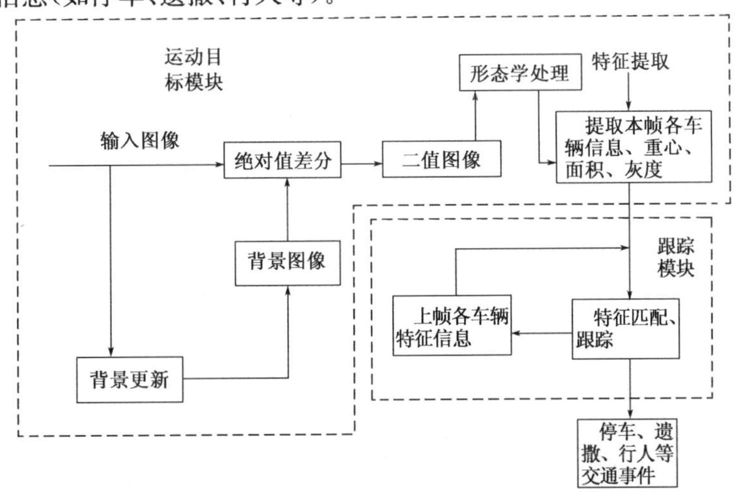

图 2-1　图像自动检测过程原理结构图

在视频图像自动检测过程中，运动目标检测与运动目标跟踪是其中最重要的两个步骤与环节。运动目标检测中最关键的环节是背景处理，它是关系事件辨识精度的关键步骤，是视频事件检测亟待解决的关键技术。背景处理必须考虑多种干扰因素，如路面的反射、阴影、下雨、下雪等天气变化，目前常采用突出目标、消除背景的方法，如帧间差分、背景差分、光流法等。目前的运动目标跟踪主要采用基于模型的跟踪算法、基于区域的跟踪算法、基于动态边界的跟踪算法和基于特征的跟踪算法。

二、视频交通事件检测设备

随着视频交通事件检测技术的逐渐成熟与进步，各种新型视频交通事件检测设备不断出现，设备应用范围不断扩大，设备的性能及可靠性不断增强。目前常用的视频交通事件检测设备有美国 ISS 公司的 Autoscope 系列产品、ITERIS 公司的 Vantage 系列产品、法国的 CITILOG 视频检测系统、比利时 Traficon 路畅通公司的系列产品等。国内很多科研机构和厂家借鉴国外的先进研究经验和成果，在该领域内的研究取得了长足的进步，开发出了相关产品，如北京宇航时代科技发展有限公司的 YHSD-SJJC-001 型视频交通事件检测器、成都利仕蓉科技有限公司的 VROAD TAD-05 型视频交通事件检测器等。

下面以法国 CITILOG 视频检测系统为例，对视频交通事件识别设备及其应用情况进行介绍。图 2-2 为 CITILOG 视频检测系统的主机和交通事件报警画面。

图 2-2　法国 CITILOG 视频检测系统主机及报警画面

CITILOG 视频检测系统通过对视频数据采集处理来实时检测交通事件，来自视频摄像机或专门图像采集系统的视频图像由分析仪根据算法产生事件报警信息。图 2-3 为该系统在高速公路上的应用示意图。

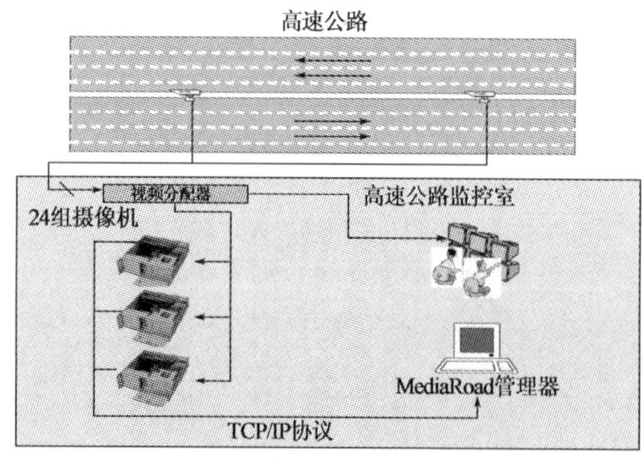

图 2-3　视频检测系统应用示意图

视频摄像机每秒拍 5 幅图像，按以下程序进行计算处理：配置系统和检测区域；程序开始时，系统建立一个不变背景图片；比较拍到的图片和背景图片，可以检测到车辆的存在；根据形态辨别过滤每一个车辆(一个标记块)；算法分析图像系列跟踪标记块，建立轨迹，新的过滤可剔除无关的轨线，车辆跟踪系统为每一个车辆计算出存在、速度或停车等数据信息；比较产生的测量结果，得出交通事件信息并报警(图 2-4)。

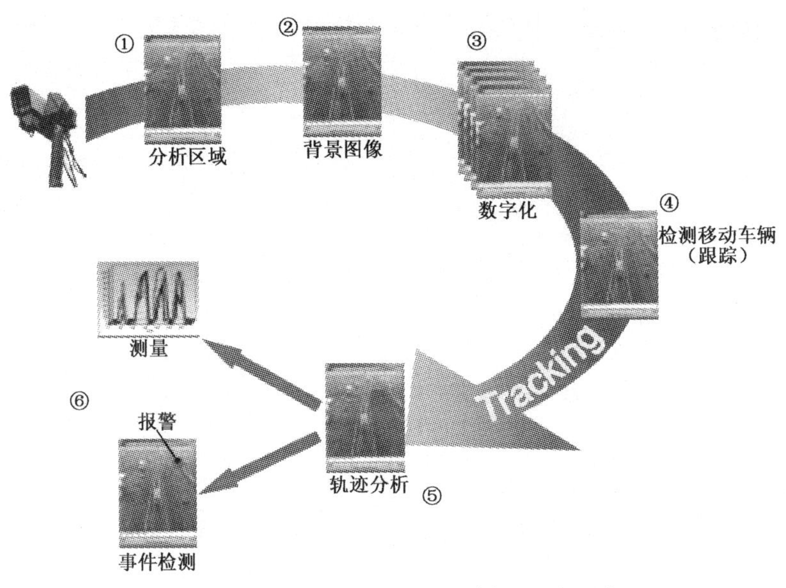

图 2-4 CITILOG 视频检测系统事件处理流程图

三、视频交通事件检测技术动态

视频交通事件检测技术是解决我国监控系统"监有余而控不足"问题的关键技术，是提高监控系统自动化、智能化水平的重要支撑技术。特别是在交通检测和控制领域，集视频技术、计算机图像处理技术、模式识别技术及通信技术等多项技术于一体的计算机视频检测技术是一个具有广阔应用前景的研究方向。它的目标是用计算机视觉技术，通过分析摄像机拍摄的交通流图像系列来对车辆等交通目标的运动进行检测、定位、识别和追踪，并对检测、识别和追踪的交通运动目标的交通行为进行分析和判断，从而完成各种交通流数据的采集，实现相关的管理和控制。这对于提高我国视频检测技术水平和道路管理水平，改变我国交通"以人为主"的被动管理局面，真正实现道路管理的智能化具有十分重要的现实意义。

随着视频检测技术的发展，交通事件识别系统逐步向着更智能化的方向发展，具备自适应、自学习能力及高系统识别率和识别精度，更高性能的视频处理专家系统是视频事件检测系统的主要发展趋势。

第二节 视频能见度检测技术

由于人工目测能见度是唯一符合能见度定义的观测方法，因此至今国内外对能见度的观测大部分还是以人工目测为主，但人工目测规范性和客观性较差。公路交通气象应用不同于常规的大气观测与天气预报，其观测的实时性和自动化要求较高，因此，目前公路交通气象的能见度观测多采用能见度仪进行自动观测，但是器测（仪器自动观测）与目测（人工观测）是存在一定偏差的。

基于上述国内外能见度观测现状，研制出一种能够完全取代人工观测的能见度自动化观测仪迫在眉睫。20 世纪末在我国开始研制的数字摄像能见度自动监测仪（Digital Photographic Visibility System，简称 DPVS)，是一种新型的用数字摄像法测量能见度的仪器，采用先进的数字摄像技术实现对大气能见度的探测，其技术方法目前在国内外尚属首创。DPVS 是完全仿照人眼观测能见度的原理、根据能见度的定义研制的，因此是取代人工观测能见度的最佳仪器。

20 世纪欧美发达国家的研究机构，如美国明尼苏达州德卢斯大学等，开展过数字摄像法探测能见度的相关试验。在我国，中国科学院院士、著名大气物理学家周秀骥先生首先提出了数字摄像能见度仪的设计思想，并于 20 世纪末由北京市气象局与中国科技大学合作，首先开始了数字摄像能见度仪的开发研究。之后，中国气象局北京城市气象研究所又先后与多家高校、科研院所以及科技公司合作，继续数字摄像能见度仪的研制工作。其间，先后在北京的观象台、灵山、佛爷顶、密云、延庆、大兴、丰台、顺义等气象台站以及北京以外的多个试验场开展与前向散射仪及人工观测的比对试验，也在江西等部分高速公路路段进行了试验应用。十几年来，中国气象局北京城市气象研究所一直坚持不懈地致力于这项创新性研究，经过不断改进和完善，该仪器各项性能指标都有了很大提高，仪器已定型，可以用于实时能见度观测。

一、视频能见度检测技术原理

数字摄像能见度仪共包括目标物、摄像机系统、工控机、数据传输系统、监控中心五个组成部分，其系统框图见图 2-5。

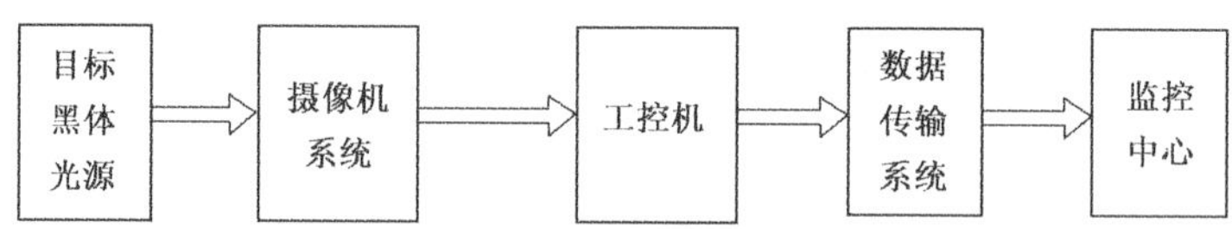

图 2-5　数字摄像能见度系统框图

数字摄像能见度仪对大气能见度的探测完全仿照人工观测能见度的方法，其基本原理是通过数字摄像机(CCD-CAMERA)直接摄取选定目标物的图像，并将图像信息输入计算机，计算机再对所获取的图像信息进行分析处理，从而自动获取能见度的数值。具体做法是：首先从远至近选定几个颜色较深的、在一般天气条件下 CCD 能够从天空背景中分辨出来的目标物作为探测目标；摄像机系统摄取选定目标物的距离、亮度等图像信息，并实时传送给现场安装的工控机；CCD 直接摄取这些选定目标，并将选定目标的距离、亮度等图像信息发送到工控机；工控机对收到的图像信息进行实时分析处理，带入能见度定义公式进行计算，从而准确获得实时能见度观测值；最后将能见度值通过数据传输系统实时传送到监控中心的计算机上显示。数字摄像能见度仪系统原理图见图 2-6，数字摄像能见度仪软件流程图见图2-7。

用于白天观测的目标物包括人工目标物(黑体)和自然目标物(如树木、楼房等)。数字摄像能见度仪观测目标见图 2-8。

用于夜间观测的目标物是目标光源，本系统中采用激光作为目标光源，采用双光源法探测夜间能见度。数字摄像能见度仪夜间观测示意图见图 2-9。双光源法探测夜间能见度是数字能见度仪的最佳夜间观测方法，不仅与光源亮度衰减无关，还能有效抑制光源污染引起的观测误差。

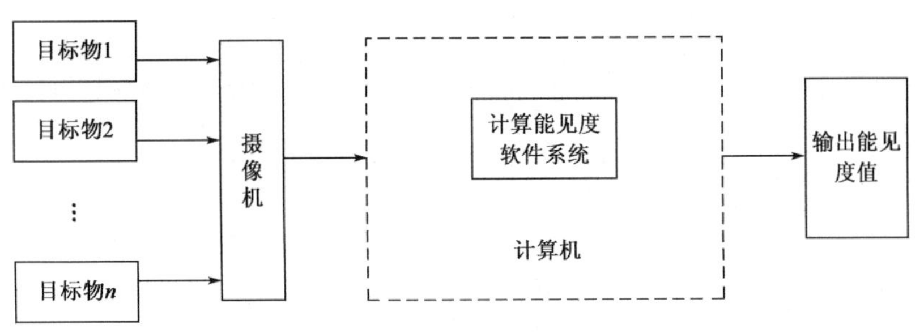

图 2-6　数字摄像能见度仪系统原理图

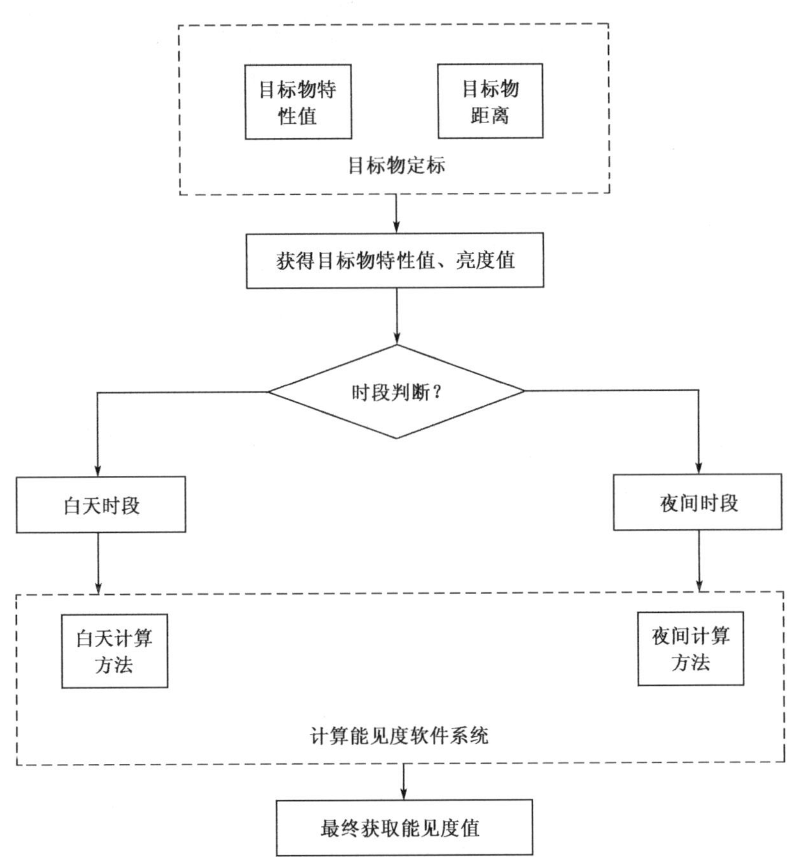

图 2-7　数字摄像能见度仪软件流程图

数字摄像能见度仪是一种全自动能见度观测仪，不需要人为干预，初始设置的测量参数一般不需要更改，DPVS 系统参数可以通过配置文件来设置。功能键可以用来显示系统状态和各种维护数据。定标方式采用模糊图像识别技术捕获观测目标，即使摄像机受到震动产生位移，摄像机仍能准确无误地捕获每一个观测目标。DPVS 自动发送能见度观测信息至中控室计算机，并自动在该计算机上实时显示能见度观测值。数字摄像能见度仪显示界面见图 2-10。

图 2-8 数字摄像能见度仪观测目标

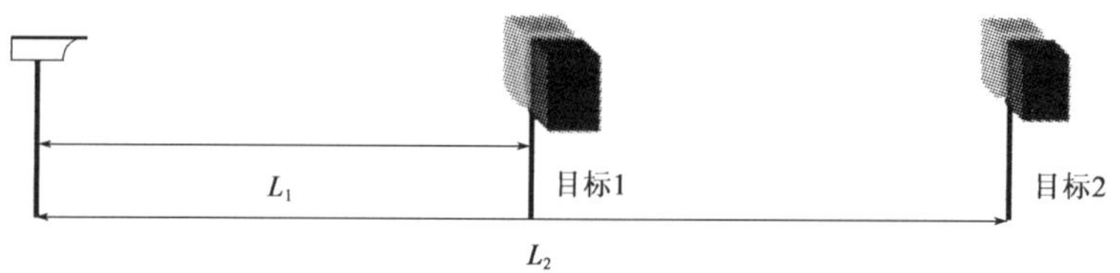

图 2-9 数字摄像能见度仪夜间观测示意图

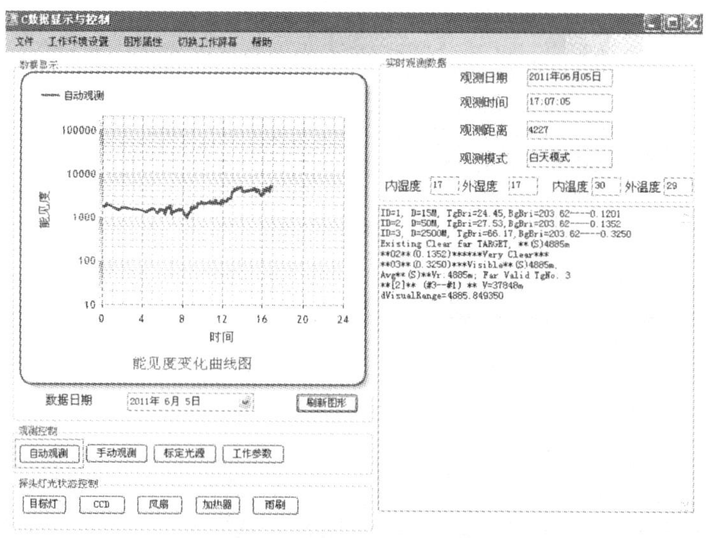

图 2-10 数字摄像能见度仪显示界面

二、视频能见度检测设备比对试验

十几年来中国气象局北京城市气象研究所从未间断数字摄像能见度仪比对试验工作，在此展示部分试验结果。

1. 特殊天气条件下比对试验

2009 年 1 月 1 日～2009 年 3 月 17 日和 2009 年 6 月 30 日～2009 年 8 月 11 日，在密云观测场分别开展了 76d 的冬季和 43d 的夏季数字摄像能见度仪(DPVS)与芬兰 Vaisala 前向散射能见度仪(FD12)和人工观测比对试验。比对结果显示，三者的变化趋势是一致的，但在特殊天气条件下是存在观测差异的，下面以降雨为例进行说明。

大气能见度与降雨量大小没有直接关系，而与雨滴中包含的气溶胶的多少以及成分有关。当雨滴中没有裹挟较多气溶胶时，降雨不会造成能见度的较大下降；相反，如果雨滴中裹挟了大量杂质，会使雨水变得浑浊，这样就会影响大气透明度，造成大气能见度明显降低。Vaisala FD12 能见度仪采用散射原理测量大气能见度，当有雨滴进入 FD12 的采样区时，就会加剧散射，不论能见度是否降低，FD12 反演的测量结果都会降低。因此在有降雨的条件下，DPVS 与 FD12 会有较大的差异。

在降雨强度比较大的情况下，FD12 的观测数值明显偏低，这与其前向散射测量原理有关。这种情况下，DPVS 的观测数值与 FD12 的数值存在较大差异(图 2-11)。

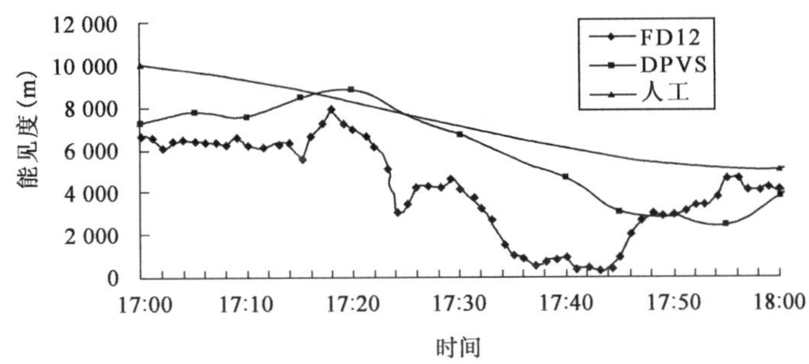

图 2-11　强降雨期间 DPVS、人工观测与 FD12 能见度对比结果

图 2-12 显示降雨强度发生变化情况下的能见度对比结果。气象资料显示，在 1 点以后降雨强度较大，FD12 的观测受强降雨引起的剧烈散射影响，数值非常低且跳变较大，而 DPVS 的观测数值较高且变化趋势相对温和。

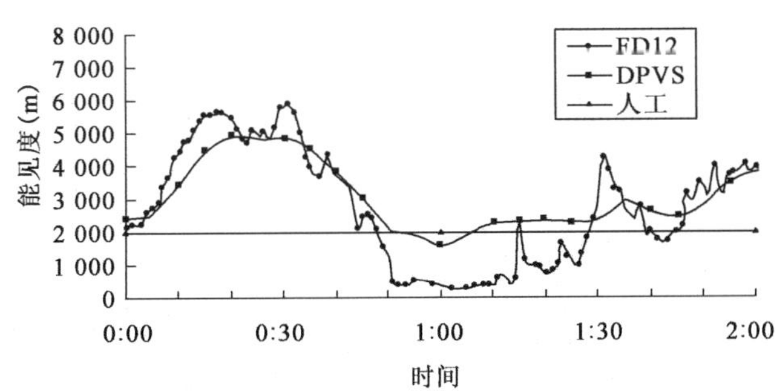

图 2-12　降雨前后 DPVS、人工观测与 FD12 能见度对比结果

2. 大雾天气比对试验

早在 2001 年，中国气象局北京城市气象研究所就在北京的佛爷顶和灵山开展了 DPVS

与人工观测的低能见度比对试验。佛爷顶和灵山地势较高，容易起雾。项目组分别在佛爷顶和灵山各实施了一周的观测，捕捉到几个大雾过程。佛爷顶位于北京延庆县北部，海拔1 252m。灵山位于北京门头沟区西北部，海拔2 303m。由于观测环境偏僻荒芜，难以取电，故夜间观测光源无法打开，只能实施白天观测。虽然观测地点没有正规气象观测员，人工观测数据不十分准确，但从比对结果可以看出两者变化趋势完全一致。大雾情况下，DPVS与人工观测白天比对结果见图2-13。

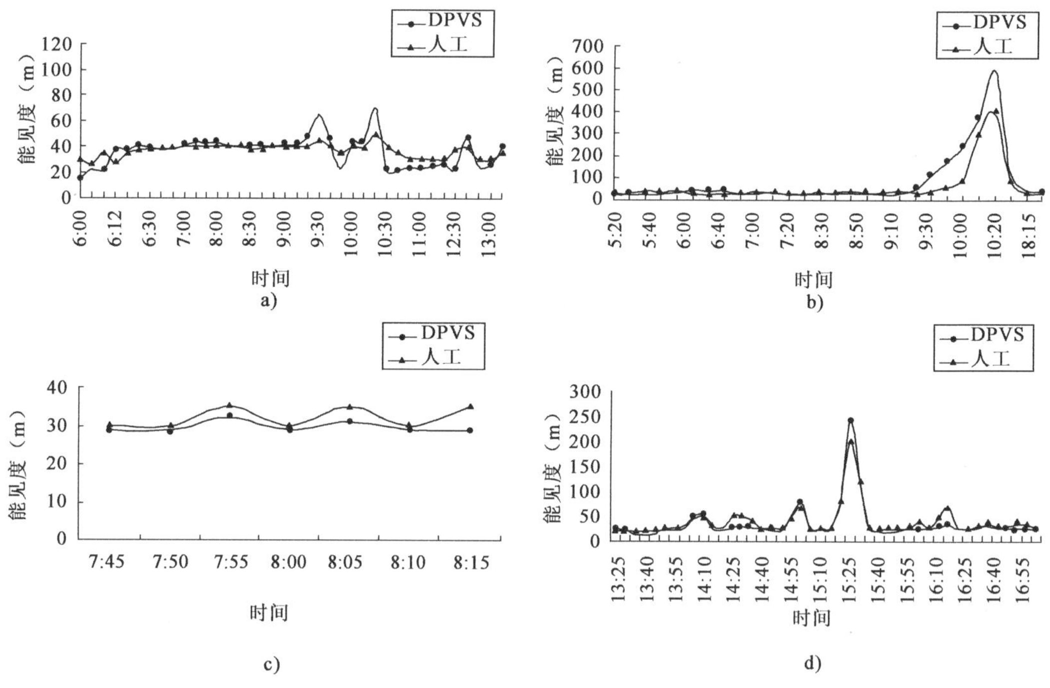

图2-13　大雾情况DPVS与人工观测白天比对结果

a)佛爷顶2001年8月16日DPVS与人工观测白天比对结果；b)佛爷顶2001年8月18日DPVS与人工观测白天比对结果；c)灵山2001年10月14日DPVS与人工观测上午比对结果；d)灵山2001年10月14日DPVS与人工观测下午比对结果

图2-14　交通运输部雾试验场

为了测试数字摄像能见度仪在大雾情况下的夜间观测情况，2011年5月16～17日在交通运输部雾试验场开展了数字摄像能见度仪(DPVS)与Vaisala前向散射能见度仪的比对观测试验。交通运输部雾试验场是一个基本封闭的类似隧道结构的试验场，开展试验的中间路段基本没有太阳光，场内亮度接近夜间，是开展夜间比对试验的良好场所。交通运输部雾试验场见图2-14，图中两个绿色光源即为用于数字摄像能见度仪夜间观测的激光光源。比对结果见图2-15，可见在均匀大雾情况下两者的观测结果非常接近。

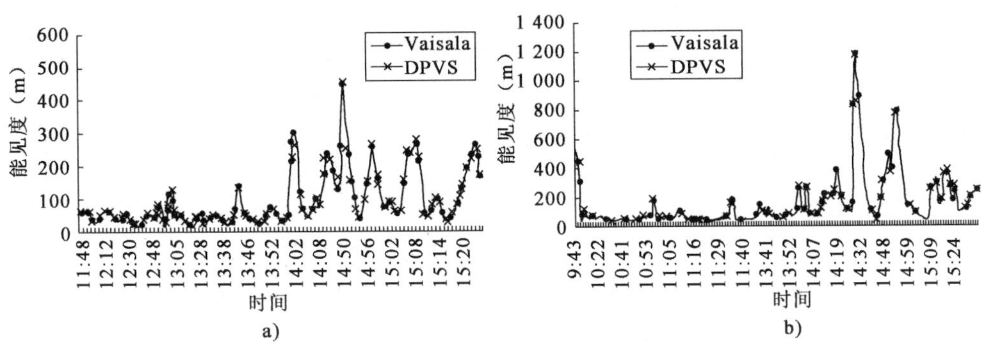

图 2-15　大雾情况 DPVS 与 Vaisala 前向散射仪夜间比对结果

a)2011 年 5 月 16 日比对结果；b)2011 年 5 月 17 日比对结果

3. 高速公路能见度比对试验

为了配合高速公路低能见度观测需要，专门设计了仅用两个人工目标物作为观测目标的低能见度观测仪，并于 2011 年 5 月在安徽合肥开展了与前向散射仪的比对观测试验。结果显示数字摄像能见度仪与前向散射仪观测趋势一致。用于高速公路低能见度观测的数字摄像能见度仪观测示意图见图 2-16，实物图见图 2-17。

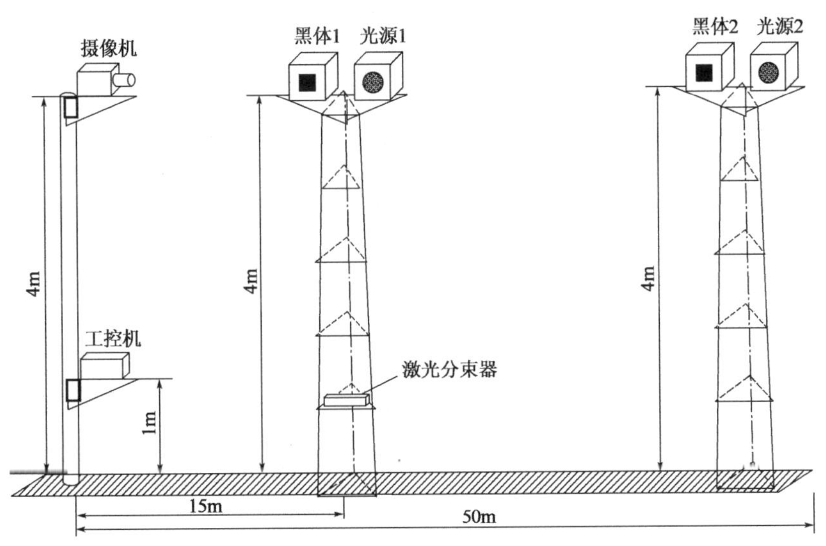

图 2-16　数字摄像能见度仪观测示意图

三、视频能见度检测设备技术动态

数字摄像能见度仪克服了现存能见度仪以及人工观测能见度的缺陷，完全仿照人工观测能见度的原理，按照大气能见度定义，根据观测目标物的距离和清晰程度准确计算出能见度值，是取代人工观测能见度的最佳仪器。

随着 CCD camera 技术的发展，其像素数早已过 1 000 万，已经达到人眼分辨率(300dpi)，价格却在直线下降，这无疑给用数字摄像技术测量能见度带来更加光明的前景，该技术也必定

图 2-17　数字摄像能见度仪实物图

会在气象预报、高速公路等相关领域得到广泛的应用。我国多数高速公路具有完善的交通监控系统，安装了大量的视频监控摄像机，有些高速公路监控摄像机的布设密度甚至达到了每1～2km一处，因此，利用视频能见度检测技术，通过对现有公路视频监控设备进行合理的改造升级，以较低的成本投入实现公路沿线重要路段的能见度高密度检测和预警具有重要的现实意义。

第三章　交通监测技术

交通监测技术主要指交通流检测技术，它可以适应动态交通状况的变化，实时采集大量交通流量数据并将其传输到监控中心，监控中心可根据这些数据迅速作出控制决策，将信号反馈到交通信息板和信号灯，指挥车辆行驶，以达到缓解交通拥堵、优化行车路线的目的。

目前比较成熟的交通流检测技术有感应线圈车辆检测技术、微波交通检测技术、视频车辆检测技术、橡胶气压管传感器技术、雷达车辆检测技术、激光车辆检测技术和磁映像技术，各种检测技术的代表产品有 PEEK MTS4E 型感应线圈车辆检测器、RTMS 远程交通微波传感器、Autoscop-2004 视频检测系统、MetroCount5600 车辆分型统计系统、NC-200 袖珍交通流量计等。下面分别介绍这几种检测技术。

第一节　感应线圈车辆检测技术

一、感应线圈车辆检测技术原理

感应线圈车辆检测器是我国城市交通和道路监控系统中应用较早且最多的一种。线圈检测技术自 20 世纪 90 年代初期从国外引进后，经多年的应用和不断改进，其产品性能等已达到了相当完善的程度。

环形线圈车辆检测器主要由环形线圈、线圈调谐回路和检测电路组成，工作原理如图 3-1 所示。埋设在地下的线圈通过变压器连接到被恒流源支持的调谐回路，并在线圈周围的空间产生电磁场。当车体进入线圈磁场范围时，车辆铁构件内产生自闭合回路的感应电涡流，此涡流又产生与原有磁场方向相反的新磁场，导致线圈的总电感变小，引起调谐频率偏离原有数值；偏离的频率被送到相位比较器，与压控振荡器频率相比较，确认其偏离值，从而发出车辆通过或存在的信号。相位比较器输出信号控制压控振荡器，使振荡器频率跟踪线圈谐振频率的变化，从而使输出为一脉冲信号。输出放大器放大该脉冲信号，并以数字、模拟和频率三种形式输出。频率输出可用来测速，数字信号便于车辆计数，模拟量输出用于计算车长和识别车型。

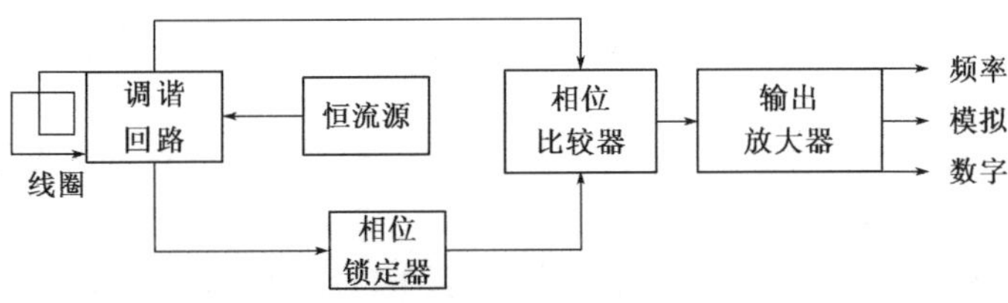

图 3-1　感应线圈车辆检测器工作原理

感应线圈车辆检测器(图 3-2)可通过以太网接口(双绞线和光缆)与中心通信,能支持 TCP、UDP、FTP、HTTP、TELNET 等多种协议,也可通过 RS232/422 接口用 MODEM 进行传输。嵌入式技术的应用提高了其通信、数据处理、存储等方面的性能,也使其长时间运行的高低温性能更稳定可靠。感应线圈埋入各行车道中间,离路表面 7～9cm,线圈与线圈的间距为 2～3m,检测器探头与检测处理器安装在道路旁边(防撞护栏外侧)的机柜内。

图 3-2　感应线圈车辆检测器

二、感应线圈车辆检测技术适用性

感应线圈检测技术的发展已很成熟,国内外生产厂家也较多,价格相对合理,被高速公路广泛采用,特别是城市道路公安交警抓拍违章车辆也常用这种方法。由于感应线圈敷设在道路表面下面,其主要优点是不受外界环境和天气变化的影响,而且其检测的交通参数精度非常高。目前,国内环形线圈车辆检测器的测速精度和交通量计数精度都在 98%左右,完全能满足交通行业产品标准《环形线圈车辆检测器》(JT/T 455—2001)和工程验收标准《公路工程质量检验评定标准　第二册　机电工程》(JTG F80-2—2004)的要求。另外,它的工作稳定性好,在初始安装调试完毕后,可长期保持较高的检测精度,故障率低。缺点是因为需要在每条车道下埋设线圈,所以对公路的路面有破坏作用,影响路面寿命。当路面出现问题时,容易造成线圈损坏,维护时要封闭车道、开挖路面,在路面大中修时往往会挖断线圈,给路面的重铺和大中修增加了困难,道路的扩建和改道也受牵制。

第二节　微波交通检测技术

一、微波交通检测技术原理

微波交通检测器(Microwave Traffic Detector,简称 MTD)为非接触式交通检测器,利用雷达线性调频技术原理,通过发射中心频率为 10.525GHz 或 24.200GHz 的连续频率调制微波,在检测路面上投影一个宽度为 3～4m、长度为 64m 的微波带。每当车辆通过这个微波投影区时,都会向检测器反射一个微波信号,检测器接收反射的微波信号进行高速实时的数字化处理分析,检测车流量、速度、车道占有率和车型等交通流基本信息。它的工作原理如图 3-3 所示。

微波交通检测器(图 3-4)主要用于高速公路、城市快速路、普通公路交通流量调查站和桥梁的交通参数采集,提供车流量、速度、车道占有率和车型等实时信息,此信息可为交通控制管理和信息发布等提供数据支持。

MTD主要由天线、收发组件、线性调制单元、中频放大器、信号处理机、接口单元、显示单元等组成。它可以安装在道路旁侧电线杆或类似结构上,装卸方便,并可编程调整参数以适应检测各种不同道路状况的需求。其覆盖区域由发出的椭圆形波束的信号确定,可把其传感信号在道路上覆盖的椭圆形区域划分成不同的探测道,并分道进行监控和测量。MTD产品可设置一个独立的USB数据接口,在调试的过程中用户可以进行实时现场调试和演示。系统可以通过有线或无线网络将监控数据传送到监控中心,同时,如果无法把数据定时传回,可以通过USB接口一次取回最近的测量数据并存入数据库。

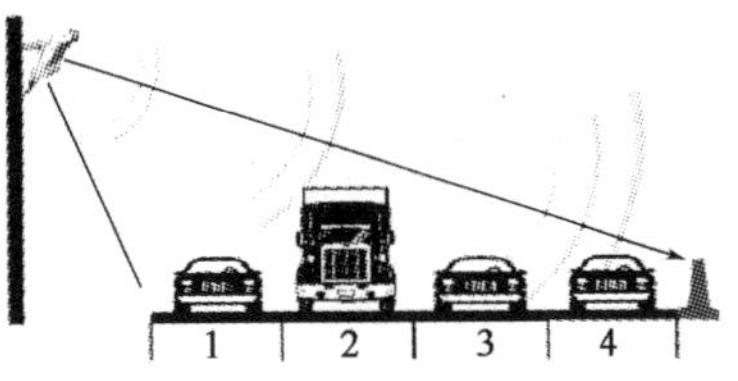

图3-3　微波交通检测器工作原理

图3-4　微波交通检测器

二、微波交通检测技术适用性

微波交通检测技术在国外应用得较早,美国、加拿大等国家应用较为成熟。近年来,随着我国道路建设的快速发展,该技术在我国获得了大范围的应用,取得了较好的应用效果。

相对于线圈、视频等车辆检测技术,微波交通检测技术具有以下几个特征:一般不受雨滴、冰雹和雪花等外界环境因素影响,可以实现全天候工作;具有衍射性能,能够检测到被大车挡住的车辆,从而检测多条车道;拥有较宽的车道距离分辨能力,不会受到安装立柱晃动带来的误差影响,部分误差也属于系统误差;侧向安装,且安装维护比较便利,降低系统的后期运行成本。

总之,MTD在车型单一、车流稳定、车速分布均匀的道路上测量精度较高,但是在车流拥堵以及大型车较多、车型分布不均匀的路段，由于遮挡，测量精度会受到比较大的影响。另外，微波检测器要求离最近车道有3m的空间，如要检测八车道，离最近车道也需要7～9m的距离，且安装高度需达到要求，故其在桥梁、立交、高架路的安装会受到限制，安装困难，成本代价比较高。

第三节 视频车辆检测技术

一、视频车辆检测技术原理

视频车辆检测器是近几年来道路监控系统中开始使用的又一种车辆检测器。视频车辆检测器系统主要由视频检测摄像机、光端机、视频检测处理器、交通数据计算机组成，其工作原理如图3-5所示。

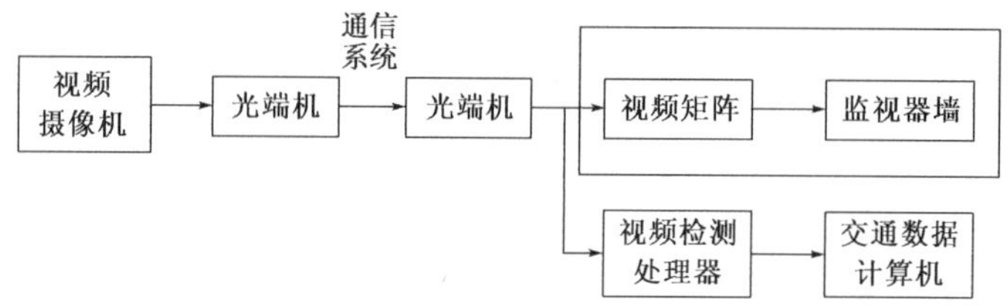

图3-5 视频车辆检测器工作原理

视频车辆检测器(图3-6)是一种基于视频图像分析和计算机视觉技术，对路面车辆运行情况进行检测分析的集成系统。它能实时分析输入的交通图像，跟踪图像中的车辆，获得各种交通数据。它采用摄像机作为视频传感器，摄像机架设在道路的合适位置(道路上方、路中央的隔离带)，视频信号经视频线输入视频检测系统，利用图像工程学(图像处理与机器视觉)的方法，实时监测各个现场的图像，并消除环境造成的各种影响，通过图像分析处理获得所需的各种交通数据，检测线和检测区域可在计算机或监视器的图像画面上自由设置。系统检测到的各种交通数据既可存储在设备本身的大容量非易失存储器中，也可以通过通信接口(RS232、RS485、RJ45以太网接口等)将检测数据传输到远端数据中心。

图3-6 视频车辆检测器

视频车辆检测技术是一种结合视频图像和电脑化模式识别的技术，是目前高速公路车辆检测较先进的技术之一。它通过软件在视频图像上按车道设置虚拟车道检测器，当车辆通过虚拟检测器时，就会产生一个检测信号，再经过软件数字化处理并计算得到所需的交通数据，如车型、车流量、车速、车距、占有率等。另外，监控人员还可以通过监视器上的视频图像实时观察检测范围内的车辆行驶状况。

二、视频车辆检测技术适用性

视频检测技术利用安装在高处的摄像机图像作为工作平台，具有图像和交通数据双重采集功能，使交通管理人员通过量化的数据及时了解交通状况，优化交通管制方法。特别是视频能提供较完整的交通状况信息，使交通管理人员有亲临现场的感觉，这对突发事件的处理尤为重要；视频检测系统的灵活性要大于其他检测方法，视频检测区域容易重新定位，可满足不断变化的数据采集要求，视频检测设备可随时更换检测地方；系统施工维护简单，不破坏路面，工作可靠，故障率低，检测参数多，功能强。目前，国内常用的视频车辆检测器的测速精度都在95%以上，交通量计数精度一般在98%左右。经多次现场检测发现，在使用带强光抑制的高灵敏度摄像机后，晚上在没有道路照明的情况下，可以达到和白天同样的检测精度。只是在黎明和黄昏背景环境亮度变化明显且行驶车辆车灯开关状态不一致的情况下，检测精度较差。缺点是易受环境及气候的影响，检测精度的稳定性不好。长期使用后，安装支架的晃动会使摄像机位置偏移，摄像机镜头表面的积尘会使图像质量变差，这些都会导致检测精度降低，需要重新进行软件调试。虽然视频检测技术仍有部分关键技术问题需要解决，但总体已基本发展成熟，优势明显，代表该领域未来技术的重要发展方向。

第四节　橡胶气压管传感器技术

橡胶气压管传感器技术(图3-7)是一种较为古老而又可靠的检测技术，当车辆经过气压管传感器时，气压管内部便产生一股微弱的气流并传到检测设备的空气开关上，从而形成一个车轴电信号。不同厂家的数据处理方法不同，检测原理也不尽相同。在此以MetroCount 5600为例，它利用橡胶气压管记录并存储每个车轴的通过时间，然后通过软件进行交通量、车型、车速、方向、车头时距、车道占用率等交通数据的统计。

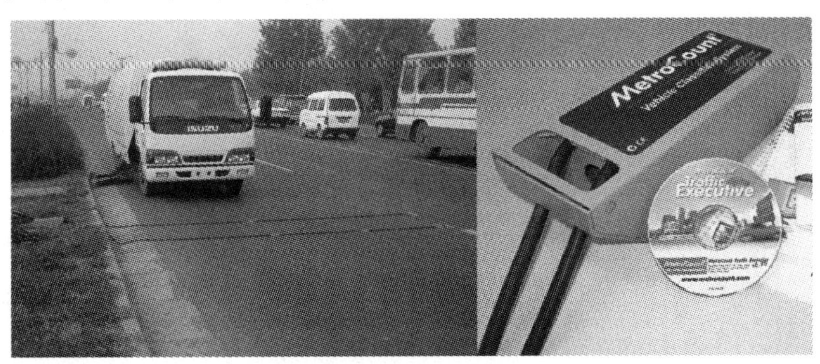

图3-7　橡胶气压管传感器

橡胶气压管传感器技术与其他检测技术相比，能够准确进行车辆分型，获得每辆车的车轴信息，但是可同时检测的车道数较少，很难分辨过于靠近的车辆。

第五节　激光车辆检测技术

激光车辆检测器(图 3-8)采用红外线半导体激光二极管发射出一定频率的极窄光束精确瞄准目标,通过测量红外线光波在设备和目标间的传送时间来决定速度。由于光束是固定的,激光脉冲传送到目标再折返的时间与距离成正比。以固定间隔发射两个脉冲,即可测得两个距离,将此两距离之差除以发射时间间隔即可得到目标的速度。在理论上,发射两次脉冲即可得到速度。而实际上为避免错误,一般设备在 1s 内发射高达上千组的脉冲波,以最小平方法求其平均值计算目标速度,从而得到非常精确的速度。同时,激光测速设备的发射锥角度只有不到 0.10°,其狭窄光速使两车同时被侦测到的机会等于零,因此,在较高车流量的路况上能够准确地工作。

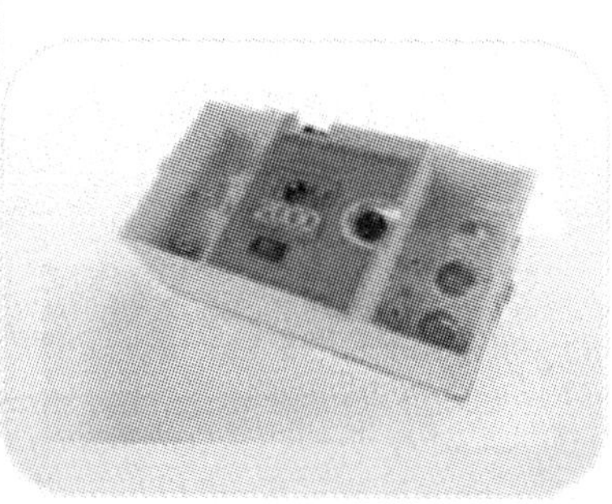

图 3-8　激光车辆检测器

同雷达原理测试系统一样,对于固定安装在道路的上方,以一定的角度俯视机动车道的激光测试系统,设计时需要考虑安装角度带来的影响,并对测量结果进行校正。在两车道车辆并行或车辆连续进入检测区域时,可以有效地得到车速,而不会出现错误、误判的情况。此外,由于激光二极管发射率很窄,其侦测器极易接受到精确的波长,因此在日间有强烈阳光时仍能正常操作。

第六节　磁映像技术

车辆磁映像(Vehicle Magnetic Imaging,简称 VMI)技术是美国 Nu-metrics 公司的专利技术,它利用车辆通过时对地磁场的影响检测车辆交通参数。磁映像检测器(图 3-9)采用低功耗、高灵敏度的强导磁材料,将地磁磁通线集中约束在比较小的空间,当车辆停驻、慢速接近或通过时,被约束的磁力线发生变形,产生原始信号,经转换、处理后形成一个电压随时间变化的曲线。

磁映像技术与其他检测技术相比,具有可检测小型车辆,安装时不破坏路面等优点,但是安装费时费力,而且很难分辨过于靠近的车辆。

综上所述,六种交通流检测技术性能比较见表 3-1。

图 3-9　磁映像检测器

六种交通流检测技术的性能比较　　表 3-1

检测技术	优　点	缺　点
感应线圈车辆检测技术	(1)不受恶劣气候影响； (2)交通流信息测量准确	(1)安装时破坏路面； (2)长期使用后须更换线圈，工作量较大
微波交通检测技术	(1)不受恶劣气候影响； (2)可以侧向安装检测多车道	(1)安装条件要求较高； (2)不能对车辆进行准确分型
视频车辆检测技术	(1)可提供大量交通管理信息； (2)单台摄像机可检测多车道； (3)交通流信息测量准确	(1)检测精度受恶劣气候影响； (2)安装条件要求较高； (3)长时间工作后须重新调试以提高检测精度
橡胶气压管传感器技术	(1)车辆分型准确； (2)能够获得每辆车的车轴信息	(1)可同时检测的车道数较少； (2)很难分辨过于靠近的车辆
激光车辆检测技术	(1)交通流信息测量准确； (2)检测目标准确，测速快	(1)安装角度要求较高； (2)价格较高
磁映像技术	(1)可检测小型车辆，如自行车； (2)安装时不破坏路面	(1)安装费时费力； (2)很难分辨过于靠近的车辆

参考文献

[1] 刘洪启，李长城，王芳，等. 高速公路雾区交通安全管理技术[M]. 北京：人民交通出版社，2011.

[2] 包左军，汤筠筠，李长城. 公路交通安全与气象影响[M]. 北京：人民交通出版社，2008.

[3] 姜晨阳，陈旭梅，刘文峰，等. 国内外公路气象信息系统标准综述[J]. 交通信息与安全，2011(2).

[4] 任福田,刘小明,荣建. 交通工程学[M]. 北京:人民交通出版社,2003.

[5] Gumprecht R O, C M Sliepcevich. Scattering of light by large spherical particles[J]. Phys. Chem., 1953, 57:90-95.

[6] Gazzi M, V Vicentini, C Pesci, et al. Diagnosis of the causes of systematic errors in atmospheric transparency measurements and some experimental verifications in Po Valley Fogs[J]. J. Atmos. Oceanic. Technol., 1985, 2:201-211.

[7] WMO. Guide to Meteorological Instruments and Methods of Observation[M]. Sixth edition. Geneva: Secretariat of WMO, 1996, WMO-No. 8:I. 9-1～I. 9-11.

[8] 王京丽,程丛兰,徐晓峰. 数字摄像法测量能见度仪器系统比对试验[J]. 气象科技,2002,30(6):253-257.

[9] 王京丽,程丛兰,徐晓峰. 数字摄像能见度仪器系统控制电路的设计[J]. 气象科技,2006,34(5):633-635.

[10] 谢兴生,陶善昌,周秀骥. 数字摄像法测量气象能见度[J]. 科学通报,1999,44(1):97-100.

[11] 张智勇,朱传征. 公路机电工程检测技术[M]. 北京:人民交通出版社,2008.

[12] 张智勇,朱立伟. 高速公路机电系统新技术及应用[M]. 北京:人民交通出版社,2008.

[13] 中华人民共和国交通运输行业标准. JTG F80-2—2004 公路工程质量检验评定标准 第二册 机电工程[S]. 北京:人民交通出版社,2004.

[14] 中华人民共和国交通运输行业标准. JT/T 455—2001 环形线圈车辆检测器[S]. 北京:人民交通出版社,2001.

第二篇　预报预警技术

目前我国交通气象预报仍局限于常规天气要素(如降水、雾、高温等)对交通干线的影响区域和范围，而针对交通安全运行所关注的交通气象要素(如路面状况、路面温度等)的预报仍没有开发出有效的方法。同时，缺乏气象条件影响交通安全的定量化评估模式，使得交通气象预报在交通管理的决策支持服务方面没有发挥更大的作用。而解决这一局限的途径就是要针对公路交通的具体需求，开发建立交通致灾气象条件的预报系统，并逐渐开发完善交通气象条件影响评估指标体系和气象影响评估模式，同时加强交通气象预报信息服务平台的建设，建立气象信息的快速、直观的检索途径和渠道。就公路交通气象而言，监测是基础，预报是关键，信息提供与决策支持是目标。鉴于此，本篇针对我国公路交通气象应用中预报预警薄弱环节对国内外技术状况与趋势进行总结，为开展大雾低能见度、路面湿滑状况等交通高影响天气预报预警服务以及业务化系统的开发提供参考和借鉴。本篇包括三章内容，第四章归纳总结了能见度预报技术；第五章归纳总结了路面温度与状态预报技术；第六章从业务化应用的角度给出了公路交通气象预报预警技术的流程和系统的初步设计方案。

第四章　能见度预报技术

随着城市路面交通网的逐渐密集以及城市间高速公路网的建设，大气能见度对高速公路的影响成为日益受到关注的问题。较差的大气能见度影响车辆的正常行驶，极易出现交通事故。统计资料显示，对气象条件预测、应对措施不到位，因能见度低、安全视距不够、速度过快造成的交通事故，占高速公路事故总量的 27%。另外，低能见度天气经常造成公路的堵塞、封闭，直接导致交通运输中断，给地方经济和公路自身经济效益造成损失。

能见度是反映大气透明度的一个指标，与当时的天气情况密切相关。当出现降雨、雾、霾、沙尘暴等天气过程时，大气透明度较低，因此能见度较差。在气象学中，能见度用气象光学视程表示。气象光学视程是指白炽灯发出色温为 2 700K 的平行光束的光通量，在大气中削弱至初始值的 5%所通过的路径长度。白天能见度是指视力正常(对比感阈为 0.05)的人，在当时天气条件下，能够从天空背景中看到和辨认的目标物(黑色、大小适度)的最大水平距离。夜间能见度是指假定总体照明增加到正常白天水平，适当大小的黑色目标物能被看到和辨认出的最大水平距离，中等强度的发光体能被看到和识别的最大水平距离。在空气特别干净的北极或是山区，能见度能够达到 70～100km，然而能见度通常由于大气污染以及湿气而有所降低。

影响能见度的天气现象主要包括雨、雪、雾、霾、沙尘等。在诸多影响要素之中，雾是影响能见度的主要天气现象，特别是能见度小于 200m 的大雾引发的交通事故呈逐年上升趋势。近年来，我国雾出现两个新特点：第一，浓度特别高、能见度特别低的雾的出现频率比过去高；第二，雾天持续时间比较长。据统计，高速公路上因浓雾影响造成的交通事故大约占事故总数的 1/4 左右，雾天高速公路的事故率是平常的 10 倍，故有浓雾是高速公路的“杀手”之说。暴雨不仅使能见度降低，且强降水时在行驶车辆的玻璃上形成的雨点和水帘、雨刮器来回转动等因素都对驾驶员视线形成障碍，同时由于地面湿滑而不能紧急制动，易引发交通事故。暴风雪也属于低能见度天气的范畴。大风导致的障碍物坠落及大风引起的沙尘使能见度剧降等也会影响行驶车辆的安全。

因此，能见度不足 100m 时，高速公路管理部门往往采取封路等消极方法来禁止车辆行驶。这不但给人们出行带来了诸多不便，也给企业带来了巨大经济损失。以沪宁高速公路为例，按照沪宁高速公路扩建前的通行量测算，一年若是缓解 7 个不封路的完整通行日，其经济效益每公里可达 1 700 万元。如果能够及时对能见度进行准确预报预警，提前采取安全保障措施，既可避免重大交通事故的发生，也可节约巨大的社会资源。下面介绍一些国内外已经成功应用的能见度预报技术方法。

第一节　国外能见度预报技术方法

国外的能见度预报系统形式多样，计算方法也各不相同，大部分可直接输出能见度预报的确定值。在技术方法上，直接基于能见度观测数据的外推法(OBS)、直接根据能见度观测值的统计预报方法、基于能见度数值输出的统计法(MOS)、基于气候模型的方法等，都在实践中取得了一定的效果。此外，采用主客观结合的预报方式，依据预报员主观分析，订正客观能见度预报产品，这种能见度的预报方法也随着数值天气预报技术的提高不断发展。

近年来，概率预报的应用越来越广，能见度的概率预报也在不断分析测试中。由于影响能见度的因子较多，预报具有一定的复杂性，目前国际上很少有单独的能见度预报模型，大多基于中尺度数值预报模式衍生而来。这些概率预报的获取，有的基于多样化的监测网络派生而来，有的基于传统多模式输出方法统计而来，计算方法的适用性和优异性不断得到更新改进。

一、定性能见度预报技术方法

1. 美国 RUC 模型能见度预报技术方法

快速更新循环(RUC)模式，是一种可以预报能见度的数值天气预报系统，在美国至少 48 个州、墨西哥和加拿大等大部分区域得以广泛应用。它实现了一种非常高速的循环模式，由中尺度数据同化和预报模块组成。1998 年，RUC 模式预报能见度已经开始在美国国家环境预报中心(NCEP)实现运行，当时的水平分辨率达 40km，垂直分辨率达 40 层。RUC 模型使用过去 1h 的预报场作为下个时次预报的背景场。同时，RUC 模型用最新的实况数据来修正，因而 RUC 模型具有很强的时效性，20min 以内的观测数据，最多过去 1h 的信息，才对下一次预报有效，当时模式逐时输出 3h 预报产品，每 3h 输出 12h 预报产品。RUC 模型中，能见度值是通过预报的水汽凝结、云、相对湿度等作为参数计算而来，并引用了能见度同化技术，核心算法采用的是 Smirnova 等在 2000 年提出的，并根据 1999 年 Stoelinga 和 Warner 改编的能见度计算方法。

2000 年，更新后的 RUC20 开始进入测试阶段。相比之前的 RUC40，RUC20 在模型技术和分析上有了很大的提高。2002 年 4 月，RUC20 正式开始在 NCEP 业务上使用，在原先的 RUC40 的基础上，改进了模型 1h 的降水预报，RUC20 水平分辨率为 20km，垂直方向提升到 50 层，更精细的网格预报使 RUC20 能关注到更小区域内的云和降水特征，为接下去的能见度预报提供良好的分析依据。该版本最主要的改进是实现了一种新的对流参数化，使用混合相位微物理，将地球静止业务环境卫星(GOES)的云顶数据同化进模式，来描述最初的水汽凝结场。RUC20 模型的能见度场来自于翻译算法，将中尺度数值模式针对的物理量转化为针对能见度这一变量，该算法使用近地面水汽凝结体(云水、雨水、雪、冰等)混合比和相对湿度作为算法参与因子输入。RUC20 能见度预报输出的准确度有一个巨大的潜在影响因素，即本地大气气溶胶浓度的变化。气溶胶浓度的变化会对能见度的变化产生直接和巨大的影响，因此对气溶胶浓度的计算也是该方法中的重点之一。

此外，美国气象观测组织的 ETA 模型也延续了 Stoelinga 和 Warner 改编的能见度计算方法，而后在北美中尺度模型(NAM)中延续下来。从目前所做的一些有限的统计订正可以发现，RUC20 在夜间的能见度预报效果非常好。

2. 英国 MetUM 能见度预报技术方法

英国气象局集合模型(MetUM)认为能见度是一种复杂变量，目前在简单的数值模式中一次性获取影响它的全部特征因子较为困难。在能见度预报计算过程中，主要影响因子是气溶胶浓度和相对湿度，其中气溶胶浓度尤为重要。当大气相对湿度低于100%时，大气能见度主要受气溶胶浓度影响；当相对湿度无限接近100%时，气溶胶颗粒迅速吸收水分并开始形成雾滴。因此英国气象局在构建能见度预报模型中，将气溶胶浓度作为一个预报变量来使用。该气溶胶模块中，能见度的同化作用在能见度预报中时效为6～12h，能见度范围极小时，模块发挥的贡献最大，而气溶胶预报模块在稍微大范围的能见度情况下贡献也比较大。该模式计算方法如下：

$$VIS = -\ln\varepsilon/\beta_{tot} = 3.912\,023/\beta_{tot} \tag{4-1}$$

式中：ε——固定的可视距离，赋值0.02，这个0.02的值是与英国气象预报系统的其他参量相匹配的；

β_{tot}——消光系数，$\beta_{tot}=\beta_{air}+\beta(RH,m)$，$\beta_{air}$指相对于干净空气的消光系数，$\beta$指相对于产生气溶胶时的空气的消光系数，$RH$指相对湿度，$m$指干气溶胶质量混合比。

式(4-1)中，能见度被假定为简单的指数分布。

3. 丹麦HIRLAM能见度预报技术方法

丹麦气象学会(DMI)运用有限区模式(HIRLAM)，预报2m高处的能见度。模式假定气溶胶浓度恒定不变，同时充分考虑了太阳的天顶角、云量、风速、温度、比湿、降雨和降雪强度等因子，基于29个站点2年的观测信息的统计分析，使运算因子参数化。

4. 匈牙利PP模式能见度预报技术方法

匈牙利气象服务中心(HMS)近年来使用的能见度预报来自于Perfect Prognosis(PP)数值模式，将能见度的值与雾的稳定指数相关联，指数计算如下：

$$FOGSI=2|T_{sfc}-T_{850}|+2(T_{sfc}-T_{dsfc})+2\cdot W_{850} \tag{4-2}$$

式中：T_{sfc}——近地面温度；

T_{dsfc}——近地面露点温度；

T_{850}——850hPa温度；

W_{850}——850hPa风速。

$$Visibility=-1.33+0.45\cdot FOGSI \tag{4-3}$$

该方法适用于秋冬雾霾较多的时间段，其他时间段有一定的局限性。

二、能见度概率预报技术方法

近年来，随着概率预报技术的不断发展，确定性数值天气预报模式的局限性有所显露。尤其对0～6h的能见度预报，人们对这个时间段的天气服务需求仍较高，而确定性数值预报系统准确率较难把握。因此，能见度预报也开始向概率预报方向拓展。目前方法较多：依据气候规律，基于各种观测系统(OBS)可得到概率预报；根据各个模式输出结论可获取能见度概率预报；另外还有一些气候学方面的方法，在此不一一赘述。

2003年，Leyton and Fritsch发展了基于高密度、高频率的地面观测系统的能见度概率预报方法；2001年开始，Pasini、Bremnes、Michaelides and Marzban等都先后提出神经网络法的能见度概率预报；Zhou等提出通过短期集合预报系统来建立能见度概率预报；Roquelaure、Bergot and Roquelaure等在2008年首次将贝叶斯模式平均法(BMA)应用到能见度预报中；

2011 年，RICHARD M. CHMIELECKI 等对贝叶斯法作了进一步更新完善，并将新的方法用于能见度概率预报中。

BMA 的计算公式如下：

$$p(y|f_1,\cdots,f_k)=\sum_{k=1}^{k}w_k h_k(y|f_k) \tag{4-4}$$

式中：y——对应的概率分布函数下的一个混合条件值；

w_k——k 对应的变量的权重（取值 0～1）；

h_k——条件概率密度函数；

f_k——对应预报的各个成员。

随着概率天气预报系统的不断发展，能见度概率预报的技术手段也在不断更新。目前，能见度概率预报已有了初步进展。在美国，确定的数值预报也已能成功经由华盛顿大学的中尺度集合预报（UWME）转化为能见度预报，BMA 成功依据各个确定的能见度预报结论，生成了能见度的预报概率分布。UMWE 集合了 8 个预报成员，都来自于宾夕法尼亚州立大学国家中心大气中尺度模式（MM5），成员列表见表 4-1。

华盛顿大学中尺度预报（UWME）能见度成员列表 表 4-1

模　型	来　源
全球预报系统（GFS）	美国国家环境预报中心（NCEP）
区域中尺度模型（ETA）	美国国家环境预报中心（NCEP）
全球环境多尺度模型（CMCG）	加拿大气象中心（CMC）
全球分析预测模型（GASP）	澳大利亚气象局（ABM）
全球谱模式（JMA）	日本气象厅（JMA）
海军作战全球大气预报系统（NGPS）	美国舰队数值气象海洋中心（FNMOC）
全球预报系统（TCWB）	中国台湾中央气象局（TCWB）
统一模型（UKMO）	英国气象局（UKMO）

注：第一列表示成员名称，第二列表示成员来源。

在 UWME 中，能见度由 Stoelinga 和 Warner 提出的消光系数法及 RUC 两种方法实现了参数化，它采用统计后处理技术，通过将贝叶斯方法应用于离散点和 β 分布的混合概率分布函数，建立起三种预报概率分布的方法：第一种方法采用翻译算法将水文气象变量的关注转换成能见度关注；第二种方法用相对湿度和定量降水的模式预报扩大集合初始能见度预报值；第三种方法是集合预报成员仅通过相对湿度和降水量决定。

三、人工神经网络技术在能见度预报中的应用

另外，神经网络法也已经有了初步成果，意大利将神经网络方法第一次运用到能见度概率预报中，已经证实了有很好的预报效果。

20 世纪 90 年代初，人工神经网络（ANN）被大量运用于各种动态系统的模拟上，包括在大气科学领域的应用，其在大气科学及公路能见度预测上的优势和潜力已引起国内外气象科学工作者的广泛关注，他们进行了大量研究，有的研究成果已应用于生产实际。

人工神经网络模型应用于大气科学开始于 Gardner 与 Dorling（1998）以及 Hsieh 与 Tang

(1998)，而将人工神经网络应用于能见度预报却是近年来的最新研究。Pasni 等(2001)建立了低能见度(雾)短临预报神经网络模型，并采用基于加权最小二乘估计方法来训练网络学习结构。Nugroho(2002)构建了 CombNET-II 神经网络模型，并应用于低能见度(雾)的预报。Marzban(2005)采用 2001～2005 年逐小时的资料对美国西北部 39 个飞机场的能见度进行预报，并证明了后馈网络模式的预报精度更高。John Bjornar Bremnes 和 Silas Chr. Michaelides (2007)采用人工神经网络建立了能见度预报的概率模型。

综上所述，20 世纪 90 年代以来，能见度预报服务已经在各国气象部门陆续开展起来，后经过 Stoelinga 和 Warner 改编的能见度经典计算方法，被很多国家和地区沿用至今。在此计算方法的基础上，各国气象学家不断地更新和改进，使得预报方法的适用性大大提高，能见度的预报准确率也得到一定程度的提高。目前国际上有很多不同的预报能见度的数值模式，并且逐渐趋于成熟。发展得较为成熟的主要有 RUC20 模型和英国气象局的能见度预报集合模型，这些技术方法都已经对影响能见度的气象因子等作了详细的统计分析和关联分析，并有完整的评估体系。

然而，目前大量的能见度预报主要服务于航空部门，专门针对公路能见度预报技术的研究分析相对较少，如何发展公路能见度预报技术方法，有待进一步的分析和研究。

第二节　国内能见度预报技术方法

我国对高速公路雾及能见度的研究起步较晚，仅有的几项实验性研究更侧重于讨论雾对机场能见度的影响。1992 年，辽宁省高速公路管理局发表了《高速公路雾天的行车安全》一文，较早地把高速公路交通安全与雾联系起来考虑。近几年来，由于大雾引起的高速公路交通事故频繁出现，已陆续出现了一些对高速公路雾及交通安全研究的成果。江苏、上海、重庆以及广东等省市也针对部分高速公路开展了科研开发和预报服务工作。

能见度预测方法分为以下几类：雾预报的天气学方法，基于能见度(因变量)与各种气象要素、污染资料(自变量)之间统计关系的统计预报技术，数值模式解释应用技术，以及基于智能模型的预测方法，包括人工神经网络(ANN)预测方法和支持向量机(SVM)方法等。

一、天气学方法

雾是由多种因素共同作用而形成的，根据天气学条件将雾分为辐射雾、平流雾、平流辐射雾、锋面雾等几种类型。各地雾的产生与地形、地理条件和气象要素有关。

以北京地区为例，主要是辐射雾和平流辐射雾，白天形成的大雾一般是平流雾。吴洪等根据 1958～1994 年首都机场大雾观测记录，统计分析北京地区大雾生成的气候概况，计算分析大雾形成前各种物理量场的分布和观测数据，提出预报北京地区大雾的方法。

蒋大凯等利用天气学方法研究了辽宁省区域性大雾预报方法，对 1994～2002 年 73 次辽宁省区域性大雾过程进行对比分析后，将区域性大雾分为四种天气型：倒槽型、锋面气旋型、地形槽型、高压前部型。利用 NCAR MM5v3 非静力模式提供的相对湿度场、降水场、风场、气压场等数据，得出辽宁省区域性大雾客观预报结果，其中 t 表示温度，t_d 表示露点温度(图 4-1)。

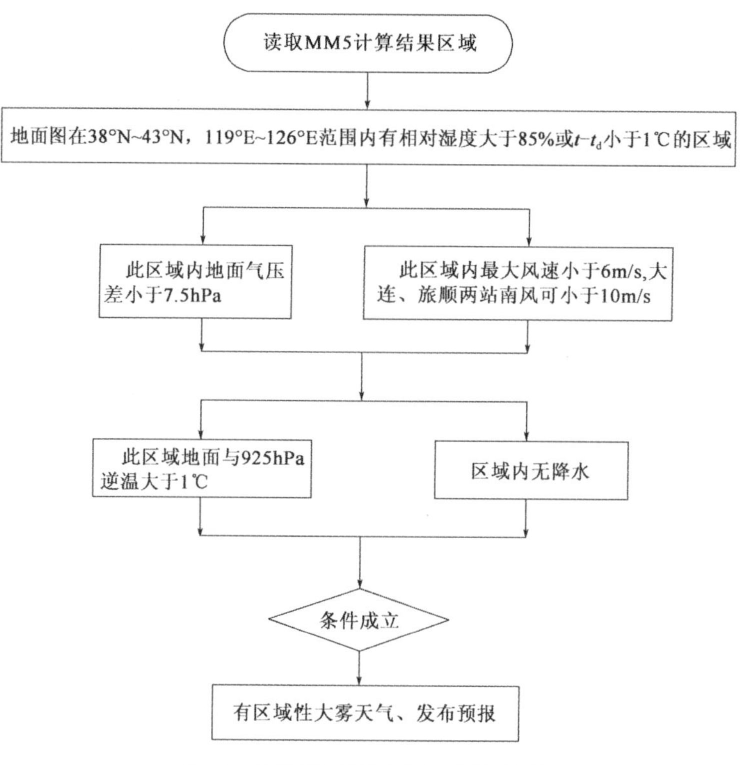

图 4-1　辽宁省区域性大雾客观预报流程

徐虹等对陕西省西宝、西铜、西渭高速公路的大雾进行气候分析，研究大雾形成的天气概念模型，把不出现大雾的天气形势分为五种，即西北气流型、高原低槽型、西西伯利亚低槽型、蒙古低槽型和东北低槽型。消空形势分型主要考虑大雾形成的物理机制在天气形势上的具体反映，冷高压控制下的干冷平流湿度小、风力大，破坏了大雾形成的边界层条件和地面条件。雾的形成与相对湿度、气温、风等气象要素有关。预报大雾各种气象要素的临界值如表 4-2 所示。

各地大雾形成时各气象要素的临界值　　表 4-2

站名	风速 v(m/s)	相对湿度 f(%)	温度 t(℃)	气压 p(hPa)	盛 行 风 向	静风概率（大雾时静风次数/大雾总次数）
西安	$v\leqslant5.0$	$f\geqslant80$	$t\leqslant19$	$p\leqslant957$	SSE-SSW-NW	89/142
咸阳	$v\leqslant5.0$	$f\geqslant67$	$t\leqslant20$	$950\leqslant p\leqslant984$	S-NE	51/203
武功	$v\leqslant4.0$	$f\geqslant73$	$-2.8\leqslant t\leqslant16$	$p\leqslant952$	WSW-NNW	62/111
宝鸡	$v\leqslant4.0$	$f\geqslant66$	$t\leqslant19$	$937\leqslant p\leqslant968$	E	21/35
临潼	$v\leqslant5.0$	$f\geqslant66$	$t\leqslant21$	$954\leqslant p\leqslant989$	ENE-SSE	61/122
渭南	$v\leqslant3.2$	$f\geqslant76$	$t\leqslant20$	$961\leqslant p\leqslant998$	SSW-NW	90/143
潼关	$v\leqslant3.2$	$f\geqslant75$	$t\leqslant20$	$947\leqslant p\leqslant973$	W-NW	11/61
铜川	$v\leqslant3.3$	$f\geqslant45$	$-10.0\leqslant t\leqslant17$	$986\leqslant p\leqslant923$	NE-SW	55/123
宜君	$v\leqslant10.0$	$f\geqslant23$	$-13.1\leqslant t\leqslant19$	$p\leqslant874$	E-SE-SW-NNW	30/237

续上表

站名	风速 v(m/s)	相对湿度 f(%)	温度 t(℃)	气压 p(hPa)	盛行风向	静风概率（大雾时静风次数/大雾总次数）
洛川	$v\leqslant10.0$	$f\geqslant41$	$-13.1\leqslant t\leqslant15$	$876\leqslant p\leqslant902$	NE-S	73/164
延安	$v\leqslant5.0$	$f\geqslant84$	$-4.6\leqslant t\leqslant16$	$898\leqslant p\leqslant918$	SW-WSW	13/35
柞水	$v\leqslant2.0$	$f\geqslant93$	$-3.5\leqslant t\leqslant17$	$915\leqslant p\leqslant941$	SW-WSW	21/30
石泉	$v\leqslant6.0$	$f\geqslant62$	$t\leqslant20$	$p\leqslant947$	W-N	273/333
安康	$v\leqslant2.0$	$f\geqslant80$	$t\leqslant20$	$p\leqslant974$	NE-E	99/176

从天气分析出发，利用天气形势和各类物理量场特征作为天气学指标，建立雾预报的天气学预报方法，对区域雾有一定的预报能力。由于此类方法充分考虑了雾的形成机理，因此具有一定的发展潜力。

二、统计预报技术

统计学方法是在不掌握事物变化机理的情况下，通过分析事物变化规律来进行预测的方法，将历史上的能见度监测值与前期和同期的气象条件联系起来，建立具有一定信度的统计关系，并利用该关系对未来的能见度进行预报。目前统计预报方法在业务预报上是最有效和实用的科学方法。

四川省气象台对近10年的历史实况资料和四川盆地大雾发生的站数进行相关分析，采用最优分割进行因子筛选，建立了最优判别方程和大雾站数预报的回归预报模型。根据Fisher判别方法，用最佳子集判别的方法建立判别方程，计算拟合率，要求拟合率≥80%，具有最大拟合率的判别方程就是有无区域性大雾的判别预报模型。入选因子240个，按有无区域性大雾分为两段，以残差最小为准则，建立多元回归方程。

有区域性大雾预报方程：

$$Y=0.11-3.067X_1+2.003X_2+2.657X_3 \tag{4-5}$$

式中：X_1——57313站14时露点温度；

X_2——前一天57405站20时θ_{se}（假相当位温，θ_{se}随高度的分布可表征气层对流性稳定的情况）；

X_3——前一天56385站20时相对湿度。

残差平方和$(Y-\hat{Y})^2=0.792$，复相关系数$R^2=L_{yx}L_{xx}^{-1}L_{xy}/L_{yy}=0.952$，统计量$F=33.385>F_{a0.01}=10.2$（$F_{a0.01}$表示显著水平1%的$F$分布，表征回归方程的显著性检验，如果$F>F_{a0.01}$，则表示该回归方程是显著的）。

无区域性大雾预报方程：

$$Y=-0.3-0.402X_1+0.567X_2-0.661X_3 \tag{4-6}$$

式中：X_1——56386站14时露点温度；

X_2——56167站14时θ_{se}（假相当位温，θ_{se}随高度的分布可表征气层对流性稳定的情况）；

X_3——当天56475站14时露点温度。

残差平方和$(Y-\hat{Y})^2=3.183$，复相关系数$R^2=L_{yx}L_{xx}^{-1}L_{xy}/L_{yy}=0.6$，统计量$F=11.0>$

$F_{a0.01}=2.67$。

区域性大雾的回归预报模型可以提供定量预报结果供预报员使用。

吴兑等在研究南岭山地京珠高速公路云岩雾区的能见度预报方法时，采用动态统计的预测方法，即建立的预报模型是“动态”变化的，根据样本数和最新资料建立模型。采用的PRESS预测方法与传统的统计方法相比，具有计算速度快、精度较高等优点。在应用统计回归分析方法处理实际问题时，回归自变量的选取是一个十分重要的问题。选取预报因子的PRESS准则与逐步回归有本质差别，逐步算法着眼于预测效果，在筛选因子时不作任何假设检验，是非参数化的；而PRESS准则主要考虑以拟合的好坏来选取预报因子。从拟合的角度来看，逐步回归所得的模型可以认为是最优的；但从预报的角度来看，逐步回归所得的模型就不能认为是最优的，而PRESS预测模型从预报的角度是最优的。

除了降水、雾等造成的能见度下降的情况，造成大气能见度下降的首要原因是颗粒物的散射和吸收。另外，相对湿度对水溶性颗粒物消光的影响十分显著。目前国内的研究主要集中在分析气象因子以及气溶胶光学厚度与大气能见度的关系，对城市大气颗粒物(尤其是PM2.5)与能见度之间的定量关系研究很少。林云等利用深圳市2007年全年逐时能见度、PM2.5质量浓度和相对湿度观测数据，在分析大气消光机理及其影响因素的基础上确立了能见度与PM2.5之间的基本模型关系，通过线性和非线性回归分析筛选相对湿度影响修正因子f_{RH}的表达形式和确定模型参数，最终建立起适合于深圳本地情况的能见度与PM2.5之间的最优统计模型($R^2=0.43$，$n=8\,024$)。

三、数值模式解释应用预报技术

传统的天气型法、因子指标法等，因资料密度和局地效应等因素，难以适用于局地雾预测；传统的统计学方法则缺乏动力背景，很难适用于复杂多样的雾因雾况，更难以细分雾的等级以及雾的时间演变。若直接采用雾模式，目前国内技术和条件还达不到，不可能用于实际预测。既考虑动力因素，又能对雾级、雾的时间演变有预报能力的就是目前技术和条件较为成熟的中尺度数值预报模式。

中国气象局广州热带海洋气象研究所在常规天气预报数值模式的基础上，发展了本地计算机能力所能承受极限的高分辨中尺度要素预报模式，其水平分辨率达0.125°，垂直分20层，其中边界层分6层。模式较细致地考虑了地形、植被、土壤类型等因子与天气因子间的相互影响过程，可以直接作出地表风、温、湿、稳定度等与雾关系密切的要素的时间序列预报，并可进一步推算出云、抬升凝结高度等重要参量。以中尺度模式输出产品的因子库为基础，以卡门滤波原理为基本方法，针对局地雾及其影响因子的特点和预报要求，以最优方式考虑因子的影响，建立预报方程，作出各级雾的概率预报。

利用建立的预报方程对2000年3月出现在南岭山地红云路段的雾进行了预报，预报和观测能见度都分为3级(1级：能见度＜200m；2级：200m＜能见度＜1 000m；3级：能见度＞1 000m)。检验指标为逐小时能见度等级对比检验，检验结果为：3级能见度预报(即有无雾预报)准确率为52%，2级能见度预报(浓雾)准确率为79%。

陕西省专业气象台利用MM5中尺度非静力模式输出产品，对陕西省高等级公路大雾进行预报。应用PPI、MOM和MEC方法对陕西省4条高等级公路14个站点大雾进行预报，使用效果良好。

1. PPI 法

雾的形成和湿度 f、温度 t、风速 v 等气象要素有关。统计发现，雾的出现和各种气象要素有一临界值，即：

$$p(y) = f(x_i) \tag{4-7}$$

式中：x_i——f、t、v。

应用完全预报(PP)方法思路，$p(y^{-1})=f(x_i)\leqslant A$ 该事件即不出现，由此确定 A 为预报该类事件(大雾)的指标，即消空指标，称作 PPI 方法。

消空指标 A 的确定：

设有 N 个样本资料 $x_i(i=1,2,3,\cdots,n)$ 且 N 足够大(按序排列)，对应有 N 个预报对象 y_i $(i=1,2,3,\cdots,n)$。根据实际情况，当确定出 x_i 分段的界定值后，就可分段统计出 y 的频率：

$$p(y) = \frac{\sum_{i=1}^{m} y_i}{m} \tag{4-8}$$

式中：m——某段内的样本数。

当 $p(y)=0$ 时，就可确定出 $x_i(B)$，B 代表某一段的下限，即 $P(y-1)\leqslant x_i(B)=A$。

实际应用时，用 MM5 输出的产品代替 f、t 和 v。

2. MOM 法

由 MM5 模式每小时输出的预报产品统计分析发现，只要 $\Delta f>0$ 且 $v<\alpha$ 就有大雾出现的可能。

设 $f_{i+1,j}-f_{i,j}=\Delta f_j$，若 $\Delta f_j\geqslant 0$，记为 $b_k=1$，否则 $b_k=0$。

令 $\sum_{k=1}^{n} b_k = \Delta f_{\mathrm{sum}}$，若 $\Delta f_{\mathrm{sum}}\geqslant 3$ 且 $v\leqslant p_{\mathrm{A}}$，预报有雾形成；若 $\Delta f_{\mathrm{sum}}\geqslant 3$ 且 $v>p_{\mathrm{A}}$，预报有雾形成，但消散较快；若 $\Delta f_{\mathrm{sum}}<3$ 且 $v\leqslant p_{\mathrm{A}}$，预报湿度在减小，不易形成雾；若 $\Delta f_{\mathrm{sum}}<3$ 且 $v>p_{\mathrm{A}}$，预报没有雾。

3. MEC 方法

实际上数值预报输出产品的误差是不可避免的，预报值不能完全代替实测值，怎样把误差减小到最小程度，是 MEC 方法考虑的主要因素。

设 $(A_{\mathrm{S}})_j^t$ 为第 j 站 t 时刻的实况场，为了分析方便，取 $t=0$，即为客观分析场。设 $(A_{\mathrm{F}})_j^t$ 为 t 时刻第 j 站预报值，则 t 时刻的预报误差 $(E)_j^t$ 为：

$$(E)_j^t = (A_{\mathrm{S}})_j^t - (A_{\mathrm{F}})_j^t \tag{4-9}$$

这时：$(A_{\mathrm{F}})_j^{t+\Delta t} = (A_{\mathrm{F}})_j^{t+\Delta t} + (E)_j^t$，用前一时刻 t 的预报误差订正后一时刻 $t+\Delta t$ 的预报值。$(A_{\mathrm{F}})_j^{t+\Delta t} \geqslant p_1$，有大雾；$p_2 \leqslant (A_{\mathrm{F}})_j^{t+\Delta t} < p_1$，有轻雾；$(A_{\mathrm{F}})_j^{t+\Delta t} < p_2$，无雾。

四、智能模型预测方法

1. 人工神经网络预测方法

随着大雾引发事故的不断出现，人们对雾的关注程度越来越高。国内外对雾进行了广泛而深入的试验研究和理论研究，包括雾的物理化学特性、雾的生消物理过程及雾的数值模式研究，在高速公路沿线大雾形成特征、低能见度检测、雾天交通管制和道路天气信息系统建设等方面都取得了一系列的重要成果，但这些研究中存在各研究间缺乏联系、地域性特点明显、可操作性不强、不易普及推广等特点。

公路能见度预测模式是人们对公路能见度形成机理不断认识、提高的产物，也是信息革命带给公路能见度预测的一个极具生命力的研究领域。同时由于计算机软硬件技术的日益成熟，功能迅猛增强，许多凭借计算机的高速计算功能而得以发展的人工智能技术，如人工神经网络(Artificial Neural Networks，简称 ANN)在交通能见度预测领域得到较为广泛的应用。

近年来，国内也出现了不少将人工神经网络应用于能见度预报的研究。王雷、黄培强(2001)建立了 BP 神经网络模型，进行输入层因子筛选、隐层挑选等。李法然等(2005)建立了大雾预报 BP 神经网络客观预报模型，进行湖州大雾预报。国家气象中心马学款等(2007)根据重庆市区雾的特点、天气特征及温、湿等气象要素的垂直分布特征，建立了人工神经网络的重庆能见度预报的拟合与预报模型。

2. 支持向量机模型

基于支持向量理论的支持向量机(Support Vector Machine，简称 SVM)方法是一种新颖的小样本机器学习方法，该方法建模不必知道因变量和自变量之间的关系，通过对样本的学习即可获得因变量和自变量之间非常复杂的映射关系。它具有从海量的信息中自动识别并提取关键信息的特点，适合处理本质上的非线性问题。把 SVM 方法用于大雾预报，是提高天气预报准确率的一个新途径。

SVM 方法的基本原理为：给定训练样本$(x_1,y_1),(x_2,y_2),\cdots,(x_i,y_i)$，其中 $x_i\in R_N$，为 N 维向量，$y_i\in\{-1,1\}$或 $y_i\in\{1,2,\cdots,k\}$。给出数据集：$x_i+1,x_i+2,\cdots,x_m$，通过训练学习建立分类模式 $M(x)$，使其不但对训练样本能够正确分类，而且具有较强的推广能力。即对于输入的数据 x_i，通过模式运算得到正确的对应输出预报值 y_i。

以径向基函数(满足 Mercer 定理条件，又称高斯核，简记为 RBF)作为核函数，建立推理试验模型。径向基函数形式为：

$$K(x,x_i)=\exp(-r\|x-x_i\|^2) \tag{4-10}$$

在 SVM 模型识别的分类预报中，基于 RBF 核求得的最终决策函数为(求和运算只对支持向量进行)：

$$M(x)=sgn\Big[\sum_{\text{支持向量}}a_iy_iK(x,x_i)+b\Big]=sgn\Big[\sum_{\text{支持向量}}a_iy_i\exp(-r\|x-x_i\|^2)+b\Big] \tag{4-11}$$

式中：x_i——支持向量的样本因子向量；

y_i——预报对象值；

x——待预报因子向量；

a_i、b——建立 SVM 模型待定系数；

r——核参数。

贺皓等将支持向量机方法应用于陕西省高速公路雾预报中，建立了陕西公路站点大雾 24h 预报模型，并进行了大雾预报的模拟、训练，其寻优标准 TS 评分达到了理想的效果。

SVM 方法中重要的一步是预报因子的选择。大雾的产生是在一定的环流背景下形成的，陕西省大雾主要是辐射雾和平流雾，近地面层的气象要素直接参与其形成。选取的 9 个因子分别是：①8 时气温；②前一天日降水量；③8 时能见度；④8 时风向；⑤8 时相对湿度；⑥前一天的最低气温；⑦8 时风速；⑧8 时总云量；⑨8 时低云量。9 个预报因子因量级不同，用下式进行标准化处理：

$$X_i' = [x_i - \min(x_k)]/[\max(x_k) - \min(x_k)] \tag{4-12}$$

预报对象(大雾)按 1 和－1 处理，1 为有大雾，－1 为无大雾。

将样本分为三个部分：训练样本(即建模样本)、试验样本(用于测试用训练样本建立的 SVM 模型的预报能力)和检验样本(为了用最终确立的 SVM 预报模型进行预报，以检验 SVM 模型的预报效果)。表 4-3 给出向量机格式的部分数据。

向量机格式数据　　表 4-3

预测对象	因子序号								
	1	2	3	4	5	6	7	8	9
－1	0.6991	1	0.3429	0	0.85	0.7033	0	1	0
－1	0.5929	0	0.3429	0	0.96	0.6053	0	0	0
1	0.5398	0	0.0143	0	0.98	0.5638	0	0	0
1	0.6018	1	0.1714	0	0.97	0.5875	0	0	0
－1	0.7227	1	0.4857	0	0.55	0.6914	0	0.8	0
－1	0.5811	1	0.5143	0.25	0.73	0.4985	0.4	0.3	0
－1	0.5221	1	0.3143	0	0.93	0.4985	0	1	0
－1	0.5133	0	0.1429	0.6875	0.95	0.5312	0.2	1	0

注：第 1 列为预测对象，1 表示有雾，－1 表示无雾；第 2 列及其以后的数据表示标准化数据。

由于 SVM 方法是通过支持向量来表示预报因子与预报对象之间的关系，是基于机器学习的“黑箱”输出最后预报结论，且对预报因子的数量没有特别要求，因此，对于大雾这种小概率、非线性、预报难度大的天气现象，SVM 方法有一定的优势。

除了上述提到的几类预报方法外，田小毅等对沪宁高速公路江苏段 26 套交通气象自动监测站每分钟一次的能见度、相对湿度、温度、风向风速等低能见度浓雾天气过程实时资料进行分析，证实了浓雾具有较强的地域性特征，在丘陵、水网密集地区多局地性浓雾，霾雾混合作用造成的低能见度浓雾同样具有波动性和突发性，对于浓雾的预报具有很好的指示意义。孟繁胜等分析了高速公路交通事故资料及沿线气象站点雾的观测资料，发现在空间及月际变化上二者受其他因素干扰较多，但日际变化基本一致，还根据雾的生成机理研究，利用配料法进行了雾的潜势预报，取得了比较好的效果。

综上所述，国内对雾的研究已从过去偏重于从气象的角度观测研究，逐渐转向于将雾与高速公路交通安全联系起来考虑，并从雾的产生、发展、消亡的过程分析雾产生及其发展的原因及影响因素。

第五章　路面温度与状态预报技术

路面温度状况对路面结构的承载强度和使用效果有重要的影响，如高温导致沥青路面层产生车辙，低温导致路面缩裂等。公路路况直接影响公路交通安全，公路路况不仅与路段的质量、地形等有关，而且与公路沿线的气象条件密切相关。如 2003 年我国高速公路共发生交通事故 36 257 起，死亡 5 269 人，受伤 14 867 人，其中因高温等天气影响造成路面温度过高诱发爆胎的事故不在少数。天气变化能使路面摩擦系数明显减小，或者使路面摩擦系数在短时间内发生显著改变，是影响交通运输安全的主要不利因素。尤其是我国东北地区，冬季冰雪路面对交通的影响明显超过大雾天气。据有关资料统计，当积雪厚度大于 30cm 时，汽车运行困难；大于 50cm 时，车辆无法通行。

路面温度和路面状况（干、湿、霜或者结冰）预报对于冬季道路养护来说是最重要的决策支撑工具之一，它能告知公路管理者和使用者可能发生结冰或者霜冻的地点和时间，为公路管理者和相关行政部门提供有用的信息，决定何时何地需要在公路上撒盐或在道路铺砂砾。这种技术能够使公路行政管理部门降低冬季道路维护成本，在防止不必要的撒盐或者铺砂砾操作的同时也保证了公路安全，减轻了环境危害。要想获得这些有用的信息，准确的路面温度预报和路面状况预报无疑是至关重要的。Ф. С. 萨维诺娃研究了苏联莫斯科州公路运输事故的资料，共分析了 2 235 件交通事故。结果表明，在不利的气象条件下出现的事故有 833 起，占总数的 37%。其中大雪和暴雪天气条件下出现运输事故 369 起，占总数的 18%；雾天事故 164 起，占 7.3%；道路积冰时出现事故 149 起，占 6.9%。使用业务预报及危险和特别危险天气警报，汽车运输企业冬季可防止 182 起运输事故；如果能有理想的预报和警报，则可防止 313 起。可见，研究路面状况与气象条件的关系，开展路面状况和路面温度预报服务，在对有效预防和减少交通事故的发生具有积极作用的同时，也具有较高的社会和经济效益。

第一节　国外路面温度与状态预报技术方法

国外在路面温度和路面状况预报方法研究方面起步较早，研究的内容也较丰富。

一、理论方法

理论方法即根据气象学和传热学的基本原理，采用数值分析方法建立路面温度的预测模型。

1957 年，美国学者 Barber(1957) 首先用无限表面的介质温度周期性变化时热传导方程的解来确定路面最高温度。将路面视为均质半无限体，在路表处受气温、太阳辐射和地面辐射的热力作用，其中气温按照正弦周期变化，太阳辐射按照正弦正半波变化，而地面辐射为太阳辐射的 1/3，气温、太阳辐射和地面辐射共同作用的温度效应称为有效温度，也可以近似看作按照正弦周期变化。采用上述假定，推导出路面温度场的计算公式。个别天气路面实测温度和计算温度误差一般在0～3℃，个别超过6℃。

1972年，Williamson(1972)在Schenk的基础上对有限差分方法求解一维热传导方程的程序进行了改进，使其能够计算温度的日变化情况。模型的输入参数包括各小时的气温和太阳辐射等气象参数，以及路面材料的热学参数，包括路面材料的热传导率、比热容和路表对于太阳辐射的吸收率和反射率。同年，Christison等以一维热传导方程为基础，建立了利用有限差分方法求解沥青路面温度状况的预估模型。这个模型首先建立了气温日温差与沥青路面不同深度处日温差，以及日最低气温与气温达到最低时沥青路面不同深度处温度之间的简单线性回归方程，得到路面温度状况的粗略结果，然后将其作为初始条件和边界条件代入预估模型，即可得到路面温度的准确状况。

Hermansson(2000年)建立了一个仿真模型，用于计算高温条件下的沥青路面温度场。模型的输入参数包括各小时太阳辐射、气温和风速。在仿真模型中，入射进入路表和从路表发出的长波辐射分别由气温和路表温度计算得到，入射的短波辐射被路表吸收的部分则由路表的反射率计算得到，而路表温度的对流损失也可以通过风速、气温和路表温度算得。基于一维热传导方程，通过有限差分方法，可以模拟路面温度场的日变化。

二、统计分析法

统计分析法即通过大量的实测数据进行回归分析，建立路面温度与状态和当地气温、太阳辐射等环境气象要素之间的定量关系。

Hubern(1997)对5个地区的气温和由热平衡方程计算得到的路表温度进行了回归分析，建立了计算路表最高温度的确定型公式，模型的参数包括日最高气温和纬度。如果要计算路面某一深度处的最高温度，则加入距路表的深度参数即可。

Lukanenn等人(2000年)使用40个观测地点的路面温度等实测数据，通过回归分析方法陆续建立了BELLS和BELLS2模型，用于修正FWD(落锤式弯沉仪)测得的弯沉和由弯沉反算得到沥青层模量所需的路面温度。BELLS和BELLS2模型所需要的环境参数分别为前5天的平均气温和前1天的平均气温。

三、数值模式应用

20世纪80年代后，道路气象信息系统(RWIS)在欧洲、北美等地广泛使用。1992～1993年，德国开始将路面状况及路面温度预报列为德国公路天气信息系统(SWIS)的一部分，并且沿高速公路安装了公路天气监测系统，为路面温度预报提供了资料来源。此后，在较完善的路面监测系统的基础上，加拿大、丹麦、德国、芬兰、法国等国家基于地表能量辐射平衡方法，逐步开展了路面温度和路面状况数值预报模式研究工作。

加拿大气象中心开发了一个数值模式环境和路面温度预报模式(METRo)进行路面状况预报。METRo基于来自路面气象信息站观测的资料作为模式输入，以及来自加拿大气象中心业务化的全球环境多尺度模式(GEM)输出的气象预报资料，预报员对预报进行修正。METRo通过计算路面和路面基质热传导之间的能量平衡来跟踪温度变化，它同时解决了积水在路面上液态和固态之间的形态存在。METRo由三个模块组成：路面能量平衡方程(核心部分)、路面基质的热传导和用于处理路面上水、雪和冰之间形态转换的模块。该模式利用过去观测的路面温度作为初始场,通过气象预报数据和路面监测实况的不断耦合,进行路面温度预报,然后基于表面水/冰堆积模式进行路面状况预报(Louis-Philippe et al,2001)。

METRo 数值模式采用以下地表能量辐射平衡方程:

$$R=(1-\alpha)S+\varepsilon I-\varepsilon\sigma T_s^4-H-L_aE\pm L_fP+A \tag{5-1}$$

式中: R——净太阳辐射总量;

S——入射的太阳短波辐射;

α——沥青路面反照率;

$\varepsilon I-\varepsilon\sigma T_s^4$——地面接受的净长波辐射;

ε——反射率;

I——到达地面的太阳辐射;

σ——Stefan-Boltzmann 常数;

T_s——路面温度;

H——感热通量;

L_aE——潜热通量;

L_a——蒸发或凝结热;

E——水汽通量;

L_fP——降水相态通量;

P——降水率;

L_f——水融热量;

$\pm$——结冰或融化;

A——人为经验通量。

$$H=-C_P\rho C_H v(T-T_s) \tag{5-2}$$

$$E=-L\rho C_E v(q-q_s) \tag{5-3}$$

式中:ρ——近地面空气密度;

v——风速;

T——气温;

q——空气湿度;

T_s、q_s——分别为路面温度和路面湿度,当 $W_l+W_s=0$ 时,$q_s=\min[q,q_{sat}(T_s)]$,当$(W_l+W_s)\geqslant W_c$ 时,$q_s=q_{sat}(T_s)$,W_l 为路面液态水的累积量,W_s 为路面固态水(冰或雪)的累积量,W_c 为常数,值为 0.5kg/m^2;

L——凝结潜热(值为 2.5×10^6J/kg);

C_H、C_E——分别为感热、水汽输送系数(分别为 1.81×10^{-3} 和 0.15×10^{-3});

C_P——常压下的空气比热容(值为 1.00×10^3J/kg)。

根据热传导方程,求解可以得出路面温度值:

$$C(z)\frac{\partial T_s(z,t)}{\partial t}=-\frac{\partial G(z,t)}{\partial z} \tag{5-4}$$

式中:$C(z)$——公路的比热容,由公路材质决定。

丹麦气象协会(DMI)于1994～1995年冬季利用路面状况模式预报系统(ROCMO)进行了路面状况预报。ROCMO系统利用气象站和公路沿线站点观测的资料作为输入量，基于高分辨率有限区模式(HIRLAM)，制作每间隔1h的5h预报产品。该预报模式包含两个主要成分，即大气表面热通量的计算和相关路面条件的计算。通过数据同化得到模式的初始场和不断融入观测数据的大气输入资料，在预报过程当中这些数据资料推动ROCMO的进行。包含预报信息的模式完成状态包括被改进的大气资料和主要的模式输出产品(路面温度、路面水和冰)。整个丹麦，包括丹麦公路董事会、县、市都能获得公路沿线的ROCMO预报信息，该信息每10min更新一次，公路管理部门可以实时地了解路况信息。

芬兰气象机构(FMI)在1999～2000年开发了新一代的道路天气模式，从2000年开始业务使用，向公众和道路维护人员提供路面状况预报和预警信息。该模式采用一维能量平衡模型计算地表和地表—大气间的垂直交换，同时考虑交通的影响，计算地表温度和路面状况(图5-1)。路面状况分为干燥、微湿、潮湿、霜、干雪、湿雪、局部结冰、结冰。另外，模式参考以上路面状况信息，结合当前天气状况(如风速、降水强度、光线条件等)生成交通条件指数(分为3级，正常、差、非常差)。近些年随着道路天气模式的不断发展，模式在行人湿滑预警、路面维护安排以及驾驶员警示系统等方面也得到了广泛的应用。此外，该模式还在气候变化对芬兰路面维护需求的影响分析研究上得到应用(Markku Kangas et al，2006)，如图5-2所示。

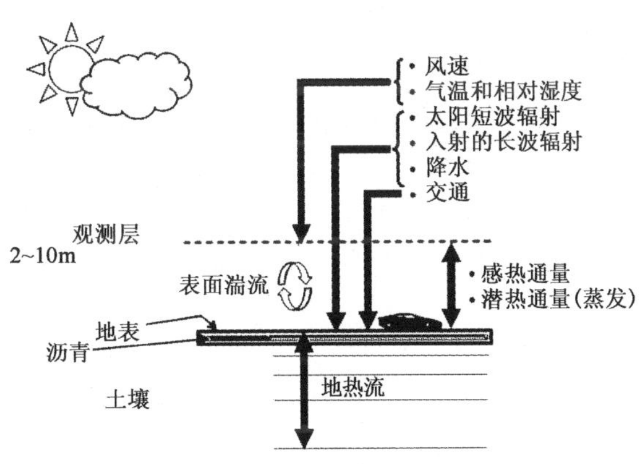

图5-1　道路天气模式地表能量平衡示意图

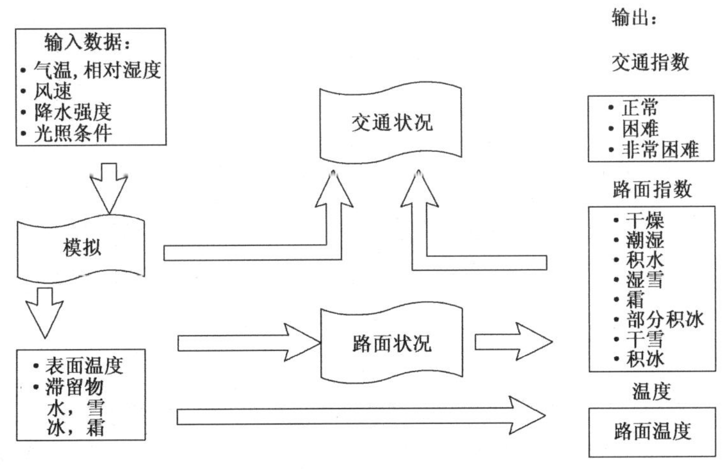

图5-2　芬兰道路天气模式结构示意图

综上所述，国外对路面温度与状态的研究大致可以归纳为两类：一是理论分析法，即根据气象学和传热学的基本原理，采用数值分析方法建立路面温度与状态的预测模型；二是统计分析法，即通过大量的实测数据进行回归分析，建立路面温度与状态和当地气温、太阳辐射等环境气象要素之间的定量关系。

第二节　国内路面温度与状态预报技术方法

由于我国公路沿线路面监测系统发展落后，受路面温度与状态监测资料的制约，与国外成熟的路面温度和路面状态预报服务相比，国内上述预报服务尚处于起步阶段。但近些年随着公路交通气象服务需求的不断提高，国内部分省份针对境内高速公路开展了公路气象监测，为开展路面温度和路面状态预报服务提供了基础。如江苏南京交通气象研究所开发建设了沪宁高速公路气象监控系统，形成了精细化的监测网络系统，开展了沪宁高速浓雾等灾害性天气预报方法研究，构建了国内唯一的集沿线气象监测、预报方法研究和预警预报服务为一体的高速公路气象服务体系。

国内针对路面温度的预报方法主要以统计分析方法和理论分析方法为主，国内针对路面状态的预报方法主要是经验判别方法和统计学方法。

一、统计分析方法

统计分析方法通过对大量实测数据进行回归分析建立路面温度预报预估模型。这种方法计算相对简单，预报模型也具有相当的精度和适应性。

吴晟等分析研究了南岭山地高速公路的路面温度特征及其与天气状况、气温、风速等气象条件的关系，并讨论了地形对南岭山地高速公路路面温度的影响。田华等选取日最低气温和日最高气温及日最低相对湿度，构建了沪宁高速公路最低和最高路面温度与模型。曲晓黎等选取京石高速公路沿线保定、望都和正定3套自动气象站逐分钟路面温度监测资料，在分析京石高速路面温度与总运量、风速、6h降水量、露点温度、能见度、气温及相对湿度等气象因子的相关关系的基础上，选取上述因子，运用多元回归方法建立冬夏两季路面最高温度和路面最低温度预报模型，模型对夏季路面最高温度和冬季路面最低温度预报效果良好。张德山等通过统计方法建立交通路面温度与对应的环境气温的关系，开展北京奥运交通路段路面最高和最低温度预报服务。秦健等通过对我国多个地区路面温度实测数据和气象资料进行回归分析，建立了以气温、太阳辐射强度和路面深度为主要输入参数的沥青路面温度场预估模型，模型预测精度较高，能够准确模拟路面温度随时间的变化和沿深度方向的一维分布。凌良新等在分析了混凝土表面温度与百叶箱气温变化特征的基础上，利用回归拟合方法建立了混凝土表面温度的预报模型。

路面结冰会造成严重的交通事故和经济损失。目前国内在气象学上虽然从热力学传导理论角度和湍流动力学理论方面对道路结冰有一定的研究，但是对道路结冰预报的研究却很少，仅仅提出了道路结冰的两个基本条件——降水和合适的路面温度，对道路结冰的规律缺乏足够的认识。

刘梅等在研究南京地区结冰时间变化和各影响温度的变化规律的基础上，总结出对结冰预报具有指示意义的关键因子，同时利用支持向量机方法进行南京地区结冰预报方法研究，该方法具有显著的预报价值。在此基础上，根据Norrman提出的路面打滑分类，结合南京地区具体情况，得出了南京雨雪天气路面结冰的类别、标准和预测预报方法（表 5-1 和表 5-2）。

南京冬季路面结冰打滑类型的判别标准（一）　　表 5-1

打滑类型	判断标准
Ⅰ雪降至温暖路面	气温≤0℃，地表温度>0℃
Ⅱ雨或雨夹雪降至严寒路面	气温>0℃，地表温度≤0℃
Ⅲ雪降至严寒路面	气温≤0℃，地表温度≤0℃

南京冬季路面结冰打滑类型的判别标准（二）　　表 5-2

打滑类型	影响程度	判断标准
Ⅰ小到中雪降至温暖路面	弱	气温≤0℃，地表温度>0℃
Ⅱ大雪以上降雪降至温暖路面	较弱	气温≤0℃，地表温度>0℃，
Ⅲ大雪以上降雪降至严寒路面	较大	气温≤0℃，地表温度>0℃， 24h 后地表温度≤0℃
Ⅳ雨或雨夹雪降至严寒路面	大	雨量≤4mm，气温>0℃，地表温度≤0℃
Ⅴ雪降至严寒路面	严重	气温≤0℃，地表温度≤0℃

许秀红等利用气象资料中的道路结冰资料和 6 种不同温度资料，归纳了道路结冰日期及天数的规律，找出了各种温度与道路结冰的对应关系，提出了关于道路结冰预报的温度指标（表 5-3），为道路结冰的进一步研究提供了理论依据。

道路结冰和不结冰时不同温度的临界值（单位：℃）　　表 5-3

地区	临界状态	平均地温	最低地温	最低气温	最高气温	平均气温	最高地温
哈尔滨	无冰临界	17.5	1.0	4.8	21.0	13.8	45.0
	有冰临界	1.0	−6.2	−1.2	3.6	1.4	3.5
黑河	无冰临界	15.0	0	5.6	25.4	14.6	40.0
	有冰临界	0.5	−3.0	−1.5	3.2	0.6	3.2
齐齐哈尔	无冰临界	17.0	−0.1	5.2	20.3	13.0	42.7
	有冰临界	1.7	−6.7	−1.0	5.1	2.0	6.1
佳木斯	无冰临界	17.7	−0.1	2.7	23.6	14.6	43.7
	有冰临界	1.5	−8.6	−4.0	4.4	0.1	5.2
牡丹江	无冰临界	19.4	0	4.5	24.9	13.2	46.8
	有冰临界	0.5	−8.4	−1.5	3.9	0.8	5.5

二、理论方法

贾璐等根据传热学基本理论和导热微分方程相关理论，建立了沥青路面温度场内部节点和在不同边界条件下边界节点的温度离散方程，通过有限差分法，实现了对于受到自然环境影响的沥青路面二维非稳态复杂温度场的数值预估，可以较为准确地模拟不同季节复杂边界条件下沥青路面温度场的变化情况。发生在沥青路面表面的热能交换主要有三种传递方式：热传导、热对流和热辐射。

根据传热学基本理论，流体在与固体直接接触时发生的热传导和热对流合称对流放热，可以根据牛顿冷却公式计算，公式如下：

$$q = h(T_{\text{sur}} - T_{\text{air}}) \tag{5-5}$$

式中：q——对流换热产生的热流密度[$W \cdot (m^2 \cdot s \cdot K)^{-1}$]；

T_{sur}——沥青路面表面温度(K)；

T_{air}——空气温度(K)；

h——对流换热表面传热系数[$W \cdot (m^2 \cdot s \cdot K)^{-1}$]。

从波长角度来说，进入路面的能量包括了短波辐射和长波辐射，同时路面还会以长波的方式向外发散辐射。

对于短波辐射，各地气象站可以提供在水平面上天空 2π 立体角内所接收到的入射短波辐射总量，即太阳短波辐射总量 E[$W \cdot (m^2 \cdot s)^{-1}$]。

对于长波辐射，使用以下经验公式计算(天空无云时)：

$$E_{\text{l}} = \varepsilon_{\text{a}} \delta T_{\text{air}}^4 \tag{5-6}$$

式中：E_{l}——入射长波辐射量[$W \cdot (m^2 \cdot s)^{-1}$]；

δ——黑体辐射常数[$W \cdot (m^2 \cdot K^4)^{-1}$]，取值为 5.67×10^{-8}；

ε_{a}——大气长波辐射发射率。

沥青路面发射的长波辐射，可以根据以下公式计算：

$$q_{\text{l}} = \varepsilon \delta T_{\text{sur}}^4 \tag{5-7}$$

式中：q_{l}——路面长波辐射量[$W \cdot (m^2 \cdot s)^{-1}$]；

ε——沥青路面表面的长波辐射发射率，一般取值为 0.93，在数值上等于沥青路面的长波辐射吸收率。

将以上各个部分求和，即可得到进入沥青路面的热能总量：

$$Q = \varepsilon_{\text{b}} E + \varepsilon_{\text{c}} E_{\text{l}} - q_{\text{l}} - q \tag{5-8}$$

式中：ε_{b}——沥青路面对于太阳短波辐射的吸收系数，对于新建成的沥青路面取值为 0.90～0.98(黑色表面)，对于已建成的沥青路面取值为 0.80～0.90(灰色表面)；

ε_{c}——沥青路面表面长波辐射吸收率，一般取 0.93。

假设沥青路面在长度方向不发生热传导，则其微分方程式为：

$$\frac{\partial T}{\partial t} = \alpha\left(\frac{\partial^2 T}{\partial x^2} + \frac{\partial^2 T}{\partial y^2}\right) \tag{5-9}$$

式中：T——温度；

x、y——直角坐标系的空间坐标，分别代表路面的横向和深度方向；

t——时间；

α——热扩散率(m^2/s)。

基于有限差分的数值解法求解，可获取不同时刻路面温度状况。

此外，刘熙明和朱承瑛等应用路面能量守恒方法进行路面温度研究。他们考虑了太阳短波辐射、大气和地面的长波辐射(辐散)以及潜热、感热传输等能量之间的平衡，分别建立了水泥路面和沥青路面温度预报模型，取得了较好的效果。现将相关路面能量守恒方法介绍如下。

路面能量平衡方程为：

$$G(t)=(1-\alpha_s)S\downarrow+L\downarrow-L\uparrow-H-V \tag{5-10}$$

式中：$G(t)$——t 时刻路面导热通量；

$S\downarrow$——太阳短波辐射（当太阳高度角≤0°时，取 $S\downarrow=0$）；

α_s——路面反照率，这里取常数 0.31；

$(L\downarrow-L\uparrow)$——净长波辐射；

H、V——分别为感热、潜热输送。

假设路面为均质体，根据热力学方程，t 时刻单位质量的路面温度 $T_s(t)$ 与 $G(t)$ 之间的关系为：

$$\frac{\partial T_s(t)}{\partial t}=\frac{1}{C_{pd}}\frac{\partial G(t)}{\partial t} \tag{5-11}$$

式中：C_{pd}——公路的比热容，由公路材质决定（水泥路面的比热容为 1.17×10^3J/kg）。

因此，只要知道预报点路面温度的初始场资料，就可以对上式进行时间差分，求得 t 时刻的路面温度。

三、数值模式应用

以上两种路面温度预报方法多是在气象观测或中尺度数值预报产品基础上直接进行统计或释用，直接利用数值模式研究道路与近地层大气相互物理作用进行路面温度预报的研究还比较少。高速公路下垫面具有不透水、无植被覆盖等特性，仅采用气候模式而不考虑下垫面特性模拟与预测道面参数会产生较大误差。孟春雷等在改进 CoLM 陆面模式的基础上，采用改进后的陆面模式与最新的区域预报模式 BJ-RUC，对盛夏北京地区几个高速公路观测站点的道面温度进行了预报研究，发现 BJ-RUC 与 CoLM 模式结合预报方法在正午前后道面温度非常高时与观测值符合得更好，误差由 10～20℃减小为 5～20℃。随着精细化数值模式的快速发展，利用数值模式进行路面温度预报模拟和预报成为可能，这也是路面温度状况未来研究的重点。

四、经验判别法

山东烟台市气象局利用烟台市 2000 年交通事故资料分析了降水、雾、高低温、大风等气象要素与公路路况的关系，给出了公路路况的定义及分级标准（表 5-4），用逐级判别法建立了公路路况等级气象预报方法（表 5-5 和表 5-6），开展路况预报服务。

公路路况等级标准及建议 表 5-4

等　级	评　价	建　议
1	很好	正常行驶
2	较好	正常行驶
3	一般	中速行驶
4	较差	低速行驶
5	很差	缓慢行驶

降水天气公路路况等级判别表

表 5-5

降水量级	日期					
	当日	第 1 日	第 2 日	第 3 日	第 4 日	第 5 日
暴雨以上	5	4	3	2	1	1
中、大雨	4	3	2	1	1	1
小雨	3	2	1	1	1	1
零星小雨	3	1	1	1	1	1
暴雪以上	5	5	4	3	3	2
中、大雪	4	4	3	3	2	1
小雪	3	3	2	1	1	1
零星小雪	3	2	1	1	1	1

影响公路路况等级的主要气象要素判别表

表 5-6

气象要素	公路路况等级				
	5	4	3	2	1
能见度(m)	<200	200～1 000	1 001～2 000	2 001～5 000	>5 000
云	—	—	连阴天	阴	晴到多云
积雪(cm)	≥10	<10	零星	—	—
霜	—	—	霜	—	—
冰雹	—	冰雹	—	—	—
风(级)	—	≥7	6	4～5	1～3
最高气温(℃)	—	—	>35	30～35	<30
最低气温(℃)	—	—	<−9	−9～5	>5

第六章　公路交通气象预警与服务

气象灾害对公路的影响、威胁和危害正与日俱增，所以交通气象灾害的预报预警与信息传递、发布在当前尤显迫切与必要。智能交通系统通过通信系统和信息网络系统把交通运输各部门连接起来，其目的是为交通运输系统各部门提供信息交流，为已连接到智能交通系统通信网络中的所有部门、所有个人传送交通天气信息，用户均可调用智能交通系统里的交通天气信息数据。因此，智能交通体系为适应不同用户需求的交通天气信息的发布提供了技术支持。

如美国已建的交通天气信息系统(ATWIS)，它能提供道路状况和天气预报等交通天气信息，能专门提供详细而精确的路况报告，通过移动电话向旅客提供未来6h天气预报，还能向旅客提供当前位置(参照州际公路旅行里程碑和方向标志碑)到旅行前方约100km路段每小时更新的天气预报信息(美国商务部，2002)。在天气预报信息方面，从天气要素(如降雨、降雪、结冰、高低温等)、临界值(不同天气要素对交通运输产生危害的临界状态)、影响(对各类交通工具/公路维护等，某种特定的天气要素一旦达到临界值将产生的潜在安全后果等)和预报时效(灾害天气事件发生前的预警，能给决策者适当时间做必要准备工作)等方面拟定了公路交通气象的需求一览表。关注的天气要素包括公路积冰、降雪、积雪、大风、最高气温、最低气温、能见度等，均设定了天气要素在开始出现的临界值，开始出现某种天气要素临界值时对公路运输活动的影响。通过预报时效的分析，发现对6～12h预报时效的需求最多，其次是3h，有的只是实时观测及时发现。

我国交通气象灾害的预报预警与发达国家相比还存在一定差距，尤其在对交通有危害的灾害性天气预警预报信息的发布和供社会运输部门、公众的广泛应用方面更显不足。进入21世纪以来，我国的交通气象已经取得长足进展，但应该认识到有关交通气象灾害预报服务的专业性、时效性和信息应用性均应进行深入的研究，因为无论在预报内容的多样性、时效的正确性方面，还是在预报信息发布的快速传递方面，其要求均远高于公众预报。换言之，它实际上是一种新颖的、更现代化、更具有针对性的精细天气预报，是能最大程度满足交通安全运营需要的专业化预报。因而制作交通气象灾害预报，从预报内容上要求定量(量级)、定点(地段)、定时(时段)；在预报信息服务上，应是实况监测、预报信息的不间断跟踪服务。所以，如何做好交通气象灾害的预报和服务，对交通和气象业务部门而言是一个新的研究课题，也是一个新的开发领域，是对交通气象业务技术能力的新挑战。就目前我国交通和气象业务的科技水平而言，还不能做到尽善尽美，它还是一门需要逐步摸索、完善，不断改进和提高的科技服务项目。

第一节　公路交通气象预报预警技术

除了能见度和路面温度与状态外，降水和风对交通安全的影响也很大。

降水危及公路交通安全运营主要反映在三个方面：一是一般降水天气，尤其是由晴转雨，降水润湿了路面，减小了路面与轮胎之间的摩擦系数，由此诱发交通事故；二时暴雨或特大暴雨使公路边沟渠积水，浸泡路基，造成滑坡、塌陷、路面泛浆以及诱发地质灾害(如泥石流等)，毁坏公路；三是短时强降水，造成公路沿线能见度急速下降和车前挡风玻璃模糊，严重影响驾驶员的视线，造成交通事故。前两者早已纳入气象业务部门预报业务范畴，其预警预报技术已广为人们了解。而后者，即短时强降水的分析、预报，包括对强降水的定义，尤其短时强降水造成的低能见度对公路交通安全运营的危害，是交通气象领域当今面临的亟待探索研究的课题。

影响交通运营的区域性强风不同于浓雾、短时强降水，后两者均具有突发性和局部性，从预报思路而言应以监测—临近预报为主；而危害交通安全的区域性强风则是非突发性的、非局地性的雷雨大风。因而对于区域性强风(包括台风大风)的预警预报，从时效方面讲，可以适当提早；从预报的技术方面讲，应以分析产生区域性强风的天气系统和统计能表征产生强风的临界指数值为主，要以大范围的地面气压场演变特征为基础，密切注意预报责任区周边的自动气象站的监测实况，综合分析判断，发布强风预警预报。

一、公路交通气象预报预警技术原则

鉴于交通气象灾害的预报是一门旨在保障交通运营安全、提高交通运营效率的新科技服务项目，而且它所涉及的气象灾害种类多、突发性强、危害重，因而预报预警难度大，目前还缺少成熟的技术方法可以借鉴和应用，所以在确立交通气象灾害的预报预警方面，应着重考虑以下原则。

(1)从造成交通气象灾害的环境特征、天气系统等方面，结合历史灾害个例，从统计学方面寻找、归纳各类交通气象灾害性天气概念模型，研究总结发生各类危害交通安全的灾害性天气类型的判断条件。

(2)通过调查研究，确定影响交通运营安全的各类灾害性天气的风险等级、各类灾害性天气出现时的临界值(预警指标)。

(3)应用多种探测手段，获得实时信息、数值预报产品(从环流形势到有关气象要素值)、中尺度数值模式、专家经验等，结合各类灾害性天气出现的临界指数作综合分析、判断，做出预警预报。

(4)采用全天候值班制度，制作0.5～3h的临近预报，且一旦发布预警与临近预报，则必须进行实况演变监测(沿线和定点)、路况信息反馈、跟踪订正预报、解除预警预报的全过程预报服务。

(5)设计和研发适用于各类交通气象灾害性天气的预警预报业务流程。其中对各类灾害性天气的预报时效的设置既要满足交通管理部门的需求，也要根据目前气象部门的预报技术基础和条件来设计，切忌不切实际的要求。如目前美国国家环境预报中心对灾害性天气设置的预警时效为:龙卷风平均12min,雷暴平均18min,飓风登陆的预警时间平均为20h。

(6)要特别重视实况信息的反馈。实况信息的反馈对制作、发布对交通运营有危害的灾害性天气预警预报服务是十分必要的。所以必须做到预报责任区内灾害性天气出现的实况、交通事故、受灾损失等信息的及时反馈，这有利于气象业务部门进一步做好跟踪、滚动预报，提高预报服务效益。

(7)交通气象灾害性天气预警预报流程的设计。根据目前气象业务部门已具有的监测手段、预报技术水平，设计出各类影响交通安全运营的预报业务流程是至关重要的。

二、公路交通气象预报预警技术流程

公路交通气象预报预警技术流程如图 6-1 所示。

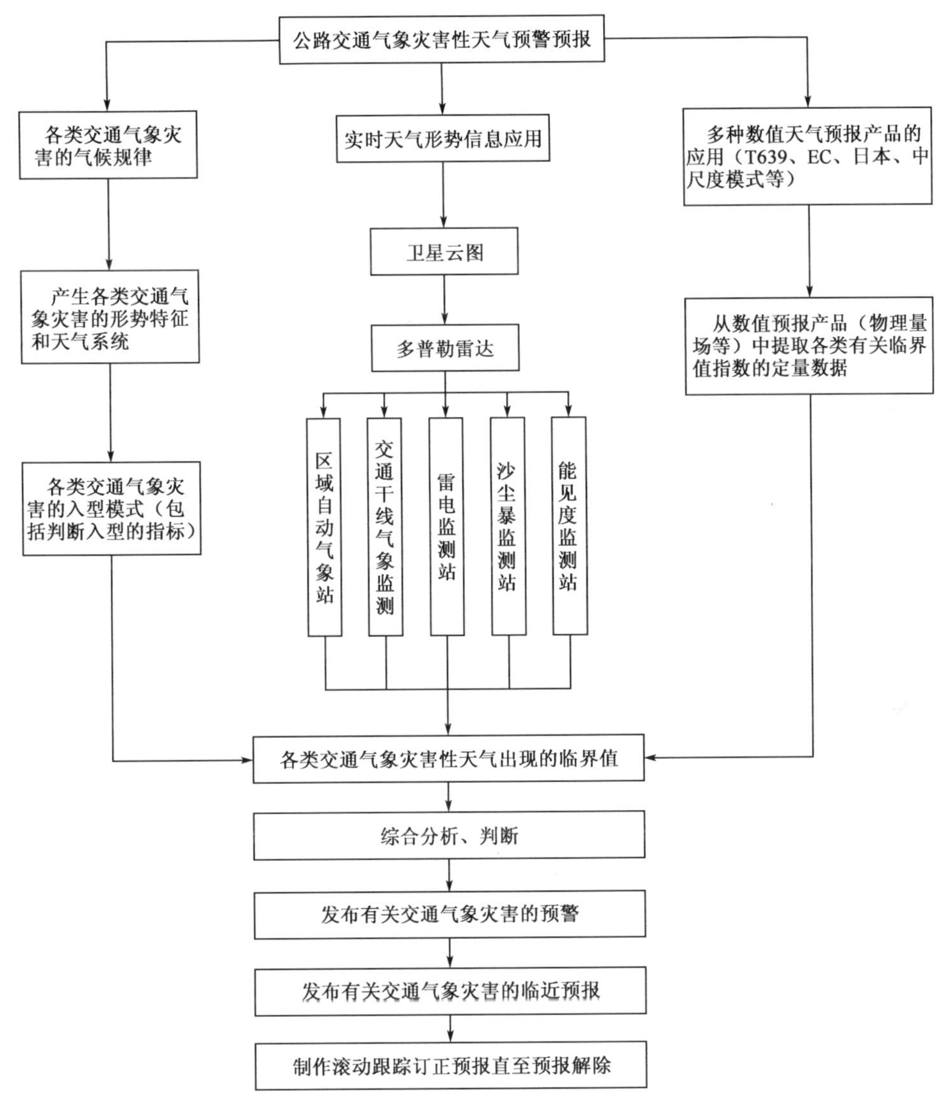

图 6-1　公路交通气象预报预警技术流程

第二节　公路交通气象预报预警服务

为保障公路交通运输的畅通和安全，提供国际水平的气象保障服务，在 2005 年 7 月 27 日，交通运输部、中国气象局在北京签署了共同开展公路交通气象预报工作备忘录。双方约定将通过共同努力，向社会发布更为及时、准确的公路交通气象信息，以减少恶劣天气造成的交通延误和交通事故，节省出行时间，创造更安全、更畅通、更便捷的公路出行条件；每天向社会联合发布“全国主要公路气象预报”，遇到台风、暴雨、沙尘暴等天气则开展灾害性天气交通气象预警服务。

近年来，全国各地气象部门联合有关部门也开展了本地化的公路交通气象服务。江苏省气象局与江苏交通控股有限公司在沪宁、沿江、宁常、连徐等高速公路及长江江苏段沿线建成 86 个交通气象监测站，组织专业技术服务队伍，全天候值班，基于高速公路气象监测站点数据，结合江苏省气象局已有的海量气象信息资源和现代化的气象业务系统，对低能见度浓雾、道路积雪、结冰、大风、强降水、路面高温等对高速公路运营有影响的气象灾害进行了预警和临近预报。

本节以京珠高速公路气象监测预报预警系统为例，说明国内公路气象预报预警服务的现状。

针对京珠高速公路频发的低能见度大雾和道路结冰等恶劣气象灾害，基于“山区公路网恶劣气象条件下分级预警与交通安全控制策略研究”，开展公路网恶劣气象信息整合与分析技术研究，建立了京珠高速公路交通气象监测预警系统，实现了公路网恶劣气象状况的实时监测、预警等功能，为提高道路运行安全和恶劣气象灾害应急处置能力提供有力的技术支撑和保障。交通气象监测预报预警系统设计坚持效益优先，系统软件设计规范化，充分考虑系统的安全性、实用性、可扩充性以及可推广性。

一、监测预报预警系统设计概述

1. 系统总体结构

系统以京珠高速公路沿线恶劣气象灾害监测、预报、预警服务为主要功能，依托京珠高速公路沿线交通气象观测站和气象监测站，实时收集低能见度、路面状况等监测数据，利用恶劣气象灾害监测预警和预报模型，通过部级、省级、路网服务平台制作恶劣气象灾害监测、预报、预警服务产品，实现信息传输、存储、处理、监测、预报、查询、显示等功能，为道路养护、监控、路政以及决策者提供及时的决策参考信息。交通气象监测预报预警系统的开发和部署分为路段监控分中心、省监控中心（联网收费管理中心）、部路网管理中心三个层级，各级因功能需求不同，系统结构不同。系统构架如图 6-2 所示。

2. 系统模块/组件

交通气象监测预报预警系统主要包括以下五个模块。

1）交通气象信息资料库模块

交通气象信息资料库包括交通气象数据库、综合气象数据库、交通气象产品数据库以及基础地理信息库等。

2）交通气象实时监控预警模块

主要基于交通气象监测信息，实现交通气象监测信息（路面温度、能见度、路面状况、降水等）的实时监控，实现异常监测信息的自动报警功能，同时具有恶劣气象条件预警功能。

3）交通气象预报模块（国家级）

利用交通气象监测信息、数值模式预报产品以及常规气象资料等，实现对交通安全产生重要影响的低能见度、路面温度以及路面状态预报（干燥、潮湿、积水、结冰）等要素预报。

4）交通气象服务制作分发模块

支持各类信息的显示和查询，可对实况监测和预报预警信息进行加工制作，生成图形、图

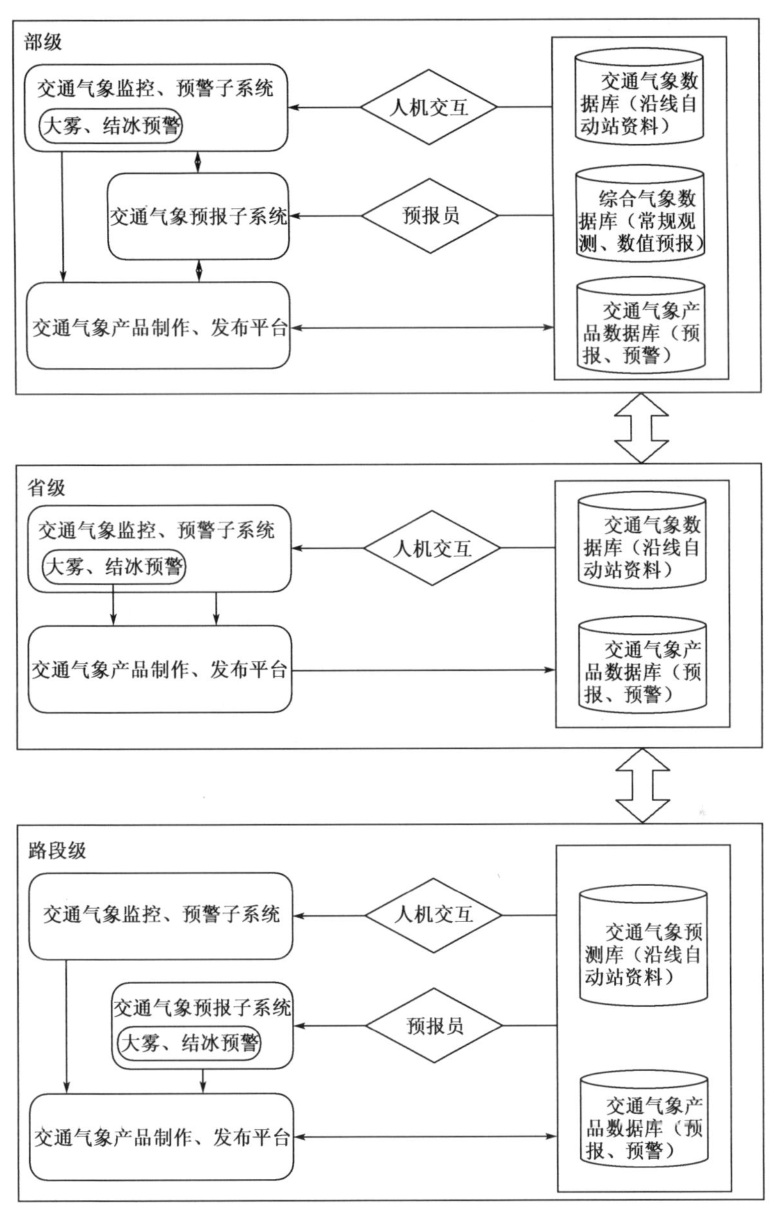

图 6-2　公路交通气象监测预报预警系统构架图

表等形式的交通气象服务产品。系统可存储图形、文本文件，写入数据库，还可输出到外部设备(如打印机、绘图仪等)。针对不同服务对象的需求，通过传真、电子邮件、网页、可变信息板或其他方式，实现交通气象服务产品的自动或半自动分发，为网站、相关政府决策部门以及公众提供服务。

5)信息监控模块

建立可视化的业务运行监视界面，实现监测、预报、服务数据的入库、存储以及送达状态自动监控的功能。

二、系统详细功能介绍

1. 交通气象信息资料库

1)交通气象数据库

主要包括公路沿线监测数据、交通气象灾害信息等，该部分资料为实时监控预警系统提供数据支持。

2)综合气象数据库

主要包括常规的气象站监测数据、卫星遥感监测数据、雷达监测数据、预报员主观预报结果、数值模式预报和预报释用产品等。该部分连接交通气象数据库数据信息，是交通气象预报模块的数据支撑。

3)基础地理信息库

主要包括全国干线道路信息、公路沿线基础地理信息、地形信息等信息数据。该部分是交通气象服务产品制作的基础地图信息支撑。

4)交通气象产品数据库

主要包括交通气象预报模型预报产品、交通气象监测和预警产品等。该部分是交通气象服务产品制作分发模块的数据支撑。

5)交通气象监测信息库

主要通过以下五个功能实现信息资料的采集、导入、格式转化以及质量控制等，包括数据采集功能、数据导入存储功能、数据处理功能、数据质量控制功能、数据检索查询功能。

2. 交通气象实时监控预警模块

1)监测显示功能

支持以图、表等方式实现交通气象监测信息(如路面温度、能见度、路面状况、降水、交通状况等)的实时监控。可以对同一时间、不同要素进行显示，也可以对不同时间、同一要素进行显示。数据自动更新，无须人工干预。

2)监测报警功能

对监测的各个要素按一定级别进行划分，设置不同等级的报警阈值，满足报警阈值后，模块将在界面上进行声光报警，在平面图上用不同颜色表示不同报警等级，点击站点可显示详细信息，实现自动报警功能，及时提醒值班人员注意。

3)预警指标功能

依据公路网恶劣气象条件分级方法，确定分级指标、等级划分、指标阈值。业务人员通过该模块可以结合监测信息和预报信息，参考关键气象条件指标进行恶劣天气预警。

3. 公路交通气象预报模块

1)低能见度(雾)预报

以影响能见度的气象因子指标体系和阈值范围为基础，利用 T639 模式输出的气温、相对湿度、风、云量等气象要素预报产品，建立低能见度客观化预报模型，可以提供未来 24h 低能见度客观预报产品。

2)路面温度预报

基于现有的路面温度监测实况，考虑公路沿线的实际地形、下垫面等情况，采用统计分析方法，建立路面温度预报方法。同时，结合能量守恒方法，考虑太阳短波辐射、大气和地面的长波辐射（辐散）潜热、感热传输等能量之间的平衡，以及太阳短波辐射的吸收和散射，建立路面温度客观化预报模型，可提供未来 24h 路面温度预报产品（图 6-3）。

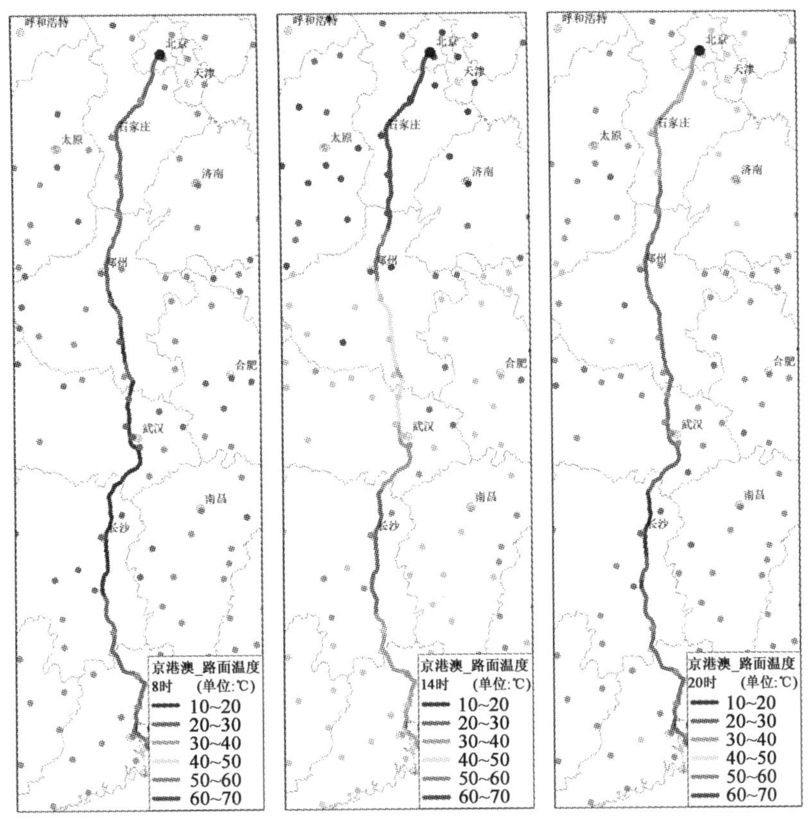

图 6-3　路面温度预报产品（8 时、14 时、20 时）示意图

3）路面状况预报

基于路面温度客观模型输出结果和 T639 模式输出的降水预报产品，结合路面实况监测信息，建立人工订正的客观化路面状况预报模型，可提供 3h 间隔的未来 24h 路面状况客观预报产品（图 6-4）。

4）预报的检验分析

依据气象观测信息、道路监测信息和多种预报检验方法，建立预报质量检验模型。对预报结论和实况资料采用数据库管理，可实现预报结论查询、实况资料处理、预报质量检验等功能，并能进行任意预报时段、任意预报站点（区域）、落区预报、灾害性天气预报质量检验，便于预报员找出预报的薄弱环节，逐一步改进预报模型，不断提高交通气象预报准确率和服务水平。

4. 交通气象服务制作分发模块

1）数据格式转换功能

对各类数据信息进行处理，转换成 GIS 可识别的数据格式，如 SHP 格式。

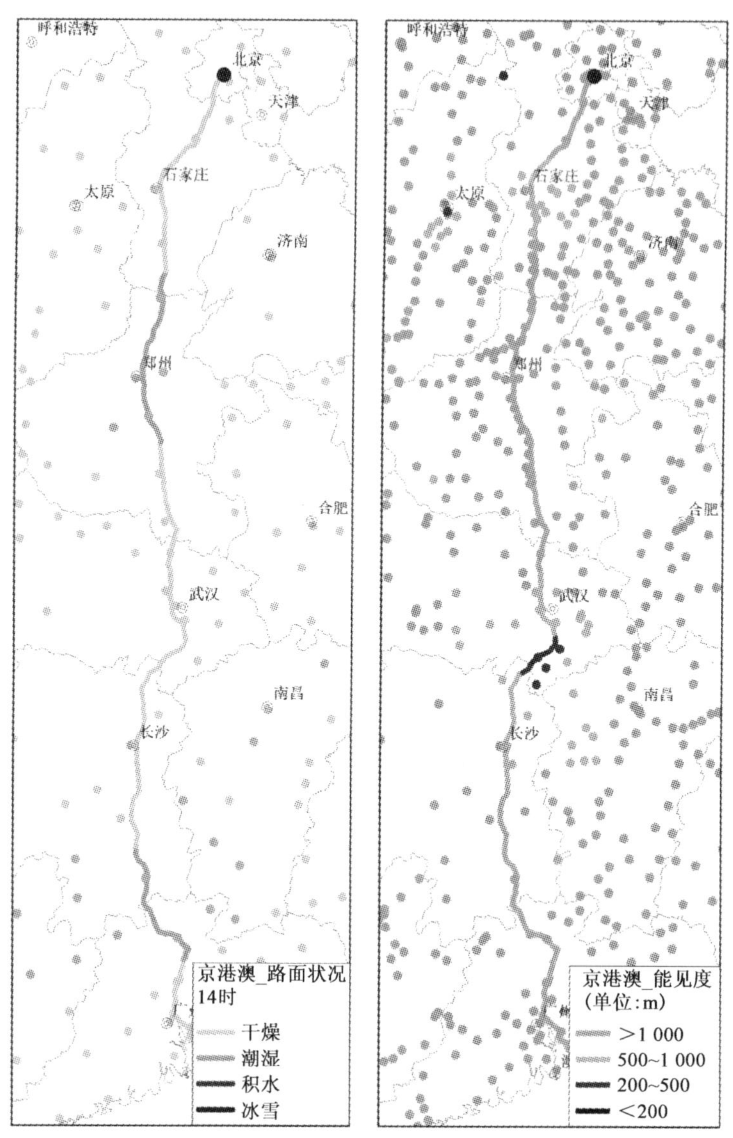

图 6-4　路面状况(左)和能见度(右)预报产品示意图

2)信息显示功能

可支持基础地理信息、交通气象监测信息、常规气象数据以及各种预报信息和服务产品的显示,具有地图缩放、信息查询功能。

3)产品制作功能

基于交通气象监测和预报预警服务信息,具有产品定制功能,能自动生成针对不同区域的各类文字、图表、图形等服务产品。自动生成交通气象保障所需的气象传真电报和气象信息通报,为公路运营、监控、路政、交警等部门决策管理提供科学依据。

5. 信息监控平台

1)监控显示功能

根据不同信息入库、存储及发送时间,自动判别信息的状态,并以不同颜色表示数据已有或未到达或发生异常，并具有报警功能，方便技术维护人员的使用和快速、及时地处理问题。

2)监控运行日志管理功能

建立监控运行日志文件，并具有报警日志监控、备份、查找等功能。

系统信息流程如图 6-5 所示。

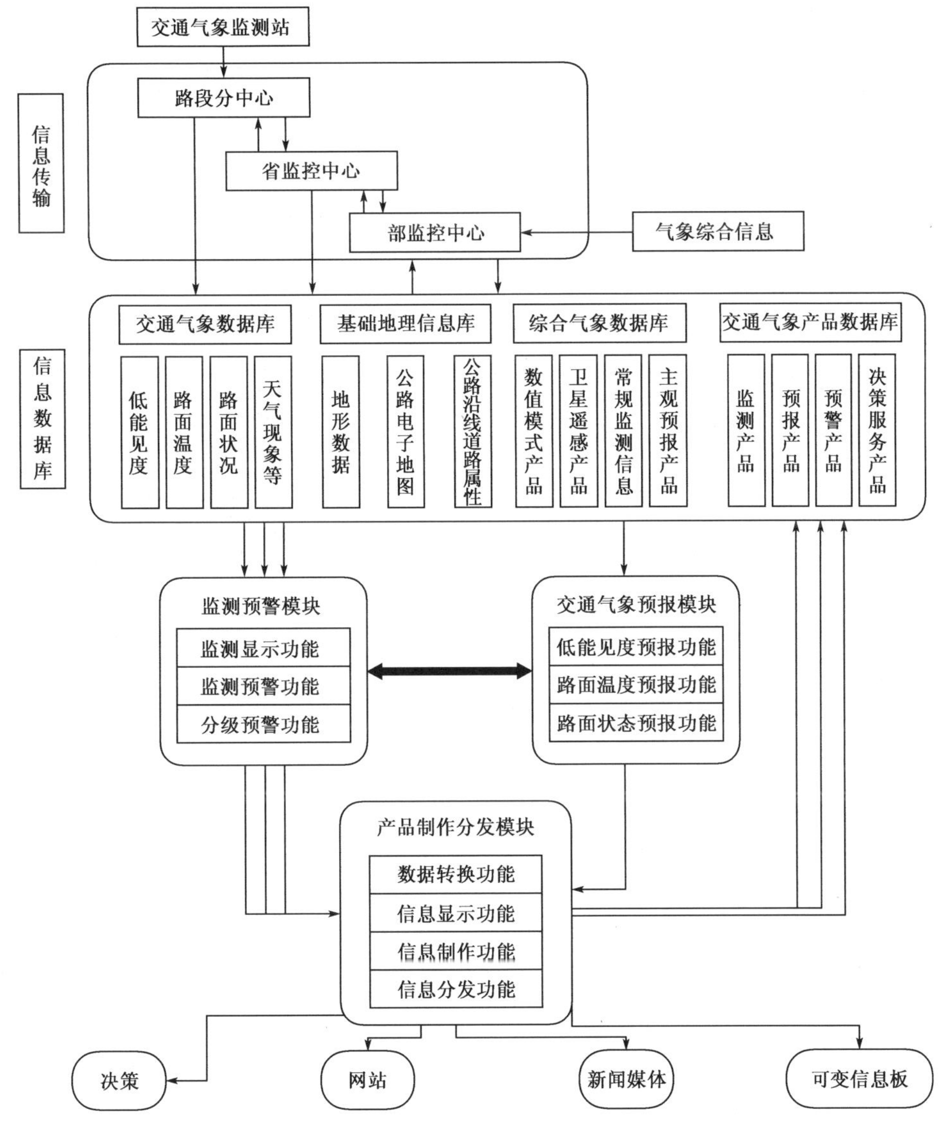

图 6-5 气象监测预报预警系统信息流程

参 考 文 献

[1] 吴洪，柳崇健，邵洁，等. 北京地区大雾形成的分析和预报[J]. 应用气象学报，2000，11(1)：123-127.

[2] 蒋大凯,阎锦忠,陈传雷,等. 辽宁省区域性大雾预报研究[J]. 气象科学,2007,27(5):578-583.

[3] 贺皓,刘子臣,徐虹,等. 陕西省高等级公路大雾的预报方法研究[J]. 陕西气象,2003,1:7-10.

[4] 吴兑,邓雪娇,游积平,等. 南岭山地高速公路雾区能见度预报系统[J]. 热带气象学报,2006,22(5):417-422.

[5] 贺皓,姜创业,徐旭然. 利用 MM5 模式输出产品制作雾的客观预报[J]. 气象,28(9):41-43.

[6] 青泉,吕学东,叶儒辉,等. 判别回归方法在四川盆地大雾预报中的应用[J]. 四川气象,2006,26(2):6-7.

[7] 姚棣荣,俞善贤. 基于 PRESS 准则选取预报因子的逐步算法[J]. 大气科学,1992,16(2):129-135.

[8] 林云,孙向明,张小丽,等. 深圳市大气能见度与细粒子浓度统计模型[J]. 应用气象学报,2009,20(2):252-256.

[9] 贺皓,罗慧. 基于支持向量机模式识别的大雾预报方法[J]. 气象科技,2009,37(2):149-151.

[10] 李才媛,韦惠红,邓红. SVM 方法在武汉市大雾预警预报中的应用[J]. 暴雨灾害,2008,27(3):264-267.

[11] 吴和红. 沪宁高速公路大雾特征及其预报研究[D]. 南京信息工程大学,2010.

[12] Martin T Hagan,Howard B Demuth,Mark H Beale. 神经网络设计[M]. 戴葵,等译. 北京:机械工业出版社,2002.

[13] Bao Hongjun. Rainfall-runoff simulation with Artificial neural networks[A]. Proceedings of First International Conference of Modelling and Simulation,2008:143-149[C].

[14] Gardner M W,Dorling S R. Artificial neural networks (the multilayer perceptron)-A review of applications in the atmospheric sciences. Atmos. Environ. 32: 2627-2636.

[15] Hsieh W W,Tang B. Applying neural network models to prediction and data analysis in meteorology and oceanography. Bull. Am. Meteo. Soc. 79:1855-1870.

[16] Pasini A,Pelino V,Potesta`S. A neural network model for visibility nowcasting from surface observations: Results and sensitivity to physical input variables. J Geophys. Res. 106, D14:14951-14959.

[17] Nugroho A S ,Kuroyanagi S,Iwata A. A solution for imbalanced training sets problem by combnet-ii and its application on fog forecasting. IEICE Trans. Inf. and Syst. E85-D, 7:1165-1174.

[18] Marzban C,Leyton S M,Colman B. Ceiling and visibility forecasting via neural nets[J]. Weather and Forecasting, 22:46-59.

[19] John Bjornar Bremnes,Silas Chr Michaelides. Probabilistic Visibility Forecasting Using Neural Networks[J]. Pure and Applied Geophysics,2007, 164 (6-7):1365-1381.

[20] 王雷,黄培强. 利用人工神经网络预报芜湖的雾[J]. 气象科学,2001,21(2):200-205.

[21] 李法然,周之栩,陈卫锋,等. 湖州市大雾天气的成因分析及预报研究[J]. 应用气象学报,2005,16(6):794-803.

[22] 马学款,蔡芗宁,杨贵名,等.重庆市区雾的天气特征分析及预报方法研究[J].气候与环境研究,2007,12(6):796-803.

[23] Barber E S. Calculation of Maximum Pavement Temperatures from Weather Reports[A]. Highway Research Board, Bulletin 168, National Research Council, Washington DC, 1957[C].

[24] Markku Kangas, Marjo Hippi, Johanna Ruotsalainen, Sigbritt Näsman, Reija Ruuhela, Ari Venäläinen, Martti Heikinheimo. The FMI Road Weather Model [A]. HIRLAM All Staff Meeting, Sofia, Bulgaria, 2006[C].

[25] Louis-Philippe Crevier, Yves Delage. METRo: A New Model for Road-Condition Forecasting in Canada[J]. Journal of Applied Meteorology, Volume 40, Issue 11 (November 2001): 2026-2037.

[26] Barber E S. Calculation of Maximum Pavement Temperatures from Weather Reports [A]. Highway Research Board, Bulletin 168, National Research Council, Washington DC, 1957[C].

[27] Williamson R H. Effects of Environment on Pavement Temperatures[A]. Proceeding of the 3rd International Conference on Structural Design of Asphalt Pavements, 1972[C].

[28] Christison J M, K OAnderson. The Response of Asphalt Pavements to Low Temperature Climatic Environments[A]. Proceeding of the 3rd International Conference on the Structural Design of Asphalt Pavements, 1972[C].

[29] Bent H Sass. A Numerical Forecasting System for the Prediction of Slippery Roads[J]. J Appl Meteor, 1997, 36(6): 801-817.

[30] Hermansson, A. A Simulation Model for Calculating Pavement Temperature. Including the Maximum Temperture[A]. Transportation Research Board 79m Annual Meeting, Washington DC, 2000[C].

[31] Shao J , Lister P J . An automated nowcasting model of road surface temperature and state for winter road maintenance[J]. J Appl Meteor, 1996, 35 (8): 1352-1361.

[32] 朱承瑛，谢志清，严明良，等.高速公路路面温度极值预报模型研究[J].气象科学，2009,29(5):645-650.

[33] 曲晓黎,武辉芹,张彦恒,等.京石高速路面温度特征及预报模型[J].干旱气象,2010,28(3):352-357.

[34] 刘熙明,喻迎春,雷桂莲,等.应用辐射平衡原理计算夏季水泥路面温度[J].应用气象学报,2004,15(5):623-628.

[35] 贾璐,孙立军,黄立葵,等.沥青路面温度场数值预估模型[J].同济大学学报,2007,35(8):1039-1043.

[36] 田华,吴昊,赵琳娜,等.沪宁高速公路路面温度变化特征及统计模型[J].应用气象学报，2009，20(6):737-744.

[37] 孙立军,秦健.沥青路面温度场的预估模型[J].同济大学学报,2006，34(4):480-483.

[38] 燕成玉,李延江,吴杰.水泥及沥青路面温度的预报[A].2008 年年会论文集[C].北京:中国气象学会.

[39] 黄立葵,贾璐,万剑平,等. 沥青路面温度状况的统计分析[J]. 中南公路工程,2005,25(3):8-10.

[40] 孙长新,赵毅强,叶燕呼,等. 广东省公路沥青路面气候影响分区[J]. 西安公路交通大学学报,2000, 20(1):16-19.

[41] 吴晟,吴兑,邓雪娇,等. 南岭山地高速公路路面温度变化特征分析[J]. 气象科技,2006,34(6):783-787.

[42] 覃志豪,Zhang Minghua,Arnon Karnieli. 用 NOAA2AVHRR 热通道数据演算地表温度的劈窗算法[J]. 国土资源遥感,2001, (2):33-42.

[43] 覃志豪,Zhang Minghua,Arnon Karnieli,等. 用陆地卫星 TM6 数据演算地表温度的单窗算法[J]. 地理学报,2001,56(4):456-466.

[44] 张德山,丁德平,穆启占,等. 北京奥运交通路段精细预报[J]. 应用气象学报,2009,20(3):380-384.

[45] 孟春雷,刘长友. 北京地区高速公路夏季道面高温灾害预报研究[J]. 防灾科技学院学报,2009,11(3):26-29.

[46] 曲海涛,薛龑波. 影响公路路况气象要素分析及路况预报[J]. 山东气象,2002,22(3):41-42.

[47] 刘梅,尹东屏,王清楼,等. 南京地区冬季路面结冰天气标准及其预测[J]. 气象科学,2007,27(6):685-690.

[48] 许秀红,娇玲玲,王庆余. 近 10 年黑龙江省道路结冰的发展趋势及其与温度的关系[J]. 安徽农业科学,2009,37(5):2123-2125.

[49] 刘聪,卞光辉,等. 交通气象灾害[M]. 北京:气象出版社,2009,6.

[50] 美国联邦气象协调办公室. 美国交通气象信息国家需求评估报告[M]. 北京:气象出版社,2008,6.

[51] 中国气象局文件,气发〔2004〕206 号. 关于下发《突发气象灾害预警信号发布试行办法》通知,附件:《突发气象灾害预警信号发布试行办法》.

[52] 中国气象局令,气发〔2007〕16 号.《气象灾害预警信号发布与传播办法》.

[53] 中华人民共和国气象行业标准. QX/T 111—2010 高速公路交通气象条件等级[S]. 北京:气象出版社,2010.

[54] 中华人民共和国国家标准. GB/T 20482—2006 牧区雪灾等级[S]. 北京:中国标准出版社,2006.

[55] 中华人民共和国气象行业标准. QX/T 76—2007 高速公路能见度监测及浓雾的预警预报[S]. 北京:气象出版社,2007.

[56] 陈宽民,严宝杰,等. 道路通行能力分析[M]. 北京:人民交通出版社,2003,10.

[57] 交通运输部公路局. 2009 年全国公路统计资料摘要,2010,3.

[58] 中华人民共和国交通运输行业标准. JTG B01—2003 公路工程技术标准[S]. 北京:人民交通出版社,2003.

[59] 交通运输部规划研究院. 2008 年国家干线公路交通情况分析报告,2008[R].

第三篇　安全保障技术

为提高恶劣气象条件下的交通安全水平，确保在途车辆在低能见度和冰雪天气等不利条件下的行车安全，除利用完善的监测设施对道路、交通、环境状态进行监测，并及时发布路况以及公路气象预报预警信息外，还需要从设施应用、信息联动发布、智能化诱导、冰雪路面养护等多方面、全方位地采取各种技术手段和对策，以实现提高行车安全性的目标。本篇主要包括四章内容，第七章详细阐述了适用于恶劣气象条件下的各种安全诱导设施的应用技术，涉及交通标志、标线等静态诱导设施的布设原则与方法，主动发光突起路标、轮廓标、雾灯等动态诱导设施的有效设置技术，以及交通诱导设施综合应用技术与方案；第八章分析了各种信息发布技术手段的适用性，给出可变信息标志的分类发布信息预案库和选址布设原则，提出了基于可变信息标志发布方式的路段/路线级信息联动发布技术方案，以及交通事件下区域路网诱导分流信息发布策略；第九章详细阐述了低能见度下在途车辆智能化诱导系统的技术需求、组成、工作原理、实施方案与应用案例等；第十章对冬季冰雪控制技术进行了系统的梳理与总结，涉及融雪剂、机械式铲冰除雪等被动式路面冰雪控制技术，以及具有抑制路面积雪结冰效果的特殊道路结构、各种方式的加热路面技术、防结冰融雪剂自动喷洒系统等主动式路面冰雪控制技术。

第七章　安全设施运用技术

为进一步提高恶劣气象条件下区域公路网的交通安全保障能力，更好地指导公路管理部门在恶劣气象条件下采取科学合理的交通组织与控制策略，降低恶劣气象条件对公路网安全运行和通畅的冲击，有必要根据公路网的路网结构、交通流特征，结合恶劣气象条件的特性，研究恶劣气象条件下交通安全设施的有效性设置方法，形成恶劣气象条件下有效的诱导系统，并及时、合理地诱导和组织交通，为驾驶员提供有效的交通通行信息，提高恶劣气象条件下公路网运行的安全性与可靠性。

本章描述的交通安全设施主要包括静态诱导设施和动态诱导设施两大类，主要针对恶劣气象条件，研究诱导设施的设置内容、设置方法、控制策略、诱导流程及综合应用技术等。

第一节　静态诱导设施

静态诱导设施为固定不变的交通安全诱导设施，包括标志、标线(轮廓标及突起路标)、合流诱导标和线形诱导标，采用逆反射材料制作，以固定不变的形式引导道路使用者。在恶劣气象发生路段，静态诱导设施可以通过针对恶劣气象的特定内容、改变设置间距、采用高等级的逆反射材料或与动态诱导设施相互配合来为道路使用者服务，优化恶劣气象条件下的诱导效果。

一、交通标志

道路交通标志是以颜色、形状、字符、图形等向道路使用者传递信息，用于管理及引导交通的设施。交通标志应结合道路状况及交通情况设置，提供及时准确的信息和引导，使道路使用者顺利快捷地抵达目的地，促进交通畅通和行车安全。

1. 交通标志分类

1)特殊天气建议速度标志

特殊天气建议速度标志用以提醒驾驶员在雨、雪、雾等视距不良的特殊天气下，以建议速度行驶，设在施画了白色半圆状车距确认线路段的适当位置，如图 7-1 所示。

2)易滑标志

易滑标志用来提醒车辆驾驶员注意慢行(图 7-2)。在公路线形不良、视距受限制、路面摩擦系数不能满足要求、路面易于积水等路段，或在其他因车辆滑移容易引发交通事故的路段，应设易滑标志。但是影响路滑的因素很多，如路面种类、结构类型、路面磨损程度、路面干湿程度、车辆性能、行驶速度等。因此，在综合考虑上述因素并确认易滑是造成该路段事故隐患的主因后，可在弯道、下坡等地点前设置易滑标志。

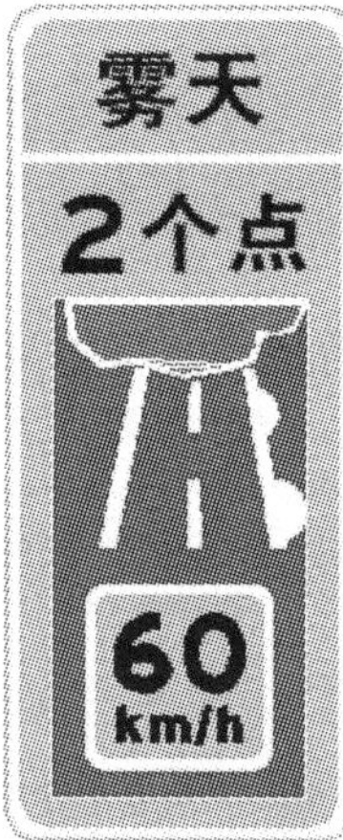

图 7-1　特殊天气建议速度标志

3)注意横风标志

注意横风标志用以提醒车辆驾驶员小心驾驶(图 7-3)。公路前方的高架桥、垭口经常有很强劲的侧向风;由于公路特殊的地理位置和环境条件,有的路段经常出现强烈的侧向风;由于季风的影响,有的路段出现季节性的侧向风等,对车辆行驶的稳定性有影响,应设注意横风标志,并可在标志下方增设“注意横风”辅助文字标志。

图 7-2　易滑

图 7-3　注意横风

4)限制速度标志

在需要对车辆的行驶速度进行限制的路段起点处，应设置限制速度标志(图 7-4)。在限速路段终点处，应设置解除限制速度标志或新的限制速度标志。

图 7-4　限制速度

5)车距确认标志

车距确认标志用来帮助驾驶员确认与前车的距离。当高速公路或城市快速路两相邻立交间距大于 10km 时，在其间无其他指路标志的平直路段上可设置车距确认标志。图 7-5 中 a)设置在平直路段的位置，b)设在 a)后 200m 处，a)、b)为黄底、黑色边框、黑文字。c)作为确认基点设在 b)后 200m 处，d)、e)在 c)后每 50m 间隔设置。如需要，可在间隔 200m 后再设置一组车距确认标志。相邻两个互通式立体交叉之间同一方向设置的车距确认标志不宜超过两组。

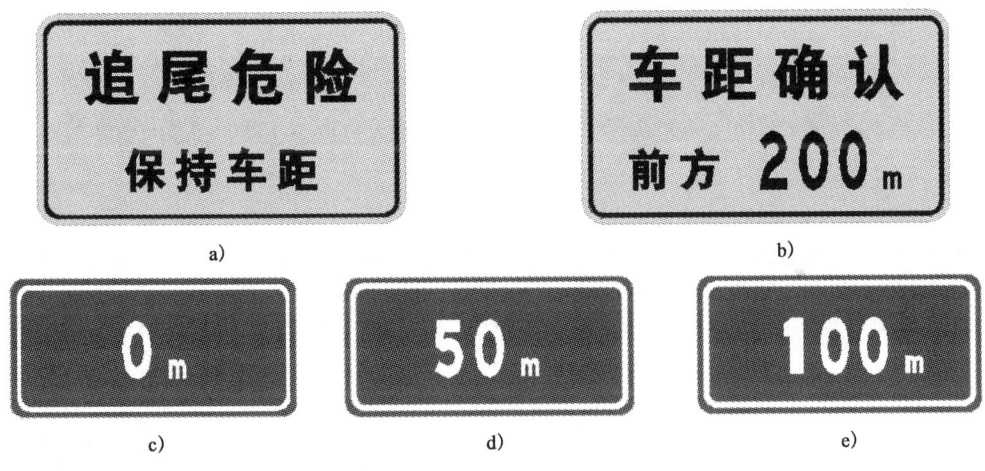

图 7-5　车距确认标志(一)

图 7-6 可配合白色折线状车距确认标线单独使用，专用于雾区路段。

图 7-6　车距确认标志(二)

6)雾区专用交通标志

用于预告雾区路段的位置及长度,提前告知驾乘人员采取相应措施。图 7-7 中 a)用于预告雾区路段的位置;b)用于告知驾驶员雾区路段的长度;c)提醒驾驶员在雾区路段应该开灯行驶,提高雾区能见度。

a)

b)

c)

图 7-7　雾区标志

7)荧光高强反光标志

荧光高强反光膜具有高强亮度,可以给驾驶员更好的视线诱导。研究数据表明:荧光色交通标志对于安全的提升作用非常明显,越早发现和认清标志,就有越充足的时间应变,事故发生的几率就越小。图 7-8 为美国对荧光标志牌和普通交通标志视认性比较的研究数据,横坐标是驾驶员离标志牌的距离,纵坐标是识别概率,试验的天气是 100%阴天。从图中数据可以看出,在距离交通标志 120m 处,荧光黄绿标志的识别概率是普通标志的 8 倍以上;在距离交通标志 20m 处,荧光黄绿的识别概率依然高于普通标志牌 20%～40%。图 7-9 显示荧光高强反光标志在恶劣天气条件下效果显著。

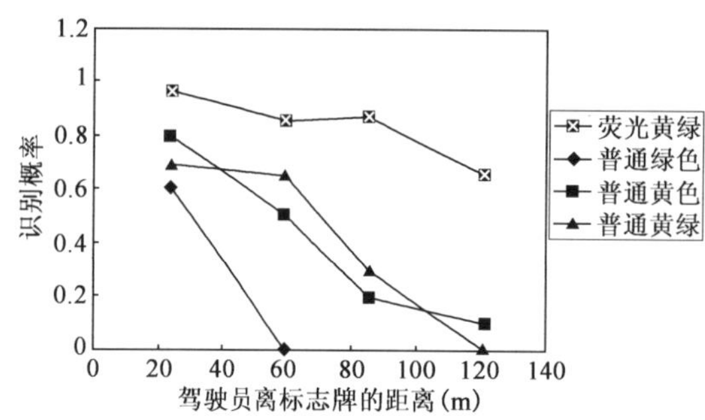

图 7-8　各种颜色的识别概率比较

图 7-9　荧光高强反光标志应用示例

2. 交通标志设置方法

1)特殊天气建议速度标志

此标志适用于各等级公路,设置在恶劣气象发生路段,提醒驾驶员采用安全速度行车。特殊天气建议速度标志应与半圆状车距线一起设置。此外,建议速度的数值要与实际吻合,避免该值与实际不符。特殊天气建议速度标志示例见图 7-10 和图 7-11。

2)易滑标志

此标志适用于各等级公路,设置在恶劣气象发生路段,属临时性应急标志,提醒驾驶员注意前方路面路况,谨慎驾驶。

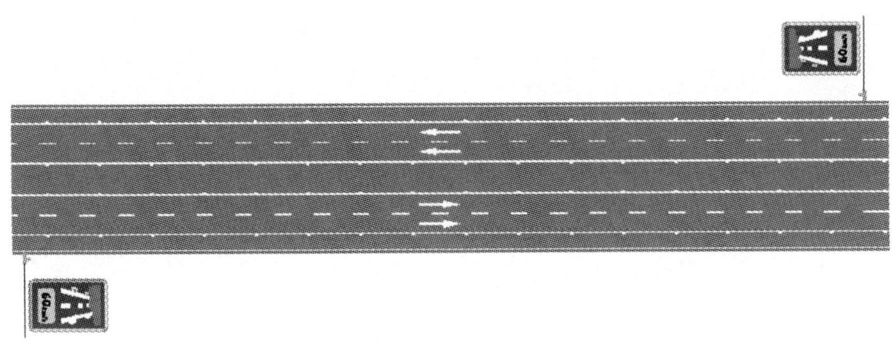

图 7-10　特殊天气建议速度标志示例(一)

3)注意横风标志

此标志适用于低等级公路,设置在恶劣气象发生路段,提醒驾驶员注意前方路况。横风标志的设置应根据公路所处的地理位置、环境条件及公路走向与季风等情况判定。

4)限制速度标志

此标志适用于各等级公路,设置在恶劣气象发生路段,提醒驾驶员以适宜的速度行驶。符合下列条件时,应设置限制速度标志:

(1)高速公路、一级公路入口加速车道后的适当位置。

(2)各级公路的技术指标受设计速度控制的路段;低于设计规范中规定的极限值的路段;视距不足的路段;经过村镇、学校等行人较多的路段。

(3)因车速过快经常导致交通事故发生的路段。

(4)限速值应根据路段的具体情况,分别选用设计速度或运行速度。公路、交通条件过于复杂的,在交通安全分析的基础上,可选用小于设计速度的限速值。相邻路段的限速值差值不宜超过 20km/h。

(5)限制速度标志可与警告标志联合使用。

图 7-11　特殊天气建议速度标志示例(二)

5)车距确认标志

此标志适用于各等级公路,设置在恶劣气象发生路段,提醒驾驶员保持安全距离行驶。设置示例如图 7-12 所示。

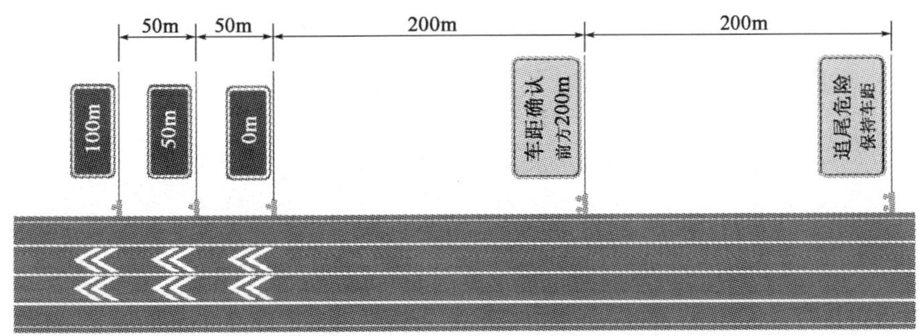

图 7-12　车距确认标志设置示例

6)其他标志

在恶劣气象发生路段，如有其他标志，其反光膜宜采用荧光反光膜(图 7-13)。高强级荧光反光膜是一种比传统高强级反光膜更具有高可视性的反光膜，它具有传统高强级反光膜的高亮度、很好的广角性、长久耐候性能。同时它还具有荧光膜所独有的高可视性，尤其是在黄昏和光线昏暗的天气条件下，它的优点可以充分发挥(图 7-14)。

图 7-13　荧光反光膜示例

图 7-14　荧光反光膜和普通反光膜白天、傍晚和夜间效果对比

二、交通标线

道路交通标线是由施画或安装于道路上的各种线条、箭头、文字、图案及立面标记、实体标记、突起路标和轮廓标等所构成的交通设施，它的作用是向道路使用者传递有关道路交通的规

则、警告、指引等信息，可以与标志配合使用，也可以单独使用。

1. 交通标线分类

1)车距确认标线

车距确认标线作为车辆驾驶员保持行车安全距离的参考，视需要设于较长直线段、易发生追尾事故或其他需要的路段，应与车距确认标志配合使用。车距确认标线包括白色折线车距确认标线和白色半圆状车距确认标线。标线颜色为白色，视公路条件、气象条件选用不同的标线。

白色折线车距确认标线总宽 300cm，线条宽 40cm 或 45cm（图 7-15）。从确认基点 0m 开始，每隔 5m 设置一道标线，连续设置两道为一组，间隔 50m 重复设置一组，也可在较长路段内连续设置多组。

白色半圆状车距确认标线半圆半径为 30cm（图 7-16），间隔 50m 设置，一般在一定路段内连续设置。

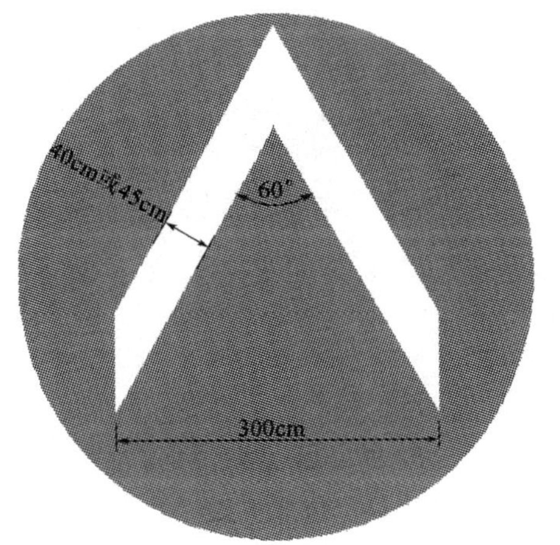

图 7-15　白色折线车距确认标线

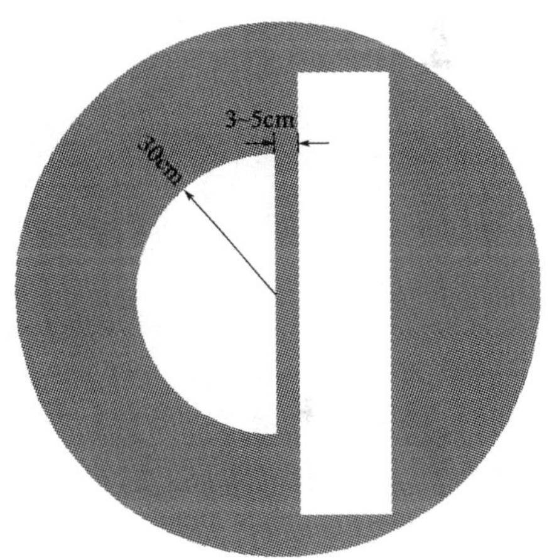

图 7-16　白色半圆状车距确认标线

2)减速标线

减速标线设置在恶劣气象发生路段的弯路、坡路、隧道洞口前、长下坡路段及其他需要减速的路段前或路段中的机动车行车道内，分为车行道横向减速标线和车行道纵向减速标线，可采用振动标线的形式。

车行道横向减速标线为一组垂直于车道中心线的减速标线，线宽 45cm，线与线间距 45cm，如图 7-17 所示。车行道横向减速标线的设置间隔应使车辆通过各标线间隔的时间大致相等，以利于行驶速度逐步降低。减速度一般设计为 1.8m/s^2，可按表 7-1 规定设置。车行道横向减速标线的设置示例如图 7-18 所示。

车道横向减速标线的设置参数　　表 7-1

减速标线	第 2 道	第 3 道	第 4 道	第 5 道	第 6 道	第 7 道	第 8 道	第 9 道	第 10 道及以上
间隔(m)	$L_1=17$	$L_2=20$	$L_3=23$	$L_4=26$	$L_5=28$	$L_6=30$	$L_7=32$	$L_8=32$	32
标线条数(条)	2	2	2	2	2	3	3	3	3

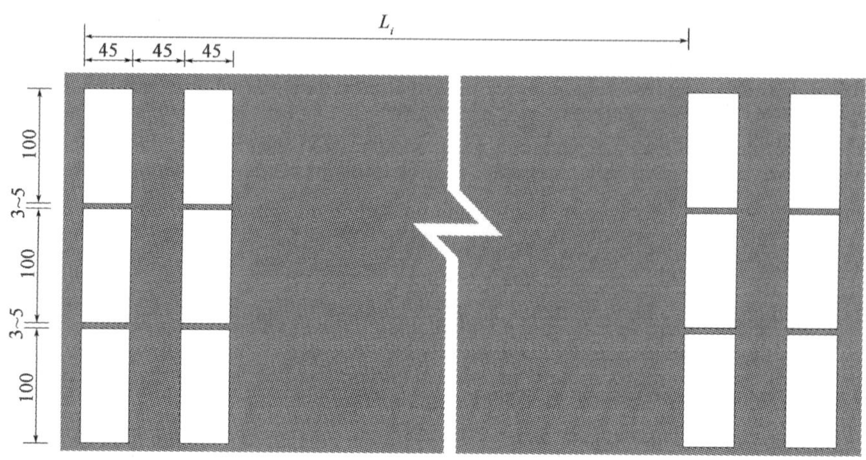

图 7-17　车行道横向减速标线(尺寸单位:cm)

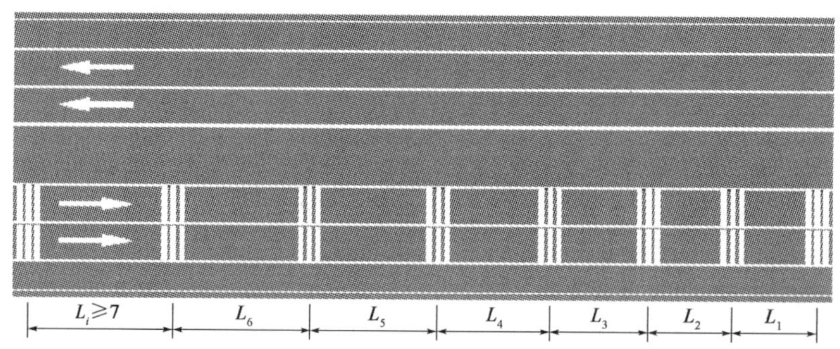

图 7-18　车行道横向减速标线设置示例

车行道纵向减速标线为一组平行于车行道分界线的菱形标线,尺寸如图 7-19 所示。在车行道纵向减速标线的起始位置,设置 30m 的渐变段,菱形块虚线由窄变宽,渐变段尺寸如图 7-20所示。车行道纵向减速标线设置示例如图 7-21 所示。

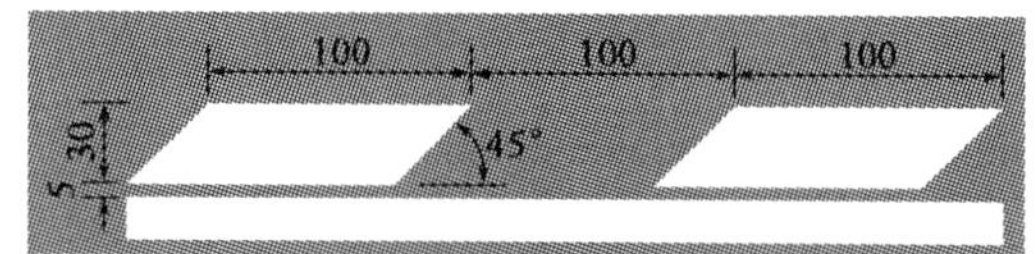

图 7-19　车行道纵向减速标线(尺寸单位:cm)

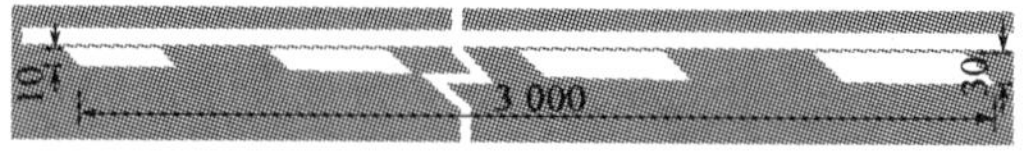

图 7-20　车行道纵向减速标线渐变段(尺寸单位:cm)

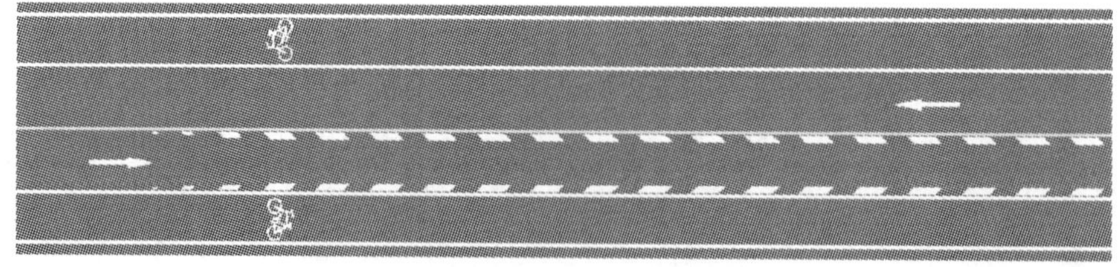

图 7-21　车行道纵向减速标线设置示例

减速标线的应用必须注意排水和防滑。减速标线的设置宜与限速标志或解除限速标志相互配合。

3)隆声带

隆声带是一种安装在公路对向车行道分界线或路肩上的凸起或凹槽状的交通安全设施，可用于降雪区域。隆声带的目的是对注意力分散或打瞌睡的驾驶员在驶离公路、跨过对向车行道分界线或通过交叉口时发出警告，从而减少公路交通事故的发生。美国联邦公路管理局的统计数据表明，隆声带可以减少约20％偏离公路的单车事故。

4)薄层铺装及彩色防滑标线

薄层铺装运用其亮丽色彩及轻微振感，给驾驶员以视觉刺激并起减速及振动作用，引起驾驶人警觉。图7-22～图7-25为国内薄层铺装及彩色防滑标线设置示例。

图7-22　陕西十天高速三角斑马线

图7-23　江西昌九高速ETC-2010

图7-24　江西昌九高速2007年

图7-25　山西太佳高速隧道出口2010年

5)路面图形标记

路面图形标记主要包括注意前方及周围气象、路面状况标记(图7-26)。可将气象类标志的内容对应施画到路面上，以地面标记的形式表现出来诱导驾驶员。

6)结构型标线

结构型标线为基于甲基丙烯酸树脂加入固化剂的双组分冷塑性标线(图7-27)。外观为凝聚团状道路标线，标线最厚处约为7mm，有利于提高标线的雨夜能见度。标线将反射玻璃珠提升至高于水膜面，保证了持久的车灯光束回反射(图7-28)。结构型标线的材料消耗量相对节省，具有较佳的排水性能，并且可有效防止铲雪车的刮铲。

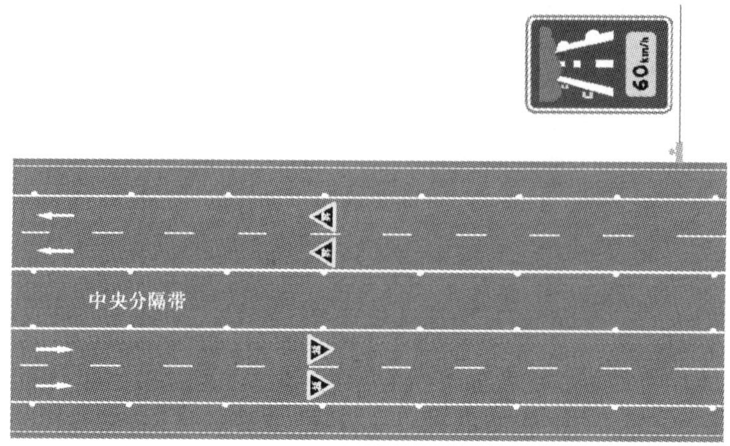

图 7-26 路面图形标记

图 7-27 结构型标线效果图

图 7-28 灯光照射标线反射原理

7)轮廓型道路标线

轮廓型道路标线是一种基于甲基丙烯酸树脂加入固化剂的双组分冷塑性标线(图 7-29)。外观为排骨型凸起表面,一般为 2mm 厚,最厚处约为 7mm。此种标线雨夜中有出色的能见度,能发出警告噪声信号。

图 7-29 轮廓型道路标线

2. 交通标线设置方法

1)车距确认标线

在经常发生超车、追尾事故的路段，高速公路或一级公路路段，可设置白色折线车距确认标线，如图 7-30 所示。

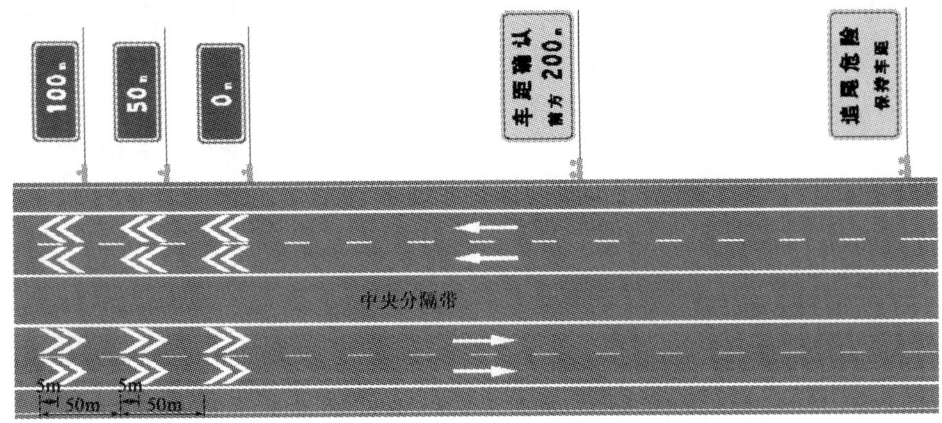

图 7-30 白色折线车距确认标线

在气象条件复杂、交通流量较大、大型车混入率较高的路段，设置白色折线车距确认标线不能保证较好的视认效果时，可在路段两侧设置白色半圆状车距确认线，如图 7-31 所示。

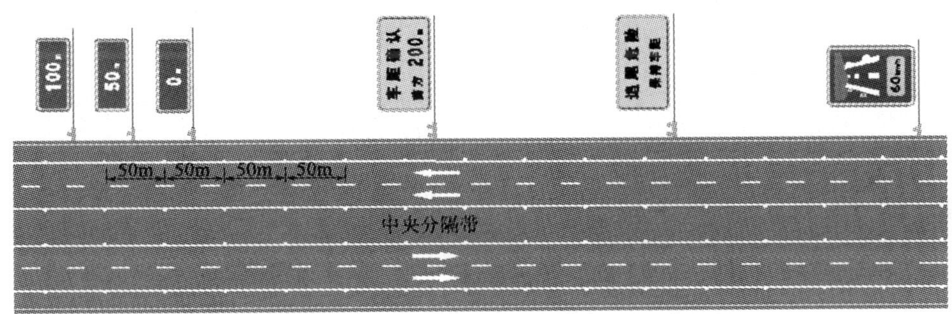

图 7-31 白色半圆状车距确认标线

2)减速标线

下列条件下可在需要减速的路段前及路段中设置车行道减速标线：

(1)车行道曲线半径小于 300m，停车视距小于 75m 的弯路前设置。

(2)反向弯路、连续弯路、相邻反向平曲线间距小于 100m 的弯路宜连续设置。

(3)高速公路终点与城市道路的连接处遇转弯或者车道变化时，在变窄前或转弯前设置。

(4)车辆经平直路段或上坡路段后进入下坡路段，当下坡公路坡度大于 3.5%时，在坡顶前设置。

(5)可在事故多发地点前设置，为保证设置的效果，可根据实际情况延伸到事故多发地点内。

(6)路段车辆平均运行速度小于 80km/h 时，可选择车行道横向减速标线。横向减速标线的设置间隔应使车辆通过各标线间隔的时间大致相等，以利于行驶速度逐步降低，减速度一般设计为 $1.8m/s^2$。路段平均运行速度较高，大型车混入率相对较低时，可采用车行道纵向减速标线。

3)隆声带

根据设置方式,隆声带可以分为压制隆声带、预成型隆声带、铣刨隆声带和凸起隆声带等。压制隆声带是使用压路机将半圆的钢管或焊接的钢棒压入路面,从而将其形状留在热沥青路面上;预成型隆声带是在水泥未凝结前用预成型的模具加入水泥制成;铣刨隆声带是使用合金刀,在路面铣刨开槽而成;凸起隆声带则是使用不同的涂装材料,在公路表面形成凸起铺装带,如振荡标线、挤出式材料加部分凸起块或沥青材料在路基形成凸起长条。从国外应用情况看,铣刨式隆声带在警示效果、易用性等方面具有优越性,逐渐成为隆声带的主流产品。

隆声带从噪声和振动两个方面可以对驶入车辆产生有效的警示作用,同时也对车辆行驶系统产生冲击,使车辆发生转向偏移运动。

美国的《公路路肩隆声带技术指导》建议,路肩隆声带的设置位置一般距离车道边缘线外缘 10～30cm,这样能减少车辆、特别是大型车因微小疏忽而产生的碾压。

隆声带的施工方法主要有预成型和后加工型。预成型的条状凹形隆声带可以在新铺路面时一次成型压出条状凹形振荡槽,形成凹形振荡隆声带。目前国内主要使用后加工法进行施工。公路隆声带结构参数建议见表 7-2。

公路隆声带结构参数建议 表 7-2

隆声带位置	凹槽深度(mm)	凹槽宽度(mm)	凹槽长度(mm)	凹槽间距(mm)
高速公路(右侧路肩)	10～14	160～220	≥400	300～400
一级公路(右侧路肩)	10～12	150～180	≥300	300～400
二级公路(右侧路肩)	8～10	140～180	300	250～350

4)薄层铺装及彩色防滑线

薄层铺装设在路幅中,通过色彩刺激、轻的涂料、微的振动产生警示效果,而且薄层铺装是有粗粒径的集料结合黏结剂,摩擦系数高,减少制动侧滑事故,因此在恶劣气象发生路段的弯道路段、长大下坡路段、桥梁段、隧道路段及互通出入口处设置效果较好,可根据需要选择设置。

5)路面图形标记

路面图形标记为设置于车行道内的路面图形,标记宽度应为车道宽度的一半,并四舍五入取 10cm 的整数倍。

在不易发现前方路面状况发生变化,需要提醒驾驶员注意提前采取措施的路段,可设置注意前方路面状况标记。本标记为白色实线,线宽为 20cm,设置高度及范围视实际需要而定。

6)结构型标线

车道分界线和车道边缘线可用结构型标线,可用于多雨路段,提高雨天标线可视性;也可用于多雪地区,防止标线被铲雪车铲掉,有利于提高标线的耐久性。

7)轮廓型道路标线

车道分界线和车道边缘线可用轮廓型道路标线,可用于恶劣气象条件下路段的转弯和狭窄路段,起噪声警示作用。

三、突起路标

1. 突起路标分类

突起路标安装于路面上并起标线作用，可用来标记对向车行道分界线、同向车行道分界线、车行道边缘线等，也可用来标记弯道、进出口匝道、导流标线、危险路段、路宽变化、路面障碍物位置等。

突起路标有多种形状，典型示例如图 7-32 所示。

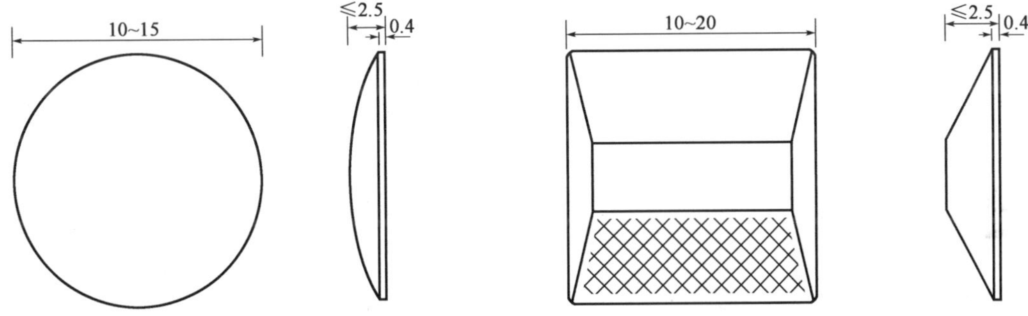

图 7-32　突起路标的形状示例(尺寸单位：cm)

2. 突起路标设置方法

1)设置原则

在恶劣气象发生路段，突起路标设置方法如下：

(1)下列情况下，应在路面标线的一侧设置突起路标，并不得侵入车行道：

①高速公路的车行道边缘线上。

②一级及以下等级公路隧道的车行道边缘线上。

③一级公路互通式立体交叉、服务区、停车区路段的车行道边缘线上。

④互通式立体交叉匝道出入口路段。

(2)隧道的车行道分界线上宜设置突起路标。

(3)下列情况下，可设置突起路标：

①高速公路的同向车行道分界线上。

②一级公路的车行道边缘线、同向车行道分界线上。

③减速标线上。

④二、三级公路的渠化标线及小半径平曲线，公路变窄、路面障碍物等危险路段。

(4)突起路标可单独设置成车行道边缘线和车行道分界线，但不宜替代右侧车行道边缘线。

2)设置方法

(1)突起路标与标线配合使用时，应选用主动发光型或定向反光型路标，其颜色与标线颜色一致，布设间隔为 6～15m，一般设置在标线的空当中，也可根据实际情况适当加密。与边缘线和单黄实线配合使用时，突起路标应设置在标线的一侧，其间隔应与在车行道分界线设置的间隔相同。设置示例如图 7-33 所示(图中箭头仅表示车流行驶方向)。

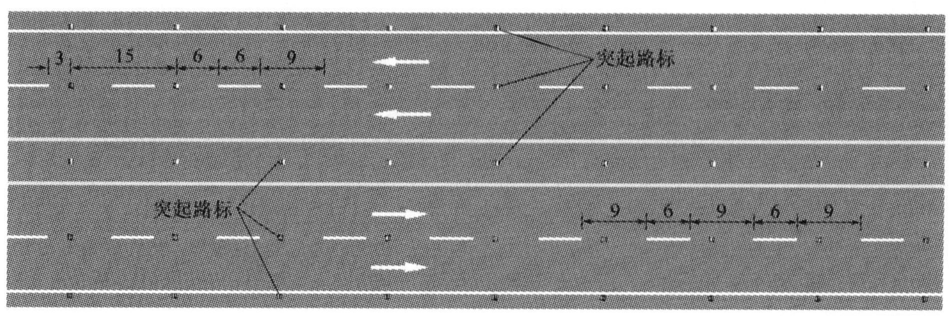

图 7-33　突起路标与标线配合设置示例(尺寸单位:m)

(2)突起路标与进出口匝道标线、导流标线、路面宽度渐变段标线、路面障碍物标线等配合使用时,应根据实际线形进行布设,力求夜间轮廓分明,清晰可见。设置示例如图 7-34 所示(图中箭头仅表示车流行驶方向)。

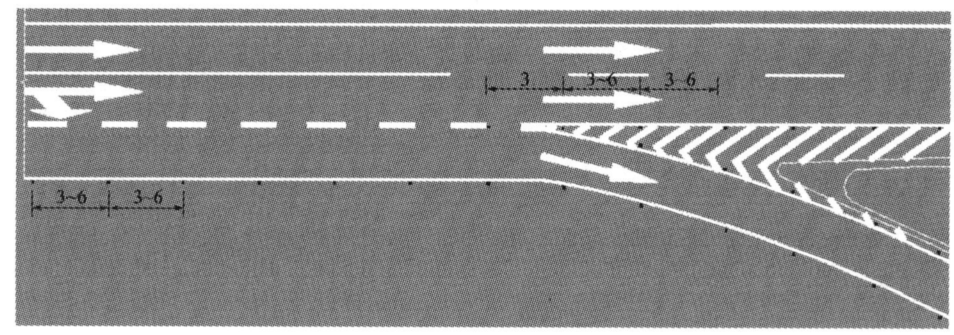

图 7-34　出口匝道突起路标布设示例(尺寸单位:m)

(3)除有特殊要求外,突起路标的设置高度宜高出路面 10～25m。

3)注意事项

多雪区域设置突起路标应谨慎,防止被铲雪车破坏。

四、轮廓标

轮廓标安装于道路两侧,是用以指示道路边界轮廓、道路前进方向的反光柱。轮廓标的各项性能应满足《轮廓标技术条件》(JT/T 388)的要求。

1. 轮廓标分类

轮廓标主要包括附着式轮廓标和柱式轮廓标。附着式轮廓标附着于波形梁护栏及混凝土护栏上,柱式轮廓标设于未设置护栏的挖方路段。

2. 轮廓标设置方法

在恶劣气象发生路段,轮廓标设置方法如下:

(1)高速公路、一级公路和城市快速干道的主线,以及互通立交、服务区、停车场的进出匝道或连接道,应连续设置轮廓标。

(2)二级公路、三级公路、其他道路和路段视需要可沿主线两侧连续设置轮廓标;在小半径弯道、连续转弯、视距不良、易发生冲出路侧事故和事故多发等路段,宜结合其他安全处置措施沿主线两侧连续设置轮廓标。

(3)高速公路的主线直线段，轮廓标设置间隔一般为50m；附设于护栏上时，其设置间隔可为48m。一级公路和城市快速干道的主线段，轮廓标设置间隔一般为40m。二级公路、三级公路和其他道路的主线直线段，轮廓标设置间隔一般为30m。

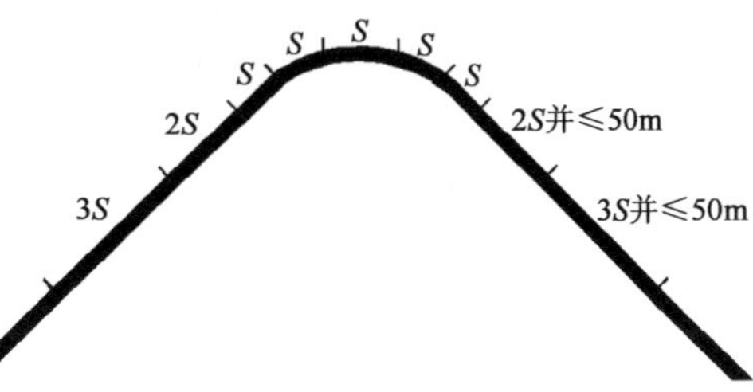

图 7-35　曲线段轮廓标设置间隔示例

注：2S为轮廓标设置间距，2S并≤50m指此处轮廓标设置间距为2S并且要小于或等于50m。

(4)曲线段轮廓标设置间隔可按表7-3规定选用，也可适当加密。在曲线段外侧起止路段的设置间隔如图7-35所示，如果两倍或三倍的间距大于50m则取为50m。

曲线段轮廓标的设置间隔　　表7-3

曲线半径R(m)	<30	30～89	90～179	180～274	275～374	375～999	1 000～1 999	2 000及以上
设置间隔S(m)	4	8	12	16	24	32	40	48

(5)轮廓标在道路左右侧对称设置。轮廓标反射器分为白色和黄色两种，高速公路、设中央分隔带的整体式一级公路或分离式一级公路，按行车方向，左侧设置黄色轮廓标，右侧设置白色轮廓标；二级及二级以下等级公路，按行车方向左右两侧的轮廓标均为白色。

(6)轮廓标的标准设置高度为70cm，最小设置高度为60cm。设置于混凝土基础中的轮廓标，其设置高度(指反射器的中心距路面的高度)应与附着式轮廓标的高度大致相同。

(7)轮廓标反射器的安装角度，无论在直线段或在曲线段上，应尽可能与驾驶员视线方向垂直。

五、线形诱导标

线形诱导标用于引导行车方向，提示公路使用者前方线形变化，注意谨慎驾驶。

1. 线形诱导标分类

线形诱导标设于一般公路上易发生事故的弯道、小半径匝道曲线外侧、视线不好的T形平面交叉等处，为蓝底白色图形；用于高速公路时，为绿底白色图形；设置于中央隔离设施端部、渠化设施端部、桥头等，为红底白色图形。线形诱导标的基本单元尺寸应根据设计速度按表7-4确定。

线形诱导标尺寸(单位：mm)　　表7-4

类　别	尺　寸				
	A	B	C	D	E
Ⅰ	600	800	300	400	20
Ⅱ	400	600	200	300	15
Ⅲ	220	400	110	200	10

线形诱导标板的下缘至地面的高度应为120～200cm，标志板应尽可能垂直于驾驶员的视线。

线形诱导标基本单元如图 7-36 所示。线形诱导标组合使用如图 7-37 所示。

图 7-36　线形诱导标基本单元

图 7-37　线形诱导标组合使用

2. 线形诱导标设置方法

线形诱导标的设置应根据曲线半径、曲线长度、偏角大小确定。偏角小于或等于 7°的曲线路段，可在曲线中点位置设一块线形诱导标；偏角大于 7°，曲线较长的弯道可根据需要设置若干块线形诱导标，并应保证驾驶员在曲线范围内连续看到不少于三块线形诱导标。

第 1、2 块线形诱导标可根据需要设置为单层或双层。

双车道公路可并设两个方向的线形诱导标。

设置于中央隔离设施端部、渠化设施的端部、桥头等的线形诱导标，应竖向设置，见图7-38(两侧通行、右侧通行、左侧通行)，其各部尺寸应符合表 7-5 和表 7-6 的规定。

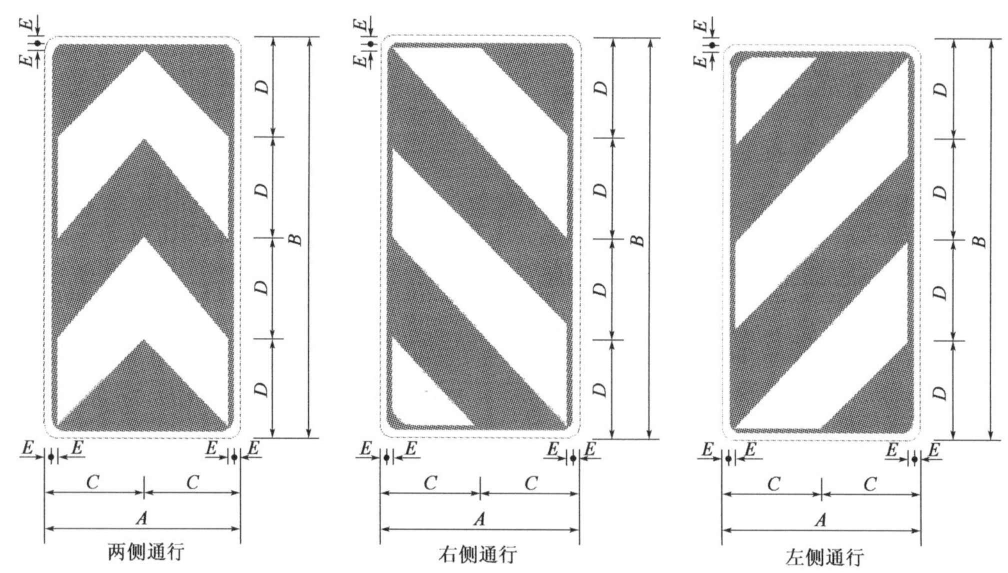

图 7-38　两侧及左右侧通行线形诱导标

竖向设置的线形诱导标尺寸(单位:mm)　　表 7-5

线形诱导标	尺寸				
	A	B	C	D	E
I	600	1200	300	300	20

线形诱导标的最大设置间距 表 7-6

设计速度(km/h)	120	100	80	60	40	30	20
设置间距(m)	105	80	55	37	20	15	10

六、雪标杆

雪标杆设置于积雪特别多的路段,用于引导车辆按正确方向行驶,以防车辆冲出路段发生交通事故。雪标杆是雪害地区的一种视线诱导标志,设置在道路两侧,通常为了行车安全及清雪作业方便而采用远离路肩的长悬臂式结构,用以指示路肩或行车道位置,引导车辆安全通行(图 7-39、图 7-40)。其起作用的方式,一是在降雪量较大、路线被埋没难以辨认地区指示路线位置;二是在风雪弥漫、能见度降低时引导车辆通行。

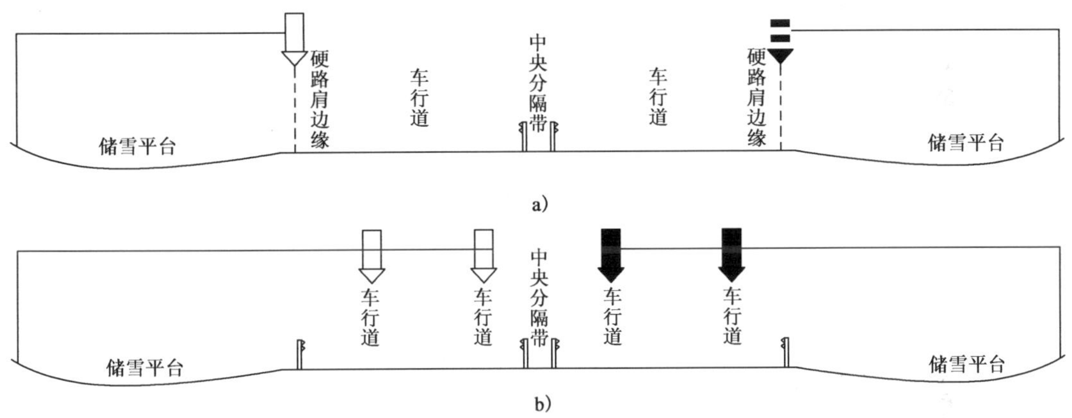

图 7-39 雪标杆

a)用于指示路肩的雪标杆;b)用于指示车道的雪标杆

图 7-40 用于指示路肩的雪标杆

第二节 动态诱导设施

动态诱导设施主要包括主动发光标志、突起路标、轮廓标、雾灯、警示灯等,部分诱导设施设置方法参照第七章第一节。

一、交通标志

1.交通标志分类

1)LED 标志

(1)太阳能 LED 标志。

太阳能 LED 标志是利用太阳能电池的光电转换原理设计的主动发光交通标志(图 7-41)。在有太阳光的白天,光电转化系统将太阳能转换成电能储存起来,在光线昏暗或夜幕降临时能自动将电能释放,通过发光元件发出强烈、耀眼的闪烁光,使驾驶员在行车时能注意行车动向并随时注意路旁的交通标志,以提前发现前方路口、危险弯道等位置或应注意遵守的规定。其视认性效果大大优于现有反光膜式交通标志,实现了被动发光到主动发光的转变,在一些恶劣气象条件下的路段和高危路段可有效避免重大交通事故的发生,而且可以节约能源,减少养护费用。太阳能交通标志能有效地提供主动式道路引导和警示,克服一般传统反光标志因天气、路况、车头灯远近等因素而无法发挥反光功能的缺点。

图 7-41　太阳能 LED 标志

太阳能标志的特点:

①利用太阳能发电,不消耗常规能源,完全节能。

②安装简便,无须另外敷设电缆。

③高亮度 LED 光源,可视性强,提高道路行驶安全性 。

④太阳能电池板采用高转换率单晶硅制成,寿命≥20 年 。

⑤蓄电池电路具有完善的保护功能,采用免维护密封蓄电池,无须人员维护。

⑥阴雨雾情况下可连续正常工作 7～10d(不同区域或有差异)。

⑦壳体采用铝合金外壳,坚固耐用。

⑧可根据实际情况采用光控或时控。

(2)有源 LED 标志。

有源 LED 标志采用 LED 发光管镶嵌于标志板(图 7-42),使得标志无论在白天或夜间均具备良好的视认性,尤其是在阴雨大雾等恶劣天气环境下,更具备远距离光线穿透力。有源 LED 标志应设置在离电源比较近的路段,方便就近取电。

2)照明标志

照明标志是利用照明设备使标志面发亮的标志,主要包括内部照明标志和外部照明标志。

(1)内部照明标志:标志板内装照明装置,采用半透明材料制作标志面板,有单面显示和双面显示两种。

(2)外部照明标志:采用外部光源照明标志面板的方式。

3)图形化标志

图形和文字相结合,使标志更形象直观、通俗易懂、容易辨认。注意气象类标志通常用于可变信息标志上,当路段发生路面结冰、降雨(雪)、雾时,可在可变信息标志上显示相应警告标志(图 7-43);当路段出现其他不利气象条件时,可在可变信息标志上显示注意不利气象条件标志。

图 7-42 有源 LED 标志

图 7-43 注意路面结冰、注意雨(雪)天、注意雾天、注意不利气象条件标志

2. 交通标志设置方法

1)设置原则

(1)设置在互通立交处,以充分体现恶劣气象条件下互通立交的位置和相对距离,提醒驾驶员选择正确方向行驶。

(2)设置在服务区、停车区处,以充分体现恶劣气象条件下服务区、停车区的位置及距离,提醒驾驶员是否停靠。

(3)设置在桥梁路段及隧道路段,以充分体现恶劣气象条件下道路沿线构造物状况,提醒驾驶员减速慢行。

(4)设置在道路线形不良路段,以充分体现恶劣气象条件下道路沿线地形变化,提醒驾驶员注意交通环境的变化。

2)设置位置

(1)在恶劣气象条件发生路段的互通处,可用主动发光诱导标志替代一般被动发光的出口预告标志,设置在互通减速车道渐变段起点处及距互通减速车道渐变段起点 2km、1km、500m 处,也可以两者结合使用。

(2)在恶劣气象条件发生路段的服务区处,可用主动发光诱导标志替代一般被动发光的出口预告标志,设置在服务区减速车道渐变段起点处及距服务区减速车道渐变段起点 2km、1km 处,也可以两者结合使用。

(3)在恶劣气象条件发生路段的停车区处,可用主动发光诱导标志替代一般被动发光的出口预告标志,设置在停车区减速车道渐变段起点处及距停车区减速车道渐变段起点 1km 处,也可以两者结合使用。

(4)在恶劣气象条件发生路段的桥梁处,可用主动发光诱导标志替代一般被动发光的桥名标志,设置在桥梁附近 100m 左右。

(5)在恶劣气象条件发生路段的合流处,主动发光合流诱导标可设置在合流点上游 50m 左右。

(6)在恶劣气象条件发生路段的线形不良路段,可在线形不良路段前100m左右设置相应的主动发光警告标志,在小半径曲线路段设置线形诱导标志。

二、突起路标

1.突起路标分类

1)LED主动发光突起路标

采用高发光强度、低光衰的发光二极管LED诱导灯,需要供电设备(图7-44)。

2)太阳能主动发光突起路标

由太阳能板、蓄电池和LED灯等组成,无须布线,不破坏路面(图7-45)。

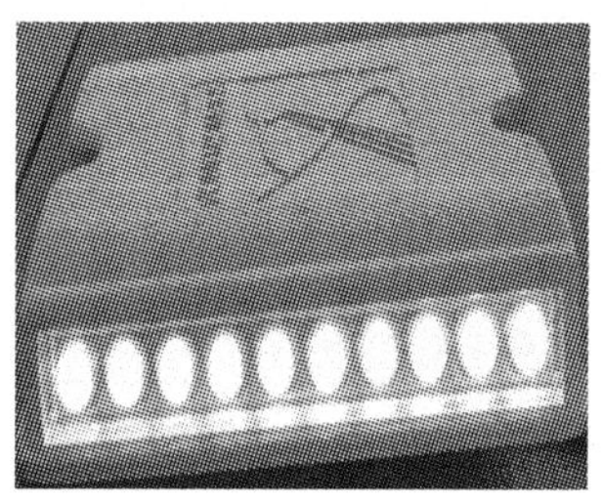

图7-44 LED主动发光突起路标

图7-45 太阳能主动发光突起路标

2.突起路标设置方法

1)设置原则

主动发光突起路标设置原则与静态反光突起路标设置原则相同。在多雪地区,宜采用坑槽式突起路标;在雪较少地区,可采用主动发光式突起路标。

2)设置位置

(1)可设置在恶劣气象发生路段的主线两侧车道边缘线和车道分界线上,设置间距根据路段设计速度选取,宜选取设计速度的十分之一。

(2)可设置在恶劣气象发生路段的互通处,在匝道和主线上均可设置,也可与被动反光突起路标间隔设置。

3)发光模式

分为单面发光和双面发光两种,发光模式分为常亮、闪烁及明暗交替形式。

4)控制方式

可连接LED突起路标控制器,通过控制器调节突起路标发光亮度、频率及间距。

三、轮廓标

1.轮廓标分类

1)LED主动发光轮廓标

采用LED灯管主动发光轮廓标,增强恶劣气象条件下亮度的穿透力,使驾驶员容易辨认道路线形(图7-46)。

2)太阳能供电主动发光轮廓标

采用太阳能供电主动发光轮廓标,避免架设电缆,防止偷盗。

2. 轮廓标设置方法

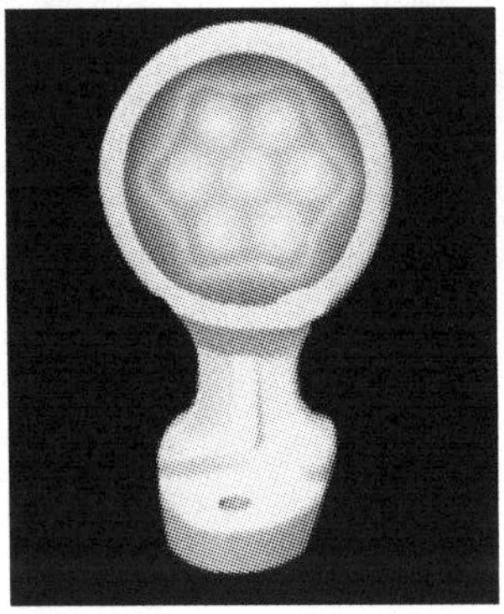

1)设置原则

太阳能梯形轮廓标使用螺栓固定在高速公路护栏上，与现行反光梯形轮廓标固定及使用方法一样，太阳能电池板固定在护栏柱头上。与反光梯形轮廓标不同的是太阳能轮廓标具有主动发光能力，可在低能见度环境下及夜间向道路使用者提供明显的道路轮廓显示。柱式轮廓标通常埋设在分道岔口，方形附着式轮廓标使用黏合剂及螺栓固定在混凝土道路护墙上。

LED 轮廓标设置原则与太阳能轮廓标类同。

图 7-46　LED 主动发光轮廓标

2)设置位置

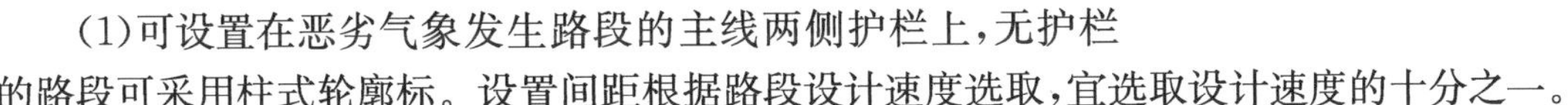
(1)可设置在恶劣气象发生路段的主线两侧护栏上，无护栏的路段可采用柱式轮廓标。设置间距根据路段设计速度选取，宜选取设计速度的十分之一。

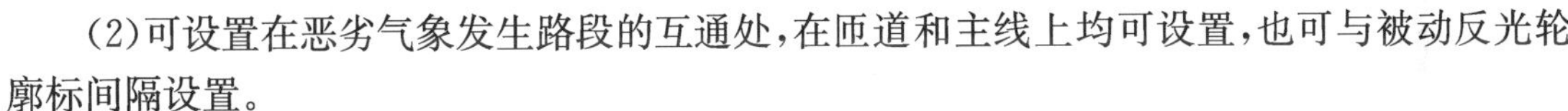

(2)可设置在恶劣气象发生路段的互通处，在匝道和主线上均可设置，也可与被动反光轮廓标间隔设置。

3)发光模式

发光模式可分为常亮、闪烁及明暗交替形式。

4)控制方式

可连接 LED 轮廓标控制器，通过控制器调节轮廓标发光亮度、频率及间距。

四、雾灯

1. 雾灯分类

LED 雾灯具有一定的道路轮廓指示作用，逐渐向智能型方向发展。根据雾灯系统是否实现联合控制，是否具备工作控制功能，将雾灯分为传统型和新型雾灯。

1)普通型雾灯(图 7-47)

发光模式单一，即亮度、闪烁频率及占空比均不可调，不需要在每个雾灯上配置雾灯控制器，安装后，管理员无法根据交通流实际情况及时掌握雾灯的运行状态和突发故障。

2)新型雾灯(图 7-48)

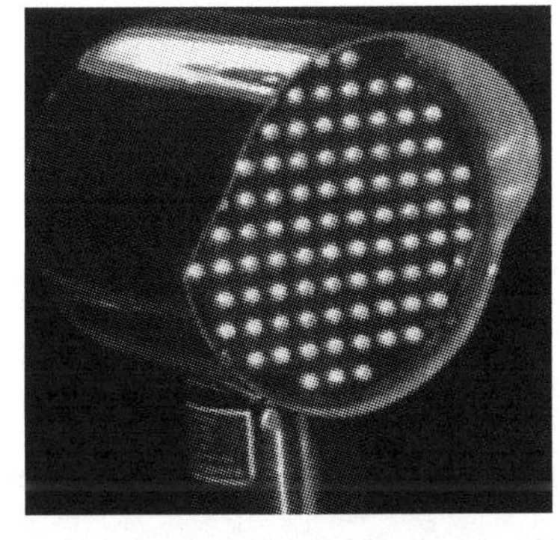

图 7-47　普通型雾灯

图 7-48　新型雾灯

发光模式可调，可通过雾灯控制器调节其间距、亮度、闪烁频率及占空比。雾灯具有多种控制方式，可以实时控制雾灯的亮度和闪烁频率，可在同一闪烁频率或渐变闪烁频率下工作。

2. 雾灯设置方法

1）设置原则

雾灯可设置在外侧路肩及中央分隔带上。一般雾灯只设置在护栏外侧土路肩上；当雾害严重且道路服务流量很大时，可在路侧和中央分隔带设置雾灯；对于双向分离或中央分隔带很宽的高速公路，应在道路双侧均设置雾灯。

雾灯设置时应根据不同的能见度来确定雾灯的亮度及闪烁频率，其设置方法参考表 7-7。

雾灯设置方法 表 7-7

设 置 位 置	多 雾 路 段	设 置 位 置	多 雾 路 段
设置间距(m)	25～40	发光面直径(cm)	≥20
安装高度(m)	1.2～1.5	闪烁频率	可调
最大亮度(cd/m^2)	≥10 000	控制方式	远程通信
视角(°)	≥32		

2）技术参数

（1）雾灯设置间隔

引入停车视距的概念（图 7-49），通过计算在理想行车环境下的安全停车视距，近似判断在雾条件下安全停车视距范围内应能通过雾灯示意出道路轮廓目标，以此作为设置雾灯纵向间距的条件。

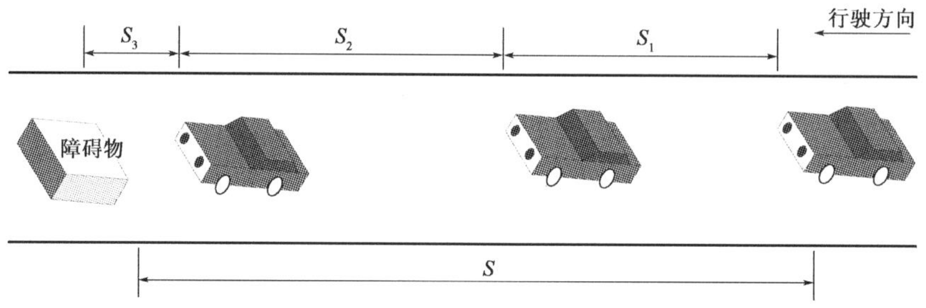

图 7-49 停车视距示意图

《公路工程技术标准》（JTG B01—2003）中对停车视距的规定为：小客车行驶时，当目高为 1.2m，物高为 0.1m 时，驾驶人员自看到前方障碍物时起，至障碍物前能安全停车所需的最短行车距离，即小客车停车视距，货车停车视距类似。

停车视距可表示为公式：

$$S_t=S_1+S_2+S_0=[v(t_1+t_2)/3.6]+Lv^2/(254\phi_1)+S_0 \tag{7-1}$$

式中：L、ϕ_1——分别为制动系数和摩擦系数，取值分别为 1.2～1.4（取 1.4）和 0.3～0.44（取 0.4）；

S_0——安全距离，取 10m；

t_1+t_2——反应时间和制动系统迟滞时间的和。

得出雾天停车视距公式：

$$S_t=0.278v(t_1+t_2)+0.0137v^2+10 \tag{7-2}$$

建议(t_1+t_2)分别取 2.5s、3s、3.5s，根据试验，得出速度与停车视距之间的最优关系。

根据《公路工程技术标准》(JTG B01—2003)中确定的速度与停车视距之间的关系，结合停车视距范围内雾条件下雾灯的可视距离，推算最佳动态诱导设施纵向设置间距(表 7-8)。

不同时速下停车视距与雾灯纵向间距的对应关系　　表 7-8

雾能见度 L	雾灯设置间隔			
$L\leqslant 50$m 取反应时间 3.5s，可看见 5 盏灯	设计速度(km/h)	60	80	100
	停车视距(m)	117.7	175.52	244.3
	雾灯间距(m)	23.4	35	48.8
50m$<L\leqslant$100m 取反应时间 3s，可看见 5 盏灯	设计速度(km/h)	60	80	100
	停车视距(m)	109.36	164.4	230.4
	雾灯间距(m)	22	32.8	46
$L\geqslant$200m 取反应时间 2.5s，可看见 5 盏灯	设计速度(km/h)	60	80	100
	停车视距(m)	101.2	153.28	216.5
	雾灯间距(m)	20	30	43

根据计算，雾灯设置间距在 20～50m，因在雾天会进行限速，雾浓度越高，车速越低。

(2)雾灯横向间距

如图 7-50 所示，假设车辆能看见 5 盏灯，根据交通心理学研究，车速为 100km/h 时，人眼的水平视野为 40°。

车 A 距离右侧路肩距离为 2.5＋3.75＋3.75/2＝8.125m，故车 A 能看见路侧的距离 L＝8.125/tan20°＝22.32m。

车 B 距离右侧路肩距离为 2.5＋3.75×2＋3.75/2＝11.875m，故车 B 能看见路侧的距离 L＝11.875/tan20°＝32.62m。

因雾灯设置纵向间距为 25～30m，即车 B 看见右侧路肩的灯会少一个，故视线受到遮挡，为了保证安全，六、八车道应双侧布置雾灯。

(3)雾灯安装高度

雾灯高度指雾灯光心到路面的垂直高度。雾灯高度决定雾灯立柱的长度，并影响雾灯的亮度和照度，成为其他设计参数选择的基础。因此，雾灯高度是实现雾灯诱导性能的关键设计参数。

如图 7-51 所示：

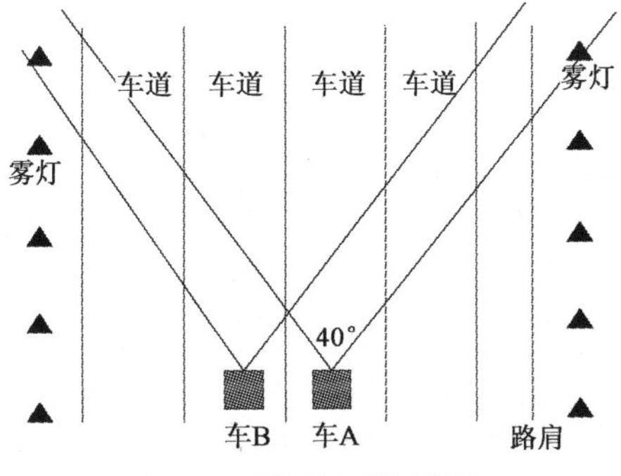

图 7-50　雾灯横向设置位置

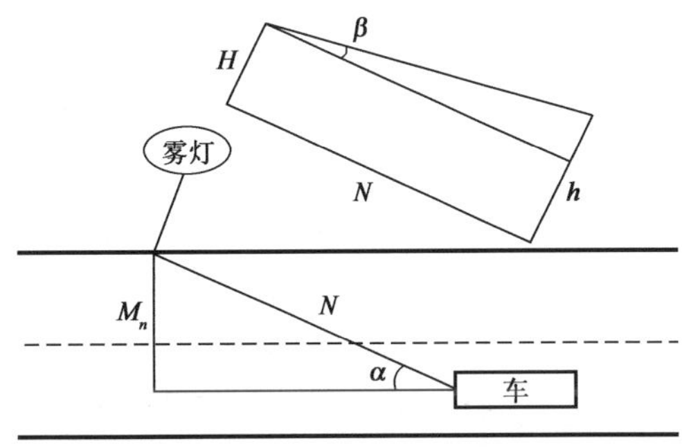

图 7-51　雾灯安装高度示意图

$$N=\frac{M_n}{\sin\alpha} \tag{7-3}$$

$$\tan\beta=\frac{h-H}{N} \tag{7-4}$$

$$H=h-\frac{\tan\beta\times M_n}{\sin\alpha} \tag{7-5}$$

式中：M_n——雾灯距顺着车流方向从右往左第 n 个车道车流方向线的距离(m)，$M_n=(n-1)\times 3.75+3.75/2+2.5$；

N——雾灯与车辆前端的水平距离(m)；

α——驾驶员水平视野(°)，随车辆运行速度变化；

β——驾驶员垂直视野(°)，暂取 30°；

H——雾灯高度(m)；

h——驾驶员视线高度(m)，大型车，$h=2.0$m，小型车，$h=1.30$m。

把上述值代入式(7-5)得出：

小型车：$H=1.3-\tan30°\times M_n/\sin\alpha$

大型车：$H=2.0-\tan30°\times M_n/\sin\alpha$

综上所述，雾灯安装高度宜采用 1.2～1.5m。

(4)雾灯的闪烁频率和亮度

雾灯亮度是雾灯在驾驶员视线方向单位投影面上的发光强度。雾灯亮度反映了单位面积雾灯照射到人眼的发光强度，雾灯亮度越大，视觉越清楚。因此，为保证雾灯能照亮道路设施，使人眼能看清道路线形轮廓，对雾灯亮度提出了技术要求。

雾灯的亮度可根据能见度的不同选用不同的亮度值，发光方式可分为常亮型、闪烁型，可通过雾灯控制器调节其亮度及闪烁频率、占空比等。

(5)雾灯视角

雾灯视角为驾驶员视线与雾灯边缘所成的角度(图 7-52)。视角反映了雾灯的可视范围，与车速、视线高度、俯角等因素有关。在实际情况下，只有驾驶员视线与雾灯边缘构成的视角超过已知感受条件的视角阈限之后，才能引起注意。

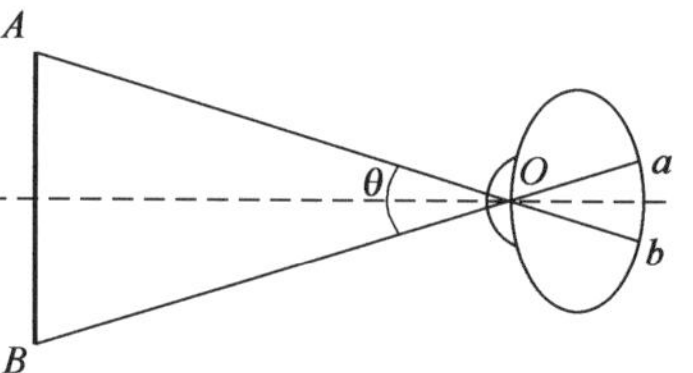

图 7-52　视角示意图

雾灯直径是雾灯镜面的直径，直径的大小必然影响雾灯的发光强度，进而影响雾灯的透光性能。

$$L_{AB}=\tan\frac{\theta}{2}\times 2L \tag{7-6}$$

式中：L_{AB}——雾灯直径(mm)；

θ——雾灯视角(°)；

L——雾灯视认距离(m)。

θ 取 0.5°，L 取 25m，带入式（7-6）得到 L_{AB}＝0.22m，因此，建议雾灯发光面直径不小于 20cm 为宜。

五、警示灯

1.警示灯分类

采用太阳能或电缆供电，按一定频率闪烁的警示灯包括黄闪灯（图 7-53）和爆闪灯（图 7-54）。警示灯具有以下特点：

（1）太阳能爆闪灯由太阳能提供能源，无须国家电网支持，无须凿路敷线，节能环保。

（2）安装简单便捷，省时省工。

（3）夜间及阴雨雾天效用明显。爆闪灯通过红蓝颜色的不断变换，给疲劳驾驶驾驶员的感官以强烈刺激，从而降低事故发生的几率，保障人民群众的生命财产安全。

黄闪灯与雾灯作用大致相同，和雾灯不同之处在于其发光的穿透性。黄闪灯设置在雾区不是很密集的道路。

图 7-53　太阳能黄闪灯

图 7-54　爆闪灯

2.警示灯设置方法

1）设置原则

警示灯可设置在恶劣气象发生路段的小半径曲线、事故易发路段，采用单悬臂安装，警示道路使用者减速慢行，注意安全。

2）设置位置

（1）可设置在多雾路段主线的中央分隔带，间隔 50m。

（2）可设置在多雾路段互通处的三角端，三角端处设置一个，三角端向主线和匝道延伸段间隔 50m 各设置两组。

（3）可设置在多雾路段的桥梁两端外延 500m 的路段，间隔 50m。

六、可变情报板

可变情报板是一种因交通、道路、气候等状况的变化而改变显示内容的标志，一般可显示速度控制、车道控制、道路状况、气候状况及其他内容。可变信息标志不宜显示和交通无关的信息。

可变情报板是当前高速公路与城市交通管理最为主要的信息发布介质之一，而 LED 显示屏是国内外实际应用最为广泛的一种可变情报板形式。LED 显示屏是通过一定的控制方式，显示文字、文本、图形、图像、动画、行情等各种信息以及电视、录像信号并由 LED 器件阵列组成的显示屏幕。与其他类型显示屏相比，LED 显示屏具有色彩鲜艳、视角广阔、亮度高、能耗低、性能稳定可靠、使用寿命长等不能替代的技术优势，特别适用于交通诱导、电子产品等。

1. 可变情报板显示方式及版面

1)显示方式

可变情报板的显示方式有多种，如高亮度发光二极管(LED)、翻版式、字幕式、光纤式等，可根据标志的功能要求、显示内容、控制方式、环保节能、经济性等进行选择。

2)版面

可变情报板显示的警告、禁令、指示等标志的图形、字符、形状等应符合本部分的规定，显示文字的字体、字高、间距等按照清晰、易辨、安全的原则确定。主动发光可变信息标志的颜色可按表 7-9 的规定执行。可变信息标志各部分颜色的色品坐标应符合相关国家标准的规定。

主动发光可变信息标志的颜色 表 7-9

类别	显示内容	底色	边框	图形、符号、文字
文字标志	道路一般标志	黑色	—	绿色
	道路警告标志		—	黄色
	道路禁令标志		—	红色
图形标志	警告标志	黑色	黄色	黄色
	禁令标志	黑色	红色	黄色
	指示标志	黑色	蓝色	绿色
	指路标志	黑色	绿色	绿色
	作业区标志	黑色	随类型	黄色
	辅助标志	黑色	—	绿色
	交通状况	蓝色或绿色	—	红、黄、绿等色
	其他信息	视需要		

2. 可变情报板设置方法

符合下列条件之一者，可设置可变情报板：

(1)结合路网交通管理需求，高速公路或城市快速路出入口前合适路段。

(2)长隧道入口前。

(3)恶劣气象发生路段。

(4)有其他特殊要求的路段。

第三节 恶劣气象条件下交通诱导设施综合应用技术

交通诱导设施是交通诱导系统的一个重要组成部分。交通诱导在城市智能交通领域里是解决交通拥挤的有效途径，它通过调整驾驶员的行驶路线使得路网交通流分配达到所希望的状态，实现路网交通流的均衡分配；能在不扩大交通基础设施建设的前提下，有效防止交通拥挤，减少车辆在道路上的运行时间。

而对于高速公路、低等级公路的交通诱导，因其具有路网范围大、路网密度小、车速较高、行驶道路环境差异性大等特点，应从区域公路网角度考虑，诱导不仅要提供基本的行驶路径信息，也要考虑车辆在行驶过程中的需要，采用静态诱导设施和动态诱导设施单独或结合设置的方式诱导车辆的行车速度与道路交通环境，使两者相适应，避免或者减少因积雪、雾、大雨、冰等恶劣气象造成交通安全事故的发生。

一、交通诱导设施设置原则

随着公路网络的不断完善及汽车保有量的迅猛增长，交通事故发生的概率不断增大。交通诱导系统通过采取必要的措施，在雾、雪(冰)等恶劣气象条件下，达到指引行驶路径信息、提供驾驶视线诱导、改善驾驶行为、调节驾驶人员的情绪等目的，从而为交通安全提供必要的保障。

由于各个等级公路的线形指标、安全设施、停车视距、交通环境等差异较大，加之恶劣气象的影响，交通诱导设施在各级公路的重要路段均应设置，设置方式和措施灵活多样。目前，交通安全设施的相关规范标准在道路交通诱导方面已有相应规定和相关要求，其设计方法也较明确，但是对交通诱导设施发挥的作用和该设施的重视程度仍不够。在恶劣气象条件下，如何系统性地设置交通诱导设施，仍是不可忽视的问题。

1. 功能性

交通诱导设施要准确、迅速地向公路使用者传达明确无误的信息，便于公路使用者准确快速地判断，进而采取行动。使交通诱导设施功能在公路使用中最充分、最有效地发挥出来，是交通诱导设施设置的最基本要求。

交通诱导设施设置要为其功能性服务，力求以最少的交通设施数量，最准确的位置，最及时、充分地发挥交通诱导设施的作用。根据交通诱导设施的具体功能，在合适的地点、合适的位置及时设置，使其功能最大化发挥。因此交通诱导设施的设置必须满足以下要求：满足一定的功能；引起注意；传递清晰、明确的信息；能得到公路使用者的重视；给驾驶员以充分的反应时间。

2. 整体性

交通诱导设施是整个公路系统中的一部分，与其他公路设施、环境交互作用，共同发挥着公路的功能，将其隔离孤立设置是没有意义的。因此，交通诱导设施的设置必须从整个公路系统出发，按照整体性的原则，使交通诱导设施的形态、材料、结构和位置与公路等级、功能、沿线环境以及其他交通工程及沿线设施协调一致，综合考虑人、车、路、社会环境之间的关系，以人为本，与环境相协调，实现公路交通系统整体功能和形式的统一和谐。交通诱导设施的设置需要同时满足以下要求：同一条路的交通诱导设施的设置原则和标准应保持一致，与驾驶员心理预期保持一致；交通诱导设施传达的信息不应矛盾，功能应相辅相成，相互补充；动静态交通诱导设施的设置也要相互协调，避免相互影响。

3. 系统性

系统性原则是保持信息连续性、统一性和明确性的关键。在路网环境下，公路使用者在行动过程中获取了信息，但记忆的短暂性造成信息记忆的不准确，从而引起使用者的不安。因此信息的连续性显得非常重要，要求图形与文字相结合，形象直观，表现形式统一，使使用者能够迅速获得需要的信息。

4. 主动诱导

车辆的诱导信息应尽可能主动、及时地向车辆提供、发布。最大限度地主动为车辆提供诱导信息，应该是交通安全保障技术设计人员进行交通信息设计时优先考虑的。通常采取一些合理简单的诱导措施，既方便、经济、可行，而且还能避免或减少恶性事故的发生，起到事半功倍的效果。主动诱导是指通过采取设置交通诱导设施和改善道路行车环境等措施实现驾驶员与道路良性交互，使驾驶员能够根据行车环境提供的信息自觉地改变操作行为和驾驶方向，有效降低车辆在恶劣气象条件下发生追尾、侧滑、驶出道路的可能性。当然，主动诱导只能从某种程度上降低事故发生的概率，不可能通过主动诱导达到人们的安全期望。本节所提及的静态和动态诱导设施都属于主动诱导设施，如线形诱导标、发光轮廓标、突起路标、雾灯、警示灯等。

5. 实时诱导

实时诱导要求道路诱导设施无论是白天还是黑夜，不论在良好天气条件下还是恶劣气象条件下均能够发挥良好性能。尤其在恶劣气象条件下（如雾、雪、雨等天气下），更应全天候地发挥其诱导作用。通过实时诱导及时提供信息，避免或者减少由于线形指标不良、路面养护设施破损、天气原因等影响而造成的交通事故。

6. 灵活设计

交通诱导设施要遵循灵活设计的理念，充分与道路交通安全设施、道路交通信息发布系统以及主体工程采用的安保措施相结合。交通事故的发生是由人、车、路与环境等相互作用的系统失衡所致，往往是多种因素的综合结果，单一的技术措施很难起到良好效果。因此，交通诱导设施设计时要充分考虑与其他技术措施的有机结合，灵活设计，从公路建设标准、安全等级要求、综合处置技术等方面考虑。在选用涉及交通安全的规范、标准时，不能完全照搬和套用。

二、交通诱导设施诱导流程

恶劣气象条件下交通诱导设施采用主动发光与反光膜被动发光相结合，静态图形文字与情报板动态图形文字相结合的方式，提前诱导，主动防御，建立恶劣气象条件下公路网安全运行诱导系统，提高公路网运行安全保障技术。基于恶劣气象条件下的驾驶需求对交通诱导设施进行布设，力求达到在恶劣气象条件下能够及时合理地诱导和组织交通，为驾驶员提供有效的交通信息，完成路网和路段交通指令，有效地减少交通事故的发生，降低重大和特大交通事故率。

恶劣气象条件下的交通诱导设施诱导流程不应孤立于诱导设施，应综合考虑交通管制、信息发布、信息传输以及管理中心监控系统平台等因素，确定总体控制流程。诱导设施流程仅为恶劣气象条件下交通网安全运行保障技术的一个具体设施的控制，需要在恶劣气象条件交通紧急预案确定的前提下，依据总体预案确定诱导流程。图 7-55 为一般恶劣天气条件下动态诱导设施的处理流程。

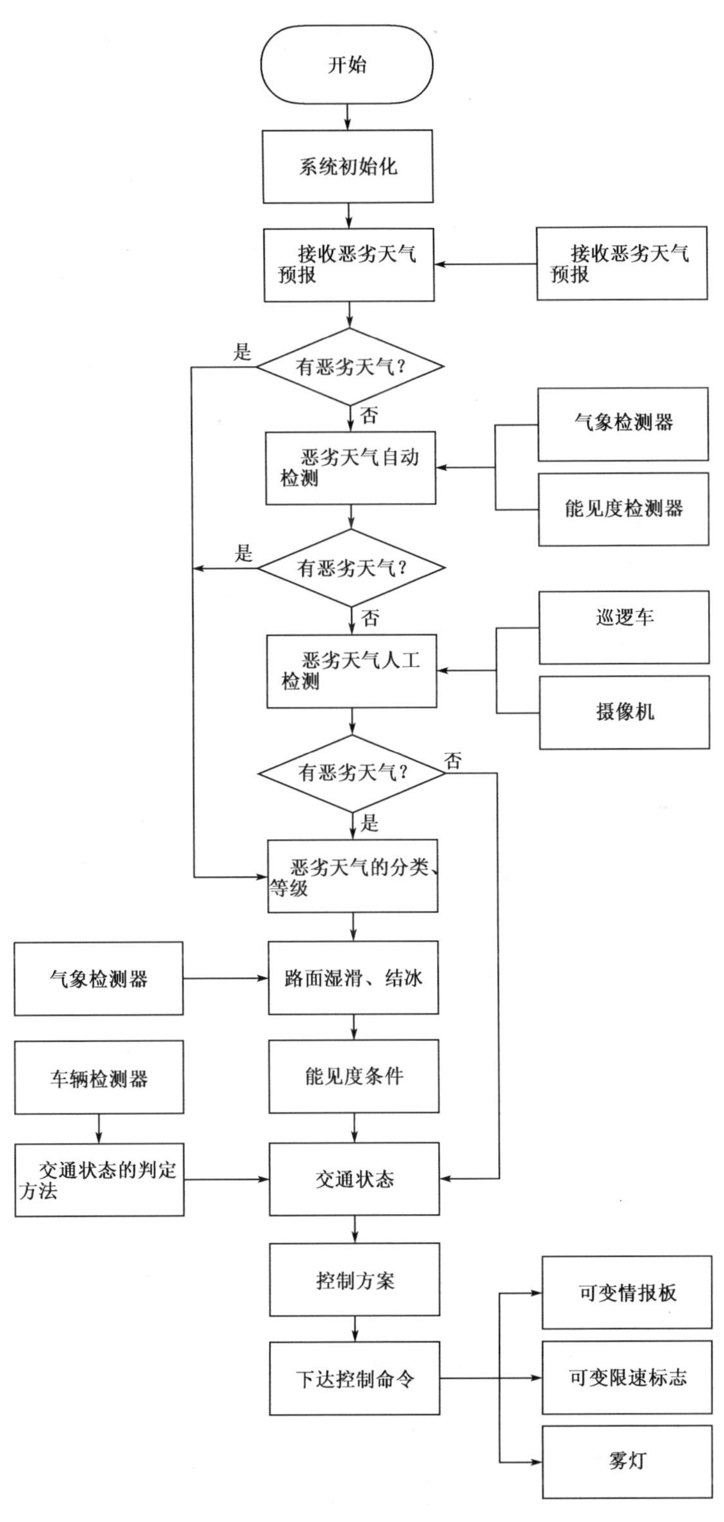

图 7-55　交通诱导设施诱导流程

诱导系统中的动态设施(情报板、限速标志等)发布异常交通信息、气象、道路环境等信息，一般可归为监控系统统一管理。对于诱导作用明显、控制系统相对独立的雾灯诱导系统，可结合监控系统以及诱导流程单独考虑控制流程。

主动发光诱导设施(突起路标、雾灯等)主要通过控制其电源回路断开、闭合来控制其是否正常工作。电源控制的方式通常有两种：现场本地配电箱开关直接控制；或者通过电力监控控制现场 PLC 开关主动发光诱导设施电源，从而控制雾灯诱导系统的开启和关闭。控制流程如图 7-56 所示。

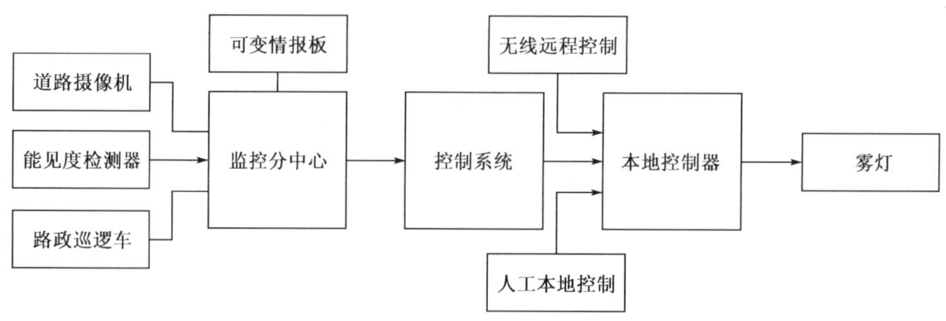

图 7-56　大雾条件下诱导(雾灯)系统控制流程图

三、动态诱导设施控制策略

静态诱导设施一般根据设置位置和其本身的性能就够起到诱导作用。如静态的视线诱导设施、标志的反光膜、轮廓标等，利用其反光性能就能很好地发挥其诱导作用。

动态诱导设施根据其是否需要外接电源和控制设施可分为以下两种情况：

1. 一体化、相对独立的动态诱导设施

一般采用太阳能供电，其工作由设备内嵌的芯片控制，不需要另行设置控制设备、敷设控制线缆等，如太阳能式突起路标、太阳能式轮廓标等。此类设备利用太阳能供电，不需要外接电源和控制设施，维护简单方便。按照相应的要求连续设置，诱导设施在灯光照射反光即可达到视线诱导效果。

2. 控制型设备

控制型的动态诱导设施一般需要采用有源电源供给电源，需要相对独立的控制设施和控制回路等。此类设施如突起路标、雾灯、情报板等，主要通过连续设置的有效光源示意路线轮廓，延长识别道路轮廓的距离，通过闪烁警示提醒驾驶员安全行驶。

对于控制型的动态诱导设施，一般在恶劣气象发生时或者发生前通过人工控制指令开启诱导设施，控制方式可采用本地控制和远程控制。

四、交通诱导技术综合应用方案

恶劣气象条件下交通诱导设施重点设置区域包括线形不良路段、互通立交路段及构造物路段。下面仅以几个典型路段的交通诱导设施设置方案作为示例。

1. 长大下坡路段设置示例

长大下坡路段一般指连续两个及两个以上路段平均纵坡大于或等于设计速度下的最大纵坡值，且连续下坡长度超过 3km 的路段。长大下坡路段重特大交通事故发生率高，面临着严峻的交通安全形势。制动失灵、雨雪天路滑、驾驶员疲劳驾驶是长大下坡路段事故发生的主要诱因，因此必须加强长大下坡路段的交通诱导设施设置，给驾驶员以指导、提醒、警示，以达到防患于未然的目的。长大下坡路段可采用的交通诱导设施主要有车距确认标志、限速标志、减速振动标线、彩色防滑标线、主动发光突起路标及轮廓标、警示灯、雾灯等，这几种交通诱导设施可以单独设置，也可以配合设置。具体设置时可根据实际情况选择适当的交通诱导设施。图 7-57 仅以限速标志、车距确认标志、彩色防滑标线及雾灯的结合设置作为示例。

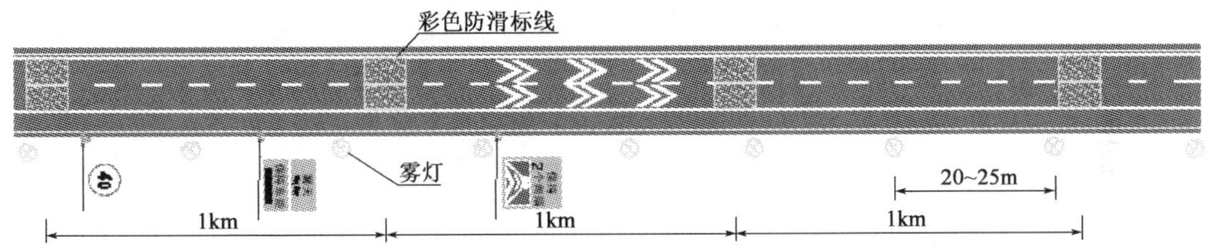

图 7-57 长大下坡路段交通诱导设施布置图

注：1. 本图适用于长大下坡路段。

2. 车道边缘线两侧可设置主动发光突起路标，设置间距可根据坡度及坡长而定。

3. 路侧有护栏的情况下可设置附着式主动发光轮廓标，无护栏的情况下可设置柱式轮廓标，设置间距根据曲线半径确定。

4. 下坡起点处可设置长大下坡标志及限速标志，限速标志可选用可变限速标志，其他标志可选用主动发光型标志。

5. 本图为示意图，仅供参考，具体设置方式可根据具体情况而定。各种交通诱导设施可单独设置，也可组合设置。

2. 小半径曲线路段设置示例

小半径曲线路段指小于一般平曲线半径的路段，但有些路段，即使平曲线半径大于一般最小值，但前后与之衔接的平曲线半径较大，也容易诱发交通事故。小半径曲线路段包括单弯路、连续弯路及反向弯路等路段。小半径曲线路段由于视距不良或车速过快易造成两车相撞、单车碰撞山体或车辆驶出道路等事故，因此必须加强小半径曲线路段的交通诱导设施设置，给驾驶员以引导、提醒、警示。小半径曲线路段可采用的交通诱导设施主要有限速标志、线形诱导标、减速振动标线、主动发光突起路标及轮廓标、警示灯、雾灯等，这几种交通诱导设施可以单独设置，也可以配合设置。具体设置时可根据实际情况选择适当的交通诱导设施。图 7-58 仅以恶劣气象预告标志、线形诱导标、减速振动标线、主动发光突起路标及雾灯的结合设置作为示例。

3. 桥梁路段设置示例

桥梁路段是恶劣气象易发路段，冬季桥面易结冰是引发道路交通事故的主要诱因，因此必须加强桥梁路段交通诱导设施的设置，给驾驶员以提醒、警示，必要时禁止车辆在桥梁路段超车。桥梁路段可采用的交通诱导设施主要有限速标志、减速振动标线、主动发光突起路标及轮

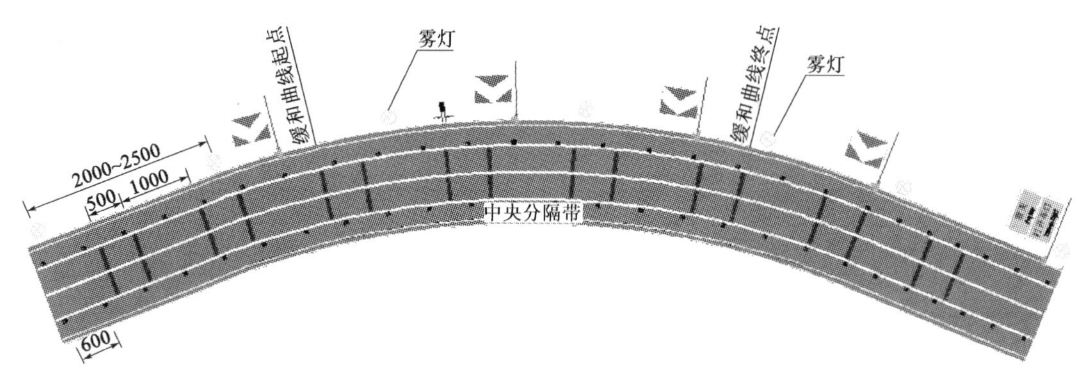

图 7-58　小半径路段交通诱导设施布置图

注：1. 图中尺寸以厘米计。

2. 本图适用于小半径曲线。

3. 车道边缘线两侧设置主动发光突起路标，设置间距可根据不同曲线半径而定。

4. 路侧有护栏的情况下可设置附着式主动发光轮廓标，无护栏的情况下可设置柱式轮廓标，设置间距根据曲线半径确定。

5. 线性诱导标可采用太阳能轮廓标或 LED 主动发光型诱导标，设置间距可根据曲线半径采用适宜值。

6. 本图为示意图，仅供参考，具体设置方式可根据具体情况而定。各种交通诱导设施可单独设置，也可组合设置。

廓标、警示灯、雾灯等，这几种交通诱导设施可以单独设置，也可以配合设置。具体设置时可根据实际情况选择适当的交通诱导设施。图 7-59 仅以车距确认标志、主动发光突起路标及雾灯的结合设置作为示例。

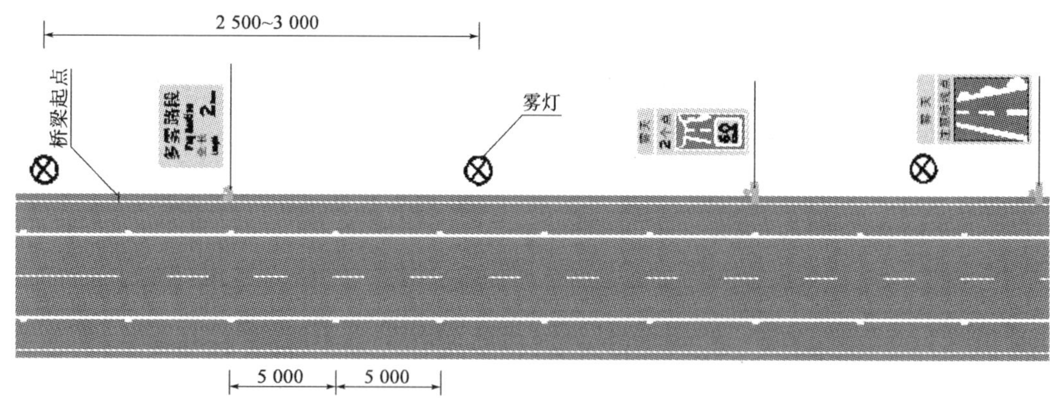

图 7-59　桥梁路段交通诱导设施布置图

注：1. 图中尺寸均以厘米计。

2. 本图适用于桥梁路段及其他雾发生路段。

3. 车道边缘线两侧可设置主动发光突起路标，设置间距为 6m。

4. 可设置附着式主动发光轮廓标，设置间距为 16m。

5. 桥梁起点处可设置桥梁名标志，选用主动发光型。

6. 本图为示意图，仅供参考，具体设置方式可根据具体情况而定。各种交通诱导设施可单独设置，也可组合设置。

第八章　信息联动发布技术

在路网运营过程中，不仅道路交通状况处于实时变化状态，而且还会出现风、雨、雾、雪等不良天气，或者出现交通事故、车辆抛锚等突发事件，造成路段通行能力下降而引起交通拥挤或堵塞。一旦灾变事件发生，不仅会影响高速公路自身的运营安全与效率，往往还会波及整个路网，影响路网的运营效率，造成巨大的损失。对道路使用者而言，如果发生了重大灾变事件而影响顺利出行的话，将会损失大量的时间和费用；对国家而言，一旦公路交通基础设施发生了重大事件，不仅造成设施财产的损失，更会威胁到人民的生命安全，甚至公共安全。因此路网的信息发布系统必须能够及时地向驾驶员提供相关信息，引导驾驶员选择最佳的行驶路线。因此，如果说搜集准确、及时、高质量的实时信息是道路安全管理的前提条件，那么发布实时、准确、高质量的信息则是实施道路安全管理的关键。

美国、欧洲和日本对于交通信息发布系统的研究较早，目前已经运行得相当成熟，应用效果也非常明显。其中具有代表性的交通信息发布系统有：欧洲以道路基础设施开发为主体的DRIVE(Dedicated Road Infrastructure for Vehicle Safety in Europe)研究计划中的子项目ROMANSE，该项目为运用交通通信与信息交换系统实现的驾驶员和乘客信息系统，可灵活控制，提供协调、准确、及时、可靠的信息；日本的车辆信息与通信系统 VICS(Vehicle Information & Communication System)。

国内交通信息发布主要采取交通电台广播、交通信息网站以及可变信息标志(VMS)这三种发布手段，目前在北京、上海和广州等大城市都有成熟的应用，但是仍然存在以下问题。

一、交通信息发布手段缺乏多样化

目前我国高速公路采用的信息发布手段主要是可变信息标志(Variable Message Sign，简称 VMS)，Internet 发布、车载导航信息发布、交通电视台、路侧信息发布以及手机短信等个性化交通信息服务的应用还很有限。

二、缺乏实时动态交通信息发布

可变信息标志(VMS)一般只提供静态交通信息，各个交通信息发布系统信息共享能力低，不利于相邻城市间的联网协调，因此可变信息标志的作用没有得到充分发挥。

三、急需建立起面向公众的交通信息服务体系

除现有交通台可以向出行者提供比较实时的交通信息外，还缺乏其他信息服务系统，使得交通参与者缺乏获得整个交通状态的实时信息和预测信息的渠道，而且目前面向公众发布的交通信息内容单一，缺乏相应事件的疏导建议。因此要建立和完善面向公众的交通信息服务体系，真正做到“出行前给出建议，出行中进行诱导；拥堵前及时报警，拥堵时迅速疏散”，使交

通流在不同道路空间进行合理分配，达到减少交通延误、提高运行效率的目的，改善公众出行的交通条件。

四、缺乏信息发布系统的标准和规范

目前还没有统一的标准规范对信息发布内容、选址、表示方式等进行统一管理。因此，建立交通信息发布系统的总体目标就是通过采集到的交通信息来评估道路的拥挤程度，并能通过采用信息发布、交通管制、车辆诱导等方式，最终达到平衡路网流量、方便交通出行的目的，而且服务于安全管理的信息发布还应遵照实现管理目标、准确、及时、易理解、有效等原则(图 8-1)。

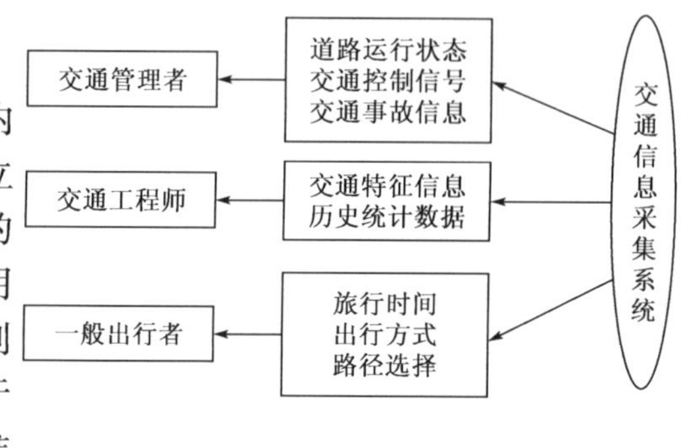

图 8-1　交通信息发布系统总体目标框图

第一节　用户需求分析

一、交通管理者信息需求

1. TMC 工作人员和其他交通管理人员的信息要求

交通管理中心(TMC)指挥人员通常是通过肉眼直接观察监视显示屏获得实时的现场交通信息，装有检测器的现场数据是特定路段的交通量、速度、占有率等。通常监控中心的操作人员很有限，而显示屏显示的内容比较多，情报板也比较大，不利于操作人员同时掌握交通状况信息。建议使用一块专用的小型情报板显示上述信息，而交通状况信息通过矩阵转换器在某个操作人员显示器的视窗中循环显示。

其他交通管理人员通过网络以不同的身份登录系统，进行各种交通信息的查询和处理，另外还可以通过协议提供不同交通管理者的特殊信息。以下是 TMC 工作人员和交通管理人员可以看到或查询到的常用数据信息：

(1)路网信息和交通设施信息显示。

(2)交通拥挤道路及拥挤等级空间分布图。

(3)重要地点的实时监控信息。

(4)交通流信息统计和分析。

(5)实时路网交通流信息。

(6)紧急交通显示(如大型急救行动、消防等)。

(7)交通意外事件检测报警、记录。

(8)针对社会用户发布内容的显示。

(9)短期路网交通流状况预测的显示。

(10)交通违章检测系统信息的显示。

(11)高速公路交通状况信息。

(12)公交枢纽站综合交通信息。

(13)各类设备工作情况。

2. 系统技术人员的信息需求

根据系统技术人员级别的不同，对系统技术人员进行授权，使之能够阅读到向管理者显示的部分或全部内容。此外，系统技术人员直接负责系统设备的安装、调试、维护，因此需要了解交通流信息采集设备、对外信息发布设备以及其他相关设备的工作状态和统计信息(正常和故障)。以下是系统技术人员可以看到或查询到的常用数据信息：

(1)检测设备工作状态显示。

(2)检测设备工作状态统计。

(3)其他非检测设备的状态显示。

(4)其他非检测设备的工作状态统计。

(5)设备故障记录显示。

(6)设备维修记录。

二、出行者信息需求

1. 交通信息显示种类

出行者对交通信息的需求十分迫切，一般出行者可通过各种大众传媒(如 Internet、广播等)和道路边的可变情报板获取道路交通信息。根据出行者信息查询的时间、性质可分为在途出行者信息查询和非在途出行者信息查询两类。

针对在途出行者，通常的信息发布方式包括：

(1)交通诱导信息室外显示系统(VMS)。

(2)交通电视、电台路况信息发布子系统。

(3)车内无线电和车内导航系统。

针对非在途出行者，主要的发布方式包括：

(1)因特网交通信息发布子系统。

(2)交通电视路况信息发布子系统。

(3)电话、无线电发布、查询系统。

2. 在途出行者的信息需求

在途出行者主要获得的信息包括：

(1)起讫点沿途的交通拥挤情况。

(2)实时路网交通流信息。

(3)紧急事件和交通事故信息。

(4)高速公路、快速路及其出入口关闭信息。

(5)可替换路线及其交通信息。

(6)附近区域以及目的地区域的交通情况预测信息。

(7)交通设施失效情况提醒。

(8)高速公路交通状况信息。

(9)天气信息。

3. 非在途出行者的信息需求

严格意义上来说，这一群体还不属于出行者，可以说是潜在的出行者。这类出行者主要想知道的是在他们即将进行的出行活动中，该怎么走比较顺畅，针对现在的交通条件，什么时候出发能够准时到达，选择那种出行方式效率最高等，可以通过交互的方式实现信息的个性化显示。非在途出行者的信息显示集中在实时路网信息的显示以及实时、历史数据的分析以及处理后的预测数据等方面。主要的信息显示包括：

(1)起讫点沿途的交通拥挤情况。

(2)当前路网交通流运行及其预测信息。

(3)针对当前交通流预测的出行方式、出行路线建议。

(4)紧急事件和交通事故信息。

(5)道路路段施工、改造情况报告及其预告等。

(6)高速公路、快速路及其出入口关闭信息。

(7)可替换路线及其交通信息。

(8)附近区域以及目的地区域的交通情况预测信息。

(9)高速公路交通状况信息。

(10)天气信息。

第二节　信息发布系统技术研究

不同的信息发布对象采用的信息发布技术也各不相同。通常的信息发布对象有驾驶员、管理部门、救援部门等。按照实现目的的不同，信息发布方式可以分为六大类：交通广播、可变信息标志、因特网、车载终端、路侧广播和手持终端。

一、交通广播

广播技术经历了从中波广播(AM)、调频广播(FM)到数字音频广播(DAB)三个发展阶段。目前，中波广播由于其覆盖性差等原因已经处于被淘汰的边缘，用于发布交通信息的广播方式主要有调频多工数据广播和数字音频广播。

国外调查数据显示，目前职业驾驶员获得的动态交通信息90%以上来自交通广播，我国职业驾驶员获得交通信息的主要途径也是交通广播。

交通广播通过广播电台向驾驶员提供道路交通及有关信息，使驾驶员了解道路前方的交通状况，为驾驶员制订出行计划及选择行驶路线提供参考。交通广播通常采用公用广播网播送交通信息，具有覆盖范围大、基本无盲区、设备价格低廉、普及率高的特点，因此，在完善的信息提供机制以及先进的车载导航设备还未大规模普及之前，交通广播电台仍是最适合的动态信息对外发布方式。

二、可变信息标志

公路上的行车环境由于天气(如雾、雪、暴雨、结冰)、自然灾害(如地震、洪水、台风、塌方)、交通事故等影响，可能发生变化。可变信息标志(VMS)是一种因交通、道路、气象等状况的变化而改变显示内容的标志，可显示速度限制、车道控制、道路状况、交通状况、气象状况及其他内容，显示形式可以是文字、数字、符号或图形，它既是一种信息发布手段，又是一种交通控制策略。可变信息标志上储存了多种信息，控制人员可根据公路上发生的情况，通过遥控装置手动或自动显示其中的某种信息。有些国家或地区把可变信息标志、车道控制标志、可变限速标志等都称作可变信息标志。

VMS系统通过在交通网中重要地点的可变信息标志，向驾驶员提供道路交通状况信息（如路况、拥挤程度、排队长度、交通事件等），诱导车辆采取合适的车速或推荐行驶路线，使驾驶员选择最佳路线，达到路线畅通、安全行车的目的。

可变信息标志用于高速公路或城市快速路是比较容易实现的，其控制模型相对比较简单，已有几十年的应用。随着技术的不断进步，VMS的发布形式也发生了变化，例如图形式VMS的出现等。可变信息标志用于快速路网的交通控制与管理是目前国内外比较常见的。

三、因特网

随着国际互联网（Internet）的迅速崛起，Web技术成为高效的全球信息发布技术，利用Internet技术在Web上发布交通信息，能从任意一台联网的计算机上浏览Web交通站点中的交通信息。通过动态网页显示路网信息，为出行者在出行前提供实时的出行信息，制订相应的出行计划。互联网虽然信息量大且更新很快，但是要求有小型计算机终端和网络，对于路上的驾驶员帮助有限，属于出行前的信息发布。欧美大城市一般用于发布综合交通信息的网站包括加拿大曼尼托巴综合交通信息网、英国诺丁汉公共交通信息网、美国洛杉矶综合交通信息网等。

四、车载终端

车载终端由车内单元、中心计算机及通信网络组成。车内单元包括小型键盘、显示器、微型计算机系统等。驾驶员以代码形式通过键盘输入所要到达的目的地，此代码经过通信网络送到中心计算机，计算机算出最佳行驶路线后，将此行驶路线信息再经过通信网络送回到车内单元，并在显示器上显示出来。车内单元除了能够显示引导信息外，还能给出速度限制、天气、交通事故、道路施工情况等。一般使用车内引导系统后，驾驶员的平均行程时间可缩短9%～15%。

目前，国外实施的导行项目有美国伊利诺伊州芝加哥市的ADVANCE、欧洲的EURO-SCOUT、美国加利福尼亚州的TravTek、英国的AUTOGUIDE、日本的VICS。国内还处于研究阶段，尚无实用系统投入运行。

五、路侧广播

路侧广播是由管理部门建立的专门的路边广播系统，利用专用的无线电发送装置，把收集到的该路（网）及相连道路的交通状况、气象等情报编辑并合成（或人工直接广播），通过沿道路的定向天线将信息播放出去，驾驶员进入播放接收区后，即可在相应的波段收到道路交通情报。

路侧广播系统的实例有美国早期在高速公路上使用的HAR（Highway Advisory Radio）

系统、自动 HAR 系统，以及欧洲近年来研制的 RDS-TMC（RDS：Radio Data System，TMC：Trarffic Management Channel）广播动态导行系统。

路侧广播在发布信息方面灵活、及时、有效，能提供的信息量大，不受能见度的影响，对于交通量大且形成路网的高速公路更显其优越性。虽然路边广播系统具有很好的引导交通的作用，但造价和维护成本较高，还处于试验阶段。

六、手持终端

手持终端包括寻呼机、手机、PDA 等。寻呼机可以实时地为用户提供交通信息，但是目前尚未解决信息格式化和区分信息重要性等问题。手机和 PDA 是较新的信息发布技术，通过无线通信实现用户与出行者信息系统交互的功能。

第三节　基于可变信息标志的信息发布内容及选址

一、信息发布内容

交通信息依照不同的分类方式分为不同类型。

依据交通信息的信息属性，可分为两种类型：动态信息、静态信息。其中，动态信息包括实时交通流状态信息、突发事件、事故、交通环境信息等；静态信息包括施工占道、交通宣传、交通违法信息等。

依据交通信息的发布形式，可分为三种类型：文字信息、图形信息、图像信息。

依据交通信息的发布内容，根据信息发布内容的重要与紧急程度，将信息发布内容分为通用信息、提示信息、建议信息、强制信息和突发或紧急信息。

信息发布的内容将直接影响驾驶员的决策，它是将管理者的意图真实传达给驾驶员的最关键的步骤，也是车辆诱导与安全管理中非常重要的一个环节。在事件条件下的信息发布采用多级信息发布模式，不同级别的信息对驾驶员的影响相差较大。此外，从路网安全管理的角度来说，还需要全面考虑各种情况，既有覆盖事件情况，也要考虑日常运营。因此，根据信息发布内容的重要与紧急程度，将信息发布内容分为通用信息、提示信息、建议信息、强制信息和突发或紧急信息。

1. 通用信息

在大多数情况下，路网中并没有事件发生，因此发布通用信息将成为可变情报板的重要功能之一。通用信息是针对驾驶员发布的日常管理信息，包括交通法规（表 8-1）、服务信息（表 8-2）、公益信息（表 8-3）等。

2. 提示信息

提示信息是针对不同情况向驾驶员发布的信息，提醒驾驶员引起注意。提示信息所提醒的事件一般不紧急，也可能是重要事件发生之前的预警，或者是较远路段发生事件，因此需要给驾驶员提示一下，引起重视即可。提示信息包括一般性提示信息（表 8-4）、特殊时段提示信息（表 8-5）和特殊事件提示信息（表 8-6）。当事件发生后，提示信息的发布是多级信息发布模式的最低级别，通常发布在较远的路段，目的是引起驾驶员的注意。信息发布时应简要描述情况，同时提示驾驶员注意安全。

法规类信息　表 8-1

序　号	名　称	序　号	名　称
1	严禁超速行驶	14	高速公路严禁上下客
2	严禁在紧急停车道上行驶	15	严禁倒车、逆行
3	严禁匝道超车、停车	16	严禁违章停车
4	严禁超载、偏载	17	严禁违章超车、停车
5	严禁行车道停车、修车	18	严禁酒后驾车
6	严禁超限运输	19	严禁骑压线行驶
7	严禁试车、学车	20	严禁无证照开车
8	未经批准，超限车辆严禁上路	21	严禁久占超车道行驶
9	严禁掉头、转弯	22	严禁在高速公路上学车
10	严禁超载、超长、超宽、超高	23	匝道、加减速车道严禁超车、停车
11	严禁横穿中央分隔带	24	严禁车辆带病上路
12	严禁停车装卸货物	25	严禁低速行驶
13	严禁打开中央活动护栏		

服务类信息　表 8-2

序　号	名　称	序　号	名　称
1	欢迎驶入()高速公路	10	祝您一路平安
2	欢迎再来()高速公路	11	欢迎使用前方服务区
3	欢迎驶入()大桥	12	服务区免费停车休息
4	欢迎再来()大桥	13	强化路政管理，保护路产，维护路权
5	停车休息，检查车辆请进入服务区	14	为通行车辆提供便捷，文明服务
6	欢迎到服务区加油、修车、食宿	15	公共服务标准，接受社会监督
7	顾客至上，服务第一	16	爱护公路财产，促进道路安全畅通
8	()服务区欢迎您	17	收费公路，按章缴费
9	祝您旅途愉快		

公益类信息　表 8-3

序　号	名　称	序　号	名　称
1	紧急情况，请打 SOS 电话	12	严禁向车外抛撒杂物
2	求助求救，请打 SOS 电话	13	集中精力
3	突发事件，请打 SOS 电话	14	安全第一
4	车辆故障抛锚，请打 SOS 电话	15	警钟长鸣
5	请打 SOS 电话呼救，严禁拦车救援	16	严禁拦车
6	请自觉遵守交通法规	17	一路平安
7	安全第一，预防为主	18	平安回家
8	请系好安全带	19	安全驾驶
9	关爱生命，关注安全	20	以法治路
10	乘员不准站立	21	遵纪守法
11	故障停车须警示	22	

一般性提示信息 表 8-4

序　　号	名　　称	序　　号	名　　称
1	注意匝道驶入车辆	6	进入收费站区，请减速行驶
2	弯道减速勿超车	7	进入隧道，请减速行驶
3	车流量大，谨慎驾驶	8	请关注天气变化
4	请按车型限速行驶	9	保持车距，谨防追尾
5	请按规定车道行驶		

特殊时段提示信息 表 8-5

序　　号	名　　称	序　　号	名　　称
1	黄昏行车早开灯	9	夜行疲劳，请到服务区休息
2	黄昏减速慢行	10	夏天高温，谨防爆胎
3	黄昏时分，谨慎行驶	11	今日最高气温()度
4	黎明能见度低，迟关灯	12	天气炎热，注意休息
5	黎明易困，谨慎驾驶	13	高温高速易爆胎
6	夜间减速，谨慎驾驶	14	春天易困，注意休息
7	夜间勿疲劳开车	15	疲劳请到服务区休息
8	夜间勿追光，少超车		

特殊事件提示信息 表 8-6

序　　号	名　　称	序　　号	名　　称
1	发生水灾，谨慎驾驶	22	()结束，前方恢复畅通
2	前方()公里火灾	23	桥面湿滑，减速慢行
3	涉水慢行，拉大车距	24	今夜有暴风雨
4	积水路面，方向易失控	25	午后有雷雨大风
5	前方涉水路，小心慢行	26	午后有中到大雨
6	前方()公里塌方，谨慎驾驶	27	冰雪路滑，谨慎驾驶
7	前方()公里滑坡，谨慎驾驶	28	桥面结冰，小心驾驶
8	前方事故，交通堵塞	29	路面结冰，小心路滑
9	前方事故，交通堵塞	30	涵洞结冰，小心路滑
10	前方事故，请服从现场管理	31	凌晨有冰冻
11	前方事故，请勿堵紧急停车带	32	今晚大雪
12	前方()公里事故，注意减速避让	33	雾天减速，拉大车距
13	前方货物散落，减速慢行	34	雾天行车，请开雾灯
14	货物散落，注意避让	35	清晨有雾，小心驾驶
15	前方施工，谨慎通过	36	进入雾区
16	前方()施工，借道行驶	37	今晚有台风经过
17	()交通管制，注意标志	38	桥面风大，减速行驶
18	前方交通管制，借道行驶	39	小心强横风
19	雨天减速行驶，保持安全车距	40	强风，谨慎超车
20	雨天路滑，勿抢道，少超车	41	强风减速，把稳方向
21	暴雨，拉大车距，小心驾驶	42	今日有沙尘暴，注意安全

3. 建议信息

建议信息是向驾驶员发布有利于驾驶的信息，一般在事件情况下，道路交通受到影响时，会发布建议信息(表 8-7)。建议信息能够帮助驾驶员节省行车时间、提高安全性等，如建议行车路线、建议行驶速度、建议驾驶行为等。如果驾驶员不遵照建议，也并不产生十分严重的后果。建议信息是多级信息发布模式的中间级别，在重大事件条件下，建议信息一般发布在不太远的路段，驾驶员可以自己选择是否改变行车路线。如果重大事件下驾驶员不按照建议的路线行驶，那么在后一级别的信息发布中，将必须服从强制信息的诱导。建议信息发布时，应简要描述情况，同时给出具体的行车建议，行车建议由决策管理系统制订的管理对策制订。

建议信息　　表 8-7

序　号	名　称	序　号	名　称
1	时速()公里，车距大于()米	6	大雾，请绕道行驶
2	夜间疲劳，请到服务区休息	7	大雾，请从()绕行
3	前方事故，请从()下高速	8	大暴雪，请到服务区暂避
4	前方事故，请从()绕行	9	大雨，请到前方服务区暂避
5	大雾，请到前方服务区暂避		

4. 强制信息

强制信息是多级信息发布模式的最高级别，是向驾驶员发布的必须遵照执行的信息(表 8-8)，如限速、关闭高速公路、关闭行车道等。一般在重大事件情况下，道路或交通受到严重影响时，才会发布强制信息，通常发布在重大事件的本路段或临近路段。如果驾驶员不遵照信息的要求，将会产生较为严重的后果，如发生事故、被执法部门处罚等。强制信息应描述事件的严重程度，如果是强制诱导信息，还需要给出具体的指导意见，指导意见由决策管理系统制订的管理对策制订。

强制信息　　表 8-8

序　号	名　称	序　号	名　称
1	限速	7	滑坡路段，请下高速
2	前方交通管制，请从()下	8	大雾，全线封闭
3	前方塌方中断，请从()下高速	9	大雪，全线封闭
4	前方路段封闭，请从()下	10	路段积雪结冰，请下高速
5	前方滑坡中断，请从()下高速	11	前方()公里施工，封闭行车道
6	大雾，()段封闭	12	大雾严禁超车抢道

5. 突发或紧急信息

突发或紧急信息是在事件发生后，出于事件管理的需要，向驾驶员发布的信息。信息内容主要为建议信息或强制信息，由于紧急信息具有很强的时效性，对于事件的快速反应与处理具有重要意义，因此优先与重要级别最高。当有突发或紧急信息需要发布时，其他一切信息的发布均需暂停。

二、信息展现形式

依据交通信息的发布形式，可分为三种类型：文字信息、图形信息、图像信息。

1. 文字信息

文字信息描述分为路段描述和状况描述。

1）路段描述

路段描述是对交通状况信息所表述的位置点或段的描述，其结构为：

（1）参照点＋方向＋距离，例如某公路信息：某某出口某某方向某某距离。

其中，参照点指可以被轻易描述的地点、地物，包括：路口、桥梁、快速路出入口、重点建筑物、政府机关等；方向信息包括：东、南、西、北、上、下、左、右、前、后、内环、外环等；方向信息可用多种形式补充描述；距离描述使用米、公里等国际单位。“距离”若不被描述，则默认为 0m，意义为：参照点的附近、门前、旁边，紧靠参照点的路段。

（2）起点＋“至”＋终点，例如某城市道路信息：××路口至××路口。

其中，起点和终点分别指在道路端点附近可以被轻易描述的地点，包括：路口、桥梁、快速路出入口、重点建筑物、政府机关等。

2）状况描述

状况描述是对交通状况的一种阐述，针对车速、流量和排队长度等加以描述，基本结构为：

（1）关键词汇＋描述词汇。

（2）关键词汇＋数字＋国际单位。

2. 图形信息

图形信息展现形式包括图形结构、图形内容、字体及颜色特效等。

1）图形结构

（1）图形所表述信息点应在图像的中心区域。

（2）情报板所处区域应在图形上有所标注。

（3）图形信息右上角标注方向。

（4）图形信息中的名称注释类文字放在不影响图形表述的位置，若空间充足，则优先放在描述对象的右下方。

（5）图形信息与文字信息同时出现时，文字信息应在下方横向显示。

2）图形内容

（1）描述路段应标注起始点与终止点的名称。

（2）路段描述线宽不小于 110mm。

3）字体及颜色特效

图形信息中的文字字体为黑体。

3. 图像信息

图像信息的展现形式包括图像结构和图像内容。

1）图像结构

（1）图像信息分辨率应不低于 320×480。

(2)图像刷新率不低于 10 帧/s。

(3)图像连续播放时间不低于 4s。

2)图像内容

图像反映特定地点时,图像内或辅助文字说明中应注明地点名称和图像摄制时间。

三、可变信息标志选址

目前,很多高速公路的可变情报板、可变限速标志等信息发布系统主要设备的布设在公路设计时就已基本确定。由于受投资金额所限或缺乏高速公路交通管理的实际经验,又没有高速公路的某些实际数据(如交通量、道路使用率等)作为参考,设计人员在对可变信息标志进行选址与布设设计时,难免有一些不尽合理的地方。一方面,信息发布设备数量偏少,功能相对单一,布局无规律,无法满足交通管理者的实际使用需要,给高速公路的交通管理带来了很大的不便;另一方面,在资金限制的条件下,项目可用的可变情报板标志数目有限,应如何合理布置才能使之发挥最大的效益,也成为国内外交通运输研究者们研究的问题。

1.选址原则研究

1)坚持功能分析布设原则

可变信息标志的布设应坚持功能分析的原则,减少盲目性。对所有实现的功能应按重要程度进行排序,坚决摒弃无用的功能,减少浪费,根据确定的功能进行标志优化布设。以诱导交通为主的可变信息标志的布设应在路网进行分析的基础上,布设在优化可选路径的分流口前端的适当位置,以求取得最大效果;以发布特殊气象信息为主的可变信息标志,应结合项目特点和当地的气象特点,做好总体路段信息发布和重点气象路段信息发布的调研分析,尽可能有针对性、及时可靠地提供各种气象信息,以保证行车安全;以限速为主的可变信息标志,应以提供最大服务对象为主,可变信息标志应设在从匝道进入高速公路主线入口处的适当位置,使所有进入高速的车辆及时接收到限速信息。

2)基于道路特点分析布设原则

对于城市道路、绕城高速道路、一般高速道路来说,可变信息标志的布设虽然有共同的地方,但又有其侧重点。城市道路路网密集、车流量较大,可变信息标志布设主要以诱导交通、发布突发事件和信息为主,一般布设密度较大,以图形式可变标志最为适用。一般高速公路路线较长,路网不发达,交通流量较小,可变信息标志布设数量相对较少,发布的信息以交通管理和天气信息、限速信息为主,可变信息多为文字式。环城高速一般位于大城市郊区,与多条辐射状高速公路和城市道路组成路网,其可变信息标志布设的数量介于城市道路和普通高速公路之间,发布的信息也更全面,有交通诱导和交通控制信息等。

3)前瞻性布设原则

可变信息标志的布设应在满足功能的基础上,有一定的前瞻性。前瞻性应建立在对路网规划的充分了解和对本项目交通流量科学分析预测分析的基础之上。根据对路网规划的调研和项目服务水平的预测,可以指导可变信息标志的布设密度。一般来说路网形成越快,项目服务水平越低,可变信息标志发挥的功能就越大。此类项目在布设时应做好远期和近期布设两种方案,做好近期实施和远期接口的预留工作。

4)与现有静态标志相结合布设原则

普通静态标志是公路主要的信息来源。可变信息标志的布设要考虑到与静态可变标志的配合和协调，保证可变信息标志功能的发挥。实际上，可变信息标志与静态标志在功能上有很好的互补性。在发布诱导信息时，两种标志并不发生冲突，普通静态标志的功能并未失效；但在发布偶发信息、气象信息、管制信息时，必然与普通标志的信息发生冲突，导致其部分失效。因此，如何协调两者之间的冲突是可变信息标志布设时应考虑的问题。

2. 可变信息标志选址布设步骤

可变信息标志的布设应遵循从总体到局部，从确定性的布设到非确定性的布设，从远期到近期的布设步骤。

(1)从总体到局部是指可变信息标志布设时应遵循路网—路线—节点的布设流程，先做好基于路网的总体布局，然后再做好本项目路段的布局，最后在落实道路节点处的具体布设。由大到小可以从总体上把握项目的可变信息标志的布设。

(2)从确定性的布设到非确定性的布设思路，是指根据众多的经验总结做好本项目固定环境条件下的可变信息标志的布设，然后做好其他标志的布设。固定条件是指立交进出口处的可变信息标志的布设，特殊气象条件多发路段的可变信息标志的布设，特殊线形条件下的多发事故路段的可变信息标志的布设，服务区、停车区前预报服务状况的可变信息标志的布设，大桥、隧道前预报其运行情况的可变信息标志的布设等。其他可变信息标志相对而言是可以根据具体环境条件决定其是否布设的，如在交通拥挤情况下，对车距、车速进行实时控制的可变信息标志，为了更好地控制突发事件对交通的影响，在路段中间布设交通诱导信息标志等。

(3)从远期到近期的布设思路，是指根据项目远期交通流和路网规划，确定出远期的可变信息标志的布设方案，然后再在远期方案的基础上确定近期的布设方案，进行实施，对远期进行接口预留，在条件成熟时，再扩充新的可变信息标志，同时也要注意考虑内场设备的可扩充性。

3. 可变信息标志布设建议和注意事项

1)可变信息标志布设的建议

可变信息标志设置的位置、设置的密度对于信息的可视性及提供的实时性有很大的影响，所以在设置时要综合考虑信息标志的设置间距，路段、路口的行车条件等因素。

理想的布设是在高速路的每个互通立交、服务区的出入口处均设置可变情报板。考虑到造价及管理上的一系列问题，至少也应在高速路主要分流点互通立交的出口以及连接不同高速公路的互通立交入口前方 1.0～1.5km 处设置可变情报板。“高接高”的互通立交入口前的可变情报板可向需进入相邻高速公路的驾驶员提供信息，以便驾驶员提前采取措施。一旦出现恶劣天气或发生特殊交通事故需要实施交通管制措施时，管理者可通过可变情报板发布相应的交通管制指令，配合现场人员及时实施相应的交通管制措施。

作为传统可变情报板的重要补充，路侧小型可变情报板可设置于非主要分流点的互通立交出口、服务区的入口以及特大桥附近。设置于互通立交附近的小型可变情报板可提示驾驶员按照各自的行车标准限速行驶；当由于某些原因必须实施分流措施时，则可显示“驶离高速”信息，促使一些自觉性较高的驾驶员自行驶离高速公路。许多交通流量较大的高速公路服务区泊车位时常饱和，后来的车辆若不知情况贸然驶入，常常会出现进退两难的局面。此时，驾驶员多会违章倒车或是停在路边排队等候，其后方驶来的车辆稍有不慎，极易发生追尾事故。

此处的小型可变情报板亦可起到城市泊车位显示牌的作用，实时显示剩余车位，及时告知驾驶员相关情况，以便提前采取措施。

由于冬季路面容易结冰以及道路线形上的一系列原因，特大桥是高速公路交通事故的多发路段。小型可变情报板可及时向道路使用者传递有关信息，使驾驶员提前采取措施，避免事故的发生。

2)可变信息标志布设的注意事项

根据诱导功能分析，为使可变信息标志发挥诱导作用，可变信息标志的安装位置应合理设定，其首要原则是根据道路交通流特征选择安装位置。

(1)应设置于交通流重大集散点。

(2)可变信息标志的设置应保证下游有分流的支路，并保证驾驶员有足够的选择判断时间。

(3)安装位置应利于驾驶员和行人观察，前 50m 的路肩上不要有影响显示的树木或其他高于诱导标志下沿的遮挡物。

(4)可变信息标志应注意与普通标志相配合，其布设位置不应与静态标志冲突，或影响静态标志的视认性。

(5)需要根据道路视野环境条件等因素综合考虑，以便选择合适的可变信息标志物理结构类型。

(6)需要考虑相关道路的工程条件，可变信息标志安装位置必须具备工程配套的基本建设条件，如供电、通信、地下管线、安装基础场地等。

(7)操作人员应能便利、安全地对诱导标志进行保养、维修。

(8)要体现优先原则，即在备选方案中选取出最应该安装可变信息标志的地点。

第四节　路段级信息联动发布策略

当路网中发生点或面事件后，监控管理系统能够根据实时交通、道路与环境信息，对事件影响及其态势进行智能分析，并在此基础上，通过特定的规则、算法实现事件影响区域内可变情报板信息的系统、一致、(半)自动发布。

信息联动包括两个层面：一是单个管理区内联动，二是不同管理区之间联动。

一、信息联动发布策略

本节以雾天为例，介绍信息联动发布策略。

1. 总体发布策略

信息联动总体发布策略示意图见图 8-2。

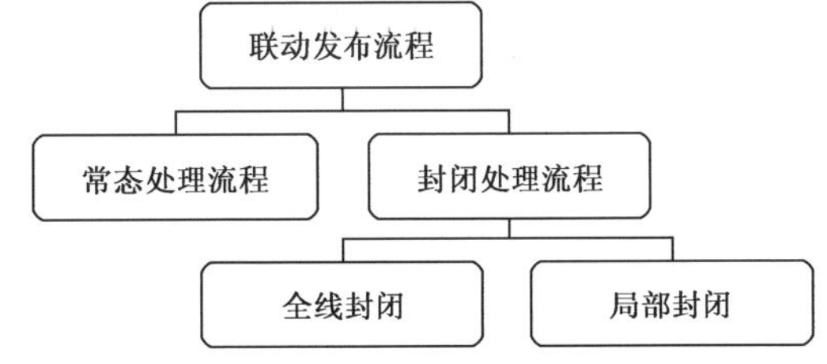

图 8-2　信息联动总体发布策略示意图

2. 常态联动发布策略

将可变信息标志按照地理位置分为主线可变信息标志(Z 板)、服务区可变信息标志(F 板，位于服务区进入主线的渐变段上)、收费站入口可变信息标志(S 板，位于收费站进入主线收费广场前)三类(图 8-3)。

根据不同类别可变信息标志对信息内容的需求不同将信息分成以下五类：①雾况描述信息；②能见度值信息；③雾天行车提示信息；④距离信息；⑤限速信息。最后制定雾天高速公路

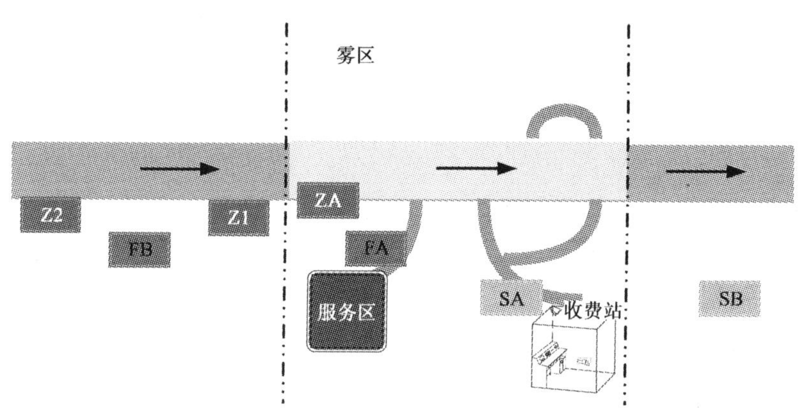

图 8-3　常态联动发布策略下可变信息标志分类示意图

信息联动发布信息生成规则(图 8-4)。其余可变信息标志(除约定情报板外)仍采用原有信息发布方式。

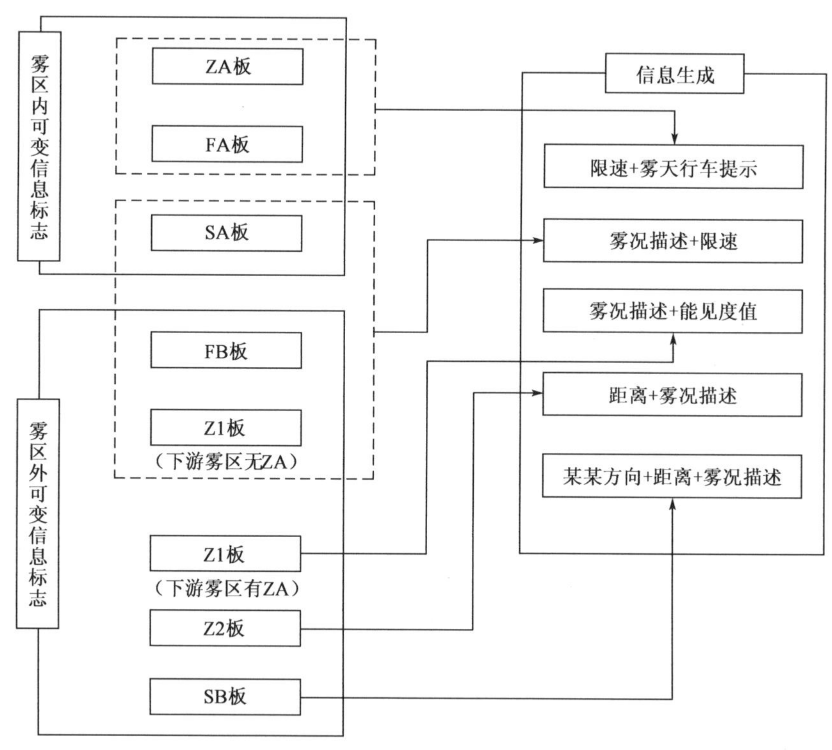

图 8-4　常态联动发布策略信息生成规则

3. 全线封闭信息联动发布策略

全线封闭路段信息联动发布策略相对比较简单,基本思路是:首先按照可变信息标志的地理位置将其分成主线上的可变信息标志(Z 板)、服务区内的可变信息标志(F 板)、收费站入口可变信息标志(S 板),然后按照图 8-5 所示规则对各类信息标志自动生成联动发布信息。

4. 局部路段封闭信息联动发布策略

首先由人工录入封闭路段起止点信息,然后在按地理位置将可变信息标志分成可变信息

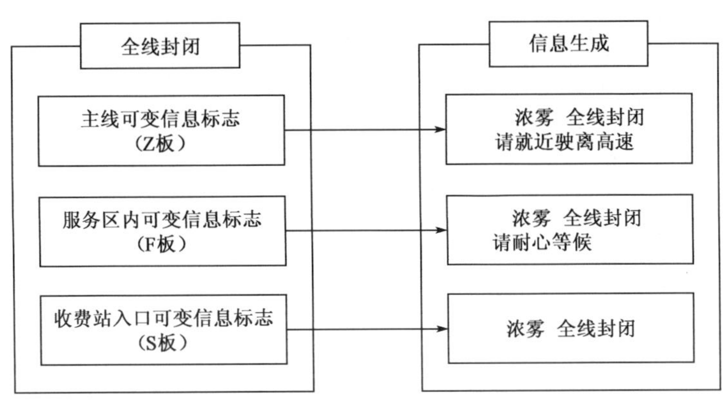

图 8-5　全线封闭联动发布策略信息生成规则

标志(Z 板)、服务区内的可变信息标志(F 板)、收费站入口可变信息标志(S 板)三类板的基础上，再根据针对封闭路段制定的搜索原则确定需要联动的可变信息标志，并根据相对封闭路段的位置(位于封闭路段内、外及上下游)对搜索到的可变信息标志的类别作进一步细分。其中搜索规则为封闭路段内主线板(ZA′板)、服务区板(FA′板)和封闭路段上游逆交通流方向的第一、二块主线板(ZS1 板、ZS2 板)、封闭路段上游其余与雾区(有雾但没有封闭的路段)相关的主线板(ZSX)、封闭路段上游其余与雾区无关的主线板(ZSW)、封闭路段下游主线板(ZX)，封闭路段上游与雾区相关的服务区板(FSX)、封闭路段上游与雾区无关的服务区板(FSW)、封闭路段下游所有服务区板(FX)。各板的位置关系如图 8-6 所示。然后按图 8-7 所示的规则自动生成信息联动发布方案。

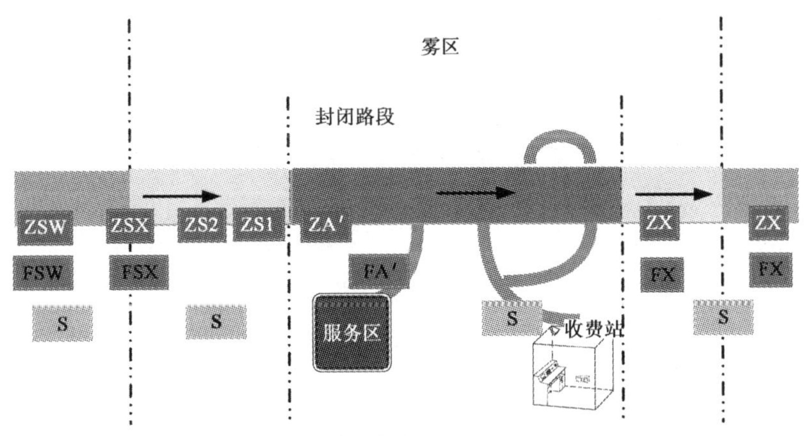

图 8-6　局部路段封闭联动发布策略下可变信息标志分类示意图

二、信息联动发布策略应用验证

信息联动发布策略在沪宁高速公路得到初步应用(图 8-8)。在原有监控系统人工信息发布子系统增加联动发布功能模块，根据雾情自动确定预联动可变信息情报板并辅助生成信息联动发布预案，只需人工确认即可实现联动发布，具有能见度低于 100m 情况下的三级报警功能。

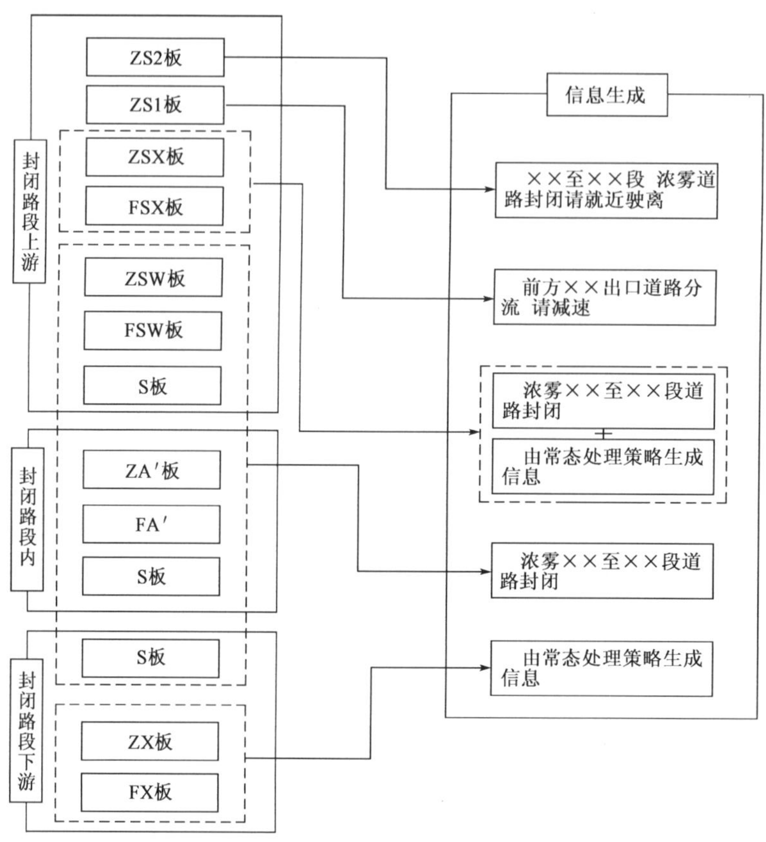

图 8-7　局部路段封闭联动发布策略下信息生成规则

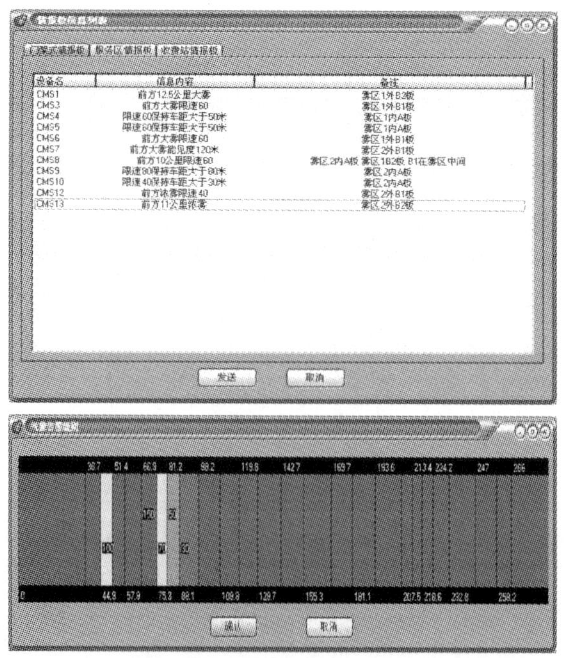

图 8-8　信息联动发布策略在沪宁高速公路的应用

第五节　交通事件下的区域路网信息联动发布策略

我国道路路网的不断完善促进了智能运输系统的快速发展，交通管理者可以通过 ATIS (Advanced Traffic Information System)获得路网上发生交通事件的及时信息。当路网中某一路段发生交通事件后，事件路段的通行能力减小，如果此时交通流量大于事件点通行能力，那么信息标志上原有的诱导信息将不再适用。若驾驶员不能及时获得实时的交通信息，则不能知道交通事故的发生地点、时间及所引起的拥挤状况，事件路段上游的车辆仍会沿原路行驶，将会加剧事件路段的拥挤状况，甚至影响附近路段乃至整个交通网络的交通状况。

当路网内发生事件后，交通管理者将对路网事件作出及时反应，根据事件的严重程度估计事件路段的剩余通行能力、车辆通过事件路段的行程时间，以此确定相应的分流策略，并及时通过多种途径发布诱导信息，诱导驾驶员分流到最短绕行路径上，使驾驶员的交通延误达到最小。因此，实时的交通信息可以分流事故路段上游的交通流量，可以有效地缓解事件路段的交通拥挤，从而提高整个路网的运行效率。

诱导信息发布根据信息接收者的不同，分为面向个体和面向群体两种。

(1)面向个体的诱导信息发布方式一般通过驾驶员的车载设备进行接收，车载设备应包括 GPS 定位装置、车载广播等。信息发布系统根据车辆的位置、行驶方向和目的地等信息，结合动态的交通信息，为驾驶员提供必需的、与行车路线有关的诱导信息。

(2)面向群体的诱导信息发布方式较多，可以通过可变情报板、无线广播、因特网、短信、电话查询等发布诱导信息。目前常用的是安装在高速公路上的可变情报板，根据情报板下游的交通状况来生成诱导信息，利用可变情报板向外发布，诱导驾驶员改变行车路线，从而达到均衡交通流分布、改善交通状况的目的。图 8-9 显示路网内某路段突发事件时的信息发布流程。

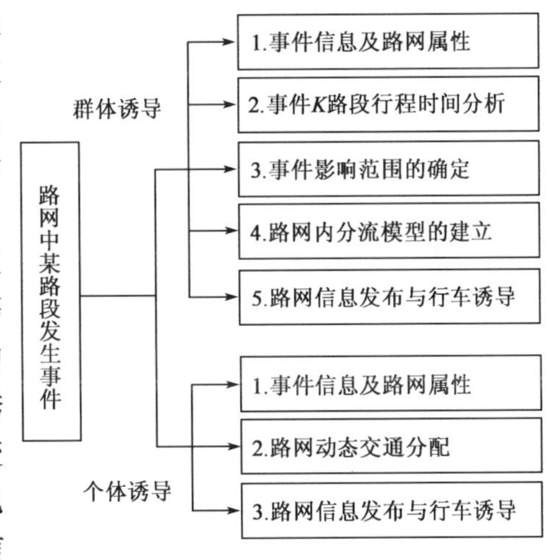

图 8-9　突发事件下的信息发布流程

目前，区域路网信息联动发布多采用面向群体的信息发布方式，但交通诱导与信息发布系统的发展趋势是面向个体的信息发布方式。

一、突发事件下的群体诱导流程

突发事件下的群体诱导流程涉及群体诱导流程、路网事件简化模型、事件路段行程时间分析、分流路径模型建立等几方面的关键内容。

1)群体诱导流程

在突发事件下，省域路网信息发布系统通过图 8-10 的运行机制来影响车辆驾驶员的行为。

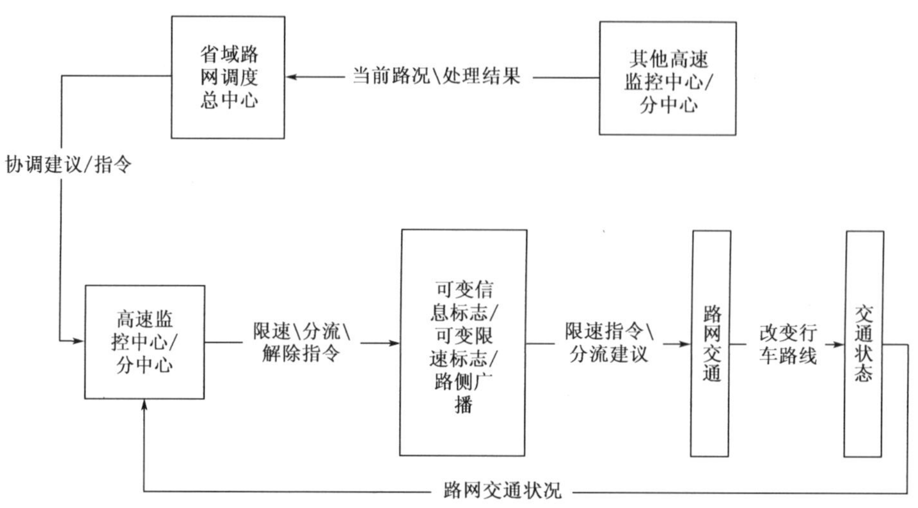

图 8-10 突发事件下群体交通诱导流程

2)路网事件简化模型

为了方便分析路网事件对路网交通运行造成的影响,将路网事件以图 8-11 所示的简化模型来表征。假设在 t_0 时刻,路段 AB 上发生交通事件,造成事件点附近通行能力下降,形成瓶颈,此时通行能力下降为 C_d;设瓶颈起点 F 距离路段起点 A 的距离为 L_1,瓶颈路段长为 L_d,瓶颈路段终点 G 距离路段终点 B 的距离为 L_2。

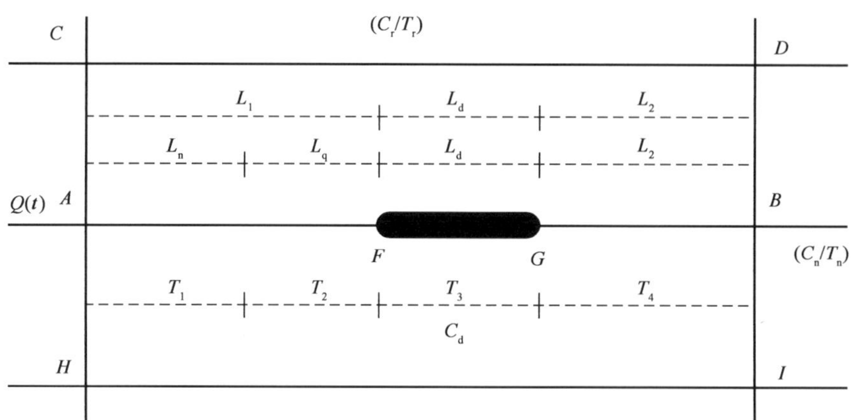

图 8-11 路网事件的简化模型

根据上述路网事件简化模型设计路网事件的流程图,见图 8-12。

3)事件路段行程时间分析

根据事件路段剩余通行能力 C_d 与 t 时刻上游交通需求之间的关系来计算事件路段的行程时间。

(1)若事件路段完全堵塞,即 $C_d=0$,则车辆在事件路段上的行程时间为:

$$T=T'+\frac{L}{v_t} \tag{8-1}$$

式中：v_t——t 时刻路段恢复正常时的行车速度；

T'——事件清除所用的时间；

$L=L_1+L_d+L_2$。

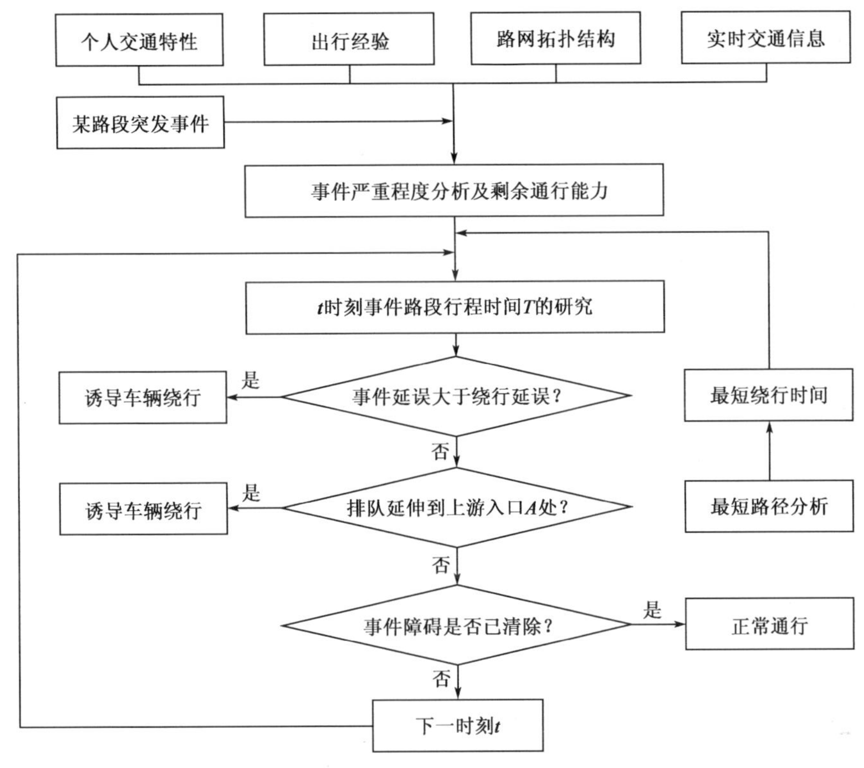

图 8-12　路网事件流程图

(2)若交通事件没有占用整个路宽，即 $C_d>0$，交通管理者应根据事件占用道路的情况，及时估计事件地点的剩余通行能力 C_d，交通事件越严重，C_d 越小。此时行程时间与事件点上游交通需求 $Q(t)$ 有关。

①$Q(t)<C_d$。

如图 8-13 所示，由于瓶颈点的通行能力降低，当上游的流量达到瓶颈处时，密度增大，车速降低，行程时间相应增加，驾驶事件引起的瓶颈路段长度为 L_d，则通过事件路段的行程时间为：

$$T=\frac{L_1+L_2}{v_t}+\frac{L_d}{v_d} \tag{8-2}$$

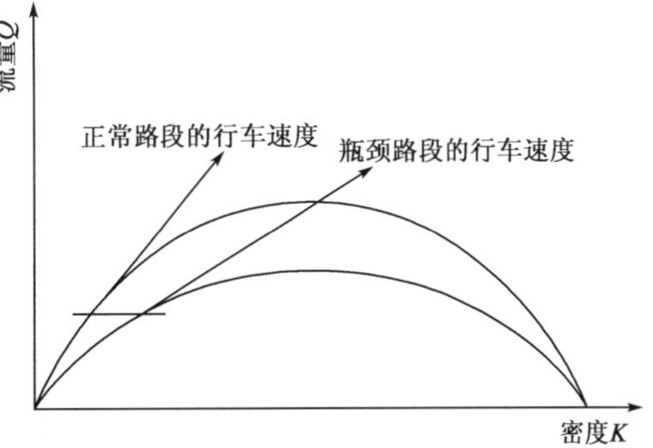

图 8-13　瓶颈路段的流量—密度曲线变化图

式中：T——t 时刻车辆通过事件路段的行程时间；

v_t——t 时刻正常路段的行车速度；

v_d——t 时刻瓶颈路段的行车速度。

②$Q(t)>C_d$。

上游交通需求大于事件路段剩余通行能力，在事件点处就会产生排队并向上游延伸，路段长度 L_1 将分为 AE 和 EF，即拥挤排队长队 $L_q(t)$ 和正常交通长度 $L_n(t)$，随着时刻 t 的延长，排队长度 $L_q(t)$ 将不断延长，而正常交通长度 $L_n(t)$ 逐渐变短。

假设在 t 时刻，A 点处的某一车辆 K 通过整个事件路段 L 的行程时间 T 由 T_1、T_2、T_3、T_4 四部分构成，分别计算如下：

a)车辆在排队长度上游的长度为 $L_n(t)$，行驶时间为 T_1。

在 t 时刻，车辆到达 A 点，在排队路段上游正常行驶，行程时间 T_1 可用排队路段上游的正常行驶长度 $L_n(t+T_1)$ 与实测的路段正常行驶车速 v_t 的比值来计算。

$$T_1=\frac{L_n(t+T_1)}{v_t}=\frac{L_1-L_q(t+T_1)}{v_t} \tag{8-3}$$

在 $t+T_1$ 时刻，车辆 K 行驶到 E 点，此时车辆 K 下游的排队长度 $L_q(t+T_1)$ 为：

$$L_q(t+T_1)=L_e(t+T_1-t_0)\cdot(\overline{Q}-C_d) \tag{8-4}$$

代入到式(8-3)计算得 T_1：

$$T_1=\frac{L_1-L_e(t-t_0)\cdot(\overline{Q}-C_d)}{v_t+L_e\cdot(\overline{Q}-C_d)} \tag{8-5}$$

式中：$L_n(t+T_1)$、$L_q(t+T_1)$——分别为 $t+T_1$ 时刻车辆 K 的上游正常路段长度和下游排队路段长度；

$\overline{Q}$——$t_0\sim(t+T_1)$时段内瓶颈路段上游平均交通需求，为在该时段内上游车辆检测器实测到的车辆数与时间$(t+T_1-t_0)$的比值；

L_e——排队路段的车辆有效车头间距，一般取 5m。

b)在瓶颈路段前的排队长队为 $L_q(t)$，排队等待时间为 T_2。

在 $t+T_1$ 时刻，车辆 K 已经行驶到 E 点。此时车辆 K 前面的排队车辆数为$(t+T_1-t_0)\cdot(\overline{Q}-C_d)$，且以瓶颈路段的通行能力 C_d 的速度疏散，车辆 K 通过排队路段的时间 T_2 为：

$$T_2=\frac{(t+T_1-t_0)\cdot(\overline{Q}-C_d)}{C_d}=\frac{[L_1+v_t\cdot(t-t_0)]\cdot(\overline{Q}-C_d)}{[v_t+L_e\cdot(\overline{Q}-C_d)]\cdot C_d} \tag{8-6}$$

c)瓶颈路段的长度为 L_d，通过瓶颈路段的时间为 T_3。

在 $t+T_1+T_2$ 时刻，车辆 K 到达瓶颈路段 F 点，瓶颈路段的通行能力 C_d，车道占用率达到饱和，车辆 K 通过瓶颈路段的时间 T_3 为：

$$T_3=\frac{L_d/L_e'}{C_d}=\frac{L_d}{L_e'\cdot C_d} \tag{8-7}$$

式中：L_e'——车辆 K 慢速通过瓶颈路段时的有效车头间距，可取 8～10m。

d)瓶颈路段下游的长度为 L_2，行驶时间为 T_4。

在 $t+T_1+T_2+T_3$ 时刻，车辆 K 到达瓶颈路段 G 点，车辆在瓶颈路段下游将以自由流速度 v_f 流出，则行程时间为：

$$T_4=\frac{L_2}{v_f} \tag{8-8}$$

式中：v_f——自由流速度，可取设计车速 v_s。

e)通过整个事件路段的时间 T。

最后，在 $t+T_1+T_2+T_3+T_4$ 时刻，车辆 K 到达事件路段的终点 B 点，车辆 K 在整个事件路段 AB 的全程时间为：

$$T=T_1+T_2+T_3+T_4 \tag{8-9}$$

4)分流路径模型的建立

当路网中某路段发生交通事件后，必然会在该路段产生交通延误，如果产生的延误大于改变路径所增加的延误 $T'(T'=T_r-T_n)$，监控部门就会发布诱导信息，诱导影响范围内的车辆均使用最短路径，并且分流到最短路径上的车辆不会增加该路径的交通延误，即 $Q(t)-C_d\leqslant C_r$（最短分流路径的通行能力）。

现针对事件路段的剩余通行能力 C_d 与上游交通需求 $Q(t)$的关系，讨论如下：

(1)$C_d=0$。

此时事件路段完全堵塞，应该在事件路段上游发布诱导信息，诱导分流的交通量为：$Q_r(t)=Q(t)$，$Q(t)$为正常状态下 t 时刻的交通需求。

(2)$Q(t)<C_d$。

若事件点上游的交通需求 $Q(t)<C_d$，车辆将以较低的速度通过瓶颈路段，不会形成排队，此时无须诱导车辆分流，分流交通量为：$Q_r(t)=0$。

(3)$Q(t)>C_d$。

如上游的交通需求 $Q(t)$大于 C_d，就会在事件点处产生排队并向上游延伸，发生交通拥挤，实时计算事件路段的行程时间 T 值。当由事件引起的交通延误($T-T_n$)超过绕行路径所增加的延误 $T'(T'=T_r-T_n)$时，就应将 AB 路径上的流入量减少到瓶颈路段的通行能力 C_d，这样可以保证 AB 路径上的延误不会超过 T'，说明只要经过 AB 上的车辆延误超过 T'，就会诱导上游车辆分流，持续一段时间 T'后，当交通事件被排除时，AB 路径上的流入量再恢复到 $Q(t)$。此时，事件地点上游车辆累积数变化如图 8-14 所示。

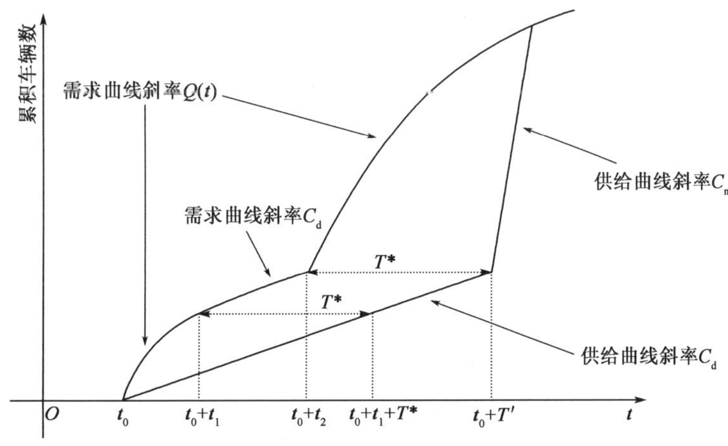

图 8-14　事件路段上游车辆累积变化图

图 8-14 中，t_1 表示当由事件引起的交通延误（$T-T_n$）达到绕行路径所增加的延误（T_r-T_n）的时刻，即事件路段上游开始分流的时刻，当 t 时刻计算所得的事件路段行程时间 T 与分流路径的行程时间 T_r 相等的时刻即为 t_1。

t_2 表示当清除事件障碍的时间与绕行路径所增加的延误（T_r-T_n）相等的时刻，即事件路段结束分流的时刻，由上图可知 $t_2=T'-T^*$，其中 $T^*=T_r-T_n$ 为分流到最短绕行路径所增加的交通延误，T' 为交通事故的持续时间，有 $T'>T^*$，否则，不存在分流现象。

故当 $Q(t)>C_d$ 时，从 t_1 时刻开始，对事件路段上游的交通流进行分流，允许以 C_d 的流量进入事件路段，其余流量在事件路段上游诱导分流，分流交通量为：$Q_r(t)=Q(t)-C_d$，一直到 t_2 时刻，分流结束，停止发布分流信息。

前面假设分流交通量 $Q(t)-C_d$ 小于最短分流路径 $ACDB$ 上的剩余通行能力 C_r，如果该假设不能满足，就会在最短分流路径 $ACDB$ 上引发新的交通拥挤，此时就要考虑次最短分流路径，如果还不行，就分流到第三最短分流路径，直到分流交通量 $Q(t)-C_d$ 能够被全部分流。

二、突发事件下的个体诱导流程

省域路网中某路段突发事件时，通过该路段的车辆检测器检测的异常数据判断发生交通事件，这时监控中心会根据最新的交通需求和路网事件的严重程度实时地计算所有路径的拥堵度，根据实时动态的交通需求和拥堵度动态地进行交通分配，监控中心将处理分配结果，得出控制或诱导指令，通过 GPS 设备发送到车载诱导屏上，诱导路网内的车辆避开拥挤，快速地到达目的地。个体动态交通诱导流程如图 8-15 所示。

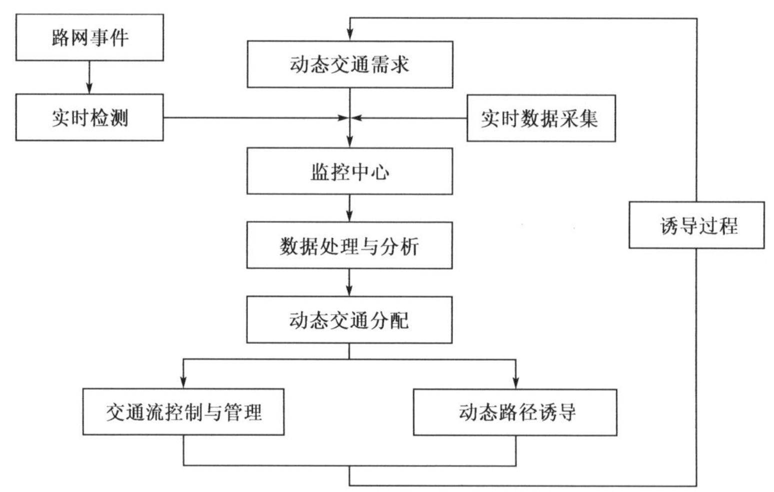

图 8-15　突发事件下个体交通诱导流程

（1）路网内出现突发事件后，事件路段的通行能力下降，拥挤将从该事件点向路段上游扩散，从而破坏整个路网的交通平衡状况。

（2）通过路网内检测系统实时检测到的数据信息实时地计算路网内各条路段的拥堵度。

（3）监控中心实时地接收到所有个体车辆发来的导行咨询请求，计算出实时的路网交通需求。

（4）根据路网交通需求及拥堵度进行动态交通分配。

（5）将分配得到的结果处理后发布到车辆内设置的车载设备上，驾驶员根据车载设备上显示的导行信息驶出拥挤路网。

第九章　雾天智能引导系统

根据气象部门的统计，大雾是恶劣气象条件的主要组成部分(图 9-1)。相关研究及许多实际案例表明，大雾已成为导致高速公路连环相撞恶性交通事故的第一杀手。例如 2009 年 5 月 24 日，安徽省京台高速和芜宣高速同时因大雾引发连环追尾事故，造成 18 人死亡；2010 年 10 月 9 日，大雾引发沪渝高速芜湖段 6 起交通事故，致 7 人死亡；2010 年 11 月 5 日，沪昆高速江西樟树路段因大雾导致同一时间发生 7 起汽车追尾事故，造成 19 辆汽车严重损毁，19 人死亡，16 人受伤；2011 年 1 月 23 日，湖北省沪渝高速八岭段和古城出口附近发生 7 起交通事故，涉及车辆 16 台，造成 9 人受伤。随着高速公路里程数的增加，大雾天气对交通运行安全的威胁日益显现，给人民生命财产造成了重大的损失，引起了高速公路建设管理部门和社会的普遍关注。

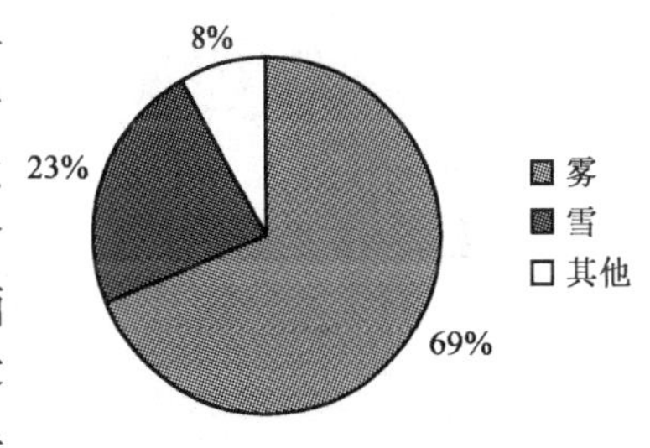

图 9-1　恶劣气象条件比较

随着全球环境污染的加重，恶劣极端天气出现越来越频繁，其中大雾天气对交通运行安全的影响也日益严重，雾区安全保障已成为交通运行安全保障的重要组成部分，引起交通运营管理部门的极大关注。本章针对雾天易发的车辆追尾事故问题，提出了一种新型的带有速度调节功能和最小车头间距警示功能的雾天智能引导系统，实现雾区在途车辆以安全车速和安全行车间距驶出雾区，有效避免车辆初次追尾事故的发生，进而降低大雾天气下恶性连环相撞事故的发生率，为雾天交通安全运行管理提供了新的手段。

雾天智能引导系统是一种集电子技术、计算机技术、自动控制技术、通信技术及主动发光诱导设施技术等多种现代应用技术于一体的集成系统，旨在为高速公路雾天行车提供一种利于安全通行的方案或辅助管理系统。本章在分析雾天引导系统国内外发展现状的基础上，提出了一种基于主动发光诱导设施的雾天新型智能行车引导系统。该系统以大雾天气对交通运行安全的影响和雾区车辆追尾事故特征及致因分析为基础，实现雾天行车安全速度控制和安全行车间距控制双重管理目标的辅助管理功能，为道路运营管理部门提升雾天交通安全运行保障能力提供了一种全新而高效的管理手段，以实现减少雾天道路封闭时间、提高运营效率的目标，使公路交通受大雾天气影响的程度降到最低。

第一节　智能引导系统国内外发展现状

据调查，国内已有一些单位进行了高速公路雾区监测预警、诱导、交通监控的研究与应用。有单位专门研制雾区警示系统，在高速公路雾区路段设置黄色雾灯或其他警示设备，引导车辆通过危险雾区路段，例如云南思小高速公路和福建龙岩高速公路基于雾灯的引导控制系统(图

9-2、图 9-3)等。此类系统目前大多采用被动式引导方式,在车辆驶入雾区以后,公路每隔一定距离设置黄色闪烁 LED 诱导灯,虽然能有效地提示驾驶员进入雾区注意安全行驶,增强了道路轮廓的显示,防止车辆撞上路边护栏,但是不能引导车辆以与能见度匹配的安全速度行驶,不能帮助驾驶员了解前方车辆的距离等信息,极易造成车辆追尾事故的发生。

图 9-2 云南思小高速公路雾灯引导系统

图 9-3 福建龙岩高速公路雾灯引导系统

对于主动式雾天智能诱导系统,国内近几年也有一些研究和试验应用。例如,南京辰顺交通科技有限责任公司的陈光和提出了一种具有限速警告功能、动态行车警示功能以及导向标识功能的雾天智能行车诱导系统,并在沪宁高速公路镇宁直线 4K～10K 路段进行了试验性研究。浙江省交通集团有限公司自主研发了基于双色灯具有安全距离警示功能的雾天智能引导系统,并在浙江甬台温高速公路进行了试验应用。

国外对于主动发光诱导设施的研究和应用起步较早,应用范围也比较广泛,涉及高速公路路段、桥梁、隧道、城市道路路段、交叉口等的警示与诱导等(图 9-4)。

图 9-4 主动发光诱导设施应用

第二节 雾天车辆追尾事故特征及致因分析

根据对高速公路雾区交通事故的研究(图 9-5),追尾事故占样本总数的 60.42%,相撞事故占 22.92%(撞击高速公路上停止的车辆也被定义为相撞事故)。因此,在高速公路雾区,后面的车辆撞击前方车辆是交通事故的主要类型。

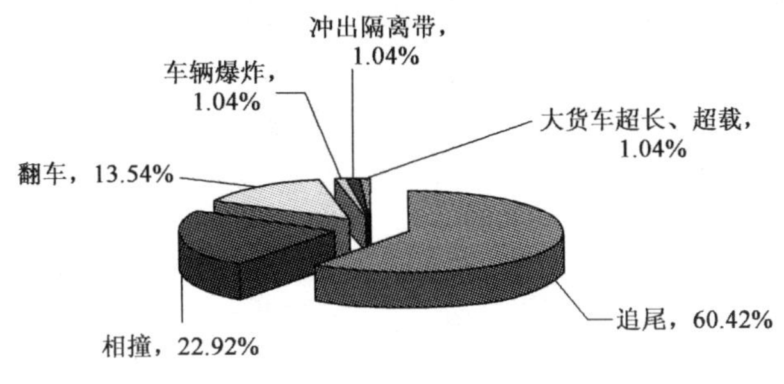

图 9-5　雾区交通事故类型分布

一、事故特征

研究机构通过对国内外雾天追尾事故典型案例的成因分析，得出下列结论：

(1)雾天交通追尾事故一般发生在秋冬季节的凌晨时段，驾驶员注意力下降，且交通管理部门未能及时采取有效的交通管制措施。

(2)驾驶员缺乏高速行车经验，在能见度低于 50m 时超速行车，一些驾驶员不从左侧车道超车，在不具备超车条件下不愿意减速等待时机，而是从右侧的路肩超车。

(3)雾天能见度低，车辆高速行驶时经常发生前面车辆减速不当或抛锚，后面车辆跟车过紧观察不到前面车辆而发生尾撞事故。

(4)多数车辆在大雾中未采取临时紧急停车措施，在能见度极差的条件下勉强行驶，从而发生连续追尾。

(5)雾天有时伴随着雨、雪，路面摩擦系数下降，从而导致制动距离延长、行驶打滑、制动侧偏等现象发生，使雾天发生车辆追尾事故的可能性和事故严重度增加。

(6)初次事故发生后，事故车辆与未发生事故的停驶车辆混杂排队于同一行车道上，当再次发生尾撞时，许多车辆遭受二次事故的伤害。不少驾驶员停留在驾驶室内，有的走到车外，甚至个别驾驶员到停驶的两车车头车尾中间观察情况，因此被撞、被挤、被砸，伤亡惨重。

(7)雾天追尾事故一般是重大交通事故，涉及的追尾车辆多，造成的损失大。

二、成因分析

1. 定性分析

由于雾天能见度降低，驾驶员对距离和车速的判断都与晴天情况相差较大，视距变短，因此容易与前车发生相撞事故。高速公路上的车速较高，一旦雾天发生交通事故，经常会引起连锁反应，最终形成多车连续追碰的严重事故。

2. 定量分析

有研究机构运用安全允许速度差的理论，结合雾对交通影响规律的研究，分析了高速公路雾区连续追尾事故发生的原因。

式(9-1)的计算值为雾天安全行驶时前导车与后随车的速度差，即安全允许速度差。如图 9-6所示，雾区中的后随车以速度 v_2 行驶，在可视距离 S(认为可视距离与能见度相同)内发现前导车，前导车以速度 v_1 向前行驶，当车辆间的实际速度差大于式(9-1)的计算值时，将导致追尾交通事故的发生，因此式(9-1)的计算值可视作安全允许的极限值。

$$\Delta v = v_2 - v_1 \leqslant Ca + \sqrt{a^2C^2 - 2a(S-M)} \tag{9-1}$$

式中：Δv——安全允许速度差(m/s)；

v_2——后随车的速度(m/s)；

v_1——前导车的速度(m/s)；

C——驾驶员反应时间与车辆制动生效时间之和(s)；

a——后随车的减加速度(m/s^2)；

S——大气能见度(m)；

M——前后车速度一致时车辆间的安全距离(m)。

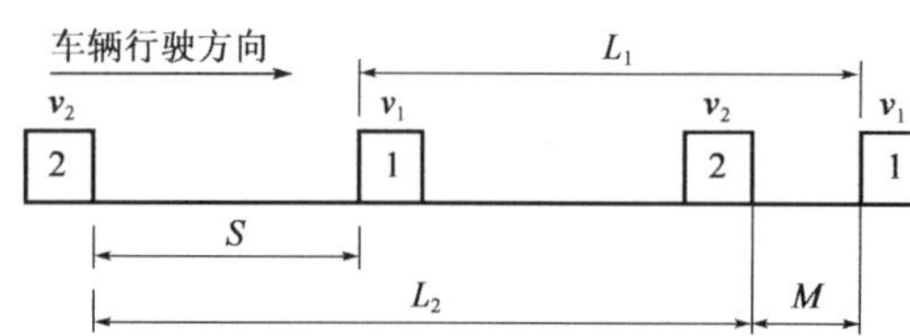

图 9-6　前后车辆保持安全行驶间距的示意图

根据式(9-1)，当前车发生交通事故时速度为零，即 $v_1=0$，此时后随车的速度即为后随车与前导车的速度差，即：

$$v_2 = Ca + \sqrt{a^2C^2 - 2a(S-M)} \tag{9-2}$$

分两种常见情况对连续追尾事故进行分析，第一种情况：$a=-3\text{m/s}^2$，$C=3\text{s}$，$M=1\text{m}$；第二种情况：$a=-4\text{m/s}^2$，$C=3\text{s}$，$M=0\text{m}$。第一种情况考虑了更多的安全余量，而第二种情况则属于能够达到的极限安全状态。以能见度为横坐标，安全允许速度差为纵坐标，分别绘制安全允许速度差曲线。此时 $v_1=0$，安全允许速度差曲线即为后随车车辆行驶速度曲线。

将车辆速度与能见度关系的曲线同时绘制于同一坐标系中，如图 9-7 所示。

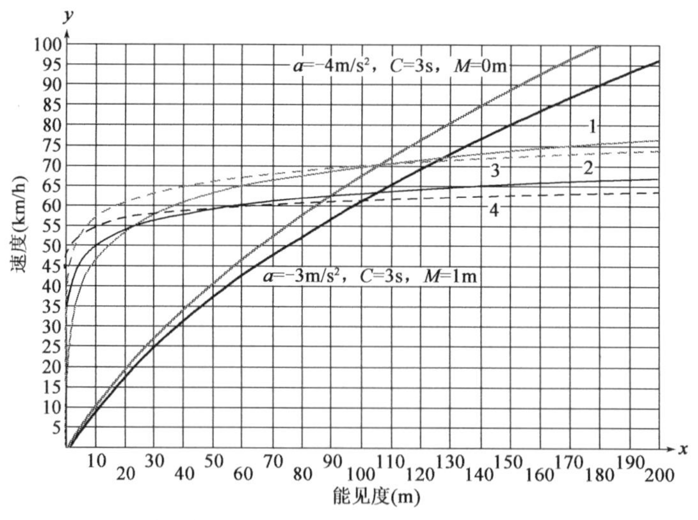

图 9-7　前方事故时后随车辆的安全允许速度与实际速度关系

从图 9-7 可以看出：当能见度在 0～90m 时，车辆实际的行驶速度均在相应的第二种情况安全允许速度曲线上方(此时 $a=-4\text{m/s}^2$，$C=3\text{s}$，$M=0\text{m}$)，即大于相应能见度下的极限安全允许速度，一旦前方发生事故，后随车均会发生连环追尾事故；当能见度在 90～130m 时，车辆实际行驶速度位于第一种情况安全允许速度之上，一旦前方出现紧急情况或事故，则后随车发生连环追尾事故的可能性很大，主要取决于驾驶员实际驾驶时的操作情况；能见度 130～200m 内车速均小于一般安全允许速度，说明小型车在此能见度范围下行驶是安全的，只要驾驶员操作得当，不会发生追尾事故。

因此在高速公路雾区一旦出现交通事故，并且能见度在 130m 以下时，应该采取速度控制措施，将车辆的速度限制在安全允许速度之下。考虑图 9-7 为理论分析获得的结果，与实际状况存在一定的偏差，实际应用时，采取速度控制措施的能见度阈值以及不同能见度条件下的限速值可根据实际情况进行适当调整。

第三节　雾天交通诱导需求分析

通过上述对雾区车辆追尾事故特征及成因的分析可知，雾天条件下汽车在公路上行驶，前后车之间必须保持一定的距离(在不具备超车条件或不准备超越前车的情况下)，一旦前车采取紧急制动，或者前车出现意料之外的交通事故，后车在可视范围内能及早发现前导车及其制动信号而有充裕的时间实施制动，不致发生前后车相撞的事故。保持一定的行驶间距，实际上就是为后车留有一定的制动距离，并且前后间距必须大于后车的制动距离。前后车辆须保持合适的速度差和间距是避免高速公路雾区追尾事故发生的充分和必要条件，即大雾条件下交通诱导的重点应该放在车辆行驶的速度限制和安全间距限制两个方面，且安全速度与安全间距的限定值应与能见度大小相关。

第四节　雾天智能引导系统

针对大雾条件下交通诱导对于车辆行驶速度限制和安全间距限制两个方面的需求，结合目前普遍应用的反光型突起路标、轮廓标、线形诱导标等静态交通诱导设施在雾天低能见度条件下视认性较差且不能根据能见度大小调节发光强度的应用局限性的现状，在已有研究的基础上，本节提出一种以道路轮廓强化、行车速度调节、安全间距警示为功能目标的雾区主动智能行车诱导系统，以有效减少车辆追尾事故的发生。

一、系统概述

本雾天智能引导系统是一种能够根据不同能见度道路环境有针对性地实施主动智能行车引导的设施系统，可在能见度平缓变化的环境下向在途车辆提供道路线形显示、主动引导功能，使在途车辆的安全预视距离大幅提高，满足行车安全要求。当遇到团雾等能见度突变情况且产生视线断层时，智能决策为在途车辆动态实时提供本车与前方车辆之间的车距提示及防撞提示等预警信息，以防范可能发生的一次及二次事故。图 9-8 为本系统的应用效果示意图。

二、系统构成

本雾天智能引导系统主要由能见度探测器、动态车辆位置检测器及主动发光诱导设施(双色诱导设施)等外场设施、供电、通信、引导策略管理、应用权限管理、分布数据处理、全系统时钟同步(基于卫星授时的高精度同步源)、应用环境自动识别等控制功能模块构成。整个系统采用集散式架构，具有集中控制系统的全部特征，同时还具有分布式控制系统的全部特征。在

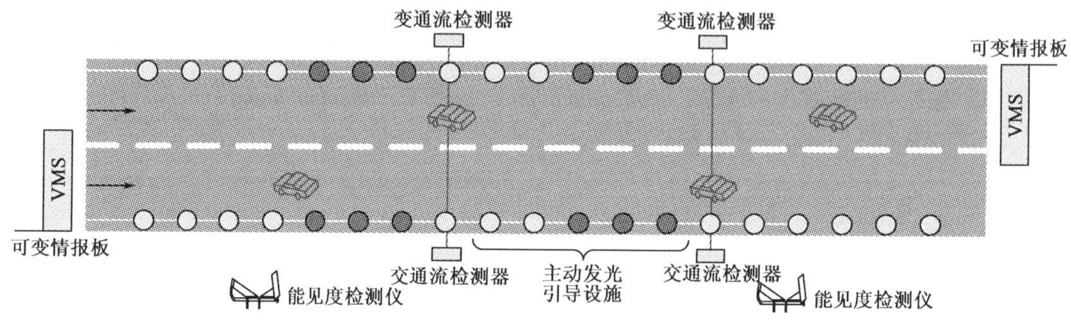

图 9-8 系统应用效果示意图

集中控制模式下，主动智能引导系统的末端设备全部通过无线网络组网后，经数据预处理器统一实现与上位控制系统的数据对接，上位控制设备只需要通过数据预处理器或系统链路中任意端点即可调用全系统已经开放的资源。在分布式控制模式下，全系统的所有装置均基于独立工作模式设计，不需要依赖系统即可完成智能引导的主要功能，主要设备诱导设施内置了供电、通信、主动引导、防撞提示、车辆检测等多项功能，诱导设施与系统之间的连接基于逻辑上的通信链路来实现，在物理上是分布式系统。在诱导设施设计中还融入了基于“鼠笼”效应的防雷技术设计，每个诱导设施均可防范感应雷。

三、系统功能

本系统利用能见度探测器实时采集雾区能见度值，一旦监测到能见度低于阈值，系统会发出低能见度报警，同时由上位控制系统发布控制指令给本地控制器，由本地控制器依据控制指令携带的控制策略启动设置于道路两侧的主动发光双色诱导设施(集中式工作模式)，或者由低能见度报警自动触发每个集成控制策略、供电及通信等功能的主动发光双色诱导设施(分布式工作模式)，使之形成动态闪烁的红色警示光带和黄色诱导光带。其中，黄色光带用来提醒驾驶员调节车辆使之保持在黄色灯引导区域内安全行驶，红色警示光带的长度为当时能见度条件下的安全行车间距，从而实现对雾区车辆行驶速度和行车间距的控制，避免发生追尾事故。

本系统的核心功能可以概括为以下三方面：夜晚和雾天低能见度条件下的道路轮廓强化显示功能、低能见度条件下的行车引导功能和防撞提示功能。

1. 道路轮廓显示功能

通过主动发光双色诱导设施的黄色灯常亮实现夜晚或雾天低能见度条件下的道路轮廓强化显示功能，黄色灯的亮度可根据环境光和能见度值自动调节。无雾天气时，常亮功能的实现由诱导设施自主产生，且点亮与关闭遵循天文时间，即白天(星历日出后日落前)关闭，晚上(星历日出前日落后)点亮。大雾天气条件下，诱导设施的点亮受上位软件控制。

2. 主动引导功能

利用主动发光双色诱导设施的同步闪烁功能(每分钟 30 次同步闪烁的定义是：奇数秒灭，偶数秒亮)、驾驶员的心理特性及可变信息标志的信息提示，使驾驶员在大雾低能见度条件下能够按照系统设计者的意图始终行驶在比较安全的黄色灯闪烁区域，从而实现主动引导功能。此功能受控于上位控制模块，具体运行依据事先编制好的策略进行。

3. 防撞提示功能

通过每分钟 60 次同步闪烁的诱导设施红灯构成的动态警示光带(光带的长度为当前能见度条件下的安全车辆间距)实现。即诱导设施在车辆通过时点亮后向 n(n 的数值取决于当前能见度条件下的安全距离)个断面上诱导设施的红色指示灯(即前车尾迹警示,此时指示灯常亮),红色指示灯点亮期间同位黄色指示灯关闭。图 9-9 为尾迹警示防撞功能示意图。图中“D”代表前车,在前车通过检测区时会触发车后红色防撞警示灯,红色警示灯表达了后车应与前车保持距离,该提示灯会随前车同步前行,整个动态的尾迹区警示了浓雾下后车应距离前车的安全距离。其中车辆检测功能如图 9-10 所示,图中箭头代表车辆,虚线代表诱导设施检测线,圆圈代表诱导设施,当车辆经过红外对射检测器断面时会遮挡检测线,从而检测到有车通过,并把此信息发送给控制单元。

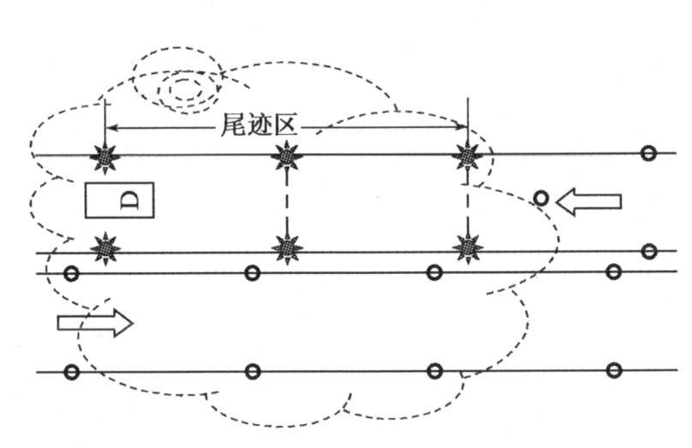

图 9-9　动态尾迹警示防撞功能示意图

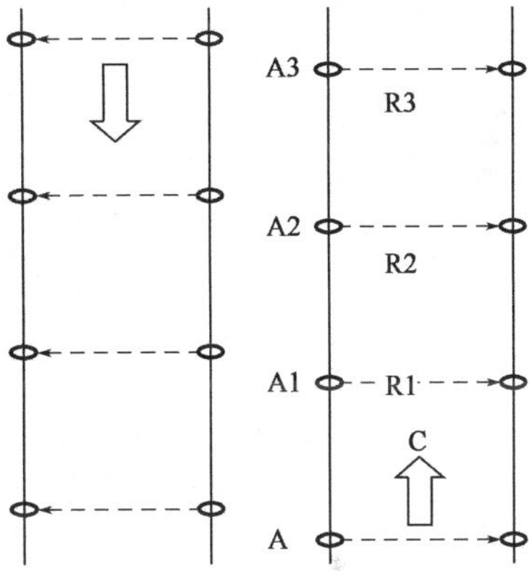

图 9-10　动态尾迹警示防撞车辆检测功能示意图

具体控制功能由上位控制指令驱动进行,且开启无延时。启动防撞提示功能不分白天晚上,以能见度数值为唯一启动依据。

四、系统工作原理

本系统以观测到的能见度值作为工作的触发条件,通过控制模块对主动发光双色诱导设施工作状态进行控制和转换,以实现道路轮廓强化、行车主动诱导、防止追尾警示等系统功能。不同能见度条件下,系统启用不同功能,每种功能下主动发光诱导设施的颜色、点亮时间、闪烁频率、占空比等均有所差别。

1. 在能见度大于 500m 情况下,但环境照度低于 500lx 时

系统启动道路轮廓强化功能,主动发光诱导设施黄色常亮显示,提示道路的线形和轮廓,防止车辆驶出道路事故的发生。系统工作原理见图 9-11。

2. 当能见度低于 500m,但大于 300m 时

系统启动行车主动诱导功能,主动发光诱导设施黄色同步闪烁(频率 30 次/min,占空比 1∶1)。同步闪烁的黄灯在给驾驶员提示道路线形和轮廓的同时,也警示驾驶员注意低能见度和复杂交通环境等状况。可变情报板发布“前方能见度低于 500m,请谨慎驾驶”等信息。系统工作原理见图 9-12。

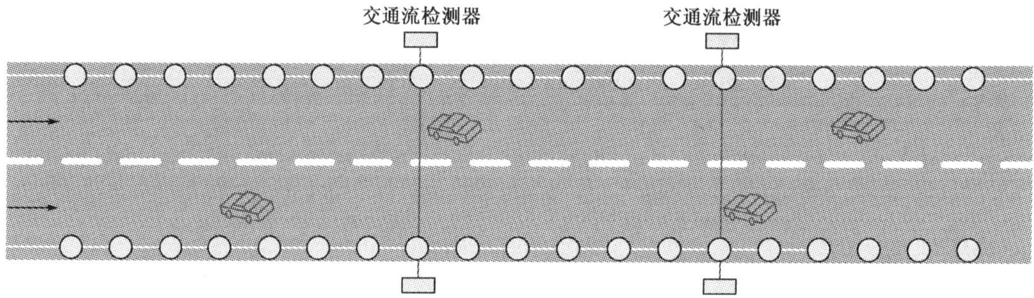

图 9-11　能见度大于 500m，环境照度低于 500lx 时系统工作原理

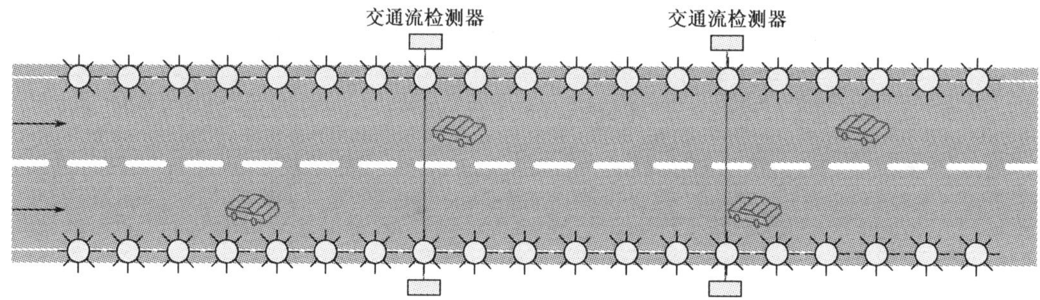

图 9-12　能见度低于 500m，但大于 300m 时系统工作原理

3. 当能见度低于 300m，但大于 100m 时

系统启动防止追尾警示功能，此时，系统仍具有行车主动诱导功能，主动发光诱导设施黄色同步闪烁（频率 30 次/min，占空比 1∶1）。可变情报板发布"前方大雾，请跟随黄色诱导灯行驶"、"前方大雾，限速 80，逐一保持车距"等信息。

当有车辆通过交通流检测器（车辆通过检测断面）时，车辆后方特定数量的主动发光诱导设施将红色同步闪烁（频率 60 次/min，占空比 1∶1），形成红色警示带，如图 9-13 所示。正常情况下，后面跟随车辆应在路侧黄色同步闪烁设施的引导下行驶，而不应进入红色警示带，以防止前后车辆跟驰距离太近，在小于安全行驶车距时，可能引发追尾事故，红色警示带的存在起到控制前后车辆跟驰距离的作用。警示带的长度（即车辆通过检测断面时所触发的后方发光设施数量）与能见度和安全行驶车距有关。红色同步闪烁结束后，设施将恢复黄色同步闪烁状态。

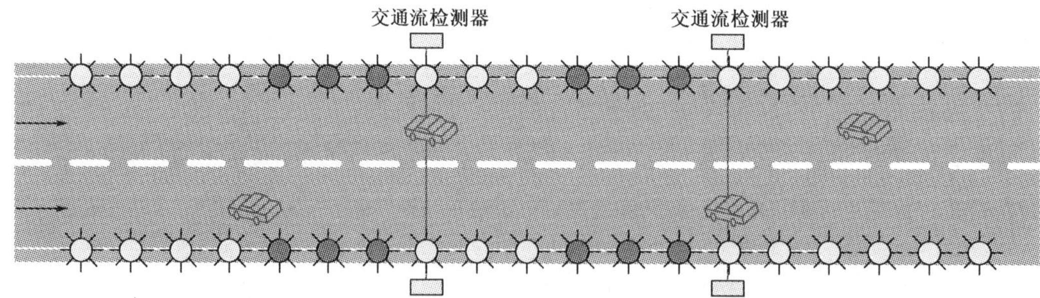

图 9-13　能见度低于 300m，但大于 100m 时系统工作原理（后方车辆看见红色警示带）

如果交通检测断面的间距较大，后续跟随车辆将无法看见前方车辆通过交通检测断面时所形成的红色警示带，如图 9-14 所示。事实上，红色警示带仅存在于交通检测断面后一定范

围内，当车辆通过检测断面时，触发防止追尾警示功能，使设施由黄色同步闪烁状态变为红色同步闪烁状态。换言之，交通检测断面间距可以类比为防止追尾警示功能的“分辨率”，交通检测断面间距越小，分辨率越高，也就越能够使跟驰距离较近的车辆或是车队中的多数车辆获得追尾风险警示。因此，为更好地发挥追尾风险警示功能，需要尽可能多地设置交通检测断面，出于成本因素，建议系统集成应用仅具有车辆通过检测功能的传感器，而不需要能够详细而精确地采集车型、车速等信息的交通流检测器。最为理想的情况是在每个主动发光设施处，同址设置交通检测断面。建议交通检测断面的间距不宜大于500m，如果间距是500m，车辆平均运行速度是60km/h，那么车辆大约在30s内获得一次追尾风险警示。

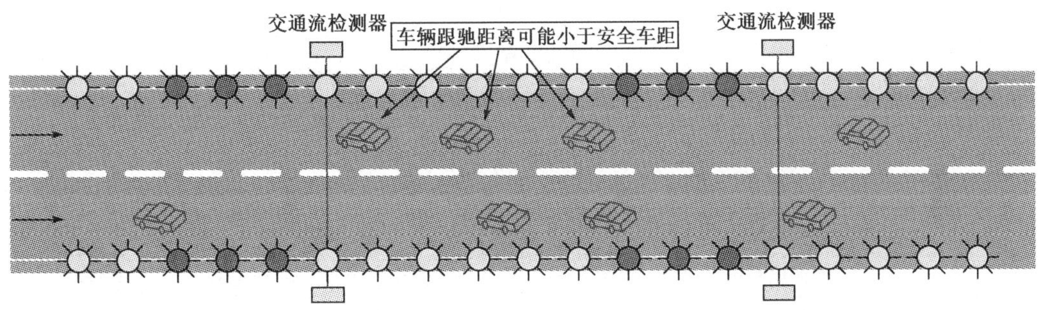

图9-14　能见度低于300m，但大于100m时系统工作原理(后方车辆看不见红色警示带)

4. 当能见度低于100m时

系统工作模式与第三种模式类似(表9-1)，系统具有行车主动诱导和防止追尾警示功能。在防止追尾警示功能触发情况下，主动发光诱导设施红色同步闪烁(频率60次/min，占空比1∶1)；在防止追尾警示功能未触发情况下，主动发光诱导设施黄色同步闪烁加快(频率60次/min，占空比1∶1)，以进一步提高对驾驶员的感官刺激，给驾驶员充分的警示。系统工作流程见图9-15。

系统工作模式一览表　　表9-1

序　　号	能见度 V_i(m)	系 统 功 能	主动发光设施工作状态			
			颜色	时间	频率(次/min)	占比
1	$V_i>500$	道路轮廓强化	黄灯	持续	—	—
2	$500>V_i>300$	行车主动诱导Ⅰ	黄灯	持续	30	1∶1
3	$300>V_i>100$	行车主动诱导Ⅰ	黄灯	持续	30	1∶1
		防止追尾警示	红灯	≥1s	60	1∶1
4	$V_i<100$	行车主动诱导Ⅱ	黄灯	持续	60	1∶1
		防止追尾警示	红灯	≥1s	60	1∶1

注：1. 上表给出的闪烁频率和占空比是推荐值，通过本地控制或上位控制可改变参数值。
2. 在能见度小于300m时，系统具有防止追尾警示功能，该功能在车辆通过交通检测断面时被触发，功能启动后将点亮特定数量的红灯，形成红色警示带，上表给出的点亮时间、闪烁频率、占空比均是推荐值，其具体参数值(包括点亮的灯数，相当于警示带的长度)可控。
3. 需要指出的是，为确保不同能见度下主动发光诱导设施具有良好的视认性，系统应根据实际情况调整设施的发光强度。

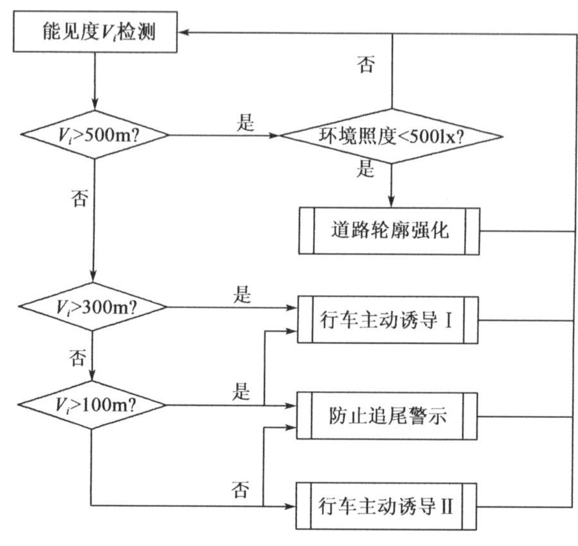

图 9-15　系统工作流程

可变情报板发布“前方浓雾，请跟随黄色诱导灯行驶”、“前方浓雾，限速 60，谨防追尾”、“前方浓雾，限速 40，谨防追尾”等信息。

五、系统核心设施

本系统的核心设施是设置于道路两侧的主动发光诱导设施（图 9-16），例如雾灯、主动发光突起路标、主动发光轮廓标等，系统的智能引导功能通过它们得以直接体现。

图 9-16　主动发光诱导设施

考虑到高速公路、国省干线等沿线供配电及通信工程造价高昂，建议用于本系统的主动发光诱导设施最好具备太阳能或光能供电模块且具备无线通信功能。

各主动发光诱导设施的布设间距目前还没有统一标准，建议在 10～25m 之间，可根据使用环境及工程预算具体确定。

六、系统特点

本系统具有以下五大特点：

（1）基于高效太阳能供电技术实现了系统的全天候不间断供电，使系统的安装简单、便捷、环保。

(2)使用专门为高速公路外场设备研制的无线通信网络系统，有效地解决了外场设备之间及外场设备与指挥中心之间的有线通信造价高昂的难题。

(3)使用高精度的无线同步技术，解决了不同设备之间的同步工作问题，使系统中所有设备可实现高精度的同步闪烁。

(4)应用了自动环境亮度差控制技术，实现自动识别环境亮度来控制发光器件的亮度，始终使发光器件亮度与环境亮度保持基本恒定，以最大限度提高发光体的可视性与可识别性。

(5)具有可增补的控制策略及较为完善的外场实时数据源，系统除自带的控制策略外，还允许用户按照实际需要增减或修改控制策略和数据应用策略。

第五节　案　　例

本系统已在江西永武高速公路得到示范应用。

江西永修至武宁高速公路是鄱阳湖生态经济区内的一条地方加密高速公路，有 60 多公里贯穿庐山西海国家级风景名胜区。2011 年 5 月，永武高速公路项目被列入交通运输部“安全绿色交通科技示范路”，成为交通运输部“十二五”首个“科技示范工程”。

雾区安全保障工程是本次科技示范工程的重点实施内容，雾区主动智能行车诱导系统则是雾区安全保障工程中的技术亮点，已于 2011 年 9 月初永武高速公路通车前实施完成。

一、实施方案

雾区主动智能行车诱导系统在永武高速公路的实施方案如下：

1. 主动发光诱导设施布设方案

主动发光诱导设施和突起路标布设于右线 K46＋200～K50＋900 和左线 K51＋100～K47＋300(西海服务区前门架情报板处)路段，布设间距为 20m(图 9-17、图 9-18)。

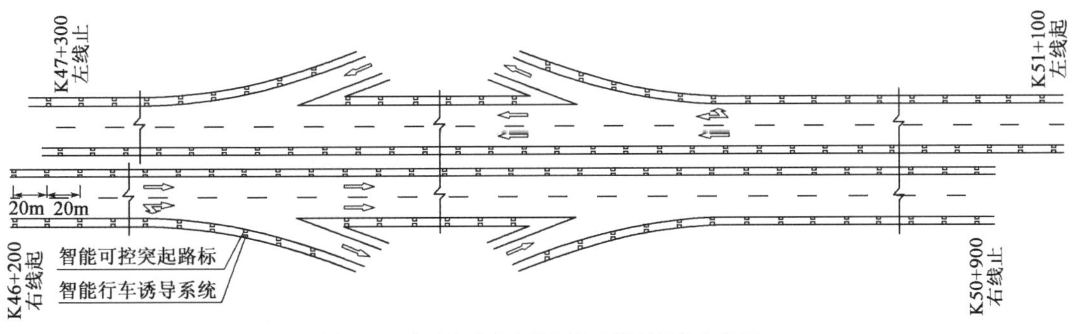

图 9-17　主动发光突起路标和边缘标总体布设图

2. 安装方式

工程实施路段存在有护栏和缓坡无护栏两种路段，其中有护栏路段又分为波形梁护栏路段和混凝土护栏路段。波形梁护栏路段用配套安装托盘固定在护栏立柱上，混凝土护栏路段直接在护栏顶部钻孔并用配套固定托板将其固定在护栏顶上。有护栏路段安装如图 9-19 所示。缓坡无护栏路段采用立柱式安装方式,立柱规格与波形梁护栏钢管(ϕ140mm×4.5mm)相同,利用安装托盘将其固定在立柱上,如图 9-20 所示。所有诱导设施间距为 20m。

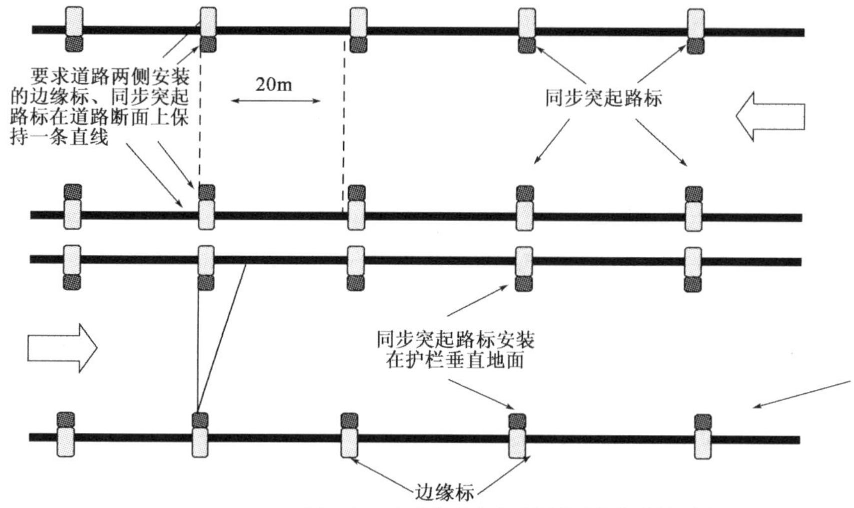

图 9-18　主动发光突起路标和边缘标布设示意图

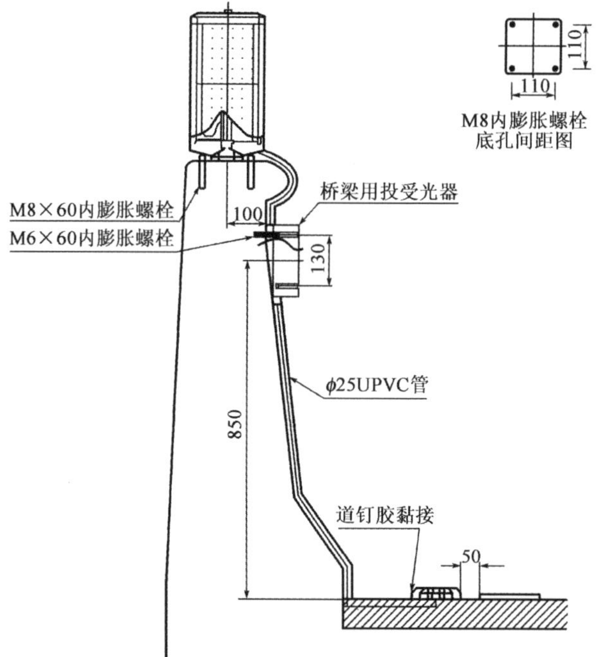

图 9-19　有护栏路段安装图(尺寸单位:mm)

注:1. 诱导灯安装后与地面垂直度<2°。

2. 比例 1∶10。

3. 数据传输方式

该系统内的设备通过无线方式与本地的数据预处理器进行通信,整个雾区智能诱导系统与上位控制软件的数据传输通过数据预处理器的 RS232 接口转以太网接口转换器接入光纤骨干网,通过光纤传输系统传输至监控分中心。

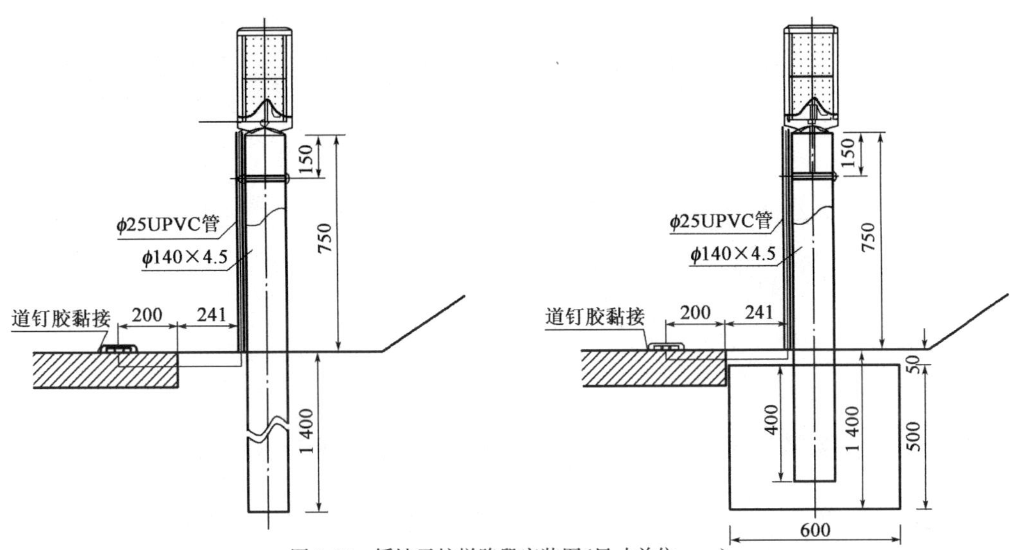

图 9-20　缓坡无护栏路段安装图(尺寸单位:mm)

注:1. 诱导灯安装与地面垂直度<2°。

2. 立柱打入前应先进行调查,如遇构造物时,应避开。

3. 如遇无法打入时,可采用基础安装。

4. 比例 1∶10。

4. 上位控制软件实施方案

该系统的控制软件以功能模块的形式嵌入永武高速公路的监控系统平台,从监控平台的数据库读取能见度数据,实现低能见度报警和对外场主动发光诱导设施的控制,同时将诱导设施的实时工作状态信息写入监控平台数据库,以实现雾区主动智能行车诱导系统实施效果的实时三维 GIS 展示。图 9-21 为主动发光诱导设施工作流程。

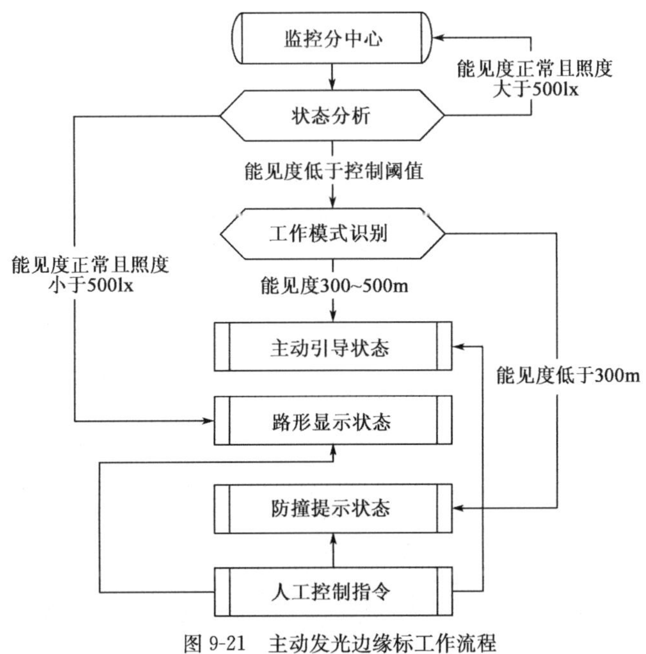

图 9-21　主动发光边缘标工作流程

二、实施效果

该系统在永武高速公路运行效果良好，为夜间和雾天低能见度条件下的车辆安全运行提供了有力保障。图 9-22 为系统夜间运行效果。

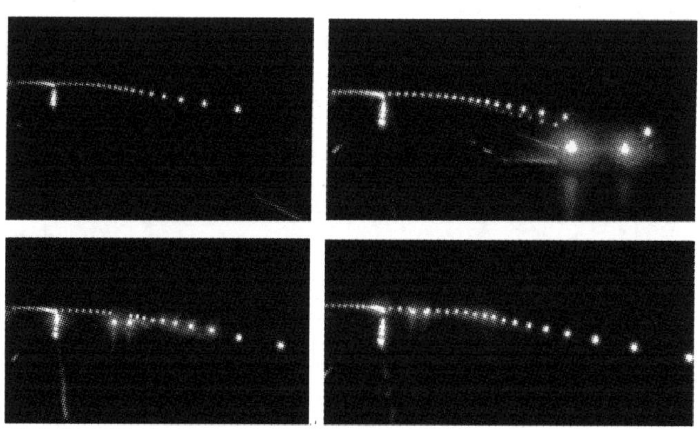

图 9-22　雾天智能引导系统夜间运行效果

第十章　冬季路面冰雪控制技术

路面结冰(黑冰)、结霜、积雪,冰雪(包括黑冰)使道路摩擦系数大幅度降低或局部突然降低,易造成多车连环相撞的重大交通事故,严重的道路结冰可能导致交通中断,其影响会扩散到更大范围的路网。为消除路面结冰和积雪而投入使用的大量融雪剂会损伤公路基础设施的结构性能,同时,也对公路沿线土壤、植被、水体等带来了较为严重的污染。

1.冰雪对路面的影响

冰雪天气对路面附着系数影响突出,据统计观测,冰雪路面附着系数仅为正常干燥路面附着系数的1/8~1/4,车速越高,路面附着系数越小,车辆制动距离越大,制动越困难,对行车安全威胁越大。

2.冰雪对安全的影响

冰雪湿滑路面条件下,由于路面摩擦系数降低,车辆稳定性和可控性下降,在冰雪打滑的路面上行驶,车轮各部分作用力稍不平衡(如转向、制动和骤然加、减速度)即可造成整车失去平衡,导致侧滑、甩尾失控,从而导致事故发生。此外,由于雪天路面比雨天路面更滑,一些驾驶员对路面积雪湿滑程度估计不足也易导致事故发生。当雪后晴天时,由于积雪对阳光的强烈反射作用,产生眩光,即雪盲现象,也会使驾驶员视力下降,成为威胁行车安全的潜在危险因素。

3.冰雪对通行的影响

冰雪天气对车辆通行的影响主要体现在交通能见度降低、路面湿滑、冰雪阻断。不同的天气对车辆通行的影响机理不同,在我国新疆部分地区,冬季风吹雪(当地也称白毛风)可使能见度降至50m以内,风吹雪和持续性的强降雪导致路面积雪深度达数十厘米,造成雪阻;冻雨天气会导致路面形成不同程度的冰层,也会导致交通中断;一般性的降雪天气将使行车缓慢,道路实际通行能力下降,交通延误增加。

4.冰雪对环境的影响

为防止路面结冰并加快路面冰雪的融化速度,提高冬季冰雪天气条件下的养护作业水平,确保道路的安全通行条件,采用各种类型的融雪剂仍是全球范围内公路管理部门对抗冰雪天气的普遍做法。冰雪路面条件下的道路养护作业和融雪剂的使用大幅增加了公路管理部门的养护成本,同时,大量融雪剂的使用也给基础设施和环境带来了灾难性的影响。

第一节　路面冰雪处置技术概述

国内外已探索出多种对抗积雪结冰的方法,根据防治与处置的原理,可分为化学方法和物理方法(图10-1)。化学方法主要是利用化学物质材料(通常称为融雪剂)溶液具有较低冰点的性质来融化冰雪或防止冰雪融化后结冰;物理方法主要包括人工清除法、机械清除法、热能融冰雪法、特殊路面材料铺装技术等。

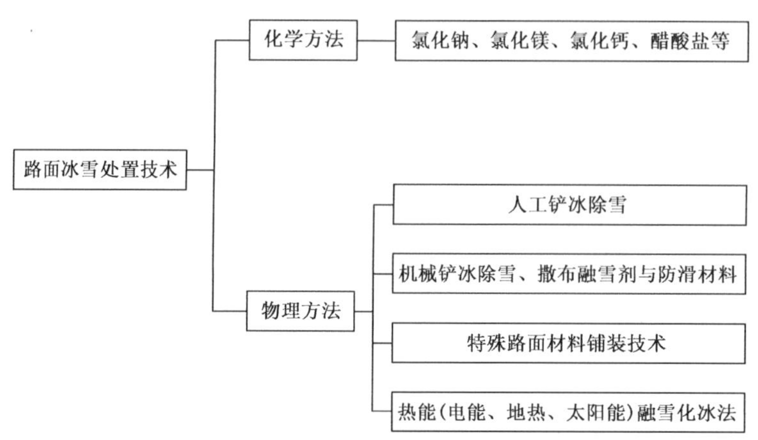

图 10-1　按原理划分主要路面冰雪处置技术

根据路面冰雪处置的性质,或者说从主动预防与被动应对的角度来分,可分为被动式和主动式两大类(图 10-2)。被动式路面冰雪处置方法主要包括人工清除法、机械清除法、融雪剂法,最为常见的处置策略是将融雪剂法与机械作业法相结合,根据具体的天气情况,选择适当时机使用融雪剂,可以在降雪前预先撒布,也可以在降雪过程中或降雪结冰后撒布,并针对路面结冰和积雪程度选择适合的机械设备进行铲冰除雪作业。被动式方法更多是对路面已存在的冰雪加以处置,虽然在特定的天气条件下预先撒布融雪剂具有一定的预防路面结冰作用,但是更多的应用情形还是体现在被动应对方面,因此仍将融雪剂法归为被动式方法。主动式路面冰雪处置方法主要是指开发抑制路面积雪结冰的特殊道路材料、结构及铺装工艺;利用能量转化技术,通过特殊装置将电能、太阳能、地热等其他形式能源转化为热能,将路面加热至 0°以上,抑制或融化路面积雪结冰。

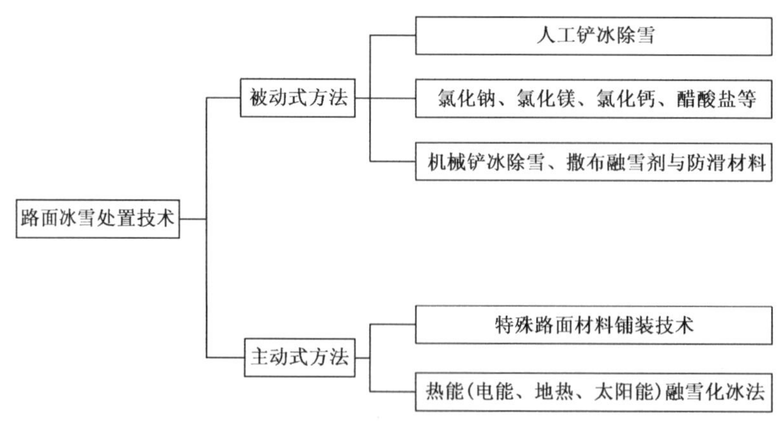

图 10-2　按主被动特性划分主要路面冰雪处置技术

被动式方法通常需要应用融雪剂来解决路面的抗滑能力问题,然而融雪剂在公路上的广泛使用引发的环境等问题日益显现,人们越来越重视技术先进、环保效果好的新材料、新技术的研发，如研发环保型融雪剂，研发更加经济实用的主动式路面冰雪处置技术。但是，目前来看，无论是环保型融雪剂还是各种主动式路面冰雪处置技术，由于应用成本高、局限大等原因，尚不能大量或大范围推广应用，例如环保型融雪剂虽对环境危害较小，但不是没有危害，且价格较之普通融雪剂高出数倍；导电路面和发热电缆技术耗电量大、运行成本高；地源热泵技术受太阳能和地热条件限制。总体上讲，当前冰雪控制技术仍以被动式为主导，主动式在国内仍处于研发、试验、示范阶段。

第二节　被动式路面冰雪处置技术

一、化学除冰法

化学除冰法是目前广泛使用的一种除雪方式，主要原理是利用化学药剂（通常称为融雪剂）来降低冰雪的融化温度，优点是使用方便，能同时除冰、防冻，但该方法受环境温度影响大，低温环境中使用效果明显下降。同时，融雪剂的使用所带来的负面影响也是巨大的，融雪剂的使用将导致沥青混凝土的严重剥蚀，其破坏速度将远快于普通冻融循环所引起的破坏及其他种类的破坏，从而严重影响沥青路面的使用寿命。此外，融雪剂的使用还会对行驶车辆产生较大的腐蚀，造成行车安全隐患；长期大量使用融雪剂会损害植物；对水源的影响也很大，含有大量融雪剂的残雪最终会通过各种渠道进入江河或地下水，造成水体污染，这种污染的持续时间更长，影响范围更广。

20 世纪 80 年代中期，一些发达国家开始使用钙、镁醋酸盐等环保型融雪剂，但环保型融雪剂价格一般在 3 000～10 000 元/t 不等，比普通融雪剂价格高很多。此外，所谓环保型也只是相对而言，实际上仍然对环境有着一定的影响和破坏，与传统融雪剂相比只是程度略轻而已。

因此，融雪剂的使用量应严格控制，合理使用，用量越少越好。就未来发展趋势看，融雪剂的使用将会受到越来越严格的限制，使用量及使用范围将非常有限。

1. 融雪剂分类和作用原理

融雪剂主要分为氯盐类、非氯盐类及混合型；若按化学组成划分，还可以分为无机、有机和混合型（图 10-3）。

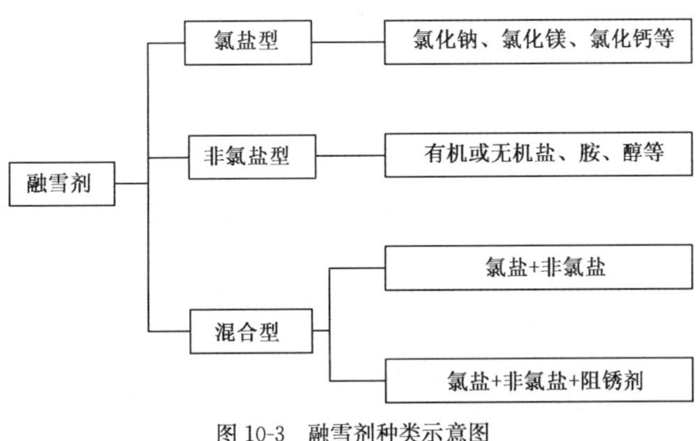

图 10-3　融雪剂种类示意图

氯盐型融雪剂是最为常见也是应用最为广泛的融雪剂，尤其以氯化钠融雪剂最具典型性。氯化钠融雪剂通常以固定或液态盐溶液的方式使用，但由于氯化钠溶液对环境及生态所带来的种种弊端，作为传统融雪剂的氯化钠融雪剂逐渐被其他更环保、更安全的新型融雪剂所代替。

融雪剂撒布在冰雪路面上后，由于含融雪剂的溶液的冰点比水的冰点(0℃)要低得多，故含融雪剂的溶液在比较低的温度下仍以液体形态存在而不结冰，这是使用融雪剂能够使冰雪融化的道理。其原因是，融雪剂溶于水后，水中离子浓度增大，使水的液相蒸气压下降，但冰的固态蒸气压不变，为达到冰水混合物平衡共存时固液相蒸气压相等的状态，冰便融化，故撒布融雪剂可以除冰雪。

水的冰点下降值与融雪剂的种类、组成、数量有关，图 10-4 给出的是几种常见融雪剂的浓度冰点曲线，浓度为质量百分比浓度。

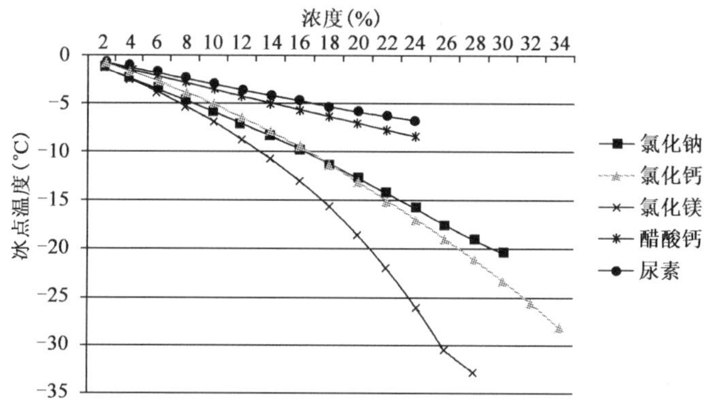

图 10-4 几种常见融雪剂材料不同浓度下的冰点值

2. 融雪剂的使用

1)融雪剂的应用状况

(1)融雪剂的国外应用现状

国外大多采用化学除雪与机械除雪相结合的方式进行除雪作业，根据融雪剂应用区域的气温、路面温度、公路位置(方位朝向、海拔、路桥等)、降雪量等因素，确定融雪剂的合理撒布量、撒布方式与撒布时机。

路表温度在－20℃时，一般不撒布融雪剂，而用细石、炉灰、沙子或碎木炭等材料，防止降雪后雪遇低温在路面结成薄冰。路表温度在－20～0℃，天气预报降雪前的 1～2h，先在路面上快速均匀地撒布 5～10g/m^2 融雪剂。国外在一些气温低、湿度大、易结冰的区域，特别是坡道、弯道、立交桥、桥面、收费口等区域，即使不降雪也会撒布其他防滑材料或融雪剂，以防止打滑和结冰。在撒布融雪剂的同时，通常也在冰雪路面上撒布防滑材料，如沙、石屑、炉灰、煤渣等，以提高冰雪路面的摩擦系数。防滑材料的存在一方面使冰雪层的冻结强度不均匀；另一方面，防滑材料在冰雪层的运动使得雪不易压实，达到了抗滑的目的。由于防滑材料既经济又环保，因此在欧洲应用广泛。根据实际路况，撒布一定量的融雪剂和防滑材料可以收到比单独撒布融雪剂或防滑材料好得多的效果。

当降雪厚度小于 2cm 时，大多采取撒布防滑材料或融雪剂的方式；当降雪厚度大于 2cm 时，则采用撒布融雪剂和使用推雪铲相结合的方式进行除雪工作。

国外普遍采用的是即时除雪的除雪理念，也就是根据天气预报情况，在除雪前采取防结冰、防滑措施；除雪时，出动设备和人员，清除道路上的积雪和冰，做到雪中畅通、雪后不滑、雪过路清。

发达国家普遍采用预湿撒布的方式来保证撒布到路面上的融雪剂快速有效地发挥功效，即融雪剂在撒布到路面上之前，撒布设备已经将融雪剂预融化，撒布到路面上的融雪剂是初步融化后的糊状融雪剂。预湿撒布的好处有：

①氯化钠（目前绝大多数发达国家融雪剂的主要成分是氯化钠）在溶解成盐水的过程中，需要从外界吸收热量（每千克氯化钠溶于水时需吸热 75kJ 左右）。颗粒状的干融雪剂撒布到路面上，溶解过程中，需要从地面吸收大量的热量。导致路面温度急剧下降而开裂，从而影响路面的寿命。而预湿撒布是在撒布设备将融雪剂撒布到路面之前，就将融雪剂进行了提前融化。溶解过程中，吸收的热量主要来自设备的机械部分和大气，从而减少了对路面的破坏。

②融雪剂只有溶解后才能产生融雪的功能，而颗粒状的固态融雪剂撒布到路面上后，需要借助过往车辆的多次碾压才能融化。颗粒状固体融雪剂撒布到路面上后，很容易被过往车辆的轮胎及风带走，造成道路两侧（绿化带）融雪剂的堆积，这样融雪的效果自然就慢，特别是在一些车流量不大的道路。而国内许多除雪作业人员不明白其中的道理，大幅增加融雪剂的撒布量，既不经济有效，又严重破坏道路、环境及植物。

③发达国家试验表明，为达到同等的融雪防滑效率，采用具备预湿能力的撒布设备作业与不具备预湿能力的撒布设备作业相比较（在设备其他撒布功能完全相同情况下），最少可以减少和节约 30％的融雪剂使用量。这对于降低总除雪作业费用和满足环保要求都是极为重要的。

（2）融雪剂的国内应用技术现状

以除雪理念为例，现在国内许多地方仍然是降雪后，甚至降雪经碾压成冰后才开始除冰和扫雪。国内的这种除雪理念造成了除雪、除冰成本昂贵，同时还难以彻底清除冰雪，造成交通基础设施腐蚀，带来极大的安全隐患、经济损失和环境危害。国内在冬季除雪方式、理念和管理等方面与国外有较大区别，国外即时除雪、融雪剂预湿撒布、融雪剂量化应用等理念和方法值得国内学习借鉴。

2）融雪剂使用考虑的主要因素

（1）不同地区应根据本地区的低温范围选取适合的融雪剂

相同浓度条件下，不同融雪剂溶液的冰点不同，即表明不同融雪剂融雪化冰的效果不同。氯盐类融雪剂冰点低于有机类融雪剂，适用于冬季较寒冷地区的除雪，而非氯盐类融雪剂适用于温度不太低的地区的除雪。非氯盐类融雪剂虽然环保方面有优势，但从融雪效果上限制了其在寒冷地区的大量应用。

（2）融雪剂的使用量与降雪量有关

达到同一冰点值的不同融雪剂的溶液浓度是不同的。使用融雪剂的最终目标是在某温度条件下，冰雪化成含融雪剂的一定浓度的液态溶液必须满足在该温度条件下不再结冰，该浓度是由融雪剂用量和降雪量共同决定的。降雪量越大，即该浓度下溶液中溶剂越多，所需的融雪剂的使用量也越大。

（3）融雪剂的使用量与环境温度有关

在一定的降雪量条件下，也就是溶剂质量一定的条件下，在越低的环境温度条件下欲使水不结冰，融雪剂溶液浓度越大，所需用融雪剂的质量则越大。

3)融雪剂的选择与用量

降雪时气温在－5～－15℃时，氯化钠的冰点更低，适合使用；气温在－15～－25℃时，氯化钙的冰点更低，适合使用；而醋酸盐和尿素与氯化钠和氯化钙相比，冰点更高，气温在－5℃以上时，可以采用，但成本高；氯化镁的价格相比氯化钠和氯化钙更贵，在发达国家使用不多。

研究表明，使用化学融雪剂除雪，不论是喷洒融雪剂溶液或是干(预湿)撒，只适用于不太寒冷的地区，氯化钠可用于－10℃，氯化钙(镁)可用于－15℃。温度低于－20℃则只能用机械除雪，或机械除雪与融雪剂除雪相结合。在严寒地区路面积雪已被碾压成坚实的冰时，可撒一层氯化钙，氯化钙较强的渗透能力可使与路面接触的冰层软化，便于机械除雪。

至于不同厚度的降雪，融雪剂的使用量与融雪剂的成分、气温密切相关。以氯化钠为例，不同气温、不同降雪厚度，达到不结冰的情况时需要使用的氯化钠量如表10-1所示。

不同气温、不同降雪厚度需要使用的氯化钠量(单位：g/m²)　　表10-1

降雪厚度(mm)	温度(℃)														
	－1.2	－2.4	－3.6	－4.7	－5.9	－7.1	－8.3	－9.7	－11.2	－12.6	－14.2	－15.8	－17.6	－19.2	－20.5
2.5	2	4	6	8	10	12	14	16	18	20	22	24	26	28	30
5	4	8	12	16	20	24	28	32	36	40	44	48	52	56	60
7.5	6	12	18	24	30	36	42	48	54	60	66	72	78	84	90
10	8	16	24	32	40	48	56	64	72	80	88	96	104	112	120
12.5	10	20	30	40	50	60	70	80	90	100	110	120	130	140	150
15	12	24	36	48	60	72	84	96	108	120	132	144	156	168	180
17.5	14	28	42	56	70	84	98	112	126	140	154	168	182	196	210
20	16	32	48	64	80	96	112	128	144	160	176	192	208	224	240

上表说明气温越低，融化相同厚度的雪时，需要的融雪剂越多；积雪越厚，在相同气温下，需要的融雪剂越多。这就是降雪厚度超过2cm时，应使用推雪铲先推薄、后撒布融雪剂，并且只要降雪不停，就应使用推雪铲和撒布融雪剂循环作业的原因。融雪剂应根据气温、天气预报可能的降雪量和融雪剂的冰点分批多次撒布，逐步达到目标值。

二、机械清除法

机械法是通过机械对冰雪的直接作用清除路面冰雪的一种方法，应用范围广，除雪速度快，适合于大面积机械化作业，是目前应用最为广泛的除雪方法之一。机械法清除路面积雪的效果较好，但在清除路面积冰时，纯机械式除冰设备的效果就不尽如人意了。由于积冰与路面之间的黏结紧密，如果除冰机械的力量太小，就不能使积冰与路面分离，对冰层的清除就不彻底；力量太大，又会损伤道路标记甚至破坏路面。有效地清除路面积冰与保护好路面之间存在的矛盾目前还未能很好地解决。

1.除雪机械分类、特点及适用范围

一般来说，按除雪工作装置的特性分类如表10-2所示。

按工作装置特性分类的除雪机　　表 10-2

名　　称	特　　点	适 用 范 围
铲板式除雪机	以铲板为主要除雪方式，可推雪、刮雪	可装在卡车、推土机、平地机、装载机等底盘上，适应各种条件下的除雪
螺旋式除雪机	以螺旋和刮刀为主要除雪方式，侧向推移雪或冰碴	新雪、冻结雪、冰辙，可用于破冰
转子式除雪机	以高速风扇转子的抛雪为主要除雪方式，抛雪或装车	新雪，或同铲板式除雪机配合使用
吹风式除雪机	以鼓风机高速气流为主要除雪方式	新降雪
组合式除雪机	多种除雪方式的组合	新雪、压实雪
滚刷式扫雪机	以旋转扫路刷为主要除雪方式	无残留式除雪、薄雪
融雪剂撒布机	以化学融雪剂融雪、防结冰为主要方式	撒布融雪剂或沙子、炉灰等防滑材料
加热式融雪机	把雪收集，加热融化成水	特殊场合

2.常用除雪设备

1)铲板式除雪车

铲板式除雪车是把铲板安装在拖拉机、卡车、装载机、推土机、平地机或专用底盘上的除雪机的总称(图 10-5)。铲板一般安装在车辆前部、中部或侧面，靠主机推动前行，常见有单向铲、V 形铲、变向铲、复合铲等形式。这种除雪车价格低廉、结构简单、工作可靠、换装容易、机动灵活、作业效率高，适宜于清除未经压实的积雪，特别是密度较小的新降积雪，是使用最广泛的除雪机械。

图 10-5　铲板式除雪车

2)抛扬式除雪机

抛扬式除雪机是把各种推铲、旋转、扬撒等除雪装置安装在汽车、拖拉机、装载机等工程车辆或专用底盘上的除雪机的总称(图 10-6、图 10-7)。抛扬式除雪机的结构比铲板式除雪车复杂，具有切削、集中、推移和抛投等功能，对雪质适应性强，可将积雪抛出几十米外。该设备通常集推雪、扬雪功能于一体，具有除雪效率高、工作稳定可靠等优点。当用于清除较厚积雪(大雪或暴雪天气)、将铲板式除雪车推起的雪抛出路外、清除雪阻(山区道路、风吹雪条件所致)等作业场合时，抛扬式除雪机具有明显的优势。

3)扫雪机

扫雪机(图 10-8)主要用于清除路面残雪，使路面保持洁净，防止路面少量残雪造成路面结冰打滑。扫雪机通常采用 PP＋弹簧钢组合材质设计的刷子，耐磨、不损伤路面且扫雪效果好。

图 10-6　抛扬式除雪机

图 10-7　铲板式抛雪机(兼具融雪剂撒布功能)

图 10-8　滚刷式扫雪机

4)融雪剂撒布车

融雪剂撒布车主要用于撒布融雪剂,可分为干式融雪剂撒布车和湿式融雪剂撒布车(图 10-9)。干式融雪剂撒布车作业对象是固体融雪剂或干沙。湿式融雪剂撒布技术近几年得到发展,其主要特点是把固体融雪剂与水混合湿润后撒布到路面或雪层上,水溶液的作用使均匀性及环境问题有所改善。融雪剂撒布车主要由动力装置、操控装置、装卸装置、输送装置、撒布装置等功能部分组成。操控装置整机由计算机控制,自动适应车速变化,确保撒布量恒定,操作简便,单人可在驾驶室内完成全部作业。撒布装置采用不锈钢材质,耐腐蚀,可升降,可调节,低位撒布,减少融雪剂的滚动损失,并能调整撒布方向。

图 10-9　融雪剂撒布车

5)多功能/联合式除雪车

多功能除雪车一车多能，是一种集铲、抛、振、刮、扫等多种功能于一体的联合式除雪机械(图 10-10)，有些多功能车还带有融雪剂撒布功能，同步实现积雪清扫与融雪剂或防滑沙撒布，大幅提高了冬季冰雪路面养护作业效率。多功能除雪车适用性较强，可清除各种厚、薄、松软或坚硬冰雪，同时可完成装车作业。

图 10-10　多功能除雪车

6)破冰设备

破冰设备主要用于清除道路上压实的雪层及结冰，根据其破冰原理大致可分为：平切式破冰机、立切式破冰机、击振式破冰机(图 10-11)、旋切式破冰机(图 10-12)。其中，旋切式破冰机是这类破除冰雪机中使用较多的一种，工作时靠旋切转鼓上螺旋型布置的多个切削刀刃连续不断地旋转铣削来清除冰雪。整机采用坚固厚重的架体，设计强制下压功能，破冰效果好；

图 10-11　击振式破冰机

图 10-12　旋切式破冰机

设有蓄能器，吸收冲击能，适应不平路面，确保破冰效果；采用特殊材质的破冰刀，具有低温耐磨、韧性好等优点。

3.冰雪清除方式与工艺

雪在道路上的形态大致可分为五种：一是一般积雪，除这样的雪是容易的；二是小雪有微弱薄冰，这是由于降小雪时气温较高，使部分降雪融化成水，然后气温降低，形成薄冰，就出现了小雪有微弱薄冰的情况；三是碾压积雪，这是降雪后经过车辆碾压而形成的雪；四是局部厚冰，这是在高温时降雪，雪融化后，气温降低又冻结成厚度大于1cm以上的局部厚冰，这种冰板硬度更大，清除较困难；五是中薄冰，这是在温度高时降较薄的雪，雪融化成水，然后气温突然降低，在路面上形成1cm左右厚的冰，这种冰更难清除。

1）一般积雪的清除

一般积雪是雪落到地面后未经轮胎碾压过的天然状态积雪，可以使用平地机或铲车除雪。

如果除雪机械配置不足，可用单台机械进行除雪作业，按照由内侧车道到外侧车道的顺序清除，即先清除靠近中心线一侧车道，然后清除另一侧靠近中心线车道，再清除靠近已清除车道的车道，最后清除与之对称的车道。

如果除雪机械配置充分，可沿行车方向采用梯队方式行驶。根据雪的厚度决定作业速度，阻力越大，积雪越厚，速度宜低一些。道路中心线侧的在前，路肩侧的在后，道路中心线一侧清除完毕后，掉头往回清除中心线的另一侧。除雪铲轨迹至少要重叠20cm，最前面的除雪铲轨迹要超过道路中心线至少10cm。

2）小雪有微弱薄冰的清除

这种情况由于地面的积雪不是很多，可以用带有回收装置的钢扫刷清除。

机械的作业方式类似于清除一般积雪。

3）碾压积雪的清除

碾压积雪可以使用除雪机、铲车或平地机清除。

清除碾压积雪的作业方式类似于清除一般积雪，要求操作人员将除雪机械不要压紧路面而铲刃尽量贴近路面，以避免铲刃与路面的过度磨损。有比较坚硬的碾压积雪，铲刃非常不容易贴近路面，此时，可先用人工方式沿铲刃的方向开凿出间距5～10cm、宽10～20cm的沟槽。铲刃在沟槽内贴近路面，这样可以使碾压积雪呈片状脱离地面。在实际清除工作中，也可以不开槽，直接压铲刮除，有时需要反复多次。除雪机械运行至桥梁伸缩缝位置应提铲，过后再落铲，以免损坏路桥设施。另外，除雪时还需注意避开导向标和路面标线。

4）局部厚冰的清除

这种情况用融雪剂先融化冰，然后采用平地机或轮式推土机清除。

当路面局部结冰时，在路面结冰处撒融雪剂或盐$40g/m^2$，一般撒盐后2h左右（和气温有关）融化，待融化后，使用平地机或轮式推土机除冰。

公路沿线生态环境敏感路段，融雪剂的使用须慎重。推荐采用微波除冰，环保无污染，目前已逐步被推广。

5）中薄冰的清除

薄冰预防的措施即在降雪前撒融雪剂，防止形成薄冰。薄冰的清除一般使用除雪机械多次反复铲刮，逐层清除到路面，局地可人工清除，在行车排出的热量作用下，残余的少量冰雪基本可以自行融化。

上述方法效率比较低，采用带振动碾的小平地机清除，效果较好。

第三节　主动式路面冰雪处置技术

由于融雪剂存在明显环境危害，欧美部分发达国家已禁止使用。新兴的主动融雪技术正在逐步走向成熟，目前主要有：开发抑制路面积雪结冰的特殊道路结构；利用能量转化技术，将电能、太阳能、地热、燃气等其他形式能源转化为热能，抑制路面积雪结冰。

一、自应力弹性路面技术

通过在路面材料中添加一定量的弹性颗粒材料，改变路面与轮胎的接触状态和路面的变形特性，利用弹性材料局部变形能力较强的特性，通过路面在车轮负荷状态下产生的自应力，使路面冰雪破碎融化。掺入橡胶颗粒的这种沥青路面也称为物理式冻结抑制路面。此类技术中常用的弹性材料多为由废旧轮胎加工而成的橡胶颗粒，不但可以有效提高路面的除冰雪能力，提高道路安全性能和运输效率，而且为废旧轮胎等弹性材料的回收和再生利用创造了新的途径，利于环境保护，节省资源，但其成本高、初投资大的问题仍是需要攻克的难关。

物理式冻结抑制路面的基本概念是在 20 世纪 60 年代由瑞典道路研究所（VTI）提出的，它是将橡胶颗粒作为部分粗骨料掺入，从而形成使部分橡胶颗粒突出于路表面的面层，如图 10-13 所示。使用的橡胶颗粒是将废旧轮胎（苯乙烯、丁二烯橡胶系加硫橡胶）切碎，去除异物并进行分级，使之成为 6 mm 以下的颗粒。掺入率为骨料质量的 2%～4%，集料级配为开级配，与常规的混合料相比，沥青用量增加 1.5～2 倍。

因在自应力除冰雪路面的沥青混合料中掺入了一定量的弹性橡胶颗粒和一定量的外加剂，因此对沥青混凝土的特性会产生较大的影响。当冬季降雪在行车荷载作用下结冰时，利用沥青混合料自身的弹性将结冰时形成的冰层压碎，不能与路面形成整体的冰层。其特点如下：防止路面结冰效果良好；路面抗滑性能较好；路面抗磨耗性能较好；车辆行驶时的噪声较低。普通沥青混合料与橡胶沥青混合料的破冰效果见图 10-14、图 10-15。

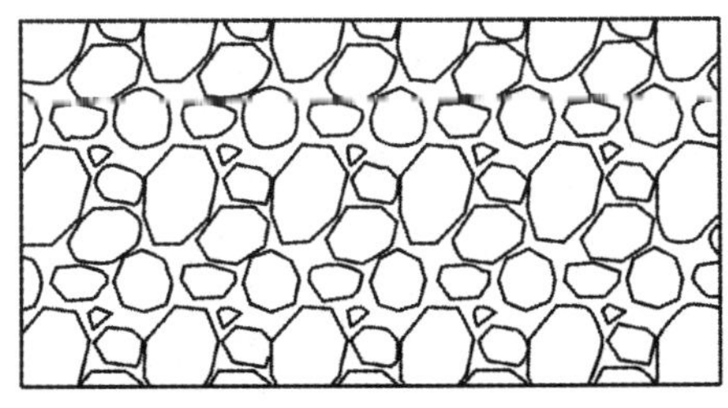

图 10-13　橡胶颗粒沥青混合料结构

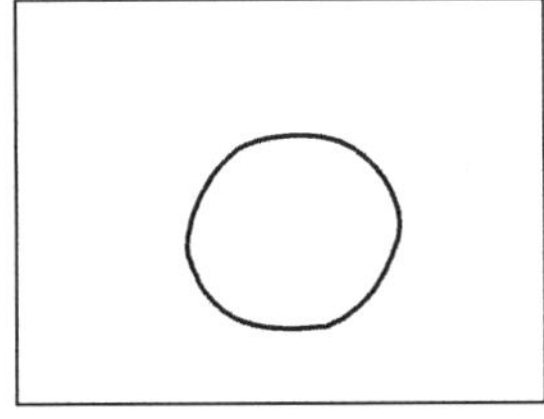

图 10-14　普通沥青混合料破冰效果

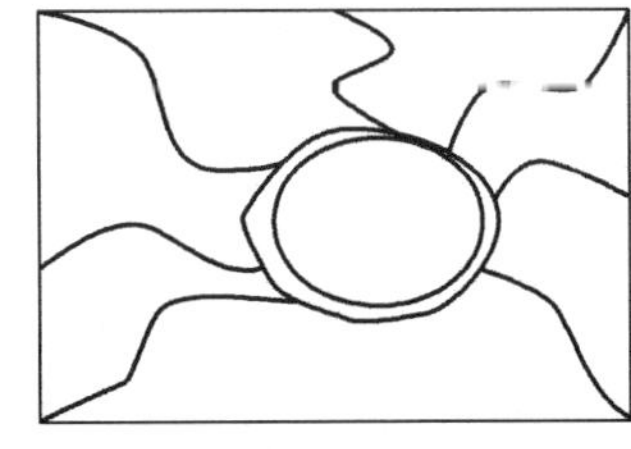

图 10-15　橡胶沥青混合料破冰效果

自应力除冰雪路面所具有的各种优点可以把此种沥青混合料应用到很广泛的功能性道路中，实际工程中主要可以从以下几方面得到应用：由于其具有较强的弹性变形与恢复能力，可用于有防止结冰要求的路面或用于路桥衔接处；用于有降低噪声要求的城市道路、居民生活小区的道路铺设；用于生活广场、商业区的道路铺设，以提高道路舒适感。

美国、加拿大、日本、瑞典等国家已建有试验路段，经多年使用观测，除雪融冰效果良好。在我国，也有不少学者和机构对掺加橡胶颗粒的自应力沥青路面混合料级配和路用性能进行试验研究。研究表明，掺加橡胶颗粒沥青混合料的力学性能和使用性能均能超过或达到普通沥青混合料的各项性能指标。哈尔滨工业大学依托交通运输部西部交通科技建设项目，开展了橡胶颗粒沥青路面除冰雪技术的研究，并进行了实体工程的铺筑，使用效果良好。

二、融雪剂缓释路面技术

美国Cargill公司注册了一项商标为“安全车道”(Safe Lane)的路面封层材料与技术，该项技术是密歇根技术大学冰雪研究方面的专家经过10余年的努力研制成功的。该项技术施工的封层具有防结冰、防滑的特点，能够阻止路面冰霜的形成，并能够阻止冰雪与路面间形成板结。2006年该项技术首次在美国127号公路的Looking Glass跨河大桥上实施，取得了良好的试用效果。

传统的防结冰技术要求在每一次结霜/冰过程都要撒布融雪剂，然而，大量的资金投入有时难以承受，且何时应用融雪剂材料也难以预测，这就可能导致在融雪剂应用或采取铲冰除雪作业前部分路段出现冰霜，从而危及行车安全。如果采用“安全车道”封层技术，防结冰材料的应用由被动方式变为主动方式，能够提前应用从而有效防止冰霜的形成，一次预处置可以对多次冰雪事件过程有效。在暴风雪到来之前，融雪剂被撒布到路上，此时封层像坚硬的海绵一样起作用，将融雪剂存储起来，当出现结冰的天气条件时，封层能够自动释放融雪剂。封层能够在多次天气事件中释放融雪剂，从而大大减少了暴风雪期间的养护工作。

封层通过融雪剂的释放起到防结冰的作用。封层集料孔隙存留有防结冰化学物质或盐溶液，在需要的时候能够释放出来，以防止路面结霜、黑冰和雪板等湿滑路面状况的形成，从而提高冬季冰雪天气条件下的行车安全。特有的环氧树脂级配能够使防结冰物质保持的时间更长，使其在暴风雪期间以及结束后都能够释放融雪剂而持续发挥作用。这种针对冰雪路面天气的良好适用性，使融雪剂的使用量大幅下降，有助于降低其对环境的危害。该项专利技术可用于桥梁、危险的交叉口、曲线段、匝道进出口、收费站入口、短陡坡等局部对冬季路面抗滑性能要求高的点段。

图10-16 “安全车道”封层结构

注：利用双组分环氧树脂将拥有专利技术的集料黏结在路面，形成一道密实的黏结层，既能够阻止水的渗透，也不会分层脱离。

抗滑集料能够在各种天气条件下为行驶车辆提供非常卓越的附着性能，环氧树脂黏结剂能够阻止路表水侵入和化学物质渗透到路基，从而有效保护基础设施。

“安全车道”封层结构见图10-16。普通沥青混凝土“安全车道”封层、水泥混凝土路面防结冰试验见图10-17。“安全车道”路面封层铺装效果见图10-18。“安全车道”封层中残留的融雪剂效果试验见图10-19。

图 10-17　普通沥青混凝土(左)、"安全车道"封层(中)、水泥混凝土路面(右)防结冰试验

图 10-18　"安全车道"路面封层铺装效果

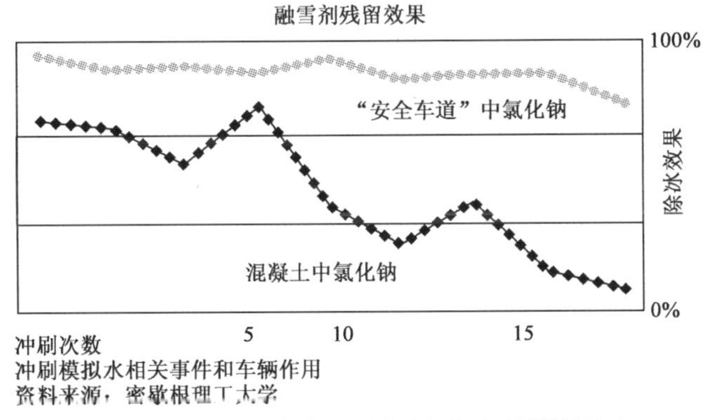

图 10-19　"安全车道"封层中残留的融雪剂效果试验

三、导电路面铺装技术

导电混凝土就是在普通混凝土中添加导电组分材料后制成的一种新型水泥基复合材料，既具有普通混凝土的承载能力，又兼具良好的导电和电热特性。通过在路面材料中掺入聚合物类、碳类或金属类导电掺合料，如石墨粉、焦炭、碳纤维、钢纤维及钢屑等，从而使高绝缘性的路面铺装材料具备对热和电的感应及转换能力，能够将电能转化为热能，使冰雪融化，这就是导电路面融雪化冰的基本原理。研究表明，短切碳纤维是制备路面除冰用导电混凝土的一种理想导电组分。

1999 年美国的 Sherif Yehia 和 Christopher Y. Tuan 在总结了 30 余年各种路面化冰技术

的研究进展后，提出利用钢纤维钢屑混凝土的导电性，并最早开展了关于桥梁路面除冰的实际工程研究，在美国内布拉斯加州林肯市洛加马刺桥(长 46m，宽 11m)铺装了约 10cm 厚的导电混凝土板，电热可让该桥在冬天的路面温度维持在 10℃左右，远高于周边气温，在整个大雪纷飞的寒冬都不会受积雪影响。综合四年使用数据来看，平均工作环境温度为－7.3℃，平均风速为 25km/h，平均每场暴风雪中的除雪厚度为 170mm，每场电热除雪费用为 250 美元。

长江大学机械工程学院的侯作富研究了碳纤维导电混凝土融雪化冰的智能控制问题，研究认为：采用辐射法来进行其表面温度的测量和监控是最为合理的；在升温过程中，混凝土的电阻变化不是很大，功率的变化较复杂，功率的控制基本上可由控制电压来实现；得出单个电源和整体的智能控制方案，为导电混凝土用于路面融雪化冰的工程实际提供了理论基础。

表 10-3 列出了在－20～－5℃这一冬季常见温度范围内，不考虑气温在各个时刻的变化和风速影响时，导电混凝土在下大雪时进行融雪的各个阶段的功率变化情况，计算结果采用有限元计算得到。

融雪各个阶段的功率变化情况 表 10-3

环境温度(℃)	下雪前 3h 所需的功率(W)	3h 后开始下雪所需的功率(W)	3h 后未下雪所需的功率(W)
－20	300	223(↓26.7%)	180(↓40.0%)
－15	220	182(↓17.3%)	141(↓35.9%)
－10	160	135(↓15.6%)	95(↓40.6%)
－5	81	95(↑17.3%)	56(↓30.8%)

重庆大学的唐祖全进行了碳纤维导电混凝土板实验室除冰和野外化雪的研究，研究表明：在－18℃下融化 2mm 的冰层，单位面积板面所消耗的能量为 1.0(kW·h)/m^2；融雪试验分为实时加热融雪和雪停后融雪两种方式，对于 3～4cm 厚的降雪或积雪，如果采用实时加热方式，单位面积板面所消耗的能量为 0.6(kW·h)/m^2，雪停后加热方式单位面积板面所消耗的能量为 0.4(kW·h)/m^2，采用雪停后以较大发热功率融雪这种方式，可使融雪时间缩短、融雪消耗的能量减少。通电时间越长，对流辐射热损失越大，消耗的能量越多。因此，对某些混凝土路面结构，如夜间行人稀少的人行天桥道等，当不需要实时融雪时，可在雪停后通电融雪，这样可以节约能量。根据上述研究，对于常见的双向四车道高速公路，按照单向加热宽度 8m 计算，一次中雪天气每公里大约耗电 9 600kW·h，加上用电损耗，每公里电费约 7 000 元，如果采用被动式的机械作业加撒布融雪剂的方式，每公里费用约 2 000 元。

由于使用成本高昂，此项技术的大范围推广应用存在难度，可以根据情况在个别高海拔、风口、桥梁等温度偏低易于结冰的局部点段试用。不同温度、不同结冰厚度、不同降雪条件下，导电路面融雪化冰所需的发热功率、自动控制以及铺装技术等是此项技术的研究热点与难点。

四、发热电缆融雪化冰技术

1. 主要技术原理

发热电缆融雪化冰技术的基本工作原理是在路面以下特定深度铺设适量的发热电缆，在遇到下雪天或冻雨天时，发热电缆控制装置可以受到人工操作或自动感应而打开开关，使地下电缆升温，将路面/桥面上的冰雪融化。

发热电缆融雪化冰技术相较于其他地源热泵、太阳能蓄能、导电混凝土等热力学融雪化冰技术而言，系统构成相对简单，应用的局限性也更少，只要具有充足的电力供应，在初期建设成本和运营成本可承受的条件下就可以实施。由于发热电缆具有安全、耐用(寿命长达 50 年)、环保等优点，将铠装发热电缆置于沥青混凝土中有很好的抗压性能，因此，利用发热电缆进行融雪化冰的热量可以保证，是一种安全、可靠的融雪化冰手段。

利用发热电缆进行融雪化冰技术思路简单，但是在工程应用中需要解决电缆铺设方案、路面力学性能(抗车辙能力、疲劳性能、抗折强度等)、发热功率设计、发热电缆温度控制、施工工艺与标准等关键问题。

发热电缆融雪化冰系统主要由电源、电源线、发热电缆、温度传感器、自动控制器、辅助钢筋网、其他安装辅材等组成。发热电缆是整合系统中最为核心的部件，且埋设在路面以下，不易维修，因此，发热电缆的选择非常重要，直接关系到整个系统的使用寿命和安全性，一般可以从发热电缆的冷热线接头、防水绝缘护套、屏蔽层、生产原料四大关键点来评定发热电缆的质量。

2. 国内研究与试验应用情况

1)国内研究情况

北京工业大学的李炎锋等建立了发热电缆路面融雪化冰的试验装置，对试验公路表面及内部的温度分布、升温过程进行了测量，探讨了北京地区沥青混凝土道路铺装发热电缆的功率及应用。研究结果表明：外界气候条件(尤其是气温)是影响发热电缆融雪效果的主要因素，单位面积发热电缆的铺装功率为 250～350W，可以满足北京地区路面融雪化冰的要求。

哈尔滨工业大学课题组通过有限元仿真分析模型的建立，分析桥面加热系统中发热电缆的布设间距、埋置深度、单位面积功率与桥面温度场、环境温度、风速等之间的关系，分析因加热引起的温差对桥梁产生的附加内应力，得到以下结论：

(1)在沥青混凝土桥面铺装层厚度为 10cm 的情况下，桥面加热电缆埋深 d 取 5cm 比较合适。

(2)对于不同的加热电缆埋设深度，当加热电缆的间距约为加热电缆埋设深度的 2.8 倍时，桥面加热后稳态温差接近于 0℃，即当加热电缆埋深 d 取 5cm 时，加热电缆间距取 14cm 比较合理。

(3)桥面加热电缆采取纵向布设和横向布设对桥面加热后的稳态温度、加热升温速度及温差影响均很小，因此可根据具体施工和加热电缆的规格型号来决定布设方式。

(4)通过各种影响混凝土桥面加热除冰雪参数的综合分析，得出不同环境下桥面加热除冰雪在各加热阶段的理想加热功率参考值(表 10-4)。

(5)通过对沥青混凝土桥面加热分析和水泥混凝土桥面加热分析的对比可知，两种桥面对加热的升温和稳态稳定影响不大。

(6)由加热筋带构成的路面融雪系统所产生温度应力很小，不足以影响桥梁的正常工作状态。

不同环境下合理加热功率表 表 10-4

环境温度(℃)		−1			−3			−5		
风速(m/s)		0.0	1.5	3.0	0.0	1.5	3.0	0.0	1.5	3.0
混凝土桥面	加热功率(W/h)	200	250	250	300	300	350	400	400	450
	升温时间(h)	3.3	3.3	3.5	3.5	3.9	3.9	3.7	4.1	4.3
沥青桥面	加热功率(W/h)	200	250	250	250	300	350	300	350	400
	升温时间(h)	3.6	3.4	3.6	4.1	3.8	3.5	4.5	4.9	4.8

室内各种试验的结果表明，在沥青混凝土、水泥混凝土桥面内埋入加热筋带，并不影响桥面材料的使用性能。经试验验证的基本结论如下：

(1)温度场试验表明，在环境温度高于−10℃的气候环境下，按照深度 5cm、15cm 间隔布置加热筋带可以满足除冰要求，路面温度可保持在 3～5℃之间。若提高路面保持温度，可适当提高加热筋带的单位功率。

(2)车辙试验的结果表明，在沥青混凝土中埋入加热筋带，不会明显影响沥青混凝土的抗车辙能力。

(3)拉拔试验的结果表明，加热筋带与沥青混凝土的握裹能力良好，可通过改善加热筋带的表面粗糙度进一步提高其与沥青混凝土间的握裹能力。

(4)抗折试验的结果表明，加热筋带不影响水泥混凝土的抗折强度。

(5)沥青混凝土小梁疲劳试验表明，加热筋带可适当提高沥青混凝土梁疲劳性能。

(6)试件成型试验的结果表明，无论是沥青混凝土路面还是水泥混凝土路面，均可以采用分层施工的方式，埋入加热筋带网。

2)试验应用情况

国外对发热电缆融雪化冰技术研究较早，北欧一些国家已开始使用这种技术铺筑路面。由于该技术需采用自动控制系统，电缆造价较大，且需消耗大量电能，目前主要应用于高速公路长大纵坡、桥面、隧道出入口、收费站广场等局部路段。近几年，国内也有个别的试验路段应用案例。

(1)哈尔滨市的文昌桥

哈尔滨市的文昌高架桥受地形影响，引桥以及匝道坡度过大，其中匝道 B 处的坡度达到了 4.62%，这样大的坡度，如果冬季清雪不及时，车辆爬坡将十分困难，方便交通的立交桥反而可能变成交通拥堵点。为此，工程建设人员耗资 200 余万元从丹麦引进了电加热温控融雪技术，在高架桥上桥处的匝道部分地面下铺设了总计 32 000 延长米的电缆线，电缆铺设总面积达到了 1 760m^2。2007 年 12 月，文昌桥建成通车，成为我国第一座采用发热电缆融雪化冰技术的桥梁，标志着此项技术在我国的使用已经起步。

(2)京港澳高速公路粤境北段试验段

京港澳高速公路在粤北乐昌、乳源境内翻越南岭主脉大瑶山，道路海拔高度自 200 余米上升至 800 余米，其中云岩服务区前后 20km 范围内由于海拔高，冬季路面温度低易结冰，特别是该路段的几座桥梁，更是每年冬季冰雪天气防范和处置的重点，该路段在 2008 年初曾经发生严重冰灾。广东省高速公路有限公司京珠北分公司与哈尔滨工业大学共同开展京珠高速公路粤北段灾害气象防治与综合管理技术研究，并在云岩服务区处选择试验段开展发热电缆融雪化冰技术验证。

①试验工程

系统设计目标为：−10℃环境下，路面不结冰；系统按设定的温度条件实现自动控制，即路面温度低于3℃时系统启动，高于6℃时系统运行暂停；或者气温低于0℃，路面温度低于6℃时启动，高于6℃时系统运行暂停。

试验工程的实施主要包括钢筋网准备、路面面层铣刨、钢筋网布置与固定、发热电缆绑扎、路面面层再次铺装、控制系统安装与调试等步骤。部分工程实施过程图片见图10-20～图10-25。

图10-20 沥青路面试验段辅助钢筋网

图10-21 铣刨原路面层

图10-22 布置钢筋网

图10-23 绑扎加热筋带

图10-24 人工摊铺沥青层

图10-25 摊铺机碾压

②加热效果评价

为了评价系统的加热效果，选择在不同的时间段，分别在手动和自动启动后，每隔15min左右就对路面加热区和非加热区的温度用红外测温仪进行观测。

水泥路面试验段，其加热速率达到 0.065℃/min。在观测时间段 1 月 5 日 17:30 以后每隔 90min 左右即启动一次，每次运行 30～40min，当面层加热后温度达到 4～5℃时即停止工作。

沥青路面试验段，其加热速率达到 0.102℃/min。在观测时间段 1 月 4 日 20:20 以后每隔 1.5h 自动启动一次，每次运行 30min，在温差达到 5～6℃或者加热区达到 7～8℃时即停止。手动操作可以发现，工作 2h 后加热区平均能比未加热区高出 6～7℃。

2011 年 1 月 11 日，京珠高速粤北段云岩服务区附近，由于温度达到－3～－4℃，除融雪系统试验路外，路面全面结冰，如图 10-26 所示。图 10-27 给出了 2011 年 1 月 11 日、2011 年 1 月 18 日的系统 12h 运行图，表明系统运行平稳，达到了设计要求。

图 10-26　路面融雪系统的效果[水泥路面(左)、沥青路面(右)]

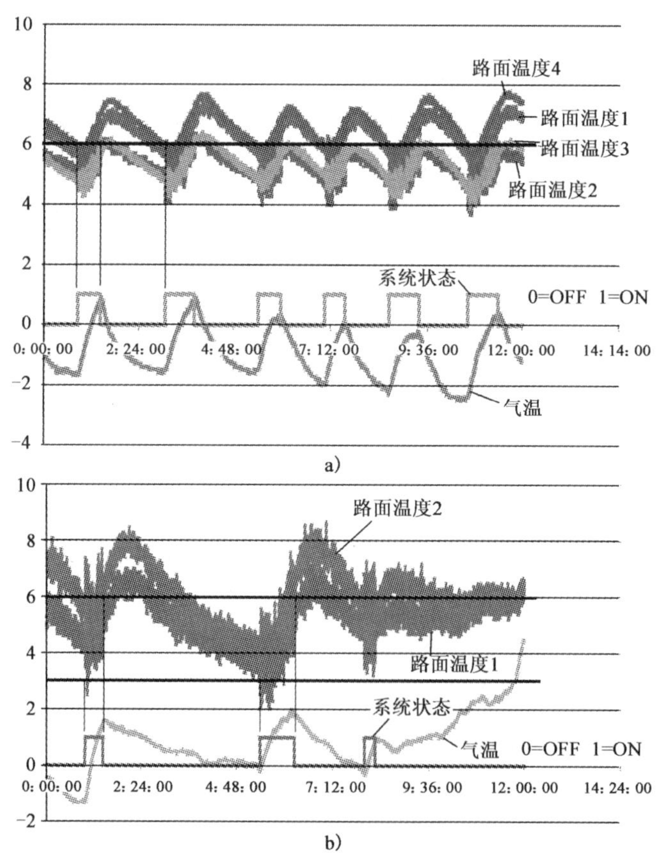

图 10-27　系统运行图

a)2011 年 1 月 11 日水泥路面融冰雪系统 12h 运行图；b)2011 年 1 月 18 日沥青路面融冰雪系统 12h 运行图

③试验应用结论

在京珠高速云岩服务区附近成功修筑了沥青路面和水泥路面试验路，证明所确定的修筑方案和工艺是可行的。

开发了路面融雪系统的控制系统，实现了漏电保护、分回路依次启动、依路面温度启动与关闭的自动控制。

试验路的温度监控表明，系统完全达到了预期的设计目标。在2011年1月份的几次路面结冰中，试验路路面均未结冰。

试验路的冲击功率低于20kW，稳定工作功率低于10kW。沥青路面表面升温速率可达6.1℃/h(埋深5～6cm)，水泥路面可达3.9℃/h(埋深7～10cm)。

截止到2011年2月26日，试验路实际消耗电量771kW·h。沥青路面融雪系统共启动146次，运行94.5h；水泥路面融雪系统共启动79次，运行34.4h。累计电费616.8元，运行成本较低，长期使用具有显著的社会经济效益。

五、地源热泵融雪化冰技术

1.地源热泵发展与应用

热泵是利用高位能(如电能)使热量从低位热源流向高位热源的装置。地源热泵是将大地作为热源，夏季向其放热，冬季从中取热，地能分别作为冬季热泵供热的热源和夏季制冷的冷源。广义的地源热泵机组是指所有利用浅层地热能的热泵机组，细分的话可以分为通过地下封闭式水循环与地下土壤换热的土壤源热泵(称为闭系统，图10-28、图10-29)和直接抽取地下水(如井水)利用地下水热量的地下水源热泵(称为开系统，图10-30)。地源热泵与空气源热泵相比，具有效率高、运行稳定的优势，采用地源热泵制冷时机组效率可达5.0，制热时效率可达4.5。

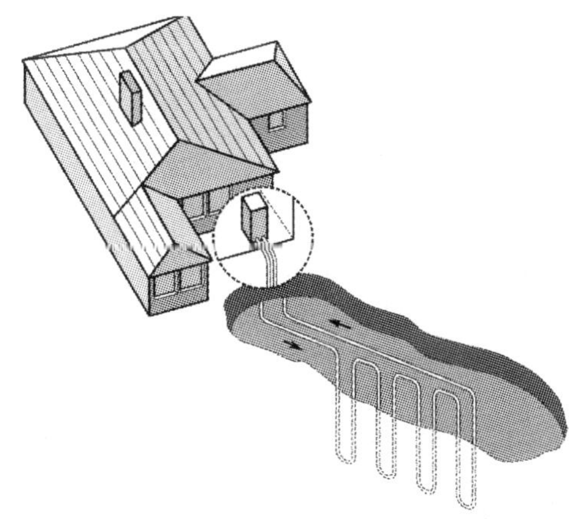

图10-28　管道U形垂直布设的闭系统示意图

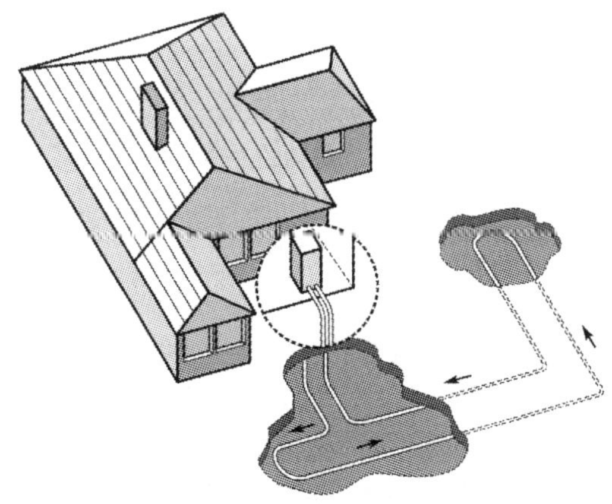

图10-29　管道水平布设的闭系统示意图

早在1912年，瑞士人H. Zoelly就提出了土壤源热泵应用的思想，但大规模应用直到第二次世界大战结束后才在欧美兴起。1973年"能源危机"以后，地源热泵的研究安装在欧美等国大量出现。进入20世纪90年代，地源热泵的应用和发展进入了一个新阶段。1998年，美国能源部颁布法规，要求在全国联邦政府机构的建筑中推广应用地源热泵供热空调系统。目前，地源热泵在欧美热泵装置的市场份额大约是3%。在中北欧，如瑞典、瑞士、奥地利以及意大利、德国等国家，主要利用浅层地热资源，用于室内地板辐射供暖及提供生活热水。据1999年统计，家用供热装置中，地源热泵所占比例瑞士为96%，奥地利为38%，丹麦为27%。

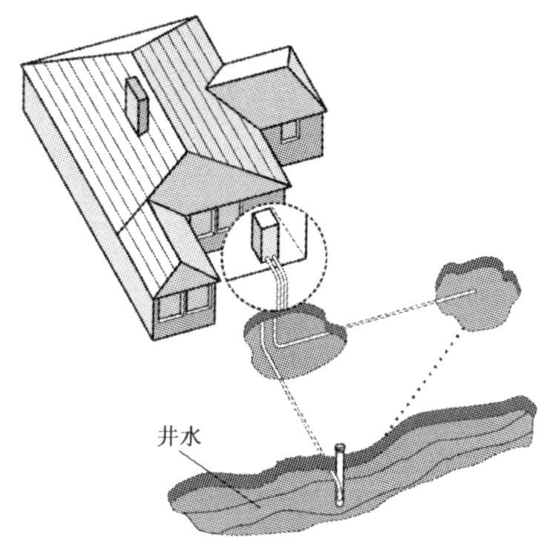

图10-30 利用井抽取地下水作为热源的开系统示意图

国内的地源热泵技术应用起步较晚，近些年已开始产业化，并处在高速发展阶段。从20世纪80年代起到1998年，主要以天津大学和天津商学院为主进行土壤热泵模拟试验；1998年后，重庆建筑大学、湖南大学、天津大学、山东建工学院、清华大学等院校在理论研究和试验研究方面取得一定成果。最初的地源热泵工程主要是国内一些工程公司代理国外产品，近些年国内也出现了设备厂商和越来越多的工程公司。

2.地源热泵融雪化冰技术

地源热泵融雪化冰技术实质上是地源热泵技术的一项具体应用，利用地源热泵技术的基本原理和主要设备，通过特定工艺改造，实现利用地源热融化道路路面冰雪的目标。该项技术可以提高能源利用率，而且清洁环保，适合于机场、桥面和高速公路的长大纵坡等局部路段的融冰雪的需要。

地球本身是一个巨大的热平衡体，距地面15m以下的土壤温度几乎常年保持恒定，受地面温度波动影响不大。因此，夏季地下土壤的温度低于地面温度；而在冬季，地下土壤温度却远高出地面温度。公路地源热泵融冰技术就是根据这一现象在夏季将地面的太阳能通过导热方式传至介质并通过介质在地下土壤放热储存，冬季通过换热介质将这些热量提取出来为路面融雪，从而改善冬季的路面状况，减少交通事故的发生。

公路地源热泵融雪化冰系统通常以水为载体，夏季借助水泵系统，通过水平埋管与太阳曝晒的高温路面循环换热，将获取的热量储存于地下土壤；冬季则通过地下垂直埋管与土壤进行换热，利用水泵系统将夏季储存的地表热能提升至水平埋管中，与路面进行换热，抑制积雪结冰。按运行季节划分，融冰系统可分为两种工作模式：

(1)夏季蓄热模式。夏季气候炎热，没有植被的高速公路路面在强烈的太阳辐射下更是变得高温炽热；太阳辐射热以导热的方式传至传热介质，经循环泵流向地下深处；在土壤深处，吸热温度升高的传热介质通过管壁向周围土壤放热，此热量通过土壤储存；放热后的冷却介质温度降低，通过循环系统流向地上；在融雪系统水平埋管内的循环水通过流动不断吸收路面下的土壤热量，使水温升高；随后通过循环水泵回到更深的地下垂直埋管。如此连续循环，便可将地面的热量源源不断地输送到地下，从而达到蓄热的目的。

(2)冬季融雪模式。冬季天气寒冷，地面温度较低，路面积雪和冻冰严重影响车辆行驶。这时系统埋管中的循环介质从地下垂直埋管附近的土壤吸收夏季储存热量，温度升高；在循环泵的作用下到达接近地面水平埋管，与低温地面换热，释放热量，从而起到融雪的作用；放热后，循环介质温度降低，经循环泵流入温度较高的垂直埋管区域吸热后，继续回到水平埋管附近向地表放热。如此循环往复，热量不断从地下输送到地面，保持路面温度在 0℃以上，从而大大改善路面状况，进一步保证行车安全。

地源热泵融雪化冰系统具有夏季降低路温、冬季提高路温的双重作用。夏季有效降低路面温度，有助于减少路面热蚀破坏，提高道路寿命，对于交通负载较重的特殊路段尤为必要；冬季提高路面温度，可以防止路面结冰，特别是在易结冰的匝道、桥梁、陡坡等特殊路段，对于确保重车爬坡通过和交通安全特别重要，这是此项技术极具发展前景的优势所在。

地源热泵融雪化冰技术在瑞士、芬兰、日本等发达国家开展较早。目前在国外特别是日本，由于对环境的要求比较高，对于融雪剂的使用有着严格的限制，所以使用可再生能源针对公路路面融雪的工程比较多，并且从工程设计施工到系统的数据采集建立了完善的工程应用和实践设计理论。地源热泵融雪化冰系统组成示意图及其管道在路面的布设见图 10-31、图 10-32。

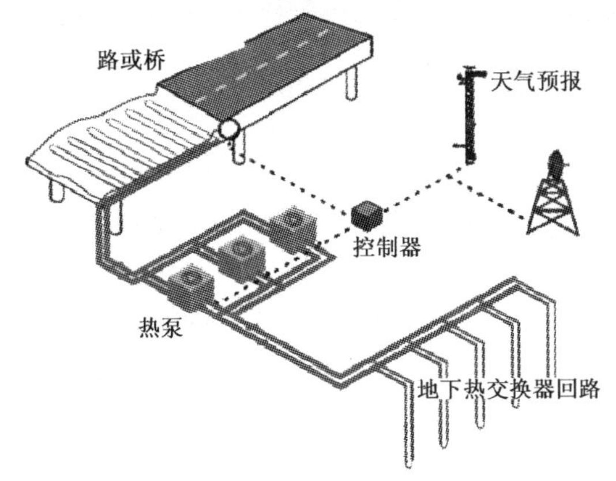

图 10-31　地源热泵融雪化冰系统组成示意图

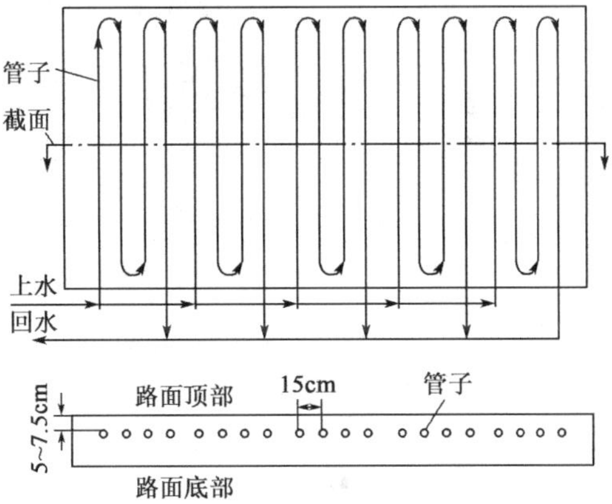

图 10-32　典型的热力融冰雪管道在路面的布设图

截至目前，国内尚未有真正意义上的地源热泵融雪化冰系统实施案例，仍处在试验研究阶段。2007 年，哈尔滨工业大学通过国家“十一五”科技支撑项目“环保型道路建设与维护技术”，开展了土壤源热泵融冰雪技术的研究工作，并取得阶段性成果。天津大学研究人员以地源热泵技术为基础，结合天津高速公路的实际地理情况，针对高速公路一个收费站 1 500m^2 的收费岛附近路面进行地源热泵融雪化冰系统设计，分别就系统的热量负荷、地下埋管、水泵等系统匹配及自动控制系统等几个方面进行计算和设计，还对地源热泵融雪化冰系统的经济及环境效益进行了分析。各融雪方式初期投资和年运行费用如表 10-5 所示。

各融雪方式费用比较　　表 10-5

融雪方式	地源热泵技术	发热电缆技术	融雪剂
年运行费用(元)	3 240	97 200	6 097
初期投资(万元)	30	15	20

注：上表费用估算是以公路融冰雪面积 1 500m^2、年降雪 15d 为前提。

六、防结冰融雪剂自动喷洒系统

1. 系统概述

防结冰融雪剂自动喷洒系统是一套功能强大的、远程可操控的，并且能够实现自动化的道路防结冰控制系统。系统利用外场站监测路面冰雪状况、路面温度、融雪剂浓度，甚至真实的结冰温度点等数据，来控制路上融雪剂的喷洒量，使其始终保持不多不少，这样既能使路面始终保持不结冰状态，同时还减少了过量使用融雪剂的成本浪费和对环境的污染。安装了这套系统就像在现场驻守了专业的道路维护人员，全天24h实时监测路面状况，第一时间对危险的结冰路/桥面进行维护，保障车辆在最危险的路段(如桥梁、陡坡、急转弯等路段)能够安全地行驶。融雪剂喷洒系统的应用情景见图10-33。

图10-33　融雪剂喷洒系统的应用情景

防结冰融雪剂自动喷洒系统最显著的特点是其主动防结冰的功能，系统根据路面状态传感器、气象环境传感器等监测数据，利用特定的模型算法对路面温度与状态，特别是结冰状态进行早期预警，从而及时触发融雪剂溶液喷洒控制装置，通过采用预先处置和实时处置的不同策略，确保路面不会出现结冰现象，保障路面安全通行条件。融雪剂除冰雪法通常被认为是被动式路面冰雪处置方法，但是由于防结冰融雪剂自动喷洒系统能够起到预防路面结冰的作用，此项技术在本书中归为主动式路面冰雪处置技术。

近些年，防结冰融雪剂自动喷洒系统在瑞士、德国、奥地利、美国(图10-34)等部分欧美国家得到了较多的应用。国内北京市环卫设计科研机构开展了"立交桥自动除雪系统研制与示范工程"课题的研究，并在北京市二环、三环路上的西直门桥、三元桥、马甸桥(图10-35)等部分在雪天易出现交通拥堵的立交桥上安装了融雪剂自动喷洒系统(图10-36、图10-37)，开创了国内研发与应用的先例，取得了宝贵的工程技术经验，收到了良好的示范应用效果，具有一定的借鉴意义。然而，截至目前国内尚无在高速公路上的应用案例。

图10-34　美国Zilwaukee大桥的自动喷洒系统

自动喷洒系统基本上由路面传感器、气象监测站、溶剂储罐、喷嘴、传输管道、传输泵和计算机控制系统组成。路面与气象传感器实时采集路面状况与气象数据，当路面/桥面可能出现积雪结冰的危险时，通过采取人工或自动的模式启动喷洒装置，从而避免冰与路面之间形成坚固的板结，减少融雪剂的使用量。

图 10-35　北京马甸桥上的喷洒装置

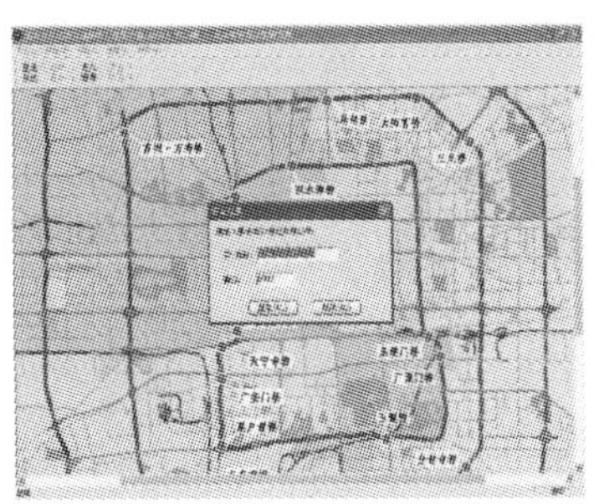

图 10-36　北京市立交桥融雪剂喷洒系统客户端管理控制软件登录界面

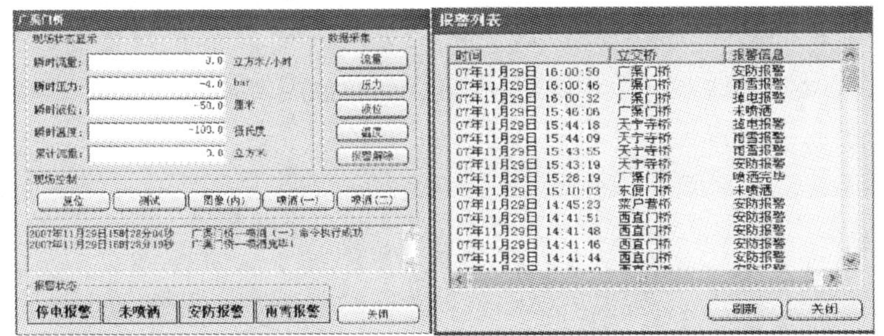

图 10-37　北京市立交桥自动喷洒系统控制界面与报警列表界面

2. 系统构成及功能特点

自动喷洒系统的构成可以分为三个部分：路面结冰早期预警站（路面状态传感器、气象环境观测站），融雪剂喷洒硬件（内部安装有储液罐、传输电子泵等设备的泵房、控制器、融雪剂输送管道、电磁阀控箱组件、喷射嘴组件、供电与通信模块），控制软件。系统示意图见图 10-38。

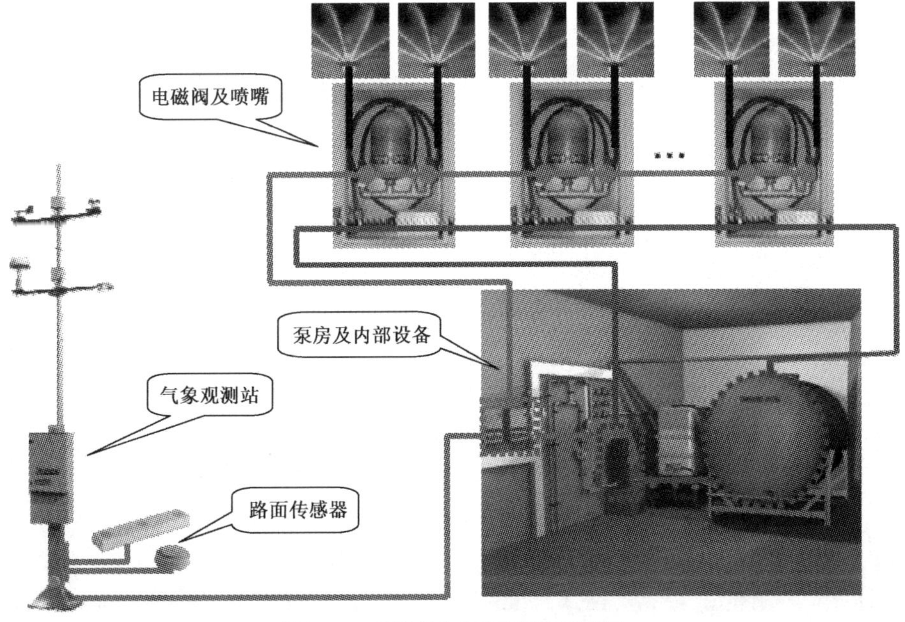

图 10-38　融雪剂自动喷洒系统示意图

灵活的设计允许采用多种方法来触发系统:现场通过按钮触发,远程通过网络连接触发,自动触发,通过使用路面薄冰早期预警系统触发。

1)路面结冰早期预警站

预警站及其相应软件构成的系统通过对天气变化、路面状况的实时监测,获取路面结冰预警信息及路面湿滑信息,通过专用软件可实现提前2h左右的路面结冰临近预报,作为融雪剂喷洒装置触发启动的关键决策。路面结冰早期预警站子系统主要包括气象环境观测站、路面状态传感器以及数据采集与预警软件。气象环境观测站一般由气温、湿度、风速、风向、降水等传感器构成,低能见度频发地方可以配置能见度仪。路面状态传感器必须具备路面温度、路面状态(干燥、潮湿、湿润/积水、冰雪)监测功能,建议具备路面真实冰点温度监测功能。软件负责完成外场监测数据的采集以及路面结冰预警算法的实现。视情况可增设监控摄像机,以进一步提高对路面状况、交通状况与气象状况的监测和确认能力。为保障摄像机全天候工作,建议采用低照度或带有红外功能的摄像机。

2)融雪剂喷洒系统主要硬件

(1)泵房及内部主要设备。

泵房及内部主要设备见表10-6。泵室外形见图10-39。融雪剂储存罐见图10-40。计算机控制系统与电子泵控系统见图10-41、图10-42。

泵房及内部主要设备一览表 表10-6

设　备	功能/用途
泵房	作为摆放泵、储液罐、控制设备的空间
高压水泵	将融雪剂融雪送至管道
取水泵	外部取水用于融雪剂溶液配制
融雪剂溶液储罐	储存喷洒用融雪剂溶液
清水储罐	储存配制用清水
过滤器	过滤水,去除杂质
搅拌器	配制融雪剂溶液时用
配电箱	供电
水位计	融雪剂液位监视与报警
储液罐阀门控制板卡	控制储液罐阀门
外场电磁阀控制板卡	控制外场电磁阀
系统控制器	用于系统集成控制
连接管道、电缆、其他安装附件等	—

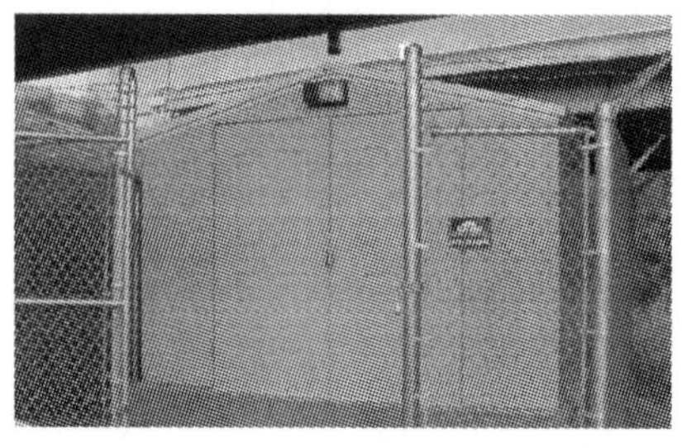

图10-39　泵室外形

图10-40　融雪剂储存罐

图 10-41　计算机控制系统

图 10-42　电子泵控系统

(2)管道、喷洒罐及控制阀组件。

管道和喷洒罐分别起到输送融雪剂溶液和喷洒前储存融雪剂溶液的作用。高压泵将泵房融雪剂溶液储罐中的融雪剂泵入输送管道,融雪剂溶液由泵房通过管道输送到外场喷洒地点。为精确均匀地控制喷射嘴喷洒,融雪剂溶液一般不采用由管道直接进入喷射嘴实施喷洒的方式,而是进入喷洒罐,喷洒罐内的液体具有一定压力,以保障融雪剂喷洒到设定位置。喷洒罐的体积和压力可根据具体需要调整。喷洒罐内溶液的进入和释放由电磁阀组件控制。喷洒罐、控制阀以及喷射嘴一起构成了外场设备最为核心的喷洒单元。桥梁管道布设见图 10-43。控制阀连接见图 10-44。控制阀结构见图 10-45。

图 10-43　桥梁管道布设

图 10-44　控制阀连接

图 10-45　控制阀结构

(3)喷射嘴/喷头。

喷射嘴有两种安装类型,一种是路面埋入式安装(图 10-46),另一种是路侧安装(图 10-47)。通过喷射嘴的组合应用,可以将喷洒融雪剂的范围扩展到 4～6 条车道。喷射嘴及喷洒盘示例见图 10-48～图 10-50。

图 10-46　路面埋入式安装喷射嘴

图 10-47　路侧式安装喷射嘴

图 10-48　大型喷洒盘

图 10-49　小型喷射嘴

以下是瑞士博雄公司针对不同情况给出的融雪剂自动喷洒系统喷射嘴的推荐布设方式，详见表 10-7 和表 10-8。

3）系统管理与控制软件

中心管理软件要实现气象与路面状态监测数据采集（图 10-51）、监测信息管理、路面结冰预警、系统各部件工作状态监控、防结冰自动喷洒控制等功能。系统建议采用 B/S 结构，软件主要功能模块如下：

图 10-50　小型喷射嘴路上实际安装情况

（1）动态地图显示模块。

动态地图显示是平台的主要界面，以地图的方式直接展现各种信息（图 10-52），此界面包含了多种功能，其中有外场站的分布位置、预警信息显示、天气数据实时显示、路面温度地图、视频图像查看等功能。

喷洒盘安装布设方式　　表 10-7

布 设 方 式	适 用 车 道
	单车道
	双向双车道

续上表

布 设 方 式	适 用 车 道
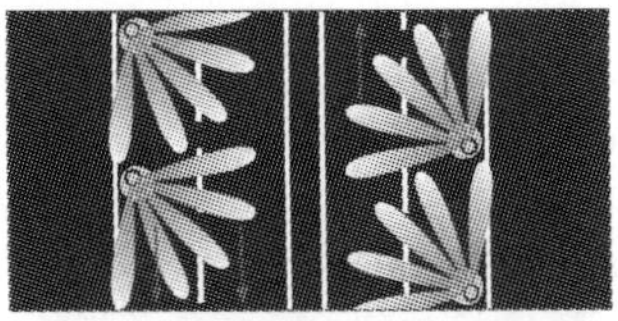	双向四车道，环保经济型布设方式，路肩不喷洒
	双向六车道，喷洒盘安装在最内侧与中间车道中央

喷射嘴安装布设方式　　表 10-8

布 设 方 式	适 用 车 道
	双向双车道
	双向四车道，环保经济型布设方式，路肩不喷洒
	双向六车道

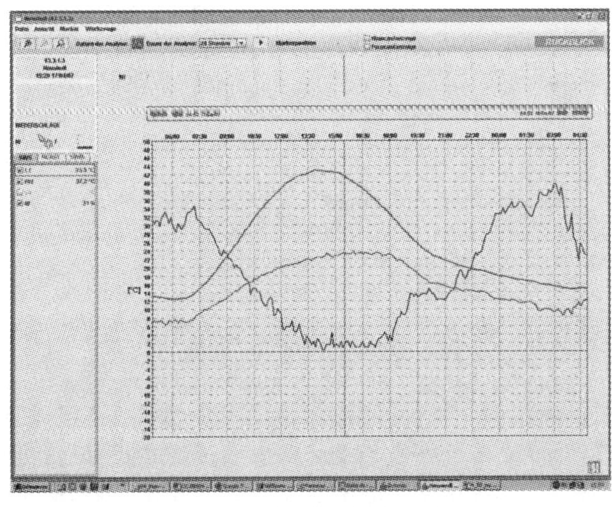

图 10-51　路面状态监测与预测

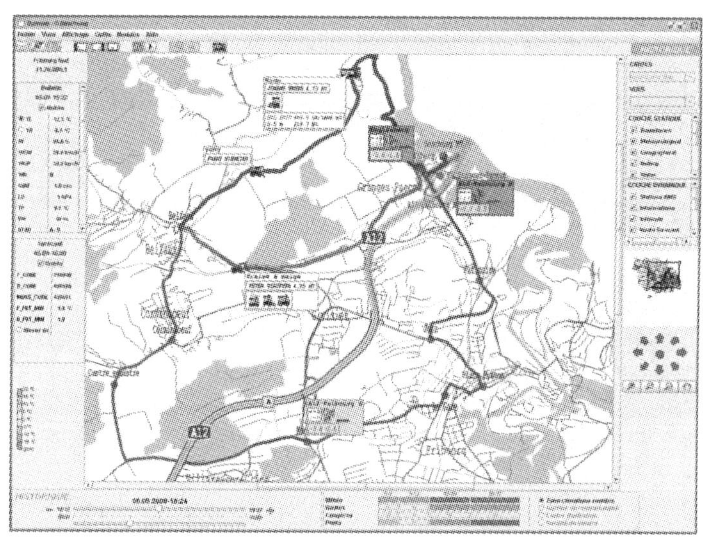

图 10-52　动态地图与数据显示

(2)预警管理模块。

预警管理界面用于查看各种预警的详细信息以及形成原因，同时还可以进行未来变化的预测及视频图像的查看。

(3)喷洒控制模块。

喷洒控制界面用于管理外场融雪剂自动喷洒系统，远程监控泵站融雪剂使用情况及喷洒状态。其功能包括：远程人工启动喷洒控制，融雪剂储液罐和清水罐液位监测，喷洒压力和流量监测，喷洒周期及喷头喷洒序列设置，电磁阀及喷头的清理周期设置，系统工作日志，系统故障诊断和报警。

(4)气象数据管理模块。

气象数据管理界面用于管理所有的天气数据及预警数据，可按列表方式查看历史数据，也可以查看各种温度曲线图及历史预警信息等，并可以下载数据。

(5)参数设置模块。

参数设置界面可以用于设置管理平台的站点信息，如 IP 地址、站点名称等，还可以设置预警阈值的级别参数。

(6)用户管理模块。

用户管理界面用于添加、删除、修改用户信息，同时超级管理员可以设置普通管理员的管理权限等信息。

(7)退出系统。

在完成了管理控制功能后，超级管理员要退出系统，避免其他人员误操作，造成管理混乱。

4)系统功能特点

系统能够根据实时监测到的气象环境与路面温度、冰点等数据，采用特定的算法预测路面结冰或出现黑冰的可能性，并提前预警。当结冰概率或预测时间窗口达到特定阈值时，系统可以自动启动融雪剂喷洒系统，通过精密控制的泵站压力系统准确喷洒适量的融雪剂。系统具备以下特点：

(1)在冰形成之前喷洒融雪剂溶液。

(2)改善道路和桥梁的行驶安全性。

(3)减少化学物质的环境污染。

(4)减少维护人力,降低维护成本,提高维护自动化水平。

(5)系统自动故障诊断功能。

(6)除冰液喷洒时间可以根据路况自动优化决定。

(7)喷洒时间(撒布剂量)可以调整。

(8)适应各种安装环境,适应桥梁和一般路段,可采用地面埋入式或路侧安装。

(9)可以使用各种融雪剂溶液。

(10)喷洒头内置椎体单向阀,避免外界脏物进入,以保证其免维护。

(11)安装简单,维护方便。

参考文献

[1] 中华人民共和国国家标准. GB 5768—2009　道路交通标志和标线[S]. 北京:中国标准出版社,2009.

[2] 包左军,汤筠筠,李长城,等. 公路交通安全与气象影响[M]. 北京:人民交通出版社,2008.

[3] 福建省高速公路建设总指挥部,龙岩龙长高速公路有限公司,福建省交通科学技术研究所,等. 山区高速公路LED雾灯行车诱导系统工程技术研究[R],2008,12.

[4] 杨艳群,卓曦,赖元文,等. 高速公路路侧雾灯控制与设置技术[J]. 公路工程,2009,34(2).

[5] 刘勇. 荧光色在交通标志上的应用[J]. 交通标准化,2010,6.

[6] 张巍汉,何勇,刘洪启,等. 高速公路雾区交通安全保障技术[M]. 北京:人民交通出版社,2008.

[7] 杨志清. 服务于安全运营管理的高速公路网信息系统[D]. 同济大学工学博士学位论文,2008,2.

[8] 朱军功. 高速公路路网事件的信息发布及救援策略研究[D]. 东南大学硕士学位论文,2006,3.

[9] 朱松坚. 交通可变信息标志设计研究[D]. 北京工业大学工学硕士学位论文,2007,5.

[10] 李小强. 可变信息标志(VMS)选址问题研究[D]. 北京交通大学硕士学位论文,2008,5.

[11] 韩苗苗. 可变信息标志的人—机关系研究[D]. 长安大学硕士学位论文,2008,5.

[12] 房根发,陈幼红. 高速公路雾区智能电子诱导系统[J]. 浙江交通职业技术学院学报,2008,9(4):9-13.

[13] 李卫民,李爱民,吴兑. 高速公路雾区预测预报与监控系统[M]. 北京:人民交通出版社, 2005.

[14] 冯民学. 高速公路交通气象智能化监测预警系统研究[M]. 北京:气象出版社, 2007.

[15] 李前程. 京珠高速公路粤境北段雾区交通监控系统方案探讨[J]. 中国交通信息产业,2003(12):100-103.

[16] Li Qinghua, He Hanyuan, Zhu jinhua. Foggy Weather Feature and Forecast along the

Line of Shanxi Speedway[J]. Taiyuan Science & Technology, 2007:50-52.

[17] 程川海,刘凯,路新瀛.醋酸钙镁代替食盐作为融雪剂对钢筋腐蚀性问题的研究[J].公路,2005 (12):137-139.

[18] 陈建滨,董红星.环保型道路融雪剂的研制[J].化学工程师,2004,109(10):65-66.

[19] 唐祖全,李卓球,钱觉时.碳纤维导电混凝土在路面除冰雪中的应用研究[J].建筑材料学报,2004,7(2):215-220.

[20] 李炎锋,武海琴,王贯明,等.发热电缆用于路面融雪化冰的试验研究[J].北京工业大学学报,2002, 32 (3):217-222.

[21] Morita K, Tago M. Snow-Melting on Sidewalks with Ground-Coupled Heat Pumps in a Heavy Snowfall City [A]. Proceedings World Geothermal Congress[C]. Turkey: Antalya, 2005:24-29.

[22] 王贺成,王兮,张清泽,等.土壤蓄热能源系统在公路路面融雪工程中的应用[J].建设科技,2007(17):86-87.

[23] 朱强,赵军,刘益青.太阳能—土壤蓄热技术在公路融雪中的应用[J].建设科技, 2005 (14):70-71.

[24] Tuan, CY. Roca Spur Bridge-the Implementation of an Innovative Deicing Technology [J]. Journal of Cold Regions Engineering, ASCE, 2008,22(1):1-15.

[25] 彭永恒,王敏,张家平,自应力除冰雪沥青混合料的应用[J].黑龙江大学自然科学学报,2006,23(3):391-395.

[26] 洪杰.长大纵坡道路除雪方法与机械组配研究[D].长安大学硕士论文,2010.

[27] 广东省高速公路有限公司京珠北分公司,哈尔滨工业大学.京珠高速公路粤北段灾害气象防治与综合管理技术研究报告[R],2011,3.

[28] Kevin Balke, Praprut, Hongchao Liu, et al. Concepts for Managing Freeway Operations During Weather Events[R]. Texas Department of Transportation and Federal Highway Administration, 2007,2.

第四篇　安全管理技术

本篇重点阐述恶劣气象条件下交通安全管理的相关技术与方法，旨在为交通管理者提供提高和改善恶劣气象条件下交通安全管理水平的实用技术与方法。本篇由三章组成，第十一章介绍了可用于不同恶劣气象条件的各种安全管理与控制对策，给出了各种常见典型管控对策的特点、适用性以及应用条件，针对可变限速控制问题，提出了恶劣气象条件下适合限速值的确定方法和建议标准，给出了事件点上游的推荐速度管理方案，针对冰雪湿滑路面的不利行车条件，提出了路面湿滑指数的概念并给出了在交通安全管理中的具体应用；第十二章阐述了恶劣气象条件对区域路网运行影响的评价和预警等级划分方法，针对雾天和冰雪天气两种典型交通高影响天气，分别建立了公路网通行条件评价指标体系和评价模型，并以模型输出的预警综合指数作为公路交通气象预警等级的划分依据；第十三章针对大雾和冰雪天气分别建立了交通安全管理预案，详细阐述了恶劣天气应对流程及主要安全管理对策、各相关部门职责、分级响应阶段及各阶段工作措施。

第十一章　恶劣气象条件下的安全管控策略

恶劣天气发生情况下对公路网运行进行合理的交通管理与控制，是确保公路网畅通与运行安全的重要手段。本章基于现有研究成果和国内外恶劣天气条件下高速公路安全运行管理的实践经验，重点针对大雾天气和冰雪路面湿滑条件等恶劣气象因素，从可变限速控制、路面湿滑分级及安全管理、常用交通组织与管理策略等方面进行较为系统的研究和总结，给出相应的理论方法和技术方案。此外，还以案例的方式给出典型天气条件下的交通管理策略应用示例。

第一节　恶劣气象条件下的速度管理

一、恶劣气象条件下速度限制值确定方法

本节给出在恶劣气象条件下的适合限制速度的确定方法，并针对典型的恶劣气象，如雾、雨、雪、大风以及短时强降雨天气，给出速度控制标准以及相应的适合限制速度的算例。

1. 恶劣气象条件下适合限制速度的确定方法

速度管理是高速公路交通控制最为常见的手段之一，合理地控制交通流量和流率，对保障道路运行的安全和通畅有重要意义，尤其是在不利气象条件、湿滑路面状况或出现其他交通事件的情况下，更需要依据实时的道路、交通和环境条件，通过可变限速标志来合理调节车速，引导驾驶员安全行驶，同时起到均匀交通流的作用。

1)基于通行能力及能见度与路面状况双重约束条件的适合限制速度

目前，国内外针对实时路况下的车速调节，不少研究都提出了速度控制的标准，但相关研究大多是基于交通流理论分析(如流量速度密度关系、安全车距、停车视距等)或交通仿真方法，由于交通流规律的复杂性，理论分析和交通仿真方法都存在一定的局限性。近些年，随着智能交通技术和交通检测技术的发展，部分研究人员热衷于通过现实交通数据来挖掘客观交通流规律，取得了一定的成果。然而，做到基于整合实测交通、气象以及路面状况等数据信息的研究还几乎没有。

鉴于此，本节提出了一种确定不利气象条件下适合车速的复合方法，能够将理论分析与实证研究成果有机地结合起来。实现思路如图 11-1 所示。

推荐限速值的确定包括三个核心步骤：

(1)确定当前道路和环境下的自由流速度。通过基本停车视距纳入能见度和路面摩擦系数这两个不利气象条件下对交通影响最为突出的参数，同时考虑高速公路几何设计对停车视距的约束，以及路面湿滑条件下的弯道侧滑风险，从理论分析的角度，确定在当前不利气象条件下的自由流速度。

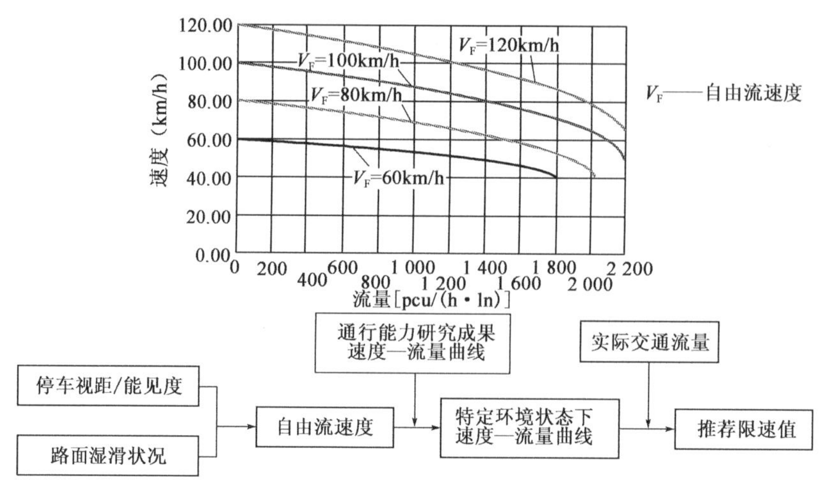

图 11-1　限制速度值确定方法流程图

(2)利用通行能力研究成果来确定当前道路和环境下的速度—流量曲线。通行能力中速度—流量曲线基于大量观测资料，是反映交通流规律的最为客观和权威的成果。自由流速度确定后，可通过插值方法确定当前道路和环境下所对应的速度—流量曲线。

自由流速度可以看作是在交通密度很低的情况下，当前路况所能满足的最大的安全车速，随着流量和密度的增加，交通速度会逐步降低。除通行能力外，同一流量会对应着高速度、低密度和低速度、高密度两种状态。在确保安全的前提下，应使交通流尽可能处于高速度、低密度状态，以提供更高的服务水平，这恰恰是利用通行能力研究成果来确定不同流率下车速的依据和目的。

(3)确定当前流量条件下的推荐限速值。通过查表或根据当期实际流量在速度—流量曲线上找到对应点，便可确定实时道路、交通和环境下的推荐限速值。

2)自由流车速的确定

(1)摩擦系数与停车视距

车辆在高速公路上行驶，驾驶员应能随时看到车辆前方路面上一定距离处的障碍物，车辆与障碍物之间的距离应至少能满足驾驶员采取停车措施，避免相撞所需的距离。从驾驶员发现前方路面有障碍物时起，到车辆在障碍物前完全停止，这一必需的最短安全距离称为停车视距。停车视距的基本公式为：

$$s=\frac{v(t_1+t_2)}{3.6}+\frac{v^2}{254(\varphi\pm i)}+s_{安} \tag{11-1}$$

第一部分为反应时间内行驶的距离，主要决定于行车速度和驾驶员的总反应时间，总反应时间包括判断时间(t_1 可取 1.5s)和做出制动动作的时间(t_2 可取 1.0s)，一般取 2.5s；第二部分为制动距离，是驾驶员开始制动到汽车完全停止时间内行驶的距离，主要取决于地面制动力(路面摩擦系数 φ)，以及高速公路的路段纵向坡度 i(%)；第三部分为安全距离，是汽车停止后距障碍物的距离，一般为 5～10m。

表 11-1 是我国《公路工程技术标准》(JTJ B01—2003)中给出的不同设计速度下的停车视距。制动停车距离随纵坡不同而变化，表中停车视距是采用纵坡为零时的平坦路面而求得的，理论上下坡路段是危险的，上坡则比较有保障。

高速公路、一级公路停车视距　　表 11-1

设计速度(km/h)	120	100	80	60
停车视距 s(m)	210	160	110	75

对于式(11-1),总反应时间取 2.5s,路面摩擦系数取 0.50,最小安全距离取 5m,对不同速度进行计算并取整数得到表 11-2 中的值。

停 车 视 距　　表 11-2

设计速度(km/h)	标准给出的停车视距(m)	停车视距计算值(m)
120	210	202
100	160	153
80	110	111
60	75	75
40	40	45
30	30	33
20	20	22

由表 11-2 可知,标准中给出的停车视距大体上是采用路面摩擦系数为 0.50 左右时的计算值。通常情况下,高速公路干燥路面的摩擦系数为 0.7;雾天由于空气湿度大,道路潮湿,路面摩擦系数不足 0.6;雨天路面摩擦系数只有 0.3～0.4;雪天路面和结冰路面的摩擦系数则在 0.2 以下。由此可见,计算停车视距采用 0.50 摩擦系数值,主要考虑的是天气和路面状况良好的条件。此外,潮湿路面条件通常也能够满足标准规定的停车视距要求。

停车视距是高速公路设计中的关键要素之一。为确保安全,理论上来说,高速公路任何一处都应该满足相应设计速度所对应的停车视距。不考虑路面摩擦系数,对停车视距影响较大的因素主要是地形地物、几何线形、桥隧区等。小半径平曲线处和凸形竖曲线处容易出现视距问题,但高速公路设计速度一旦选定,也就同时确定了曲线半径的最小值,而曲线半径的最小值已经考虑了视距问题。因此,从这个角度分析,高速公路绝大部分路段的视距是非常充足的,设计速度对应下的停车视距一般仅出现在个别线形最不利的位置,也就是说设计速度下的停车视距在大部分路段是能够得到满足的。

摩擦系数不但影响停车视距,也将直接影响车辆横向稳定性。当车辆高速通过小半径平曲线时,如果横向力系数过大,则有可能发生侧滑翻车事故。因此,设计标准规定了不同设计速度下的平曲线半径最小值。圆曲线最小半径的实质是汽车行驶在公路曲线部分时所产生的离心力等横向力不超过轮胎与路面的摩阻力所允许的界限。大量观测表明,路段的极限横向摩阻系数通常都大于 0.30,而设计用的横向力系数(0.10～0.17)占极限横向摩阻系数的比例很小,安全度较高。从这个角度讲,即便是在线形条件最差的圆曲线处,在路面湿润的情况下,车辆仍能以设计速度安全通过曲线,除非是在冰雪打滑的路面条件下。

(2)自由流速度与视距和摩擦系数

停车视距是特定条件下的确定计算值,为使停车视距基本公式更具一般意义,可用视距来替换停车视距,实际视距受公路设计标准和大气能见度的限制,一般取公路设计标准所确定的停车视距和大气能见度两者中的较小值。如果将视距 s 和路面摩擦系数 φ 视为约束条件,那

么速度 v 就是它们的函数，可以表述为 $v=f(s,\varphi)$。综合上面的分析可知，v 实际上是特定设计标准的高速公路在特定的视距和路面抗滑性能下，所允许的最高安全车速。根据交通流理论，在达到通行能力之前，随着流量和密度的增加，车速逐渐下降。因此，v 实际上也表征了流量和密度很低(自由流)条件下的车速。总反应时间取 2.5s，最小安全距离取 5m，则有：

$$v=\frac{\sqrt{635^2\varphi^2+13\,167.36\varphi(s-5)}-635\varphi}{7.2} \tag{11-2}$$

由式(11-2)可知，当视距不变时，路面摩擦系数越大，公路所允许的最高车速越高；同样，当路面摩擦系数不变时，视距越大，公路所允许的最高车速越高。

恶劣天气会给行车安全带来不利影响，除对车辆本身和人的影响外，更主要体现在对环境能见度和湿滑路面状况的影响。当前标准中给出的是天气和路面状况良好条件下的停车视距，而在恶劣天气条件下，停车视距会增加。然而考虑到道路条件本身的限制(所能提供的视距有限)，需要考虑控制车速来适应不利气象条件。考虑到不利交通气象条件会对驾驶员产生影响，驾驶员的反应时间会有所增加，为确保安全，将总反应时间增加至 3.0s，同时采用 10m 的安全距离，则公路所允许的最高车速 v 按下式计算：

$$v=\frac{\sqrt{254^2\varphi^2+1\,463.04\varphi(s-10)}-254\varphi}{2.4} \tag{11-3}$$

如果能见度 S_v 小于设计速度对应的停车视距，则车辆在高速公路上行驶时的实际停车视距由能见度决定。表 11-3 是依据式(11-3)，根据不同能见度和不同路面摩擦系数计算取整后得到的公路所允许的最高车速 v，这一速度可以近似看作是在不利能见度和路面状况下的自由流车速值，记作 v_F。对于设计速度为 120km/h 的高速公路，当能见度低于 210m 时，对 v_F 将产生显著影响。类似的，对于设计速度为 100km/h 和 80km/h 的高速公路，当能见度分别低于 160m 和 110m 时，认为对 v_F 将产生显著影响。从表 11-3 中可以发现，在不同路面摩擦系数条件下，能见度越高，对 v_F 的影响越显著。当能见度在 160～210m 时，路面摩擦系数为 0.50 和 0.20 时的 v_F 平均差值是 30km/h；当能见度在 110～160m 时，v_F 平均差值是 22km/h；当能见度在 40～110m 时，v_F 平均差值是 12km/h。不同路面摩擦系数下能见度—自由流速度曲线见图 11-2。

不同能见度和路面摩擦系数下的自由流车速值(单位：km/h)　　表 11-3

能见度 S_v(m)	路面摩擦系数 φ			φ=0.50 与 φ=0.20 时车速的差值(km/h)
	0.50	0.35	0.20	
40	28	27	23	5
50	36	33	29	7
60	43	39	33	10
70	49	45	38	11
80	55	50	42	13
90	61	55	46	15
100	66	60	50	16
110	72	64	53	19

续上表

能见度 S_v(m)	路面摩擦系数 φ			φ=0.50 与 φ=0.20 时车速的差值(km/h)
	0.50	0.35	0.20	
120	77	69	57	20
130	81	73	60	21
140	86	77	63	23
150	91	81	66	25
160	95	84	69	26
170	99	88	71	28
180	103	91	74	29
190	107	95	77	30
200	111	98	79	32
210	115	101	82	33

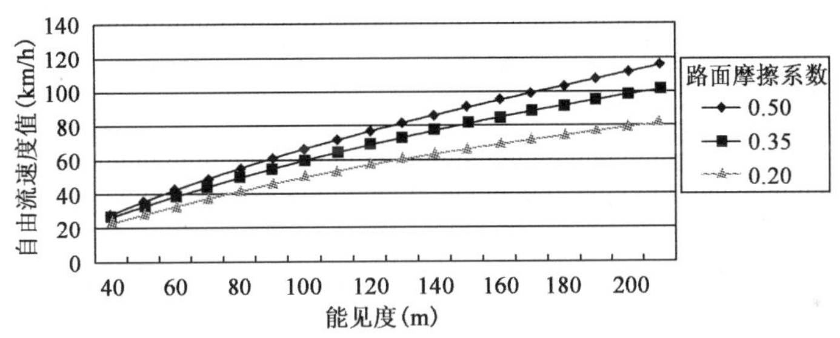

图 11-2　不同路面摩擦系数下能见度—自由流速度曲线

3)不同交通量下推荐限速值的确定

(1)计算原理及步骤

依据交通流理论建立数学模型计算高速公路的实际限速值是通过研究交通流三要素(流速、密度、流量)的相互关系,并结合现有的交通检测手段,达到预测交通流速度的目的。交通流三个基本参数的研究受样本量、观测手段和现状交通现象的影响,而且目前关于速度—流量—密度关系的数学模型还在不断地改进,还没有一个模型能够很好地描述交通流动状态。为使研究结果具有较好的适用性,考虑到我国的《公路通行能力手册》是在对我国多个城市地区进行调查分析的基础上得到的研究成果,适用于我国大部分地区,这里给出基于现有国内通行能力研究成果,通过作图来确定高速公路在不同能见度、不同路面状况、不同流量条件下的适合限速值的方法。

通过作图法来确定速度需要事先确定自由流速度和小客车当量交通量。如果天气和路面状况良好,一般可以将设计速度作为自由流速度;如果出现恶劣气象条件或湿滑路面状况,需要按照停车视距计算公式,依据实际能见度和路面摩擦系数确定,能见度和天气条件可利用公路气象站实时获得,路面摩擦系数可通过实测,或依据已有研究成果,针对天气现象和路面状况来大致确定范围。自由流速度 v_F 确定后,就可以通过插值方法确定一条速度—流量曲线,利用此曲线,根据小客车当量交通量便可以确定车速(推荐限速值)。小客车当量交通量可通过车检器实时获得，再通过车型换算系数换算得到。

根据当前实际天气和路面状况确定自由流速度的方法见上文，本部分重点介绍小客车当量交通量（流率）的计算和推荐限速值的确定方法。

（2）小客车当量交通量的计算

根据实测单方向小时交通量 SF，按照式（11-4）计算实际道路、交通条件下的小时服务交通量 MSF。

$$MSF = \frac{SF}{f_{HV} \times f_{N} \times f_{p} \times N} \tag{11-4}$$

式中：f_{HV}——交通组成修正系数，按式（11-5）计算；

f_{N}——六车道及以上高速公路的车道数修正系数，取 0.98～0.99（此项研究中取 0.98）；

f_{p}——驾驶员总体特征修正系数，通常取 0.95～1.00（此项研究中取 0.95）；

N——高速公路单向车道数。

$$f_{HV} = \frac{1}{1 + \sum p_i \cdot (E_i - 1)} \tag{11-5}$$

式中：p_i——车型 i 的交通量占总交通量的百分比；

E_i——车型 i 的车辆折算系数，高速公路中车型 i 包括中型车、大型车和拖挂车，取值见表 11-4。

高速公路通行能力分析车辆折算系数（小客车当量） 表 11-4

车　型	交通量 [veh/(h·ln)]	实际行驶速度（km/h）			
		120	100	80	60
中型车	≤500	1.5	2	3	3
	500～1 000	2	3	4	5
	1 000～1 500	3	4	5	6
	≥1 500	1.5	2	3	4
大型车	≤500	2	2	3	3
	500～1 000	4	5	6	7
	1 000～1 500	5	6	7	8
	≥1500	2	3	4	5
拖挂车	≤500	3	4	6	7
	500～1 000	5	6	8	10
	1 000～1 500	6	7	10	12
	≥1500	3	4	5	6

根据有关调查结果，我国高速公路上中型车比例大部分在 20%～30%，大型车比例大部分在 5%～15%，拖挂车比例大部分在 10%以下。

在缺乏具体分车型交通量和速度数据的情况下，中型车速度取 100km/h，大型车和拖挂车速度取 80km/h，中型车比例取 20%，大型车比例取 5%，拖挂车比例取 5%。考虑到通常情况下中型车、大型车和拖挂车每车道小时交通量不超过 500veh，由此可以确定上述三类车的折算系数分别是 2、3 和 6，按上式可求得 f_{HV}为 0.645。

(3)不同流率下车速值的确定

由于交通流的速度、密度和流率相互作用，交通流动态特性发生显著变化。密度增加时，道路中行驶的车辆逐渐增多，流率也相应增加，此时，由于车辆间的相互干扰，速度开始下降。当密度持续增加到某一临界值时，交通流的速度会急剧下降，直到密度增加和速度下降导致流率开始减少，这时流率达到最大值，也就是通行能力值。当密度和流率较小时，同向交通流之间的相互影响较小，密度和流率的增加引起的速度降低并不十分显著。

当接近通行能力时，交通流中的可利用间隙很少；而达到通行能力时，交通流中不再有可利用的间隙，因此，交通流中发生微小的扰动(包括车辆换道、汇入、驶出以及交通流内部的随机影响)都可能导致严重的交通阻塞。当交通流在达到或接近通行能力状况时，很难长时间保持稳定状态，会演变成强制流或阻塞流。除通行能力外，任何流率都对应着两种不同的交通状况，一种是高速度和低密度，另一种是高密度和低速度。速度—流量曲线在整个高密度、低速度的部分是不稳定的，它代表强制流或阻塞流，对应着四级服务水平的下半部分；在低密度、高速度的部分是稳定流范围，代表自由流、稳定流，对应着一级到三级以及四级服务水平的上半部分。

从交通管理的角度而言，在同样流率的情况下，应尽可能使交通流处于高速度、低密度状况，使服务处于较高的水平。因此，在流率未达到通行能力以前，采用作图法确定的 v_s 值，就可以作为当前道路、交通和环境条件下的推荐限速值。如果车辆能够较好地按 v_s 值行驶，那么将从安全和机动性双方面获得最优。如果流率接近或达到甚至超过通行能力，流量、速度、密度间不存在确定规律，由于此时交通流处于紊乱状态，此时的推荐限速值可采用交通流率达到通行能力时的临界速度，而不必考虑交通流的大小，主要基于两方面的考虑：一是临界速度都低于 50km/h，另外由于高密度的交通状况，车辆行驶速度也不可能太高，总体事故风险不大；二是从尽快恢复交通、提高通行效率的角度，此时可不考虑流率、密度对速度的影响，以临界速度值作为推荐限速值引导车辆通行。

通行能力研究成果中，给出了设计速度(自由流速度)分别是 120km/h、100km/h、80km/h 和 60km/h 时的速度—流量曲线(图 11-3)，对于其他值的自由流速度，可通过差值法确定其相应的速度—流量曲线。小客车当量交通量以 200pcu/(h·ln)为增量单位，各当量交通量下的速度值按下式计算：

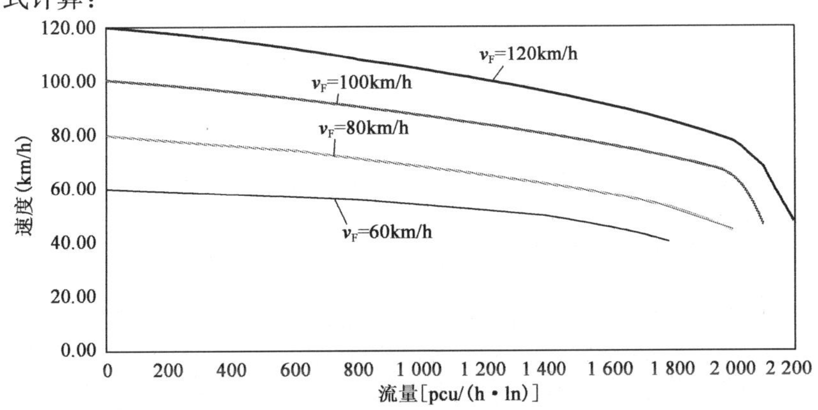

图 11-3　速度—流量曲线图(摘自公路通行能力“九五”科技攻关项目)

$$v_s = v_1 + \frac{v_F - v_1}{20}(v_2 - v_1) \tag{11-6}$$

式中：v_1，$v_2 \in$ (120km/h，100km/h，80km/h，60km/h)，且 $v_1 < v_F < v_2$。

表 11-5 给出 v_F 以 5km/h 为增量单位，小客车当量交通量 *MSF* 以 200pcu/(h·ln)为增量单位时，各种自由流速度和小客车当量交通量下的 v_s 值。

不同服务流率下的 v_s 值(单位：km/h)　　表 11-5

MSF [pcu/(h·ln)]	v_F(km/h)												
	120	115	110	105	100	95	90	85	80	75	70	65	60
0	120	115	110	105	100	95	90	85	80	75	70	65	60
200	118	113	108	103	98	93	88	83	78	73	69	64	59
400	115	110	106	101	96	91	86	81	76	72	67	63	58
600	112	107	103	98	93	88	84	79	74	70	66	61	57
800	108	104	99	95	90	85	81	76	71	67	64	60	56
1 000	104	100	96	91	87	82	78	73	68	65	61	58	54
1 200	100	96	92	88	84	79	75	70	65	62	59	55	52
1 400	96	92	88	84	80	76	71	67	62	59	56	53	50
1 600	91	87	84	80	76	72	67	63	58	55	52	49	46
1 800	85	82	78	75	71	67	62	58	53	50	47	43	40
2 000	78	75	72	68	65	60	55	50	45	—	—	—	—
2 200	48	—	—	—	—	—	—	—	—	—	—	—	—

下面给出一个简单算例：

某高速公路单方向小时交通量为 2 000veh/h，双向四车道，当前能见度 170m，路面状况良好，试确定当前推荐限速值。

(1)确定小时服务交通量 *MSF*

$MSF = SF/(f_{HV} \times f_N \times f_p \times N) = 2\,000/(0.645 \times 1 \times 0.95 \times 2) = 1\,632$pcu/(h·ln)

(2)确定自由流速度 v_F

能见度 170m，路面状况良好，摩擦系数取 0.50，查表得 v_F=99km/h。

(3)确定推荐限速值 v_s

令 *MSF*=1 600pcu/(h·ln)，v_F=100km/h，查表 11-5 得 v_s=76km/h，四舍五入取 10 的整数倍，最终得到推荐限速值 v_s=80km/h。

2. 恶劣气象条件下的速度控制标准与算例

1)恶劣气象条件下的速度控制标准

为方便查表操作，将不同能见度和路面摩擦系数条件下的自由流速度 v_F 近似到 5 的倍数，见表 11-6。考虑到实际中采用的限速值都为 10 的整数倍，因此，将不同流率、不同自由流速度下的推荐限速值四舍五入到 10 的整数倍，见表 11-7。

不同能见度和路面摩擦系数条件下的自由流速度 v_F(单位:km/h)　　表 11-6

能见度 S_v(m)	路面摩擦系数 φ		
	0.50	0.35	0.20
200	110	100	80
190	105	95	75
180	105	90	75
170	100	90	70
160	95	85	70
150	90	80	65
140	85	75	65
130	80	75	60
120	75	70	55
110	70	65	55
100	65	60	50
90	60	55	45
80	55	50	40
70	50	45	40
60	45	40	35
50	35	35	30

不同流率、不同自由流速度下的推荐限速值 v_s(单位:km/h)　　表 11-7

MSF [pcu/(h・ln)]	v_F(km/h)												
	120	115	110	105	100	95	90	85	80	75	70	65	60
200	120	110	110	100	100	90	90	80	80	70	70	60	60
400	120	110	110	100	100	90	90	80	80	70	70	60	60
600	110	110	100	100	90	90	80	80	70	70	70	60	60
800	110	100	100	100	90	90	80	80	70	70	60	60	60
1 000	100	100	100	90	90	80	80	70	70	70	60	60	50
1 200	100	100	90	90	80	80	80	70	70	60	60	60	50
1 400	100	90	90	80	80	80	70	70	60	60	60	50	50
1 600	90	90	80	80	80	70	70	60	60	60	50	50	50
1 800	90	80	80	80	70	70	60	60	50	50	50	40	40
2 000	80	80	70	70	70	60	60	50	50	—	—	—	—
2 200	50	—	—	—	—	—	—	—	—	—	—	—	—

自由流速度 v_F 低于 60km/h 时的推荐限速值 v_s 的确定分以下几种情况：$v_F<60$km/h，当服务交通流率不大于 1 000pcu/(h・ln)时，v_s 取 50km/h，当流率大于 1 000pcu/(h・ln)时，v_s 取 40km/h；$v_F<50$km/h，当服务交通流率不大于 1 000pcu/(h・ln)时，v_s 取 40km/h，当流率

大于 1 000pcu/(h・ln)时，v_s 取 30km/h；v_F＜40km/h，不考虑交通流率的大小，v_s 统一取 30km/h。

综合表 11-6、表 11-7 的结果，最终得到典型天气和路面状况下的速度控制标准，见表 11-8～表 11-10。此外，大风条件下和短时强降雨期间的速度控制标准分别见表 11-11 和表 11-12。

(1)雾天速度控制标准

不同流率、不同能见度下的速度控制标准(摩擦系数取 0.50，单位：km/h)　　表 11-8

能见度(m)	流率[pcu/(h・ln)]											
	200	400	600	800	1 000	1 200	1 400	1 600	1 800	2 000	2 200	>2 200
200	110	110	100	100	100	90	90	80	80	70	50	50
190	100	100	100	100	90	90	80	80	80	70	50	50
180	100	100	100	100	90	90	80	80	80	70	50	50
170	100	100	90	90	90	80	80	80	70	70	50	50
160	90	90	90	90	80	80	80	70	70	60	50	50
150	90	90	80	80	80	80	70	70	60	60	50	50
140	80	80	80	80	70	70	70	60	60	50	50	50
130	80	80	70	70	70	70	60	60	50	50	50	50
120	70	70	70	70	70	60	60	60	50	40	40	40
110	70	70	70	60	60	60	60	50	50	40	40	40
100	60	60	60	60	60	60	50	50	40	40	40	40
90	60	60	60	60	50	50	50	50	40	40	40	40
80	50	50	50	50	50	40	40	40	40	40	40	40
70	50	50	50	50	50	40	40	40	40	40	40	40
60	40	40	40	40	40	30	30	30	30	30	30	30
50	30	30	30	30	30	30	30	30	30	30	30	30

(2)降雨时速度控制标准

不同流率、不同能见度下的速度控制标准(摩擦系数取 0.35，单位：km/h)　　表 11-9

能见度(m)	流率[pcu/(h・ln)]											
	200	400	600	800	1 000	1 200	1 400	1 600	1 800	2 000	2 200	>2 200
200	100	100	90	90	90	80	80	80	70	70	50	50
190	90	90	90	90	80	80	80	70	70	60	50	50
180	90	90	80	80	80	80	70	70	60	60	50	50
170	90	90	80	80	80	80	70	70	60	60	50	50
160	80	80	80	80	70	70	70	60	60	50	50	50
150	80	80	70	70	70	70	60	60	50	50	50	50
140	70	70	70	70	70	60	60	60	50	40	40	40

续上表

能见度(m)	流率[pcu/(h·ln)]											
	200	400	600	800	1 000	1 200	1 400	1 600	1 800	2 000	2 200	>2 200
130	70	70	70	70	70	60	60	60	50	40	40	40
120	70	70	70	60	60	60	60	50	50	40	40	40
110	60	60	60	60	60	60	50	50	40	40	40	40
100	60	60	60	60	50	50	50	50	40	40	40	40
90	50	50	50	50	50	40	40	40	40	40	40	40
80	50	50	50	50	50	40	40	40	40	40	40	40
70	40	40	40	40	40	30	30	30	30	30	30	30
60	40	40	40	40	40	30	30	30	30	30	30	30
50	30	30	30	30	30	30	30	30	30	30	30	30

(3)降雪时的速度控制标准

不同流率、不同能见度下的速度控制标准(摩擦系数取 0.20,单位:km/h)　　表 11-10

能见度(m)	流率[pcu/(h·ln)]											
	200	400	600	800	1 000	1 200	1 400	1 600	1 800	2 000	2 200	>2 200
200	80	80	70	70	70	70	60	60	50	50	50	50
190	70	70	70	70	70	60	60	60	50	40	40	40
180	70	70	70	70	70	60	60	60	50	40	40	40
170	70	70	70	60	60	60	60	50	50	40	40	40
160	70	70	70	60	60	60	60	50	50	40	40	40
150	60	60	60	60	60	60	50	50	40	40	40	40
140	60	60	60	60	60	60	50	50	40	40	40	40
130	60	60	60	60	50	50	50	50	40	40	40	40
120	50	50	50	50	50	40	40	40	40	40	40	40
110	50	50	50	50	50	40	40	40	40	40	40	40
100	50	50	50	50	50	40	40	40	40	40	40	40
90	40	40	40	40	40	30	30	30	30	30	30	30
80	40	40	40	40	40	30	30	30	30	30	30	30
70	40	40	40	40	40	30	30	30	30	30	30	30
60	30	30	30	30	30	30	30	30	30	30	30	30
50	30	30	30	30	30	30	30	30	30	30	30	30

(4)大风条件下的速度控制标准

根据有关研究和工程实践，建议当风力达到六级以上(含六级)时，采用表 11-11 所示的速度控制标准。

不同风力风速条件下的速度控制标准 表 11-11

风力等级	名称	风速(m/s)	限速(km/h)	
			其他车辆	大巴、篷车、集装箱车辆
6	强风	10.8～13.8	100	90
7	疾风	13.9～17.1	80	70
8	大风	17.2～20.7	60	50
9	烈风	20.8～24.4	40	30
10	狂风	24.5～28.4	20	30
>11	暴风(以上)	>28.5	道路封闭	道路封闭

注：1. 除大巴、篷车、集装箱车辆以外的其他车辆，当风速达到六级以上时，应该同时发布注意大风、注意横风、控制车速等警告信息。

2. 大巴、篷车、集装箱车辆重心高，且侧面面积大，行驶稳定性特别容易受到强横风影响，尤其是在大型桥梁上、山区风口等处。

(5)短时强降雨期间的速度控制标准

在强降雨期间，部分路段的路面可能会出现 1cm 厚的严重积水或水膜，高速公路上的车辆在高速行驶时，发生滑水的风险会大幅增加。发生滑水时的路面积水或水膜厚度范围是比较广泛的，但通常当车速高于 80km/h 时才会发生滑水。因此，需要对强降水期间高速行驶车辆可能发生滑水的情况予以特别考虑。表 11-12 给出的是不同雨强或水膜厚度下的推荐限速值。

短时强降雨时的推荐限速值 表 11-12

1h 雨强(mm)	1min 雨强(mm)	路面积水或水膜厚度(mm)	限速(km/h)
≥15	1.0～2.0	3.0～5.0	110
≥30	2.0～3.0	5.0～7.5	100
≥50	>3.0	>7.5	80

注：由于强降雨会造成能见度下降和路面湿滑，因此，需要先利用观测到的能见度，并采用 0.35 的路面摩擦系数以及交通量来确定限速值，再将得到的限速值与按照上表确定的限速值进行比较，取两值中的较小者。

2)算例

算例 1：某高速公路单方向小时交通量为 3 500veh/h，双向八车道，大雾，当前能见度 140m，路面状况良好，试确定当前推荐限速值。

(1)确定小时服务交通量 *MSF*

$$MSF = SF/(f_{HV} \times f_N \times f_p \times N) = 3\,500/(0.645 \times 1 \times 0.95 \times 4) = 1\,428\text{pcu/(h·ln)}$$

(2)确定推荐限速值 v_s

当前天气为大雾，确定查表 11-8，得到推荐限速值 $v_s = 70\text{km/h}$。

算例 2：某高速公路单方向小时交通量为 1 600veh/h，双向四车道，小雨，当前能见度 400m，中型车、大型车和拖挂车比例分别为 25%、4%、2%，试确定当前推荐限速值。

(1)确定小时服务交通量 *MSF*

中型车、大型车和拖挂车的折算系数分别取 2、3 和 6，则：

$$f_{HV}=\frac{1}{1+\sum p_i\cdot(E_i-1)}=0.70$$

$$MSF=SF/(f_{HV}\times f_N\times f_p\times N)=1\,600/(0.70\times1\times0.95\times2)=1\,203\text{pcu}/(\text{h}\cdot\text{ln})$$

(2)确定推荐限速值 v_s

当前天气为小雨，确定查表 11-9。能见度＞200m，查表时取能见度 200m，得到推荐限速值 $v_s=80\text{km/h}$。

算例 3：某高速公路单方向小时交通量为 2 300veh/h，双向四车道，中雪，当前能见度 350m，试确定当前推荐限速值。

(1)确定小时服务交通量 MSF

$$MSF=SF/(f_{HV}\times f_N\times f_p\times N)=2\,300/(0.645\times1\times0.95\times2)=1\,877\text{pcu}/(\text{h}\cdot\text{ln})$$

(2)确定推荐限速值 v_s

当前天气为中雪，确定查表 11-10。能见度＞200m，查表时取能见度 200m，得到推荐限速值 $v_s=50\text{km/h}$。

算例 4：某高速公路单方向小时交通量为 1 800veh/h，双向四车道，公路自动气象站监测的 1min 雨强达到 2.5mm，当前能见度 150m，试确定当前推荐限速值。

(1)确定小时服务交通量 MSF

$$MSF=SF/(f_{HV}\times f_N\times f_p\times N)=1\,800/(0.645\times1\times0.95\times2)=1\,469\text{pcu}/(\text{h}\cdot\text{ln})$$

(2)确定推荐限速值 v_s

当前天气为大雨，确定查表 11-9，得到推荐限速值 $v_{s1}=60\text{km/h}$。由于当前天气属于强降雨，同时查表 11-12，得到推荐限速值 $v_{s2}=100\text{km/h}$。最终推荐限速值 $v_s=\min[v_{s1},v_{s2}]=60\text{km/h}$。

算例 5：某高速公路单方向小时交通量为 1 000veh/h，双向四车道，中雨，公路自动气象站监测的风力为七级，当前能见度 300m，试确定当前推荐限速值。

(1)确定小时服务交通量 MSF

$$MSF=SF/(f_{HV}\times f_N\times f_p\times N)=1\,600/(0.645\times1\times0.95\times2)=816\text{pcu}/(\text{h}\cdot\text{ln})$$

(2)确定推荐限速值 v_s

当前天气为中雨，确定查表 11-9。能见度＞200m，查表时取能见度 200m，得到推荐限速值 $v_{s1}=90\text{km/h}$。由于风力大于六级，同时查表 11-11，得到推荐限速值 $v_{s2}=80\text{km/h}$。最终推荐限速值 $v_s=\min[v_{s1},v_{s2}]=80\text{km/h}$。

二、事件点上游速度控制技术

当高速公路上遭遇恶劣天气，并同时伴随交通事故或者施工区等状况时，高速公路管理者需要及时对车流就近疏导分流，并根据实际情况关闭部分车道。由于此时事件发生对交通流的影响是向上游逐步扩散，采取这些措施时都需要对事件上游路段的速度缓冲区进行合理限速。速度缓冲区定义为发生事件时的上游路段，在这个上游路段进行有效的速度控制，可以避免事故以及二次事故的发生，同时使路网的通行能力得到高效发挥。下文通过 VISSIM 仿真模拟恶劣气象条件下两种典型处置措施的情形，研究并给出这两种典型措施下的速度缓冲区的推荐限速组合。

1. 仿真方案设计

1)仿真目的

对恶劣气象条件下突发事件采取典型处置措施，在设定的某交通需求条件下，通过对事件点上游速度缓冲区的限速组合仿真，对比分析限速措施实施效果，并总结各措施特点及实施条件，从而为速度缓冲区的限速值以及位置的正确选取提供理论依据。本仿真共模拟三种典型疏导措施的速度缓冲区的限速组合。

2)仿真对象

某段四车道(单向双车道)高速公路，根据不同措施实施的实际道路条件的差别，两种典型疏导措施适用的仿真路段如图 11-4 所示，实心四边形代表事件发生区域，三角形代表道路隔离设施。事件发生路段总长度为 7km，主线车道宽度为3.75m，小汽车比例为 60%，货车比例为 40%。本研究将典型恶劣气象雾天能见度推荐限速值作为仿真情景，限定小汽车期望速度区间为[60km/h，80km/h]，货车期望速度区间为[50km/h，70km/h]。根据通州国道 G103 实际调研结果，驾驶员驾驶行为遵从率为 63%，即有 37%的驾驶员将不遵守限速规则而依旧以原有速度行驶。

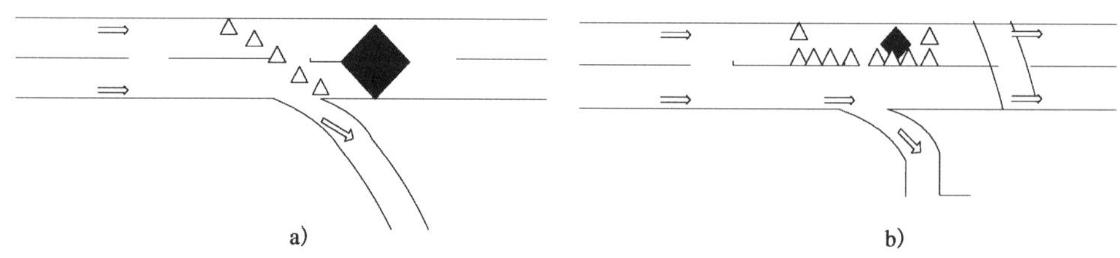

图 11-4 每组典型处置措施限速方案

a)疏导分流模拟路段图；b)内侧车道关闭模拟路段图

3)仿真交通条件

依据《公路通行能力手册》，仿真交通状态分三级：饱和流(交通需求设定为 3 700 辆/h)，稳定流(交通需求设定为 2 600 辆/h)，自由流(交通需求设定为 900 辆/h)。

4)仿真时间

仿真总时间 4 500s，均为事件持续时间。

5)仿真事件

疏导分流，内侧车道关闭。

6)仿真方案组合

对于两种典型处置措施，分别在三级交通流条件下，对两个限速组合进行交通仿真。限速组合 1：事件点上游 2km 处限速 40km/h 以及 4km 处限速 60km/h；限速组合 2：事件点上游 3km 处限速 40km/h；限速组合 3：不采取任何限速措施。每种典型处置措施均有 9 个方案，具体方案编号见表 11-13。

限速方案细表　　表 11-13

限速方案	限速标志个数(个)	第一限速值(km/h)	第二限速值(km/h)	交通流条件(辆/h)
A1	2	60	40	900
A2	1	40	—	900
A3	0	—	—	900
B1	2	60	40	2 600
B2	1	40	—	2 600
B3	0	—	—	2 600
C1	2	60	40	3 700
C2	1	40	—	3 700
C3	0	—	—	3 700

为了对相应的指标采集进行后续仿真评价，在 VISSIM 仿真设置中，在仿真对象道路上设置了 10 个数据检测点，形成 5 个相隔 1km 的数据检测断面，分别位于路段 2.5km、3.5km、4.5km、5.5km 以及 6.5km 处，方便采集断面及路段的速度、流量、行程时间等指标。具体数据检测断面设置位置如图 11-5 所示。

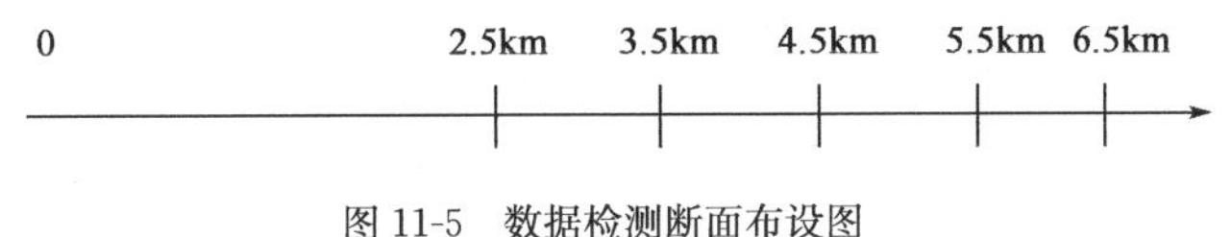

图 11-5　数据检测断面布设图

2. 仿真结果分析

对仿真结果的分析主要建立在对各项评价指标的定性分析与定量分析基础之上。根据交通流特性，本研究将各项评价指标划分为两类：点评价指标与线评价指标。指标分类如图11-6所示。

考虑到仿真中的路网预热过程，四个评价指标都是以 300s 的间隔从第 900s 仿真时间开始记录数据直至第 4 500s 仿真结束，记录的数据将作为评价各方案限速效果的基础数据。对于线评价指标，在路段 7km 即采取措施的事件点处设置排队长度计数器，用来检测整个事件过程中上游车辆的排队长度以及延误；对于点评价指标，通过前述数据检测断面设置得出所需断面速度值以及通过车辆数。

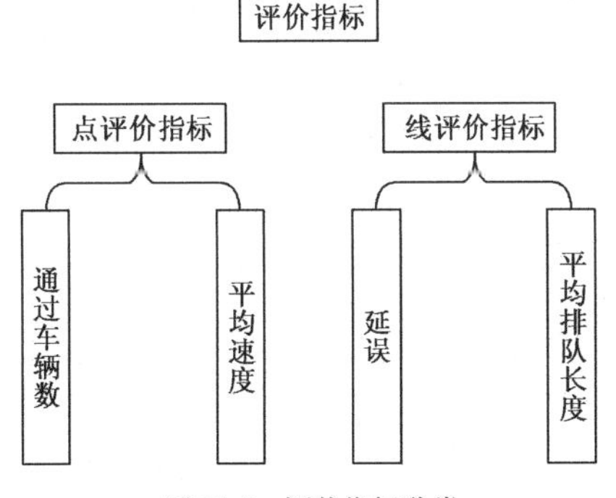

图 11-6　评价指标分类

1)定性分析

对恶劣气象条件下的两种典型事件处理措施的速度缓冲区限速指标分别进行定性分析。鉴于篇幅限制，在分析涉及断面指标(如平均速度、通过车辆数)时，只呈现断面 1 和断面 3 的仿真数据图，文字分析将对每个断面的详细分布进行阐述。

(1)疏导分流措施

三种交通流状况下的九种限速方案的各评价指标的仿真结果如图 11-7～图 11-10 所示。

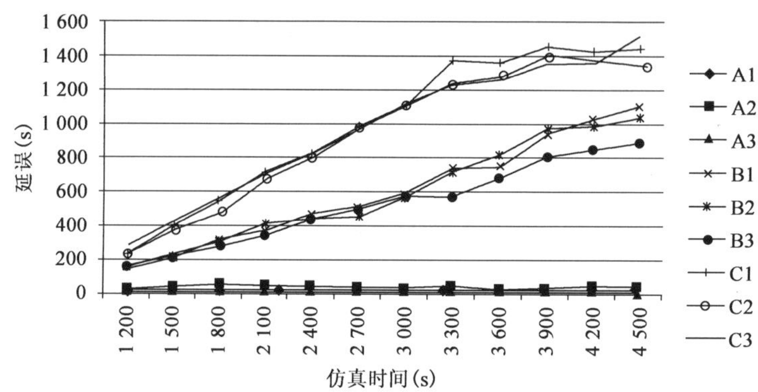

图 11-7 疏导分流措施下仿真方案延误

从延误的仿真结果可以看出，在自由流交通条件下，三个限速方案的延误随时间变化不大；稳定流与饱和流交通条件下，延误均有较大增长。在稳定流情况下，B1、B2、B3 延误增长的比率基本一致，延误值变化波动不大；在饱和流情况下，C1、C2、C3 方案延误值在 3 300s 后增长速度逐渐减缓。

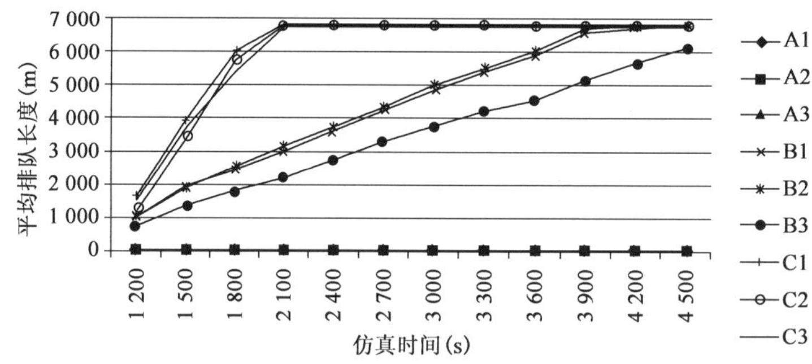

图 11-8 疏导分流措施下仿真方案平均排队长度

从平均排队长度的仿真结果看出，自由流交通条件下，在各时间段基本上不存在排队情况；稳定流情况下，B3、B2、B1 方案达到同一数量级排队长度所需时间基本一致；在饱和流条件下，平均排队长度在 1 200～2 100s 之间快速上升至最高点，2100s 至仿真时间结束其排队长度值并无明显波动。

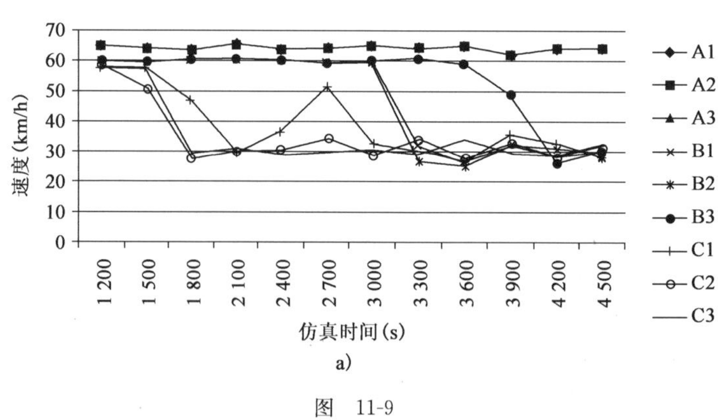

a)

图 11-9

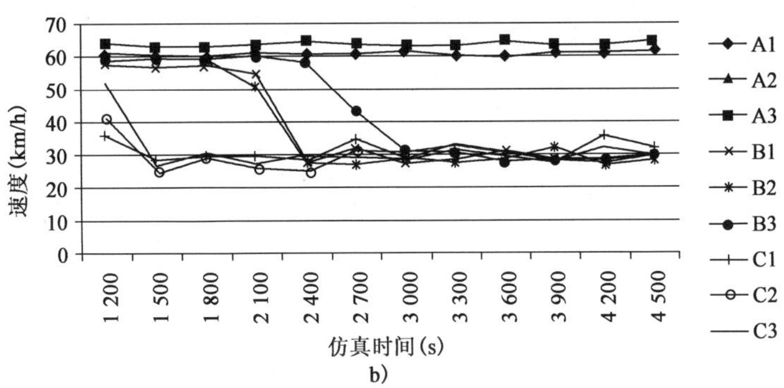

b)

图 11-9　疏导分流措施下仿真方案平均速度

a)断面 1:路段 2.5km 处;b)断面 3:路段 4.5km 处

根据疏导分流措施下各仿真方案的速度变化线形组图,可以对平均速度变化总结如下:在距离事件点最近的断面 5,即路段 6.5km 处,三种交通流条件下各方案的速度变化线形较为平滑,这是由于事件点上游不同位置的限速措施在断面 5 处产生效果以及车辆在临近事件点持续排队;在断面 4,即路段 5.5km 处,稳定流条件下 B1 限速方案的速度值在前 1 800s 仿真时间内有较大降低,这是由于该断面受到方案 B1 第二限速 40km/h 的影响;在断面 3,即路段 4.5km处,自由流条件下限速方案的速度变化线形较为平缓,稳定流条件下的速度变化在前 1 800～2 400s 仿真时间内有较大波动,饱和流条件下的速度变化在 1 200～1 500s 有较大波动;在断面 2,即路段 3.5km 处,自由流条件以及饱和流条件下限速方案的速度变化线形较为平缓,稳定流条件下的速度变化在 1 800～3 000s 仿真时间内有较大波动;在断面 1 处,自由流条件下的速度变化线形较为平滑,稳定流条件下速度变化在 3 000～3 300s 仿真时间内有较大波动,饱和流条件下速度波动较大。

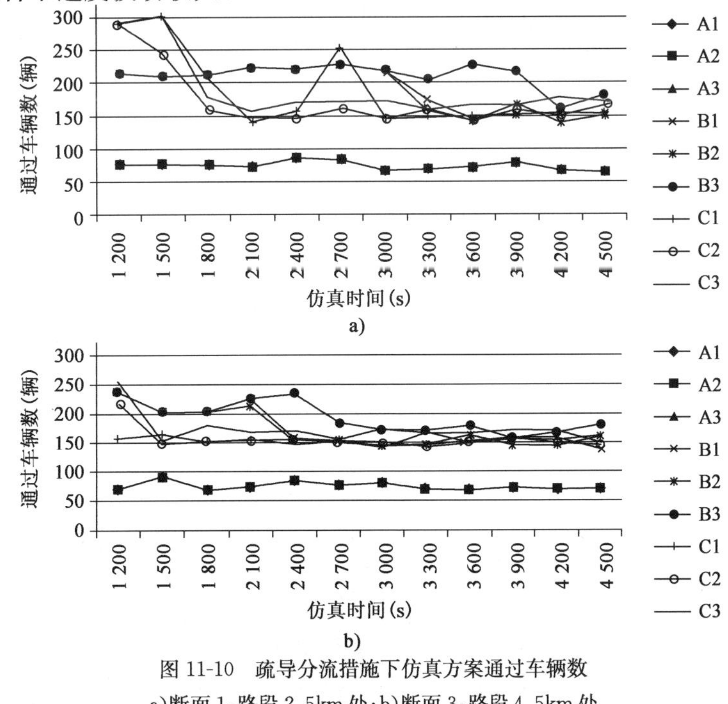

b)

图 11-10　疏导分流措施下仿真方案通过车辆数

a)断面 1:路段 2.5km 处;b)断面 3:路段 4.5km 处

根据疏导分流措施下各仿真方案的通过车辆数变化线形组图，可以对通过车辆数变化总结如下：在距离事件点最近的断面 5，即路段 6.5km 处，三种交通流条件下各方案的通过车辆数变化线形较为平滑；在断面 4，即路段 5.5km 处，稳定流条件下 B1 限速方案的通过车辆数值在前 1 800s 仿真时间内有较大降低；在断面 3，即路段 4.5km 处，自由流条件下限速方案的通过车辆数变化线形较为平缓，稳定流条件下的通过车辆数总体呈减少趋势，在 2 100～2 400s仿真时间内有较大波动，饱和流条件下的通过车辆数变化在 1 200～1 500s 有较大波动；在断面 2，即路段 3.5km 处，自由流条件以及稳定流条件下限速方案的通过车辆数变化线形较为平缓，饱和流条件下的通过车辆数变化在 1 200～1 500s 仿真时间内有较大波动；在断面 1 处，自由流条件以及稳定流条件下限速方案的通过车辆数的变化线形较为平缓，饱和流条件下 C1 方案的通过车辆数变化有较大波动。

（2）内侧车道关闭

三种交通流状况下的九种限速方案的仿真结果如图 11-11～图 11-14 所示。

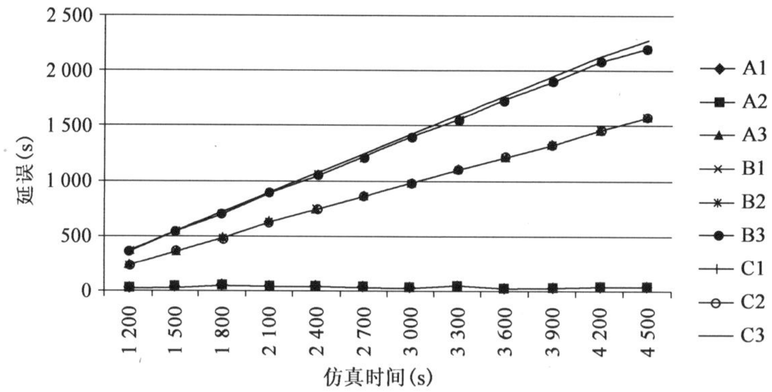

图 11-11　内侧车道关闭措施下仿真方案延误

从延误的仿真结果可以看出，在三种交通流条件下，各个限速方案的延误并无太大波动。饱和流条件下的延误增长速率最高。

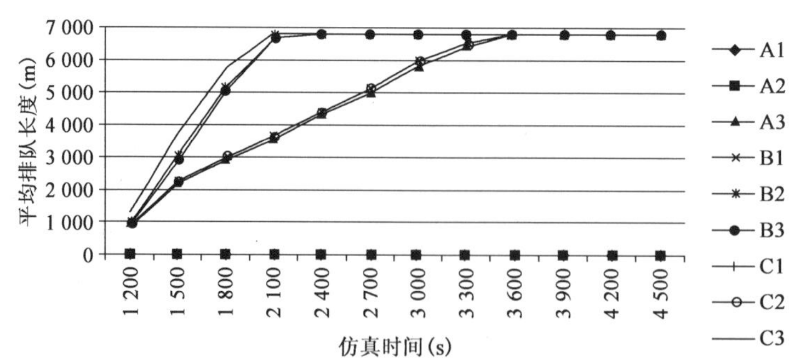

图 11-12　内侧车道关闭措施下仿真方案平均排队长度

从排队长度的仿真结果看出，自由流交通条件下，在各时间段基本上不存在排队情况；稳定流条件下，在 3 600s，排队长度 B2、B1 两个方案平均排队长度变化线形趋于平缓，且排队长度值相差不大；在饱和流条件下，C1、C2、C3 方案在 2 100s 已达到排队长度峰值。

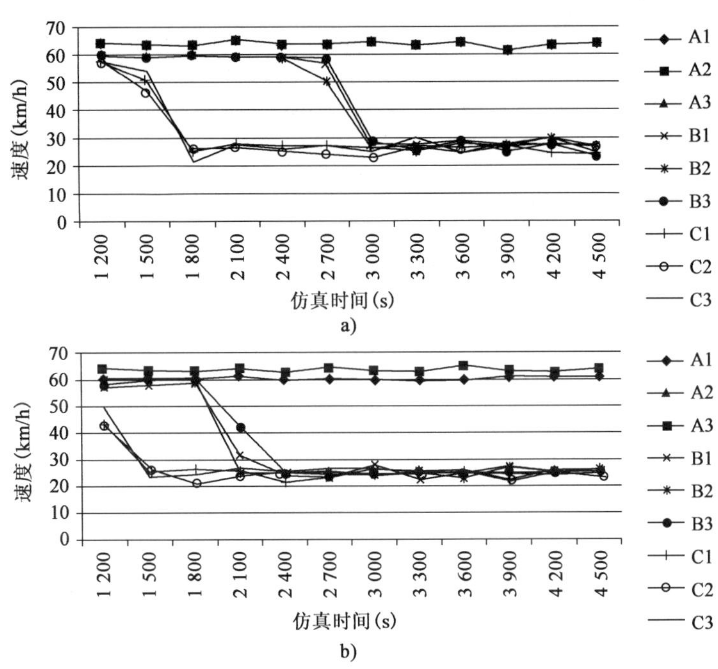

图 11-13　内侧车道关闭措施下仿真方案平均速度

a)断面 1:路段 2.5km 处;b)断面 3:路段 4.5km 处

从内侧车道关闭措施下各仿真方案的速度变化线形可以看出:在距离事件点最近的断面 5,即路段 6.5km 处,三种交通流条件下各方案的速度变化线形较为平滑,这是由于事件点上游不同位置的限速措施在断面 5 处产生效果以及车辆在临近事件点持续排队;在断面 4,即路段 5.5km 处,自由流、饱和流条件下限速方案的速度变化线形较为平缓,稳定流条件下 B1 限速方案的速度值在前 1 800s 仿真时间内有较大降低,这是由于该断面受到方案 B1 第二限速 40km/h 的影响;在断面 3,即路段 4.5km 处,自由流条件下限速方案的速度变化线形较为平缓,稳定流下的速度变化在前 1 800～2 100s 仿真时间内有较大波动,饱和流条件下的速度变化在 1 200～1 500s 有较大波动;在断面 2,即路段 3.5km 处,自由流条件下限速方案的速度变化线形较为平缓,稳定流条件下的速度变化在 1 800～2 700s 仿真时间内有较大波动;在断面 1 处,自由流条件下的速度变化线形较为平滑,稳定流条件下速度变化在 2 700～3 000s 仿真时间内有较大波动,饱和流条件下速度在 1 200～1 800s 波动较大。

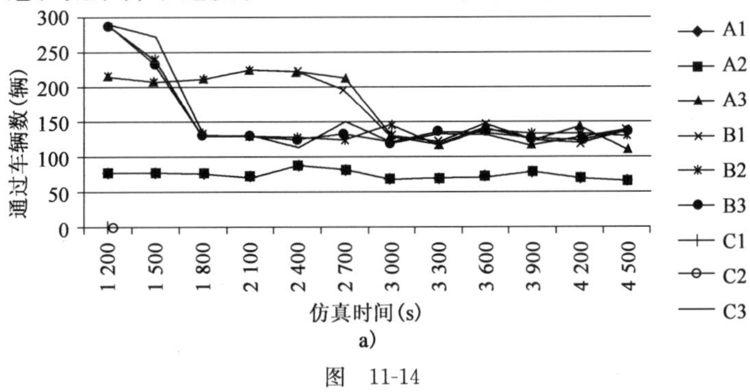

图　11-14

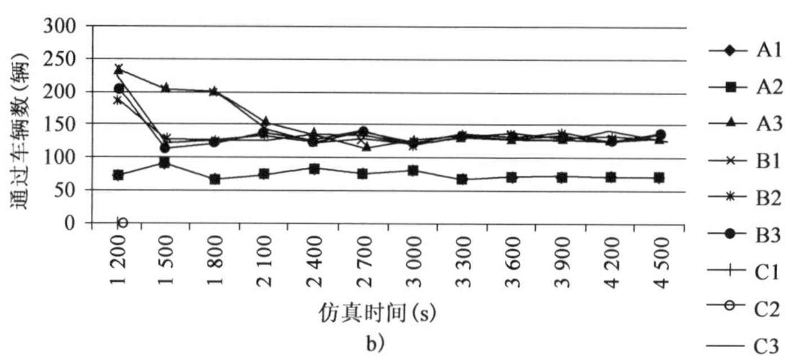

图 11-14 内侧车道关闭措施下仿真方案通过车辆数

a)断面 1:路段 2.5km 处;b)断面 3:路段 4.5km 处

从内侧车道封闭措施下各仿真方案的通过车辆数变化线形可以看出:在距离事件点最近的断面 5,即路段 6.5km 处,三种交通流条件下各方案的通过车辆数变化线形较为平滑;在断面 4,即路段 5.5km 处,自由流条件以及饱和流条件下限速方案的通过车辆数变化线形较为平缓,稳定流条件下的通过车辆数变化在 1 200～1 800s 有较大波动;在断面 3,即路段 4.5km 处,自由流条件下限速方案的通过车辆数变化线形较为平缓,稳定流条件下的通过车辆数在 1 200～2 700s 仿真时间内有较大波动,总体呈减少趋势,饱和流条件下的通过车辆数变化在 1 200～1 500s 有较大波动;在断面 2,即路段 3.5km 处,自由流条件下限速方案的通过车辆数变化线形较为平缓,稳定流条件下的通过车辆数变化在 1 200～2 700s 有较大波动,饱和流条件下的通过车辆数变化在 1 200～1 500s 仿真时间内有较大波动;在断面 1 处,自由流条件下限速方案的通过车辆数变化线形较为平缓,稳定流条件下的通过车辆数变化在 1 200～2 700s 有较大波动,饱和流条件下的通过车辆数变化在 1 200～1 500s 仿真时间内有较大波动。

2)定量分析

从对各评价指标的定性分析不能对限速方案进行比对,因此需要对点、线评价指标分别进行统计以及归一化处理,结果如表 11-14～表 11-16 所示。

线评价指标统计结果 表 11-14

限速方案	疏导分流措施		内侧车道关闭	
	延误(s)	平均排队长度(m)	延误(s)	平均排队长度(m)
A1	24.2	0.083 33	24	0
A2	35.2	0.083 33	33.5	0
A3	11.2	0	11	0
B1	597.4	4 387.92	908.6	4 877
B2	587.8	4 462.75	913.1	4 933
B3	526.6	3 471.83	927.5	4 773.42
C1	989.4	6 070.83	1 303	5 863.58
C2	938.2	5 958.75	1 305.5	5 836.08
C3	968.4	5 982.83	1 336.3	6 011.08

各仿真方案的点评价指标中的断面平均速度以及通过车辆数的原始数据均由 5 个断面的数值构成。

为了衡量每个数据采集断面受下游事故点影响的大小,采用采集断面与事故点的距离的倒数作为权重，对各断面点评价指标进行加权。该方法基于以下思路：离事故点越近的断面，受到事故点影响越大，其反映出的交通运行性能对整个路网的综合交通运行性能贡献越大。

$$S_i = \sum_{j=1}^{5} S_j \cdot a_j \tag{11-7}$$

$$Q_i = \sum_{j=1}^{5} Q_j \cdot a_j \tag{11-8}$$

$$a_j = \frac{\frac{1}{d_j}}{\sum_{j=1}^{5}\left(\frac{1}{d_j}\right)} \tag{11-9}$$

式中：S_i——第 i 方案归一化后的平均速度；

S_j——第 j 断面归一化后的平均速度；

a_j——第 j 断面的归一化重要系数；

Q_i——第 i 方案的归一化后的通过车辆数；

Q_j——第 j 断面归一化后的通过车辆数；

d_j——数据检测面与事故点的距离；

i——仿真方案序号；

j——断面序号。

应用式(11-7)～式(11-9)对速度以及通过车辆数进行归一化处理，经过归一化后的平均速度以及通过车辆数如表 11-15 所示。

归一化点评价指标　　表 11-15

限速方案	疏导分流措施		内侧车道关闭	
	通过车辆数 Q_i(veh/h)	平均速度 S_i(km/h)	通过车辆数 Q_i(veh/h)	平均速度 S_i(km/h)
A1	901	49.88	901	51.1
A2	899	47.29	897	47.83
A3	901	62.91	900	63.24
B1	1 951	37.96	1 672	25.01
B2	1 950	36.86	1 674	24.24
B3	2 144	46.64	1 681	25.61
C1	1 871	31.59	1 589	20.87
C2	1 873	33.88	1 586	20.46
C3	2 048	41.17	1 587	21.03

将量化完毕的点评价指标与线评价指标汇总，如表 11-16 所示。

经过量化的评价指标　　表 11-16

a)疏导分流措施				
限速方案	线评价指标		点评价指标	
	平均延误(s)	平均排队长度(m)	通过车辆数(veh/h)	平均速度(km/h)
A1	24.2	0.083 333	901	49.88
A2	35.2	0.083 333	899	47.29
A3	11.2	0	901	62.91
B1	597.4	4 387.917	1 951	37.96

续上表

限速方案	线评价指标		点评价指标	
	平均延误(s)	平均排队长度(m)	通过车辆数(veh/h)	平均速度(km/h)
B2	587.8	4 462.75	1 950	36.86
B3	526.6	3 471.833	2 144	46.64
C1	989.4	6 070.833	1 871	31.59
C2	938.2	5 958.75	1 873	33.88
C3	968.4	5 982.833	2 048	41.17
b)内侧车道关闭				
限速方案	线评价指标		点评价指标	
	平均延误(s)	平均排队长度(m)	通过车辆数(veh/h)	平均速度(km/h)
A1	24	0	901	51.10
A2	33.5	0	897	47.83
A3	11	0	900	63.24
B1	908.6	4 877	1 672	25.01
B2	913.1	4 933	1 674	24.24
B3	927.5	4 773.417	1 681	25.61
C1	1 303	5 863.583	1 589	20.87
C2	1 305.5	5 836.083	1 586	20.46
C3	1 336.3	6 011.083	1 587	21.03

3.措施决策

基于上面的仿真结果进行最优措施的决策，决策过程主要包括量纲换算、确定目标权数、综合评价与决策三个步骤。

1)量纲换算

一般来说，决策问题的多个目标总是具有不同的量纲，要进行方案评价，首先必须进行量纲换算。通过无量纲加权总和法对表11-16中的各评价指标数据进行量纲换算，经换算后的各值如表11-17所示。

无量纲换算表 表11-17

a)疏导分流措施				
限速方案	线评价指标		点评价指标	
	平均延误(s)	平均排队长度(m)	通过车辆数(veh/h)	平均速度(km/h)
A1	0.462 81	0	0.999 628	0.792 798
A2	0.318 182	0	0.997 104	0.751 654
A3	1	1	1	1
B1	0.881 486	0.791 226	0.909 889	0.813 735
B2	0.895 883	0.777 958	0.909 503	0.790 283
B3	1	1	1	1
C1	0.948 251	0.981 537	0.913 653	0.767 256
C2	1	1	0.914 989	0.822 87
C3	0.968 815	0.995 975	1	1

续上表

b)内侧车道关闭				
限 速 方 案	线评价指标		点评价指标	
	平均延误(s)	平均排队长度(m)	通过车辆数(veh/h)	平均速度(km/h)
A1	0.458 333	0	1	0.808 061
A2	0.328 358	0	0.995 486	0.756 377
A3	1	1	0.999 006	1
B1	1	0.978 761	0.994 441	0.976 323
B2	0.995 072	0.967 65	0.995 48	0.946 284
B3	0.979 623	1	1	1
C1	1	0.995 31	1	0.992 218
C2	0.998 085	1	0.998 323	0.972 848
C3	0.975 08	0.970 887	0.998 723	1

2)确定目标权数

目标权数是对目标的重要程度给予定量估价，它将直接影响评价结果，因此确定目标权数是比较关键的。确定目标权数的方法很多，利用 DARE 评分法确定四个指标的目标权数。DARE 评分法需要对评价指标进行排序并比较，本研究从驾驶员以及管理员两个角度出发，对评价指标进行两种排序，如表 11-18 所示。

指 标 权 数 表　　表 11-18

管理者角度				驾驶员角度			
评价指标	指标评分			评价指标	指标评分		
	暂定分数	修正分数	指标权数		暂定分数	修正分数	指标权数
平均排队长度	1.5	4.5	0.45	平均速度	1.5	4.5	0.45
通过车辆数	2	3	0.3	平均延误	2	3	0.3
平均速度	1.5	1.5	0.15	平均排队长度	1.5	1.5	0.15
平均延误	—	1	0.1	通过车辆数	—	1	0.1
Σ		10	1	Σ		10	1

3)综合评价与决策

综合评价与决策后，各指标效用值的加权值及各措施的综合评价值 w_i 如表 11-19 所示。

综 合 评 价 表　　表 11-19

a)疏导分流措施(管理者角度)					
限 速 方 案	线评价指标		点评价指标		综合评价值
	平均延误(s)	平均排队长度(m)	通过车辆数(veh/h)	平均速度(km/h)	
A1	0.046 281	0	0.299 888	0.118 92	0.465 089
A2	0.031 818	0	0.299 131	0.112 748	0.443 697
A3	0.1	0.45	0.3	0.15	1
B1	0.1	0.356 052	0.272 967	0.122 06	0.851 079
B2	0.088 149	0.350 081	0.272 851	0.118 542	0.829 623
B3	0.089 588	0.45	0.3	0.15	0.989 588

续上表

限速方案	线评价指标		点评价指标		综合评价值
	平均延误(s)	平均排队长度(m)	通过车辆数(veh/h)	平均速度(km/h)	
C1	0.094 825	0.441 692	0.274096	0.115 088	0.925 701
C2	0.1	0.45	0.274 497	0.123 431	0.947 927
C3	0.096 881	0.448 189	0.3	0.15	0.995 07
b)疏导分流措施(驾驶员角度)					
限速方案	线评价指标		点评价指标		综合评价值
	平均延误(s)	平均排队长度(m)	通过车辆数(veh/h)	平均速度(km/h)	
A1	0.138 843	0	0.099 963	0.356 759	0.595 565
A2	0.095 455	0	0.099 71	0.338 244	0.533 409
A3	0.3	0.15	0.1	0.45	1
B1	0.264 446	0.118 684	0.090 989	0.366 181	0.840 3
B2	0.268 765	0.116 694	0.090 95	0.355 627	0.832 036
B3	0.3	0.15	0.1	0.45	1
C1	0.284 475	0.147 231	0.091 365	0.345 265	0.868 337
C2	0.3	0.15	0.091 499	0.370 292	0.911 791
C3	0.290 644	0.149 396	0.1	0.45	0.990 041
c)内侧车道关闭(管理者角度)					
限速方案	线评价指标		点评价指标		综合评价值
	平均延误(s)	平均排队长度(m)	通过车辆数(veh/h)	平均速度(km/h)	
A1	0.045 833	0	0.3	0.121 209	0.467 043
A2	0.032 836	0	0.298 646	0.113 457	0.444 938
A3	0.1	0.45	0.299 702	0.15	0.999 702
B1	0.1	0.440 442	0.298 332	0.146 448	0.985 223
B2	0.1	0.435 442	0.298 644	0.141 943	0.976 029
B3	0.099 507	0.45	0.3	0.15	0.999 507
C1	0.1	0.447 89	0.3	0.148 833	0.996 722
C2	0.099 809	0.45	0.299 497	0.145 927	0.995 233
C3	0.097 508	0.436 899	0.299617	0.15	0.984 024
d)内侧车道关闭(驾驶员角度)					
限速方案	线评价指标		点评价指标		综合评价值
	平均延误(s)	平均排队长度(m)	通过车辆数(veh/h)	平均速度(km/h)	
A1	0.1375	0	0.1	0.363 628	0.601 128
A2	0.098 507	0	0.099 549	0.340 37	0.538 426
A3	0.3	0.15	0.099 901	0.45	0.999 901
B1	0.3	0.146 814	0.099 444	0.439 345	0.985 604
B2	0.298 522	0.145 147	0.099 548	0.425 828	0.969 045
B3	0.293 887	0.15	0.1	0.45	0.993 887
C1	0.3	0.149 297	0.1	0.446 498	0.995 795

续上表

限速方案	线评价指标		点评价指标		综合评价值
	平均延误(s)	平均排队长度(m)	通过车辆数(veh/h)	平均速度(km/h)	
C2	0.299 426	0.15	0.099 832	0.437 782	0.987 039
C3	0.292 524	0.145 633	0.099 872	0.45	0.988 03

对于表11-19中每组的9个方案的综合评价值，$\max\{w_1, w_2, \cdots, w_n\}$对应的第$k$种措施就是最优措施，分别找出在不同交通流条件下的三选一限速方案。经过综合评价值的比对，分别从管理者与驾驶员角度得出两种典型处置措施在三级交通流状态下的优选限速组合，如表11-20所示。

不同交通流状态下优选限速组合　　表11-20

交通流状态	疏导分流措施		内侧车道封闭	
	管理者角度	驾驶员角度	管理者角度	驾驶员角度
自由流	A3＞A1＞A2	A3＞A1＞A2	A3＞A1＞A2	A3＞A1＞A2
稳定流	B3＞B1＞B2	B3＞B1＞B2	B3＞B1＞B2	B3＞B1＞B2
饱和流	C3＞C2＞C1	C3＞C2＞C1	C1＞C2＞C3	C1＞C2＞C3

通过对大雾天气时高速公路事件点上游限速措施的仿真研究，得出以下结论：在事件点上游两处渐进限速在综合指标的表现上略好于仅仅设立一处限速；通过使用DARE评分法得出的综合评价值来看，高速公路管理者与使用者在限速方案的选择上没有太明显的倾向性。

在研究中，仿真环境的构建是基于雾天，为了更好地建立恶劣天气下的事件点限速措施模型，其他典型天气的仿真运行平台的搭建就显得尤为必要，以便为道路使用者、高速公路管理者提供更加准确的决策理论支持。

第二节　湿滑路面条件下的安全管理

一、湿滑指数的概念

面对不利气象条件或灾害给公路交通运输带来的方方面面的影响，目前我国不论是从气象预报(也包括当前开展的公路交通天气预报)，还是从公路运营管理部门的实际工作中，都尚未对路面湿滑状况给予足够的重视，没有通过有效的技术手段对路面湿滑状况进行预报、观测、检测。

现在的天气预报一般会根据当天的天气、气温、风力等情况，向大众提供穿衣指数、洗车指数等天气指数，极大地方便了人们的工作、生活与出行。如果能够根据当前的路面状况，开发出类似天气指数的路面湿滑指数，直观地对路面湿滑程度进行描述，并以适当的、易于理解的方式发布，就能为人们驾驶出行提供决策信息，有利于大众出行和改善道路安全。

鉴于此，本节提出路面湿滑指数的概念，用来描述路面抗滑性能的好坏。路面湿滑指数主要根据采集到的路面实时状况信息(路面潮湿程度、路面温度、滑溜物等)得到，直接反映路面湿滑程度。与天气指数类似，路面湿滑指数也可以用“1级”、“2级”等级数表示，等级数越大，表明路面越湿滑，路面抗滑性能越差，驾驶员越需要控制好行车速度，谨慎驾驶。

路面湿滑指数应当具有较强的管理可应用性与良好的公众可接受性，其用途主要有以下两方面。

(1)为运行管理部门制订控制方案提供参考。管理部门可以依据湿滑指数值判定当前的路面湿滑状况，并与运行管理策略结合起来，动态地调节行车限速值，以提高道路交通安全。若路面湿滑指数值较大，车辆所需的停车制动距离也就较大，为保证高速公路行驶的安全性，需要降低行车速度。管理部门根据当前的路面湿滑指数值确定相应的行车限速值，并及时通过可变情报板发布路面湿滑指数、限速提示、驾车注意事项等警示信息，提醒驾驶员控制车速，为驾驶员出行提供更具价值的信息。

(2)指导驾驶员采取适当的行车措施。驾驶员可以依据管理部门发布的路面湿滑指数、限速提示、驾车注意事项等警示信息，迅速准确地判断出当前路面湿滑状况，并主动调整行车速度，保证行车安全。若路面湿滑指数值较大，则意味着路面抗滑性能较差，驾驶员应降低车速行驶；若指数值较小，则意味着路面抗滑性能较好，驾驶员可按原速或加速行驶。驾驶员根据湿滑指数能够始终使车速与路面状况相符，这样便提高了行驶的安全性。

二、湿滑指数的划分

1. 划分依据

由车辆轮胎受到制动时沿路表面滑移所产生的阻力就是路面抗滑性能，它表示路面可能提供给轮胎的最大附着力(摩擦力)，是轮胎与路面保持良好接触而不滑动的能力。反映路面抗滑性能的重要技术指标是路面摩擦系数。在不考虑路面材料及构造、车辆轮胎状况、车辆行驶速度等因素的条件下，路面实际摩擦系数与路面湿滑状况有显著的关系。例如，相同材料及构造的路面，雨雪天气潮湿路面与晴好天气干燥路面相比，摩擦系数明显减小。一般情况下，路面摩擦系数越大，意味着路面状况越好，车辆行驶越安全；路面摩擦系数越小，意味着路面状况越差，车辆行驶越不安全。因此，路面湿滑指数的划分应主要依据实际路面摩擦系数。路面湿滑指数的提出是为了直观地描述路面湿滑状况，但其实质则为路面摩擦系数。在不考虑路面构造特征的前提下，路面湿滑状态是显著影响路面摩擦系数的因素。路面摩擦系数需要用专用设备测定，主要用于路面技术状况评定，现实中很难根据路面湿滑状况变化进行频繁的数据采集来为交通管理提供决策，比较可行的方式是根据路面湿滑状况来评估路面湿滑指数。从这个角度讲，路面摩擦系数是本质，路面湿滑指数是对路面摩擦系数的表征，而路面湿滑状况是两者之间的“桥梁”，既是路面摩擦系数的主要影响因素，又是路面湿滑指数的主要评估或判定依据，三者间的逻辑关系如图 11-15 所示。

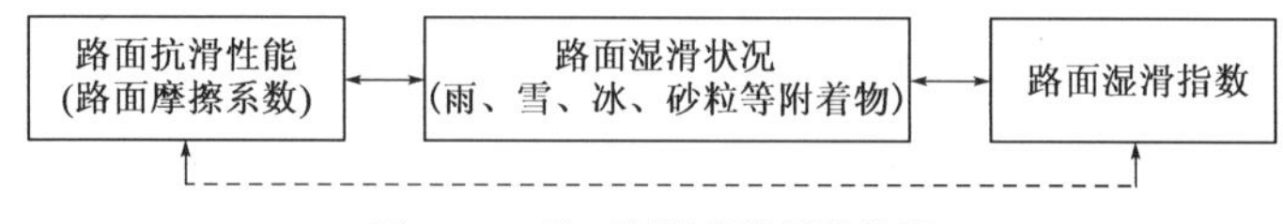

图 11-15　路面湿滑指数划分依据

2. 指数划分

由于受路面湿滑状况的影响，尤其是当路面有冰雪覆盖时，路面摩擦系数常常会在较短的时间里急剧变化。高速公路的设计、建设、养护规范对路面的摩擦系数都有明确的要求，其目的就是要使高速公路的抗滑性能保持在一个安全稳定的范围内，以确保车辆的行驶安全。以下是有关标准规范中路面摩擦系数的相关规定和关于路面摩擦系数与安全关系的研究成果，这些规定和成果将作为路面湿滑指数划分阈值的依据。

《公路沥青路面养护技术规范》(JTJ 073.2—2001)中根据用横向力系数(SFC)或摆式仪的摆值(BPN)表示的路面抗滑系数，将路面抗滑能力分为"优、良、中、次、差"5个等级，如表11-21所示。这一等级划分是以是否需要维修为标准的，即当摩擦系数 FPC≤37(FS≤40)时，必须对公路进行维修，并要求维修后的摩擦系数 FPC≥45(FS≥54)。

路面抗滑能力评价标准　　表 11-21

评价指标	评价等级				
	优	良	中	次	差
横向力系数 SFC	≥50	≥40～<50	≥30～<40	≥20～<30	<20
摆值 BPN	≥42	≥37～<42	≥32～<37	≥27～<37	<27

谢静芳(2006)指出，路面摩擦系数大小与车辆行驶安全有直接关系，根据实际路面摩擦系数的变化范围及其对车辆安全行驶的影响程度，将摩擦系数划分为5个等级，并找出了抗滑性能与实际摩擦系数的关系，如表11-22示。

路面抗滑性能与实际摩擦系数的关系　　表 11-22

抗滑性能	实际摩擦系数	抗滑性能	实际摩擦系数
良好	≥0.65	较差	0.41～0.50
正常	0.56～0.64	很差	0.31～0.40
稍差	0.51～0.55	极差	≤0.30

当路面刚铺筑完而未通车时，沥青面层骨料表面裹附着一层沥青薄膜，摩擦系数未达到理想状态，随着通车以后轮胎对路面的磨耗作用，在短期内摩擦系数将达到最大值，然后大约在1～2年时间内，摩擦系数值将逐渐降低(正常降低幅度在15%～25%范围内)，最终长期稳定在某一个值(通常为0.5)附近，此变化过程如图11-16示。

日本对不同路面条件的路面摩擦系数进行测定，其摩擦系数范围如表11-23示。从表中可以看出，冰、雪、雨对道路抗滑系数有非常大的影响。

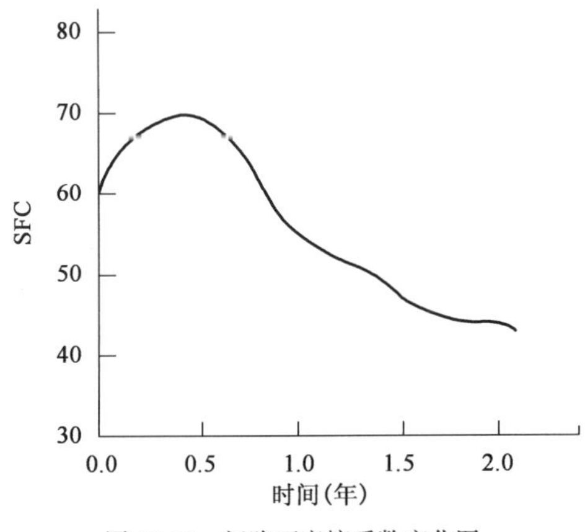

图 11-16　新路面摩擦系数变化图

不同路面状况的摩擦系数范围　　表 11-23

路面状况	摩擦系数范围
非常光滑的冰膜	0.05～0.15
非常光滑的压实雪	0.10～0.20
冰板、雪下有冰板	0.15～0.20
冰膜	0.15～0.30
积雪下有冰板压实的雪	0.20～0.30
积雪、轻度压实的雪	0.25～0.35
浸润路面、干燥路面	0.45～0.65

李松龄、裴玉龙(2007)通过研究发现，在冰雪路面的各种状况中，松软雪路面的附着性能相对好一些，压实雪路面次之，附着性能最差的是结冰路面，并给出了各种状况的具体摩擦系

数值,如表 11-24 所示。

冰雪路面平均摩擦系数　　表 11-24

路　面	峰值摩擦系数	滑动摩擦系数
雪(松软)	0.3	0.20
雪(压实)	0.2	0.15
冰	0.1	0.07

交通运输部公路科学研究所通过调查得出,当摆值(由摆式摩擦仪测定)FPC<35 时,事故将成倍增长,如图 11-17 所示。用 SCRIM 测试车进行测试时发现,一般公路上,雨天事故多发路段大多数 FS(SCRIM 系统测定)均小于 30;在高速公路上,雨天事故多发路段 FS 小于 35,符合摆式仪揭示的路面抗滑性能同事故率的关系。

摩擦系数在很大程度上决定了交通事故率的大小,统计数据如表 11-25 所示。

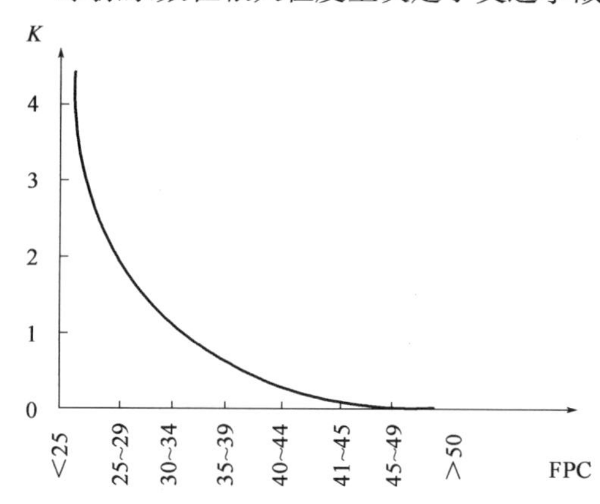

图 11-17　横向力系数 FPC 同事故倍增系数 K 的关系图

不同摩擦系数范围与交通事故率的关系　　表 11-25

摩擦系数范围	交通事故率[受伤人数/(百万车・公里)]
<0.15	0.80
0.15~0.24	0.55
0.25~0.34	0.25
0.35~0.44	0.20

文斌、曹东伟(2006)对高速公路路面抗滑力与交通事故的关系进行了统计分析,他们认为:雨天事故率受 SFC 影响非常显著,雨天事故率在路面 SFC 值较小时较高,随着 SFC 值增大呈减小的趋势,当 SFC 小于 45 时,雨天事故率有急剧上升的趋势。

综合已有研究成果得到以下结论:沥青路面在使用一年后,摩擦系数逐渐趋于稳定。此时,对干燥清洁的路面而言,摩擦系数一般大于 0.5,车辆在这种路面上行驶不存在打滑的隐患,行车非常安全;但对于因降水而覆盖有水膜的路面而言,摩擦系数急剧减小,事故率急剧上升,尤其当摩擦系数小于 0.35 时,交通事故数量将成倍增长;对覆盖有压实雪或冰层的路面而言,路面抗滑性能恶化更加严重,摩擦系数降至 0.2 以下,车辆几乎不能行驶。

综上所述,将湿滑指数划分为 4 个等级:1 级、2 级、3 级、4 级,等级越高,路面摩擦系数越小,路面湿滑状况越差,车辆行驶越危险。本研究认为,将湿滑指数划分为 4 级是比较合理的:级别过多,相邻级别之间的差异性不显著,不易于准确识别,评估结果缺乏指导性;级别太少,相邻级别的区分度较差,无法有效地为管理部门提供参考并为驾驶员提供决策指导。

1)1 级

路面没有覆盖物,车辆轮胎与路面能够完全接触,摩擦系数大,路面抗滑性能良好,路面湿

滑状况良好，车辆可正常行驶，行车比较安全。没有任何覆盖物，干燥清洁的路面通常适用这一级别的指数。

2)2 级

路面有少量覆盖物，摩擦系数较小，路面抗滑性能较好，路面湿滑状况一般，车辆易打滑，比较容易发生交通事故，车辆须适当减速慢行，谨慎驾驶。在小雨或中雨天气，有积水的路面通常适用这一级别的指数。

3)3 级

路面覆盖物较多，摩擦系数小，路面抗滑性能较差，路面湿滑状况较差，交通事故常有发生，车辆必须减速慢行并保持车距，在路况复杂地段，尤其要注意行车安全，尽量不要争道抢行。降雨较多的高速公路、结霜或刚被雪覆盖的路面通常适用这一级别的指数。

4)4 级

路面有大量覆盖物，车辆轮胎完全不能接触路面，摩擦系数很小，路面抗滑性能很差，路面湿滑状况很差，严重影响车辆行驶和道路通行，必要时需要关闭公路。寒冷季节覆盖有压实雪或结冰的路面通常适用这一级别的指数。

当路面湿滑指数达到 3 级或 4 级时，对高速公路交通安全有显著的不利影响。高速公路路面湿滑指数与摩擦系数范围、路面抗滑性能及路面湿滑状况的对应关系如表 11-26 所示。

高速公路路面湿滑指数划分　　表 11-26

摩擦系数范围	路面抗滑性能	路面湿滑状况	路面湿滑指数
≥0.5	良好	干燥清洁	1 级
(0.35,0.5)	较好	小雨或中雨天气，有积水	2 级
(0.2,0.35)	较差	积水较多，结霜或刚被雪覆盖	3 级
≤0.2	很差	寒冷季节，有压实雪或结冰	4 级

三、路面湿滑指数在安全管理中的应用

常用的高速公路安全管理措施主要有限制车速、限制通行车种、进口匝道控制、主线交通分流等。其中，进口匝道控制、主线交通分流等封闭管制措施虽然保障了行车安全，但很可能造成人流、物流的中断，降低行车效率。因此，如何在安全与效率两者之间取得相对平衡，已成为高速公路管理部门必须直面的问题。

车速是驾驶员对周围环境最为直接的反映，同时车速对交通安全有着直接或间接的影响。由于受到路面条件、道路特性、交通条件、天气环境等各种因素的影响，道路上的车辆在很多情况下都不能按其本身的最高车速行驶，驾驶员必须不断变换车速以适应不同的运行条件。尤其在恶劣天气条件下，路面出现潮湿、积雪等湿滑状况，驾驶员很容易对路面状况产生误判，选择不合适的驾驶速度。车速选择不当是公路发生交通事故的重要诱因之一，因此，采用合理的车速管理措施来降低事故发生的可能性就显得尤为重要。车速管理能够帮助驾驶员充分预见路面状况，从而对驾驶速度作出正确的决定。因此，从控制车速的角度讨论安全管理更有实际

应用价值。

考虑到恶劣天气会给行车安全带来较大的不利影响，国内很多高速公路除规定了常规的限速值外（良好天气条件下），也给出了恶劣天气条件下的限速值，但这些限速值的确定主要依据工程技术人员的经验，主观性较强。在已有研究的基础上，本研究基于路面湿滑指数对可变速度控制的车速计算方法进行研究，旨在能够克服经验确定主观性强的不足，并能直接反映当前的路面湿滑状况。

1. 速度管理控制

速度管理控制就是对高速公路交通流的行驶速度进行调节、诱导和警告。目前较为常用的车速管理方法是可变速度控制。当高速公路沿线出现影响行车安全的恶劣天气但未达到实施封闭交通管制措施的标准时，管理部门会通过可变情报板、可变限速标志发布警示信息及限速指令，在一定程度上改善道路的行车安全环境，保证车辆安全通行。速度管理控制的基本原理是依据道路、交通、气候等条件，确定实际条件下的限制速度，据此对交通流进行速度控制。速度管理控制可以作为一种提前报警系统来防止事故发生，尤其是在雨、雪、冰等恶劣气候条件下，能够给出保证安全行驶的行车速度。

根据式(11-3)计算不同设计速度高速公路（停车视距取相应设计速度高速公路的标准值）在不同路面摩擦系数条件下的自由流速度，再根据式(11-6)采用插值算法，取典型的流量值，并结合通行能力速度—流量曲线确定不同交通流率下的速度值，将计算得到的典型流量速度数值对制成散点图并进行曲线平滑拟合处理，便得到各种设计速度高速公路典型路面摩擦系数下的速度—流量图（图 11-18～图 11-20）。

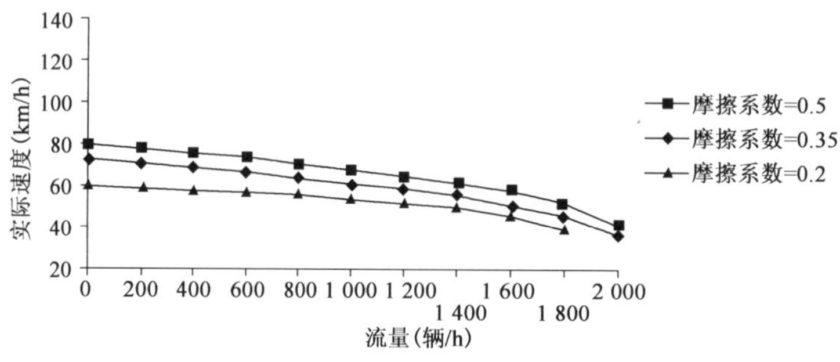

图 11-18　各湿滑指数条件下的实际速度—流量图（设计速度 80km/h）

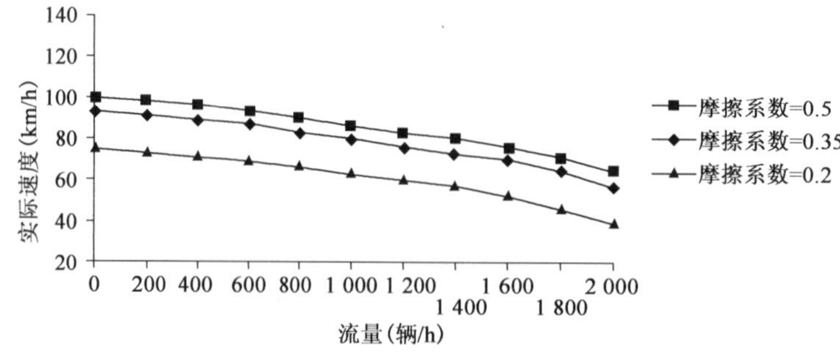

图 11-19　各湿滑指数条件下的实际速度—流量图（设计速度 100km/h）

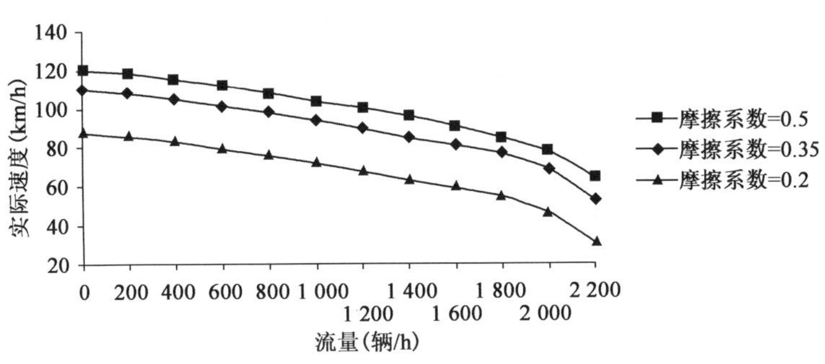

图 11-20 各湿滑指数条件下的实际速度—流量图(设计速度 120km/h)

实现速度管理控制的方法是在高速公路沿线建立由可变限速标志组成的系统,即沿线每间隔一定距离设置一个可变限速标志。管理部门根据实时采集的温度、水膜厚度、砂石/泥土量等路面状况信息,查表 11-20 可得到当前的路面湿滑指数等级。考虑到安全冗余系数,当路面湿滑指数为 1 级时,结合检测到的实时交通流数据,可以查图 11-18～图 11-20 中摩擦系数为 0.50 的曲线,以初步确定限速值。当路面湿滑指数为 2 级或 3 级时,分别查阅图 11-18～图 11-20 中摩擦系数为 0.35 和 0.20 的曲线。当路面湿滑指数为 4 级时,路面摩擦系数通常低于 0.20,不具备安全行车条件,一般采取封闭道路措施,并进行路面养护处置以恢复路面安全行车摩擦系数要求。

上述方法只是初步确定了限速值,实际工作中,管理部门还应综合考虑道路线形、实时交通信息(动态事件)、当前路面状况等信息,对计算出来的限速值进行修正,估算当前交通量下的推荐限速值,然后通过可变情报板、可变限速标志、交通广播等方法将路面湿滑指数与安全行车策略、推荐限速值告知驾驶员,引导车速变化,从而实现对高速公路速度的控制。速度管理控制的效果最终还要取决于驾驶员的服从情况,具体进行速度管理时,还应避免限速值的变化过于频繁。速度管理控制流程如图 11-21 所示。

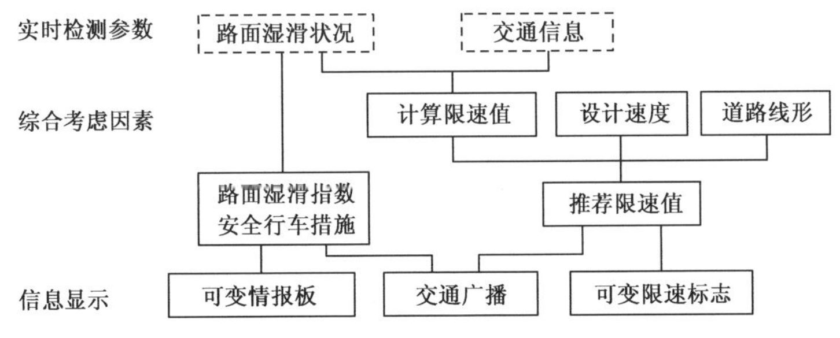

图 11-21 速度管理控制流程框图

2. 安全行车策略

湿滑指数的应用还体现在为驾驶员提供安全行车策略,如表 11-27 所示。表中将交通流状态分为正常、临界、阻塞三种,分别表示实际密度小于临界密度、实际密度达到临界密度、实际密度大于临界密度[1]。

[1] 根据《公路通行能力手册》,各设计速度的临界密度均为 35 辆/km。

高速公路湿滑路面安全行车策略　　表 11-27

路面湿滑指数	交通流状态	行 车 策 略
1 级	正常	正常行驶
	临界	正常行驶，保持车距
	阻塞	前方阻塞，保持车距
2 级	正常	减速慢行，谨慎驾驶
	临界	减速慢行，保持车距
	阻塞	前方阻塞，减速慢行，保持车距
3 级	正常	注意防滑，减速慢行，保持车距
	临界	注意防滑，保持车距，不要争道抢行
	阻塞	注意防滑，前方阻塞，保持车距，不要争道抢行
4 级	正常	注意防滑，减速慢行，保持车距
	临界	注意防滑，保持车距，不要争道抢行
	阻塞	注意防滑，前方阻塞，保持车距，不要争道抢行

第三节　恶劣气象条件下的管控对策

通过研究适宜于恶劣气象条件下公路网交通流组织的各种管理控制方法及相应管理对策，给出详细的公路网交通流组织的各种管理方法/对策的决策准则，在此基础上研究恶劣气象条件下发生灾害事件时，重大基础设施及其关联路网交通流安全管理决策准则。

一、常用的各种公路交通管控对策

根据管理控制方法的特征，路网交通安全管理对策可划分为四大类。

(1)分离类对策：也称为车道管理对策，即对行车道的行驶使用进行控制管理，以确保交通安全并方便应急事件的处理。

(2)车辆行驶限制类对策：对车辆的最高运行速度、车辆之间的最小运行间距、允许通行车型等进行限制，具体的车辆行驶限制对策由恶劣天气事件的种类、等级及道路条件确定。

(3)流量限制类对策：对进入管理路网或某个路段的交通流量进行限额控制。恶劣气象应急事件下路网或路段的通行能力和服务水平一般都不同程度地降低，当通过路网或路段的交通需求超过设施的通行能力或所容许的安全运营风险水平时，适当限制进入路网或路段的交通流量是必要的，有助于改善运营条件，保障运营安全。

(4)分流诱导类对策：在公路网发生恶劣天气事件时对进入路网的交通流进行网内分流路径诱导、入网指导或入网流量限制，使交通流在空间和时间的分布上有利于路网安全运营。

出于实际工作的需要，上述交通安全管理对策都包含数种更具体的管理对策，详细分类介绍如下。

1.分离类对策

分离对策是交通安全管理最基本的对策之一，主要通过对车道使用进行控制，将车辆进行横向空间分离来实现交通安全。

车道使用控制不仅是提高运营安全状态和道路通行能力的紧急交通控制手段，也是向救援车辆提供优先服务的手段。根据实际需要，分离类对策细分为以下 5 种。

1)车道关闭控制对策

当某车道上发生事故或安排施工时，暂时关闭该车道，措施是在车道上方显示“×”标志，并视需要设置路障等。

2)专用车道对策

为工程抢险或紧急医疗救援等特殊车辆在特定时间里从同一方向或相反方向的车道中辟出一条车道作为专用车道。该时间段后，可恢复为正常使用。

3)对向车道变向使用对策

当高速公路的半幅发生严重的恶劣天气事件或交通事故等导致交通拥堵或瘫痪，而另外半幅有足够的通行能力剩余或者借出部分车道后影响不大时，采用部分或全部可逆车道来疏导受阻的交通。根据事件所在路段车道数及交通需求情况，一般有以下三种对向车道变向使用方式。

(1)单进单出方式，见图 11-22。

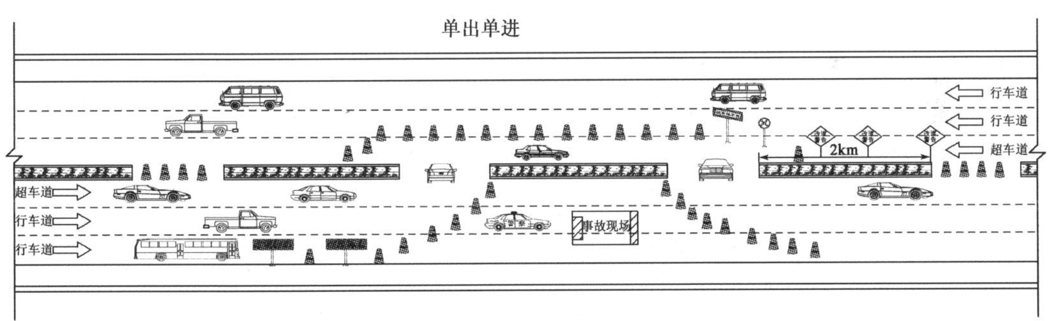

图 11-22　“单进单出”交通组织方式

(2)单进双出方式，见图 11-23。

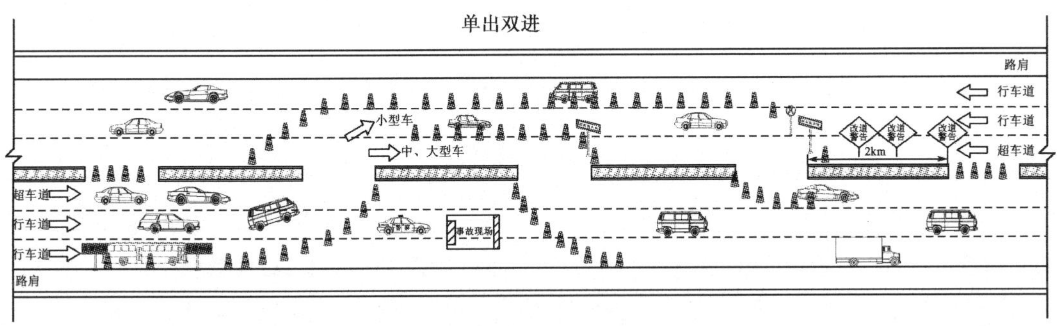

图 11-23　“单进双出”交通组织方式

(3)双进双出方式,见图11-24。

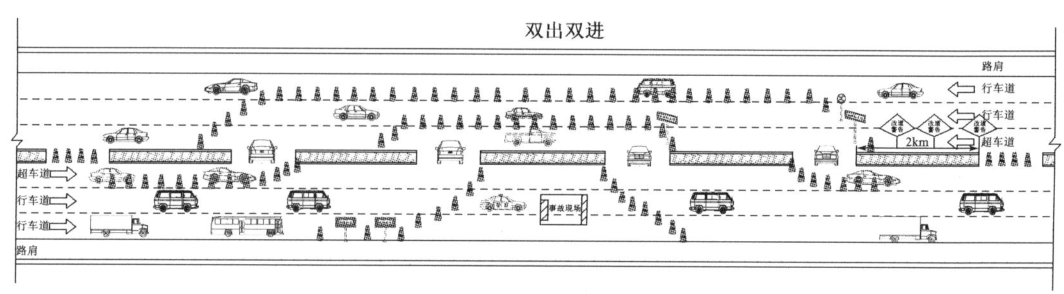

图11-24 "双进双出"交通组织方式

4)同向车道变向使用对策

当恶劣天气事件导致单向隧道、大型立交匝道或长大桥梁的交通完全中断时,可根据实际情况将个别同向车道临时变向,并通过现场交警指挥和交通标志发出车道变向信息,及时疏导被困车辆退出事发路段单元。

5)出口管理对策

出口管理对策的目的在于解决恶劣天气条件下高速公路立交匝道出口处交汇交通的安全问题。根据恶劣天气事件的类型、主干高速路和匝道的交通流状况,可采取调节匝道出口交通量、封闭主干高速路部分车道等措施。

2. 车辆行驶限制类对策

1)限速对策

限速对策也是交通安全管理中最基本的对策。运行车速和车速离散性是影响交通安全的两个重要因素,对车辆进行限速可有效降低运行车速和车速离散性,实现交通流平稳、均匀和安全运行。常态交通下的限速规定既限制最高运行车速(上限),也限制最低运营车速(下限),但恶劣天气下的车速控制对策通常只限制最高运行车速。

(1)车速控制对策

限速值依据不同恶劣天气类型、等级以及道路环境条件而定,大风特别是强横风条件下还应进一步分车型(小汽车、轻型客车、大中型客车和集装箱半挂车)进行不同的限速。车速控制主要通过设置可变限速标志等来动态限制交通流的行车速度。

恶劣天气条件下,当管理路段单元较多且交通、环境等状态差异较大时,采用统一的车速控制标准是不合理的,此时,应采取分级限速对策进行交通控制。分级限速对策的采用一般根据控制路段的交通密度、控制路段与其紧邻的上游路段间的限速差值等因素而定。分级限速相邻路段的具体速度限制值相差不应太大,以免对交通造成新的不安全因素。

(2)建议避免紧急制动、突然减速或转向对策

当路面有结冰、积雪或路面水膜达到一定厚度时,紧急制动或突然减速极易造成追尾或连环追尾交通事故,而突然转向会造成车辆滑移失控。因此,除非紧急需要,一般情况下应尽量避免紧急制动、突然减速和突然转向等行为。

2)车距控制对策

车距控制是对车辆进行合理的纵向空间分离,目的是确保前车在紧急制动时后车有足够的安全距离制动以避免追尾事故,对保证行车安全有重要作用,因此,对道路上行驶车辆的最小安全间距进行限制是必要的。恶劣天气事件下具体车距控制标准需考虑跟驰风险、变换车道风险来确定。

3)禁止超车对策

恶劣天气事件下为了尽量保持交通流的平稳、有序,一定条件下需要规定车辆严格按车道分离行驶,超车行为既背离了“分车道有序行驶”的分离基本原则,也给其他车辆的行驶安全造成危害,需要加以禁止。禁止超车对策的实施条件根据事件类型和等级来确定。

4)车型控制对策

恶劣天气对不同类型车辆安全行驶的影响不同,例如:大风天气对迎风面大的集装箱载货汽车和迎风面小的小汽车在行车稳定性方面的影响是不同的。恶劣天气下车辆事故风险相对较高,一旦发生事故,不同类型车辆的后果不同,例如:在能见度降低到一定程度时,管理部门会采取限制特定类型车辆进入高速公路的措施。另外,道路在进行施工养护作业时,考虑到结构安全,也可能会限制特定类型的车辆,例如载质量大的车辆。根据事件类型的不同,车型控制对策细分为以下两种。

(1)恶劣天气下的分车型管理对策

①低能见度天气

在能见度低于 100m 时,管制路段禁止危险品运输车辆、超载超限车辆、大型客货车辆、后雾灯不齐全或故障的车辆驶入高速公路,管制路段同时采取临时限速、禁止超车等交通管控措施。

②大风天气

大风天气下的分车型管理对策主要包括分车型限车道行驶对策和分车型限速对策。分车型限车道行驶对策主要是针对长大桥梁和隧道口的侧风危害造成倾覆稳定性问题而制订的,分车型限速对策主要是针对高速行驶车辆的漂移及倾覆稳定性问题而制订的。

(2)计划事件下的分车型管理对策

当对桥梁、隧道或枢纽立交匝道等进行维修作业时,往往需要对过往车辆的最大载重、最大高度进行限制,以保证维修期间工程结构的安全。计划事件下具体的车型管理对策由计划事件的作业要求确定。

5)前车引导对策

前车引导对策是指在高速公路受恶劣天气影响严重时,特别是在大雾天气条件下,不具备车辆安全行驶的条件,在高速公路入口排队车辆积累到一定数量后将其编队,由前车引导通行,引导车辆通常是高速交警或高速路政车辆,引导车辆起到压速带道的作用。

前车引导对策在应用时需要注意以下几方面:引导车辆不得少于两辆,避免车辆从引导车辆旁边的车道超车;引导车辆自身需要配备良好的安全保护和警示设施,如雾灯、警灯、警笛、高音喇叭、警示牌,甚至红外视觉增强等高科技设备,以确保自身行车安全;需要注意控制车辆编队间的距离,引导车辆的速度一般不应高于 40km/h,适当控制编队的规模;前车引导策略通常更适合于在主线站前方采用，主线站具有良好的条件来控制车辆流入和车辆排队与编队；在主线站实施前车引导策略比在匝道站效率高，在主线站实施前车引导策略时，应特别注意控制匝道站的车辆驶入。

实施前车引导、编队慢速通行措施时要制订周密方案，谨慎实施，确保安全，引导车辆不得少于两辆。此外，由于措施的实施需要大量警力的配合，以及排队时间过长会产生大量的路面丢弃物，因此，在实施该对策前必须认真分析实施该对策的必要性及其可行性。

3. 流量限制类对策

对高速公路或其关联路网的入口进行交通流量控制，是一种应用较广的交通需求管理方法，其目的是调节进入路网的车辆数，使得路网内交通流的流量、密度、速度以及安全状态等参数处于良好状态，以保障恶劣天气条件下高速公路及其关联路网的安全运营。流量限制类对策主要有以下两种。

1）入口流量限制对策

入口流量限制对策主要通过在各入口匝道控制流入车辆数对目标控制路段上的交通流量进行限制，具体有三种控制方式，具体采取哪种匝道控制方式由设施条件确定。

（1）匝道定时限流方式

通过在匝道上安装定时交通信号，将交通量调节控制在正常交通量和某个合理最小交通量之间，定时驶入主线。

（2）匝道感应式限流方式

通过在匝道上安装感应式限流装置，将交通量动态调节控制在正常交通量和某个合理最小交通量之间，其限流率根据整个系统的交通量与通行能力之差确定，根据交通量变化需求使整个系统的车流保持最佳化。

（3）匝道系统协调控制限流方式

将一系列匝道集中起来作为一个整体，统一考虑交通控制系统，其限流率根据整个系统的交通量与通行能力之差确定，根据交通量变化需求使整个系统的车流保持最佳化。

2）封闭入口对策

封闭入口对策是一种极端限流对策。当高速公路、大型桥梁、隧道等重大基础设施因恶劣天气事件导致交通中断时，需直接关闭其入口，避免交通状况进一步恶化，为紧急救援车辆通行提供足够的空间。可通过人工设置栅栏、自动弹起式栅栏，通过设置带有“×××因故关闭”等信息的临时标志或通过情报板发布此类信息。当重大基础设施所在路网遭遇大面积灾害事件而瘫痪时，还需要对重大基础设施所在关联路网的入口进行封闭。

4. 分流诱导类对策

根据实施地点的不同，分流诱导类对策分网内分流路径诱导、网外交通流入网诱导两种。考虑到极端条件下对枢纽立交匝道流向进行重组时需要对车辆的行驶进行合理的引导，故也将枢纽立交匝道流向重组对策一并归入分流诱导类对策。

1）网内分流路径诱导对策

当恶劣天气事件下通过重大基础设施的交通需求大于设施通行能力时，为了降低交通运营风险，保证重大基础设施的正常运营，就需要对已进入路网的交通流进行适当的交通诱导、绕行分流，使交通流在路网内的时间和空间分布有利于管理路网的安全运营。

分流路径诱导主要通过设置在路侧的VMS或车载导航设备来实现。

对于持续的雨雪低温天气，由于分流点的匝道容易结冰，加上匝道坡度大、路幅窄（单车道），车辆（特别是大型载货汽车）爬坡难，匝道通行能力低，高速附近出口跨线桥同样存在因结冰上坡难问题。这些不利条件严重削弱了分流诱导对策实施的可能性。因此，需要在充分了解分流点匝道坡度及其结冰情况的前提下，采用“迂回”战术，避开“爬坡”难题，进而避免分流引发的严重的主线排队或堵塞现象。

2）网外交通流入网诱导对策

恶劣天气事件影响期间，进入管理路网的网外交通流既可能影响管理路网内受阻交通流的及时疏散，也可能给道路用户自身带来极大不便。因此，应对恶劣天气事件持续影响时间范围内入网的网外交通流进行合理入网引导，以尽量消除上述两方面的不利影响。

对于高速公路网络发达的地区，在管理路网外的相邻管理路网发布入网诱导信息，以指导管理路网内基础设施的交通流以适当的方式行驶。

3）枢纽立交匝道流向重组对策

枢纽立交匝道流向重组对策是在极端条件下，如大雪灾引起的大区域范围交通瘫痪的特殊情况下，为了尽快疏导交通，经现场充分调研论证可行后，对枢纽立交的匝道交通流向进行合理的重组，以满足应急交通疏导或紧急物资输送的需要。因此，枢纽立交流向重组对策是一种很特殊的极端条件对策，有严格的实施条件。

二、恶劣气象条件下公路设施安全管理决策准则

各种公路网交通管理决策准则或实施条件，是恶劣气象条件下路网交通组织管理的决策依据。表11-28列出了典型恶劣气象条件等级的划分准则，基于该划分准则给出桥梁、隧道、一般路段等几类公路设施在各种典型恶劣气象条件下的交通管理决策准则，见表11-29、表11-30。

恶劣气象条件等级划分准则　　表11-28

气象因素	雾	雨	雪	冰	风
等级	指标				
	能见度（m）	水膜厚度（cm）	积雪厚度（cm）	路面结冰状态	风级
一级	≤50	≥10	≥10	大部分路段明显结冰	11级以上
二级	50～100	5～10	5～10	大部分路段出现结冰	9～10级
三级	100～200	2.5～5	2～5	个别路段出现明显结冰	7～8级
四级	200～500	<2.5	<2	个别点段偶有结冰现象	6级

注：平均风、阵风风级提高一级。

恶劣天气条件下一般路段/长大桥梁的安全管理决策准则 表 11-29

对策类型	对策代码	对策名称	一级恶劣天气条件					二级恶劣天气条件					三级恶劣天气条件					四级恶劣天气条件				
			雾	雨	雪	冰	风	雾	雨	雪	冰	风	雾	雨	雪	冰	风	雾	雨	雪	冰	风
分离类对策	FL-GB	车道关闭	●	●	●	●	●	×	×	×	×	×	×	×	×	×	×	×	×	×	×	×
	FL-ZY	专用车道	N	N	N	N	N	N	N	N	N	N	N	N	N	N	N	×	×	×	×	×
	FL-DX	对向车道变向使用	D	D	D	D	D	×	×	×	×	×	×	×	×	×	×	×	×	×	×	×
车辆行驶限制类对策	XK-CS	车速控制	×	×	×	×	×	40	30	20	15	C1	75	60	30	20	C2	90	80	50	30	C3
	XK-BM	建议避免紧急制动或突然减速	×	×	×	×	×	×	×	●	●	×	×	×	●	●	×	×	×	●	●	×
	XK-CJ	车距控制	×	×	×	×	×	50	50	25	50	C1	100	70	40	60	C2	150	90	60	80	C3
	XK-JC	禁止超车	×	×	×	×	×	●	●	●	●	●	×	×	●	●	×	×	×	●	●	×
	XK-CX	车型控制	×	×	×	×	×	×	×	×	×	C1	×	×	×	×	C2	×	×	×	×	C3
流量限制类对策	XL-LX	入口限流	×	×	×	×	×	Q	Q	Q	Q	Q	Q	Q	Q	Q	Q	Q	Q	Q	Q	Q
	XL-FB	封闭入口	●	●	●	●	●	×	×	×	×	×	×	×	×	×	×	×	×	×	×	×
分流诱导类对策	YD-WN	网内分流路径诱导	●	●	●	●	●	●	●	●	●	●	Q	Q	Q	Q	Q	Q	Q	Q	Q	Q
	YD-WW	网外交通流入网诱导	×	×	×	×	×	●	●	●	●	●	Q	Q	Q	Q	Q	Q	Q	Q	Q	Q

注:1. ●表示必须采用该类对策;×表示不采用该类对策;N 表示视情况需要时采用;D 表示需要且对向路借出车道后通行能力满足时;Q 表示通过设施的交通需求大于灾变事件下设施的实际通行能力。

2. C1——客车:禁行;集卡:XS:20,CJ:20,CX:R;小汽:XS:50,CJ:60。

3. C2——客车:禁行;集卡:XS:40,CJ:50,CX:R;小汽:XS:85,CJ:110。

4. C3——客车:XS:40,CJ:50,CX:R;集卡:XS:60,CJ:75,CX:RM。

表 11-30

恶劣天气条件下长大隧道(群)的安全管理决策准则

对策类型	对策代码	对策名称	一级恶劣天气条件					二级恶劣天气条件					三级恶劣天气条件					四级恶劣天气条件				
			雾	雨	雪	冰	风	雾	雨	雪	冰	风	雾	雨	雪	冰	风	雾	雨	雪	冰	风
分离类对策	FL-GB	车道关闭	×	×	×	×	×	×	×	×	×	×	×	×	×	×	×	×	×	×	×	×
	FL-ZY	专用车道	×	×	×	×	×	N	N	N	N	N	N	N	N	N	N	×	×	×	×	×
	FL-DX	对向车道变向使用	D	D	D	D	D	×	×	×	×	×	×	×	×	×	×	×	×	×	×	×
车辆行驶限制类对策	XK-CS	车速控制	×	×	×	×	×	50	40	30	25	30	75	60	30	20	C2	90	80	50	30	C3
	XK-BM	建议避免紧急制动或突然减速	×	×	×	×	×	×	×	●	●	×	×	×	●	●	×	×	×	●	●	×
	XK-CJ	车距控制	×	×	×	×	×	60	50	40	30	40	100	70	40	60	C2	150	90	60	80	C3
	XK-JC	禁止超车	×	×	×	×	×	●	●	●	●	●	×	×	●	●	×	×	×	●	●	×
	XK-CX	车型控制	×	×	×	×	×	×	×	×	×	C1	×	×	×	×	C2	×	×	×	×	C3
流量限制类对策	XL-LX	入口限流	×	×	×	×	×	Q	Q	Q	Q	Q	Q	Q	Q	Q	Q	Q	Q	Q	Q	Q
	XL-FB	封闭入口	×	×	×	×	×	×	×	×	×	×	×	×	×	×	×	×	×	×	×	×
分流诱导类对策	YD-WN	网内分流路径诱导	●	●	●	●	●	●	●	●	●	●	Q	Q	Q	Q	Q	Q	Q	Q	Q	Q
	YD-WW	网外交通流入网诱导	●	●	●	●	●	●	●	●	●	●	Q	Q	Q	Q	Q	Q	Q	Q	Q	Q

注:1. ●表示必须采用该类对策;×表示不采用该类对策;N 表示视情况需要时采用;D 表示需要且对向路借出车道后通行能力满足时;Q 表示通过设施的交通需求大于灾变事件下设施的实际通行能力。

2. C1——客车:禁行;集卡:XS:20,CJ:20,CX:R;小汽:XS:50,CJ:60。

3. C2——客车:禁行;集卡:XS:40,CJ:50,CX:R;小汽:XS:85,CJ:110。

4. C3——客车:XS:40,CJ:50,CX:R;集卡:XS:60,CJ:75,CX:RM。

第四节　典型天气情景下的交通管理

本节主要给出典型天气情景下的交通管理示例，示例的内容针对冻雨天气、暴风雪天气、浓雾天气的情景，依据各种天气事件下的交通管理运行策略类型不同，模拟天气事件发生整个时段的交通管控流程，为恶劣天气条件下交通管理者提供系统参考范例。

一、典型天气情景下交通管理策略概述

典型天气事件下，各种天气事件的交通管理运行策略集可分为建议策略、控制策略和处理策略。

建议策略涉及激活为出行者提供天气和交通信息的设备和系统。各种通知可通过可变信息标志、高速公路建议广播以及网络等方式直接向公众播送。其目的是提醒出行者采取具体行动来应对由不利路况或天气情况造成的危险状况（例如低能见度减低车速）。其他策略旨在警告驾驶员不要驶入危险境地(例如注意车行道上的高水位)。建议策略也包括向其他交通机构发出警报和相互协调。

控制策略涉及改变公路上在遇到天气事件时控制交通流量和道路容量的设备。下面是运输机构经常使用的控制策略：通过可变信息标志或可变限速标志降低高速公路的限速；调节匝道流率或信号配时来减缓交通流量；使用闪烁警示灯和高速公路建议广播(HAR)来发布警告；使用栅栏等物理隔离来防止进入危险区域。

处理策略涉及利用直接应用于道路的养护资源以减轻气象事件的影响。对于冬天的气象事件，这可能涉及撒布沙子或除冰剂。对于其他类型的事件，这可能涉及使用水泵、部署驱雾系统等。很多处理策略涉及交通协调、维护和应急处理机构。

二、典型天气情景下交通管理情景示例

天气响应模式策略情景的结构可分为四个部分：描述该类天气事件情形，描述该类天气事件产生的影响，提出属于该类天气事件的交通管理运行策略集，实施措施效果后评价。下面分别给出典型天气情景(如冻雨、暴风雪、浓雾)下的交通管控策略运行情景示例。

1. 情景一：冻雨天气

1)天气事件概况

一场严重的冬季寒潮会为受影响路网带来大范围的冻雨，其伴随的低气压团会为发生冻雨的部分区域带来降雨或降雪。所以，冻雨成为结冰的主要致因。本示例预计从清晨 5 点左右开始，冬季寒潮将会持续 6 个小时左右。预设该地区并不是一个常年受冻雨天气影响的地点，大约 3～5 年会遭受一次严重的冬季寒潮。

气象局发布了区域冻雨预报，降水估计值在 0.5～1.0cm，冬季寒潮预计将会持续 3～6h，从周一的清晨 5 点开始。天气预报员预报了寒潮的路径，并预计有可能出现降雨、降水的沿线地区。鉴于该地区并不经常出现严重寒潮天气，各响应人员要给予较高重视。

2)描述天气产生的影响

交通管理中心的操作人员使用国家气象局以及环境监测系统发布的观测数据来获取潜在的不利天气威胁，并发布所辖区域路网的影响路段。寒潮预计会对交通流、交通安全、交通运输效率、公共安全、公共设施服务都产生影响。鉴于冻雨降水在该地区并不多发，当这种天气

发生的时候，对公共安全以及养护人员都是严峻的考验。冻雨对交通运输系统可能产生的影响如下：

（1）路面摩擦系数的降低会影响车辆行驶性能，包括牵引力以及可操作性，路面摩擦系数的降低造成车辆失控或者车轮打滑。

（2）路段车速降低，尤其是在坡度较大处及道路横纵曲线较陡处。

（3）降水以及挡风玻璃阻碍造成的能见度降低。

（4）驾驶员驾驶取向选择以及应对不利天气时的行为差异造成的车速差增大。

（5）间或有道面结冰或车道关闭，路面处置造成的阻断。

3）运行策略：建议、控制、处理策略

冻雨天气情形下的交通运行策略可以参见表11-31的描述，表11-32对整个天气事件发生的处理流程给出例表。

冻雨情景下的交通运行策略　　表11-31

策略行动类型	位　置	策　略
建议	受影响区域内	●在可变信息标志上显示速度限制以保持安全车距 ●使用互联网、商业媒体以及其他交互电话提供详细路线选择建议 ●商业广播以及可变信息标志建议人们减少跨桥出行
	受影响区域外	—
控制	受影响区域内	●降低车速限制值 ●调整平行相邻的走廊路线上的交通信号配时 ●调整匝道流率以最大限度缓解拥堵 ●路政与交警部门紧密合作，在关键点段部署警力以保证限速以及出入口控制 ●省级应急车辆在关键点段部署，以便及时响应事故 ●必要时进行出入口控制，封路，疏导分流
	受影响区域外	—
处理	受影响区域内	●在关键影响区域为救援车、养护车的进出提供便利 ●通过RWIS的数据预判冰在路面上附着的时间，采取化学/物理制剂及时清除冰，提高道路服务水平 ●养护人员共同治理冰/雪

冻雨情景下交通运行策略记录例表　　表11-32

时间序列		天气状况	实施措施与相关资源调用
周日	10:00	多云	●气象部门发布可能出现结冰区域的冬季风暴预警；各职能部门（包括养护部门、应急管理部门与交通管理处）负责人进行交通电话会议，协调沟通跨区域交通执法
	18:00	多云，路面温度接近0℃	●发布冬季风暴预警，收集信息与影响预测，在冰冻降水出现前2h联系交通管理人员

续上表

时间序列		天气状况	实施措施与相关资源调用
周一	04:00	轻微冻雨,整个大交通圈	●公众信息提示,媒体与网站发布出行建议,建议进行非重要出行的人员推迟出行,可能出现延迟 ●在可变情报板上发布减速信息(80km/h)
	04:30	路面开始有冻雨积水	●影响范围内学校关闭,第一起事故报告上报至信息中心,所有养护车辆在主要道路就位
	05:30	中度冻雨以及雾	●提高 HOV 行驶限制,限大车仅在右侧车道行驶 ●通过网站、可变情报板发布有关行驶限制的警告 ●其他辅助道路服务就位
	06:00	开始冻雨	●分散的供电电源使交通信号、可变情报板、换道信号灯工作失灵 ●多部门(包括应急管理部门、养护部门)人员相互协作,保证关键地点交通警察、紧急救援车、拖车以及其他养护车辆到位
	06:30	冻雨,在区域的西北部较重;发生多车事故	●关闭发生事故道路直至事故现场清理完毕,在接近事故现场的道路上游路段发布可变情报板信息 ●发布媒体,网站警告,协调交通执法人员在道路封闭路段处理事故
	07:00	冻雨持续	●通过可变情报板以及其他媒介形式向公众告知危险驾驶条件
	08:00	冻雨逐渐向雨发展,路面上有冻住的冰块,二级公路此时未开始处理工作	●冬季风暴警报转为冬季天气建议,建议中应说明:高速公路路上状况逐渐转好,但是二级公路还未开始处理工作,高速公路限速值可提至80km/h
	10:00	雨停,温度缓慢回升至 0℃	●道路已基本可通行,然而,多数信号灯因为倒下的树以及传输线还不能正常使用;二级公路上的维护工作开始进行
	14:00	太阳照射使阴霾天气消散,融化加速	●主要进行二级公路上的维护工作;信号灯以及其他各项电力设施恢复正常使用,交通流逐渐增大

4)实施措施效果后评价

实施措施效果后评价可从以下几个角度出发:

(1)事故数量、频率、严重程度等方面,主要由财产损失、受伤人数、死亡人数这三个指标构成。

(2)主要干线的交通量和运行速度。

(3)延误时间。

(4)附加的交通管理中心运营费用以及维护工程费用。

2.情景二:暴风雪天气

1)天气事件概况

预计一次大的降雪过程将穿过城区,在该区域的西部和北部将出现更厚的积雪,积雪厚度范围在 35～55cm,预计东南部最薄,西北部最厚。暴风雪的持续时间在 18～24h,大概从星期二下午三点开始。预计在暴风雪后一阶段的前几个小时将会出现大风天气,阵风强度将达到 50～65km/h,因此,将导致出现风吹雪的恶劣天气,能见度也将受到严重影响。

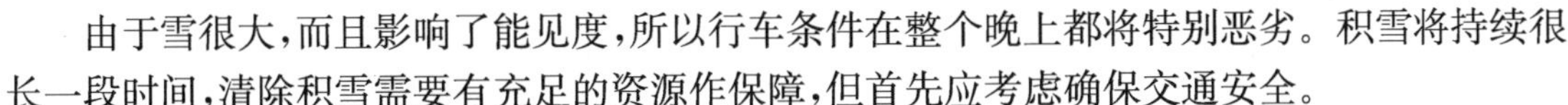

由于雪很大，而且影响了能见度，所以行车条件在整个晚上都将特别恶劣。积雪将持续很长一段时间，清除积雪需要有充足的资源作保障，但首先应考虑确保交通安全。

2)描述天气产生的影响

暴风雪对畅通、安全、运输效率、大众安全、公共施工作业都有严重的影响。大雪、阵风、低能见度等因素的复合作用将使整个晚上的驾驶条件变得非常恶劣。积雪将持续很长一段时间，清除积雪需要有充足的资源，然而，风吹雪天气使得先前已经清除积雪的道路很快又被雪覆盖。预计暴风雪对交通运行将产生以下影响：

(1)在能见度很低的情况下，驾驶员很难辨识车道标线、指路标志、高速公路出口，尤其是当风吹雪天气出现的时候。

(2)能见度降低引起车速突然下降，降低了道路通行能力。

(3)虽然雪的湿气相对较低，但在一些地方还会出现摩擦力减少和打滑的现象。

(4)车速总体水平的降低，加上车速离散性的变大，导致了道路通行能力的降低。导致速度变化的原因既有驾驶员驾驶特性的差异，也有牵引性、稳定性、可操作性等车辆性能方面的差异，还有应付不利天气条件的能力的差异。

(5)对车道实行周期性封闭。

(6)强风吹起的残骸、碎片、碎石等物体，以及吹积雪造成了车道阻塞，将影响道路放行的区域。

(7)也可能出现断电，影响主干道的交通信号控制。

(8)采用DMS和自动门来封闭某些路段。

(9)由于道路条件和其他非机动车驾驶员的原因，公共运输计划被打乱。

根据以往的类似状况，暴风雪将导致高速公路通行能力降低，强风可能导致断电，致使交通信号无法工作，暴风雪期间交通量也会减少。由于吹雪、速度降低、能见度降低、除雪时可能的车道关闭等原因，预计通行能力将会减少50%。当星期三上午风变小时，这种状况将有所改进，但是道路通行能力还是会下降。以往经验表明：一些出行者会呆在家里；一些出行者会选择公共交通方式；其他人会选择走主干道，因为他们觉得以较低车速行驶时更舒适。然而，这些改变都不能弥补公路通行能力的损失，预计仍然会出现严重拥堵。有关部门会在上午六点对路况和风进行评估，在星期三会决定是否发布建议信息来劝阻一些不必要的出行。

安全影响主要是人员伤亡事故和财产损失。在强风伴随着飘雪的地方，多车连环事故风险需特别关注，强烈建议驾驶员降低速度。

以往经验表明：在这种天气条件下，更多的财产损失事故可能发生在交通高峰时段，预计这些事故的10%～15%会涉及人员受伤。

交通管理中心的交通管理和养护人员将比平常工作更多的时间，这会导致更多的花费，此外，购买所需材料的费用也将会增加，交通管理中心也将需要更多的工作人员进行监视并协助所涉及部门间的联络。RWIS装备、监测能力的加强将会保证养护和医疗救援支持在需要的时候可以有效利用。

3)运行策略：建议、控制、处理策略

暴风雪天气情形下的交通运行策略可以参见表11-33的描述，表11-34对整个天气事件发生的处理流程给出例表。

暴风雪天气情景下的交通运行策略　　表 11-33

策略行动类型	位　　置	策　　略
建议	受影响区域内	●在可变信息标志上显示速度限制以保持安全车距 ●在可变信息标志上提供包括已关闭高速公路路段、疏导分流路线、车道关闭清除等信息 ●通过网络、商业媒体或交换电话系统发布预警 ●发布可选择路线以及减少不必要出行建议
控制	受影响区域内	●降低限速值 ●遭受到大风致使能见度趋于零的带有自动门的重要路段需要关闭 ●提前计划好所需要进行的分流疏导方案，以应对道路封闭 ●调整平行相邻的走廊路线上的交通信号配时 ●调整匝道流率以最大限度缓解拥堵 ●提高 HOV 专用道使用限制 ●省级应急车辆在关键点段部署，以便及时响应事故
处理	受影响区域内	●在关键影响区域为救援车、养护车的进出提供便利 ●各部门协调工作，充分发挥监控系统能力，与养护人员保持良好沟通 ●通过 RWIS 的数据预判需要实施处理措施的位置 ●省级养护车辆在关键点段部署，以便及时响应事故

暴风雪情景下交通运行策略记录例表　　表 11-34

时 间 序 列		天 气 状 况	实施措施与相关资源调用
周一	21:00	风速增加，温度在0℃以上，接近 0℃	●气象部门发布可能出现严重积雪警告，与各交通管理中心进行电话会议，相关人员开始部署
周二	04:00	多云，温度在 0℃以下	●气象部门发布可能出现暴雪警告
	12:00	多云，飘雪	●在媒体以及网站上发布晚高峰暴雪预警，并在可变信息标志上发布"暴雪预警，调整出行"
	15:00	开始下小雪	●高峰时段在关键点段增设高速公路巡逻警力，让周边的商业活动及早歇业
	16:00	中雪	●使用 VMS 或移动可变情报板限速至 80km/h ●利用可变情报板以及其他媒体禁止高车使用左侧车道
	17:00	大雪	●提供更多的媒体以及互联网服务发布相关出行建议，并鼓励已经到家的出行者保持在家的状态，减少非必要出行
	20:00	接到道班人员报告两路段能见度很低，风力持续增强	●在可变情报板上发布车道关闭以及具体绕行信息 ●使用自动门关闭受影响严重路段 ●将巡逻警布设在自动门处，引导车流分流 ●调整绕行路线沿线信号配时
周二、周三	连夜	大雪，阵风，强吹雪	●车道关闭标志牌放在待清理积雪路段，以提高人员清理效率 ●通过媒体以及网站建议日常通勤人员推迟早晨的出行，并提供相应的限速信息 ●调整干线信号配时，以提高高峰时段与高速公路平行的干线通行能力

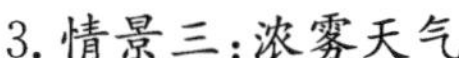

3.情景三:浓雾天气

1)描述天气情形

浓雾经常在早高峰之前和早高峰期间出现在特定地区的主要高速公路沿线。雾中也许会夹杂着毛毛雨,这样更加妨碍能见度,并且会使道路更湿滑。缓解策略将重点放在在出行之前和路途中提供危险路况的警告信息。根据雾严重程度,可发布鼓励出行者避开受影响区域之类的建议。缓解对策至少应包括天气状况的提前警告、限制交通速度、确保紧急救援车辆和养护车辆通道的畅通。

2)描述天气产生的影响

(1)在低能见度突发的几条主要高速公路,小毛毛雨可能会导致能见度进一步恶化,驾驶员基本上不能看见前方车辆。

(2)能见度降低引起车速突然下降,降低了道路通行能力。

(3)毛毛雨造成的道路湿滑使得道路摩擦力和车辆制动能力下降,小雨或毛毛雨出现时,通常可以预见出现上述情形。

(4)车速的大幅降低和能见度的变化导致了道路通行能力的下降。

(5)潜在的发生多车连环事故的风险增大,与造成较小财产损失的事故相比,管理者更应对多车事故风险予以关注。

根据以往的相似环境,在被影响区域,高速公路的通行能力将会降低25%,通常这些区域的能见度非常有限,会出现严重的速度下降和交通阻塞现象。

虽然较小的财产损失事故可能会稍稍有些增加,但最关心的还是多车事故发生的可能性。多车事故的持续时间预计相对较短,当值交通管理中心人员应能够处理这种情况,应通知更多的养护、巡视人员以及交警到场,以便使影响严重的交通事件能够得到快速处理。

3)运行策略:建议、控制、处理策略

浓雾天气情形下的交通运行策略可以参见表11-35的描述,表11-36对整个天气事件发生的处理流程给出例表。

浓雾情景下的交通运行策略 表11-35

策略行动类型	位置	策略
建议	受影响区域内	●在可变信息标志上显示适合于能见度情况的速度建议 ●使用可变信息标志或高速公路建议广播提醒驾驶员队尾的位置或者停下车辆的位置 ●使用高速公路建议广播建议驾驶员增大车距
	受影响区域外	●发布可选择路线建议来防止车辆进入低能见度区域 ●通知媒体低能见度的位置 ●在互联网上交通运行状况展示区显示已知的低能见度位置
控制	受影响区域内	●在多车道公路使用车辆车道限制措施将大货车和客车在交通流中分离 ●在特定地点使用巡逻车、维护车、执法车作为带队/引导车辆 ●增加辅路交通信号灯车辆和行人相位的时间间隔 ●降低匝道流率来限制车辆进入高速公路 ●当能见度非常低时,关闭匝道,阻止车辆进入高速公路
	受影响区域外	●降低匝道流率来限制车辆进入高速公路,使用引导车来引领车辆穿过受影响区域

续上表

策略行动类型	位　置	策　略
处理	受影响区域内	●启动高杆或路侧安全照明 ●启动路面中的照明系统 ●提前部署巡逻车，迅速将停止或故障车辆移走

浓雾情景下交通运行策略记录例表　　表 11-36

时间序列		天气状况	实施措施与相关资源调用
周四	04:00	晴天，和风	●气象部门发布可能出现早高峰浓雾特殊天气警告 ●在早高峰开始之前让增援养护路政人员及车辆提前就位 ●通过 RWIS 以及路况视频监视系统监控雾情变化，并在沿线设置移动可变情报板以发布相关信息
	05:00	雾转浓，能见度低于 500m	●气象部门发布到早晨 8:00 的浓雾出行建议 ●在可变情报板上发布减速信息(80km/h) ●公众信息提示，媒体与网站发布雾情以及限速建议
	06:00	沿线出现大范围浓雾，能见度低于 200m	●在可变情报板上发布减速信息(50km/h) ●大车仅限走右侧车道 ●路政以及交警等维护人员、带闪灯的车辆在受影响区域的入口处就位 ●在可变情报板上发布雾天警报，在媒体与网站发布出行警告，建议出行人员避开该区域出行
	07:00	雾逐渐消散，能见度接近 500m	●在可变情报板上发布道路限速 80km/h
	08:00	太阳光线强烈，仍有少许雾	●解除所有限制 ●更新媒体与互联网发布信息

4)实施措施效果后评价

实施措施效果后评价可从以下几个角度出发：

(1)事故数量、频率、严重程度等方面，主要由财产损失、受伤人数、死亡人数这三个指标构成。

(2)主要干线的交通量和运行速度。

(3)延误时间。

(4)附加的交通管理中心运营费用以及维护工程费用。

第十二章　恶劣气象条件下区域路网安全评价与预警

恶劣天气对公路网通行条件的安全性影响已经成为危害人民群众生命财产安全、影响社会和谐稳定的重要因素之一。目前我国对于道路交通特性与管理方法的研究主要集中于正常天气条件，雾天、冰雪天气条件下的交通管理还多依靠定性分析结论和人工经验。随着我国城市化、机动化进程的加快，雾天和冰雪天气对交通影响的程度和范围也将越来越大。

本章立足于我国恶劣天气公路网通行条件安全性评价所存在的社会发展需求及技术需求，特别针对对高速公路通行条件影响最大的两个气象要素——雾和冰雪，从人、车、路、环境多角度分别构建恶劣天气公路网通行条件安全性评价指标体系，形成可用于雾天和冰雪天气下事前预防和事中控制两个阶段的公路网通行条件安全性评价方法，以及相应条件下的预警分级，从而对公路网通行条件进行准确评价，并及时分级预警，便于管理决策者开展跨区域联动应急处置，进行预警信息发布，有效减少因恶劣天气导致的交通事故和财产损失，提高恶劣气象条件下公路网交通安全与畅通。

第一节　雾天路网安全评价与预警

由于雾天的特性、影响范围、预计强度和持续时间等因素的不同，以及影响区域的地理环境的不同，雾天对公路网通行条件的影响也有巨大的差异。

一、评价指标选取

本节从气象、路网、交通和地形角度选出能客观反映雾天公路网通行条件的安全性评价指标。各评价指标从道路等级、行政区域等方面进行界定，并按照递进关系，先从微观角度以路段为基础进行分析，再从宏观角度以整个路网为基础进行分析计算。

1. 气象因素

气象因素主要考虑雾天的特性、影响公路网通行条件的范围、预计强度和持续时间等，主要包括雾情描述和影响范围等评价指标。

1)雾情描述

雾情描述指对雾天目前状况及未来发展态势的描述，包括预计强度和持续时间等信息。

该指标值的大小是出行者对雾天最直观的感受之一，直接反映了雾的严重程度。值越大则反映雾天对公路网通行条件安全性影响越大，反之则影响越小。该指标能够及时准确地提供当前及未来雾天对公路网影响的状况，为交通管理者提供交通管控决策支持。

该指标与气象部门发布的“气象灾害预警信号”描述一致，方便对应从气象部门获取的公路交通气象预报预警信息。此外，还可以参考从路段上设置的道路气象站获取的实时大气温度、大气湿度、风速风向、降水量、路面状态、路面温度和能见度等交通气象要素信息。

2)影响范围

影响范围即从跨区域联动应急处置的角度，以省(区、市)行政区域为单位描述雾天对公路网影响的区域范围。

该指标值的大小代表了雾天对跨区域公路网的影响范围，值越大则反映雾天对公路网通行条件安全性影响越大，反之则影响越小。该指标能够客观地向交通管理者提供雾天对公路网的影响范围，为交通管理者提供交通管控决策支持。

该指标可以参考从气象部门获取的公路交通气象预报预警信息，以及从路段上设置的道路气象站获取的实时大气温度、大气湿度、风速风向、降水量、路面状态、路面温度和能见度等交通气象要素信息。

2. 公路因素

公路因素主要考虑受雾天影响的公路网内高速公路和国省干线的被影响程度，主要包括路网密度和路网影响程度等评价指标。

1)路网密度

路网密度主要考虑技术等级为二级及以上道路(包括高速公路、一级和二级公路)，指行政区域内的二级及以上道路公里数与该行政区域面积的比值。

该指标值的大小代表了二级及以上道路的密集程度，值越大则反映受雾天影响的省(区、市)内的路网密度越高，则此区域内公路网通行条件安全性受影响也越大。

$$B_1 = \frac{L}{S} \tag{12-1}$$

式中：B_1——受影响区域的路网密度(km/100km^2)；

L——受影响区域内二级及以上公路总里程之和(km)；

S——受影响区域的总面积(km^2)。

该指标需要以下数据：①各省(区、市)二级及以上道路总里程，通过交通管理部门统计数据获得；②各省(区、市)总面积，通过交通管理部门统计数据获得。

2)路网影响程度

由于同样的雾天条件下，有着相同路网密度的区域内，不同等级道路的组成、比例和分布位置不同，公路网受影响严重程度也不同。因此，在路网密度指标的基础上，提出路网影响程度指标。

该指标值的大小代表了受雾天影响区域内不同等级道路受影响的综合比例，值越大则反映雾天对公路网通行条件安全性影响越大，反之则影响越小。

$$B_2 = \sum_{i=1}^{3}\left(W_i \times \frac{l_i}{L_i}\right) \tag{12-2}$$

式中：B_2——路网影响程度；

W_i——第 i 等级公路的权重系数；

l_i——受影响区域内第 i 等级公路受影响里程(km)；

L_i——受影响区域内第 i 等级公路总里程(km)；

i——公路等级，包括高速公路、一级和二级公路，i=1,2,3。

根据《公路工程技术标准》(JTG B01—2003)规定的各类公路能适应的年平均日交通量(通行能力),得出各等级道路的权重系数(表12-1)。

各等级公路能适应的年平均日交通量及权重系数　　表12-1

道路等级	高速四车道	一级公路四车道	二级公路
适应交通量(pcu/d)	55 000	30 000	15 000
权重系数	0.55	0.3	0.15

该指标需要以下数据:①各省(区、市)内二级及以上各等级道路总里程,通过交通管理部门统计数据获得;②各省(区、市)内二级及以上各等级道路受雾天影响里程,通过交通管理部门与气象部门共享数据获得。

3.交通因素

交通因素主要考虑雾天对交通流造成的影响,主要体现在拥挤度指标。拥挤度指标指公路网实际交通量与适应交通量之比。该指标值越大则反映雾天对公路网通行条件的安全性影响越大,反之则影响越小。

该指标根据每年交通运输部规划研究院《国家干线公路交通情况分析报告》获得。

4.地形地域因素

地形地域因素主要考虑雾天发生所在地的特点属性,主要包括地形特征指标。

由于地形地貌不同,公路网受到雾天影响的效果也不同。该指标需要从交通管理部门统计数据获得。

二、雾天区域路网安全性评价体系

图12-1构成了雾天公路网通行条件安全性评价指标体系,包含两个层次的指标,即4项一级指标和6项二级指标。

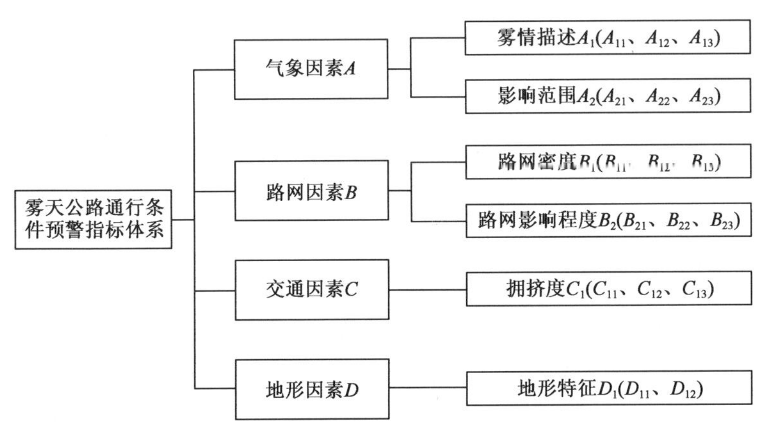

图12-1　雾天公路网通行条件安全性评价指标体系

三、雾天公路网通行条件预警指标描述

根据雾天公路网通行条件安全性评价指标体系,各评价指标描述如下:

1. 雾情描述

雾情描述(A_1)分为三类。

(1)A_{11}——2h 内可能出现能见度小于 50m 的雾，或者已经出现能见度小于 50m 的雾并将持续。

(2)A_{12}——6h 内可能出现能见度小于 200m 的雾，或者已经出现能见度小于 200m 且大于或等于 50m 的雾并将持续。

(3)A_{13}——12h 内可能出现能见度小于 500m 的雾，或者已经出现能见度小于 500m 且大于或等于 200m 的雾并将持续。

2. 影响范围

影响范围(A_2)分为三类。

(1)A_{21}——在同一次能见度小于 500m 的雾天气过程中，四个或四个以上的省(区、市)或区域同时出现雾。

(2)A_{22}——在同一次能见度小于 500m 的雾天气过程中，两个或两个以上相邻的省(区、市)或区域同时出现雾。

(3)A_{23}——在同一次能见度小于 500m 的雾天气过程中，三个或三个以下不相邻的省(区、市)或区域同时出现雾。

3. 路网密度

根据交通运输部公路局 2010 年全国公路统计资料，代入式(12-1)计算，各省(区、市)二级及以上道路路网密度如表 12-2 所示。

2010 年全国各省(区、市)二级及以上公路路网密度 表 12-2

省(区、市)	二级及以上公路里程(km)	面积($100km^2$)	路网密度 B_1($km/100km^2$)
西藏	956	12 293.379	0.077 765
新疆	13 221	16 595.044 05	0.796 684
青海	5 795	7 210.551 559	0.803 683
内蒙古	18 196	11 833.281	1.537 697
甘肃	7 921	4 543.642 886	1.743 315
云南	9 135	3 940.103 27	2.318 467
黑龙江	11 872	4 540.467 626	2.614 709
贵州	5 239	1 761.099 444	2.974 846
四川	18 393	4 876.086 106	3.772 083
广西	12 096	2 366.721 62	5.110 867
湖南	11 243	2 118.014 828	5.308 273
陕西	11 425	2 056.056 499	5.556 754
宁夏	4 359	663.976 857 5	6.564 988
吉林	12 792	1 873.913 965	6.826 354
海南	2 319	338.988 498	6.840 94

续上表

省(区、市)	二级及以上公路里程(km)	面积(100km²)	路网密度 B_1(km/100km²)
江西	13 776	1 669.033 987	8.253 876
福建	10 327	1 213.942 764	8.506 991
安徽	13 929	1 299.965 145	10.714 9
湖北	22 043	1 858.936 652	11.857 85
重庆	9 897	823.988 117 3	12.011 1
山西	19 104	1 562.906 591	12.223 38
河北	24 216	1 877.051 203	12.901 09
辽宁	23 067	1 458.909 248	15.811 13
浙江	16 777	1 018.008 757	16.480 21
河南	29 621	1 669.979 325	17.737 35
广东	34 047	1 778.974 704	19.138 55
山东	36 235	1 566.966 199	23.124 3
北京	5 023	163.993 362 8	30.629 29
江苏	34 901	1 025.991 724	34.016 84
天津	5 186	119.002 493 8	43.578 92
上海	4 175	62.997 948 83	66.272

将路网密度指标 B_1 按 100%、60%、30%进行累计分布，将 B_1 分为三种。

(1)B_{11}——大于或等于 11.34。

(2)B_{12}——大于或等于 4.33，小于 11.34。

(3)B_{13}——大于或等于 0，小于 4.33。

4. 路网影响程度

根据式(12-2)计算方法可知，该指标的范围为 0～1，将路网受影响程度指标 B_2 按 4∶3∶3 从严重到一般分为三种。

(1)B_{21}——大于或等于 0.6，小于或等于 1。

(2)B_{22}——大于或等于 0.3，小于 0.6。

(3)B_{23}——大于或等于 0，小于 0.3。

5. 拥挤度

根据《2009 年国家干线公路交通情况分析报告》中各省(区、市)国道、国家高速公路、一般国道、高速公路交通量分析表，相应公路的拥挤度如表 12-3 所示。

各省(区、市)公路拥挤度 C_1　　表 12-3

地　区	国　道	国家高速公路	一般国道	高速公路
北京	0.692	0.635	0.824	0.591
天津	0.713	0.452	0.839	0.264
河北	0.663	0.363	0.741	0.281

续上表

地　区	国　道	国家高速公路	一般国道	高速公路
山西	0.477	0.349	0.501	0.342
内蒙古	0.211	0.203	0.217	0.197
辽宁	0.314	0.238	0.465	0.231
吉林	0.262	0.242	0.280	0.227
黑龙江	0.247	0.157	0.284	0.140
上海	0.600	0.548	1.043	0.617
江苏	0.379	0.359	0.424	0.331
浙江	0.611	0.462	0.758	0.472
安徽	0.444	0.352	0.570	0.352
福建	0.390	0.241	0.841	0.241
江西	0.359	0.203	0.520	0.201
山东	0.438	0.311	0.594	0.296
河南	0.269	0.218	0.640	0.176
湖北	0.416	0.255	0.500	0.220
湖南	0.431	0.327	0.652	0.323
广东	0.635	0.440	0.905	0.447
广西	0.469	0.251	0.722	0.241
海南	0.408	0.257	0.752	0.249
重庆	0.271	0.209	0.373	0.203
四川	0.373	0.317	0.453	0.321
贵州	0.289	0.192	0.481	0.193
云南	0.344	0.170	0.619	0.164
西藏	0.117	—	0.117	—
陕西	0.133	0.083	0.521	0.083
甘肃	0.328	0.115	0.496	0.117
青海	0.143	0.155	0.142	0.101
宁夏	0.226	0.134	0.471	0.134
新疆	0.272	0.169	0.304	0.175

注：国家高速公路指2004年12月份国务院批准颁布的《国家高速公路网规划布局》方案定义的7条放射线、9条南北纵线、18条东西横线和地区环线，包括联络线和并行线。一般国道指1992年划定的，1993年调整的首都放射线12条（含1条北京环线），南北纵线27条（含1条台湾环线），东西横线29条的国家干线公路。如果受影响区域内的一级和二级公路不在表12-3包含的范围之内，则按表12-3中国道的拥挤度取值。

根据表12-3可知，该指标的范围为0～1.043，按4∶3∶3划分为三类。

(1)C_{11}——大于或等于0.6，小于或等于1.043。

(2)C_{12}——大于或等于0.3，小于0.6。

(3)C_{13}——大于或等于0，小于0.3。

6. 地形特征

D_1 分为两种。

(1)D_{11}——山岭重丘。

(2)D_{12}——平原微丘。

四、雾天公路网通行条件预警综合指数

雾天公路网通行条件预警综合指数是量化雾天条件下公路网通行条件安全程度的相对数，用来作为雾天公路网通行条件预警分级的依据。将二级指标分别乘以权重系数后求和，作为雾天公路通行条件预警综合指数，即：

$$H=\sum_{i=1}^{2}\sum_{j=1}^{3}(a_iA_{ij}+b_iB_{ij})+\sum_{j=1}^{3}c_1C_{1j}+\sum_{j=1}^{2}d_1D_{1j}$$

式中：　H——雾天公路网通行条件预警综合指数；

A_{11}、A_{12}、A_{13}——二级指标雾情描述指标值；

A_{21}、A_{22}、A_{23}——二级指标影响范围指标值；

B_{11}、B_{12}、B_{13}——二级指标路网密度指标值；

B_{21}、B_{22}、B_{23}——二级指标路网影响程度指标值；

C_{11}、C_{12}、C_{13}——二级指标拥挤度指标值；

D_{11}、D_{12}——二级指标地形特征指标值；

a_1、a_2、b_1、b_2、c_1、d_1——二级指标的权重系数。

五、雾天预警指标权重及计算取值确定

由于指标众多，量纲、变化趋势均不一致，如何确定指标的权重成为综合评价需要首先解决的问题，多目标决策中的特尔菲法、层次分析法、模糊评价法等方法得以应用。特尔菲法是一种客观地综合多数专家经验与主观判断的信息整理办法。它不需专家们填写判断矩阵，只需要专家们根据前一轮得出的均值和离散度来修正自己的意见，从而使均值逐次接近最后的评估结果。特尔菲法是较常用的预测方法，具有专家匿名表示意见、多次反馈和统计汇总等特点，能对大量非技术性的、无法定量分析的因素作出概率估算。但特尔菲法实际上仍是一种专家问卷调查法，由于专家评价的最后结果建立在统计分布的基础上，所以具有一定的不稳定性。不同专家总体，其直观评价意见和协调情况不可能完全一样，这是特尔菲法的主要不足之处。与特尔菲相比，层次分析法得到了更为广泛的应用。其主要思想是通过系统的多个因素的分析，划分出各因素间相互联系的有序层次，再请专家对每一层次的各因素进行比较客观的判断，给出相对重要性的定量表示，进而建立数学模型，计算每一层次全部因素的相对重要性的权重。层次分析法虽然通过多次矩阵运算来计算指标的综合权重，但其初始判断矩阵仍需要人为判断两个因素的相对重要性。

雾天公路网通行条件预警指标权重和计算取值确定方法采用简单可行的专家评判法。确定准则是使其尽可能地接近真实值，尽可能地减少由指标差异性、制定者主观性、专家局限性带来的偏差。本研究选取尽可能多的调查对象，使评价结果能够体现大多数人在雾天的通行感受，同时具有很好的说服力，易于被大众接受，主要由多位交通、气象领域的权威专家和有经

验的驾驶员对各项指标赋权赋值，然后将其平均值作为该指标的权重和计算取值。该方法更简单客观，能够提高指标权重和计算取值的准确性。雾天公路网通行条件预警指标权重及计算取值如表12-4所示。

雾天公路网通行条件预警指标权重及计算取值 表12-4

一级指标	权重	二级指标	权重	指标描述	指标值
气象因素	0.41	雾情描述	0.6	2h内可能出现能见度小于50m的雾，或者已经出现能见度小于50m的雾并将持续	10
				6h内可能出现能见度小于200m的雾，或者已经出现能见度小于200m、大于或等于50m的雾并将持续	6
				12h内可能出现能见度小于500m的雾，或者已经出现能见度小于500m、大于或等于200m的雾并将持续	3
		影响范围	0.4	在同一次能见度小于500m的雾过程中，4个或4个以上的省份同时出现雾	10
				在同一次能见度小于500m的雾过程中，2个或2个以上相邻的省份同时出现雾	6
				在同一次能见度小于500m的雾过程中，3个或3个以下不相邻的省份同时出现雾	3
路网因素	0.28	路网密度	0.4	[11.34，+∞)，路网密度高	10
				[4.33,11.34)，路网密度中	6
				(0,4.33)，路网密度低	3
		路网影响程度	0.6	[0.6,1]，影响严重	10
				[0.3,0.6)，影响较重	6
				[0,0.3)，影响一般	3
交通因素	0.24	拥挤度	1	[0.6,1.043]，影响严重	10
				[0.3,0.6)，影响较重	6
				(0,0.3)，影响一般	3
地形因素	0.07	地形特征	1	山岭重丘	10
				平原微丘	6

注：若某次雾天气过程同时达到两种以上情况，则以最高分值为准。

六、雾天公路网通行条件预警分级

1. 定义

目前我国对雾天公路通行条件分级预警尚无统一标准。

公安部发布的《关于加强低能见度气象条件下高速公路交通管理的通告》(1997)将能见度分为小于500m且大于200m、小于200m且大于100m、小于100m且大于50m、小于50m四档，针对不同档要求机动车驾驶员遵守相关规定，并要求公安机关依照规定采取局部或全路段封闭高速公路的交通管制措施。

中国气象局发布的《气象灾害预警信号发布与传播办法》(2007 年)将能见度分为小于500m 且大于或等于 200m、小于 200m 且大于或等于 50m、小于 50m 三级。

国务院发布的《中华人民共和国道路交通安全法实施条例》(2004)将能见度分为小于200m、小于 100m、小于 50m 三档,针对不同档要求机动车驾驶员遵守相关规定,并要求高速公路管理部门采取相应的交通管制措施。

本节中雾天公路网通行条件分级预警是指一次能见度小于 500m 的雾天气过程中,根据区域公路网受雾天条件的潜在影响,相关部门发布大雾对公路交通的影响预警,从而便于有关部门根据预警信息开展应急处置工作,减少雾天条件给公路网交通安全与畅通带来的影响。

2. 分级

以对公路网交通安全与畅通造成影响的雾天条件为对象,依据雾的特性、影响范围、预计强度和持续时间等,结合公路网受影响程度、运行特性以及地形等因素,综合界定预警等级(表 12-5)。在各指标权重及计算取值确定后,依据雾天公路网通行条件预警综合指数,运用模糊评价方法来界定预警各个等级的阈值,按由强至弱对应雾天公路网通行条件预警等级,进行定性描述。

雾天公路网通行条件预警等级　　表 12-5

预警等级	预警综合指数 H	等级描述
一级	$6<H\leqslant10$	雾天对公路网运行造成特别严重影响,用红色表示
二级	$3<H\leqslant6$	雾天对公路网运行造成严重影响,用橙色表示
三级	$0<H\leqslant3$	雾天对公路网运行造成较重影响,用黄色表示

第二节　冰雪天气路网安全评价与预警

冰雪天气包括降雪、积雪、冻雨、路面结冰等天气现象,对公路的运输安全和通行有严重的影响,是引发公路交通事故的重要因素之一,也是引起群死群伤恶性交通事故的主要诱因之一。

一、评价指标选取

道路交通系统由人、车、环境(包括自然环境和交通环境)所组成,交通灾害的发生主要是环境突变、车辆失控和操作人失误三种因素相互作用的结果,因此主要考虑降雪、积雪、冻雨、路面结冰等环境突变引起的交通安全问题。本节从直接指标和间接派生指标两方面确定反映冰雪天气公路网通行条件的安全性评价指标。

1. 直接指标

冰雪天气影响公路网通行条件安全的直接因素主要包括降雪、积雪、冻雨和路面结冰。

1)降雪

降雪对道路交通流的影响主要体现在两方面:其一,降雪使能见度降低,视线会较为模糊;其二,路面积雪使车辆、非机动车、行人容易打滑,对安全出行产生不利影响,积雪严重时还会阻断交通。

中华人民共和国气象行业标准《高速公路交通气象条件等级》(QX/T 111—2010)对降雪等级和降雪对高速公路交通运行的影响进行了划分,如表12-6所示。

降雪等级划分　　表12-6

等级	划分标准	对高速公路交通运行的影响
1级	有小雪或雨夹雪	稍有影响
2级	有中雪	有一定影响
3级	有大雪	有较大影响
4级	有暴雪	有严重影响

通过分析降雪对公路网通行条件的影响机理,同时参照行业标准《高速公路交通气象条件等级》(QX/T 111—2010),可以得出降雪等级、降雪持续时间和影响范围在冰雪天气公路网通行条件安全性评价指标体系中是非常重要的。

2)积雪

积雪减小路面摩擦系数,降低车辆机动性,引起行车速度降低,减少道路通行量,增加事故风险。同时,积雪还将形成白色单调的行车环境,容易使驾驶员产生驾驶疲劳;积雪路面反光,易产生眩光。

中华人民共和国气象行业标准《高速公路交通气象条件等级》(QX/T 111—2010)对积雪等级和积雪对高速公路交通运行的影响进行了划分,如表12-7所示。

积雪等级划分　　表12-7

等级	划分标准	对高速公路交通运行的影响
1级	路面积雪厚度<1.0cm	稍有影响
2级	路面积雪厚度1.0～2.9cm	有一定影响
3级	路面积雪厚度3.0～4.9cm	有较大影响
4级	路面积雪厚度≥5cm	有严重影响

此外,《新疆冬季防雪保交通培训教材》对路面积雪危害按降雪厚度进行了分类,如表12-8所示。

路面积雪危害按降雪厚度分类　　表12-8

类型	微雪	小雪	中雪	大雪	暴雪
厚度h(cm/d)	$h<1$	$1<h<5$	$5<h<10$	$10<h<20$	$h>20$

自然降雪在路面的厚度累积为5～10cm时,因路基轮廓不清,汽车应慢速行驶;降雪累积厚度为10～20cm时,汽车行驶困难,但勉强可以行进;降雪累积厚度达到20cm以上时,一般汽车均不能行驶。

通过上述分析可知,积雪等级、积雪持续时间和影响范围在冰雪天气公路网通行条件安全性评价指标体系中也是重要指标。

3)冻雨

冻雨形成时,路面摩擦系数降低,影响车辆的通行速度,当车辆超车、加速和急转弯或者紧急制动时,易造成交通事故。

中华人民共和国气象行业标准《冻雨等级》征求意见稿根据冻雨过程的持续时间，将冻雨划分为 4 个等级，如表 12-9 所示。

冻雨等级划分　　表 12-9

等　级	名　称	划分标准
1 级	轻级冻雨	1～3d
2 级	中级冻雨	4～6d
3 级	重级冻雨	7～11d
4 级	特重级冻雨	12d 以上

根据冻雨对公路网通行条件的影响，本文把冻雨列为冰雪天气公路网通行条件安全性评价指标体系中的重要指标。

4)路面结冰

冰雪路面的特点是附着系数小，直接影响车辆爬坡能力、制动滑行距离和车辆行驶的稳定性。如汽车在冰雪路面上行驶，安全制动距离大大延长并伴有制动侧滑现象，转弯行驶容易发生侧滑。

中华人民共和国气象行业标准《高速公路交通气象条件等级》(QX/T 111—2010)对结冰等级和结冰对高速公路交通运行的影响进行了划分，如表 12-10 所示。

路面结冰等级划分　　表 12-10

等　级	划分标准	对高速公路交通运行的影响
1 级	路面易结冰(路面温度在－1～0℃)	稍有影响
2 级	路面极易结冰(路面温度降至－2℃)	有一定影响
3 级	路面严重结冰(路面温度在－5～－3℃)	有较大影响
4 级	路面严重结冰(路面温度≤－10℃)	有严重影响

2. 间接指标

影响冰雪天气公路网通行条件安全的指标除了降雪、冻雨、路面结冰、能见度等直接因素外，还与公路等级、地面温度等间接因素有关。

1)公路等级

冰雪天气条件下评价公路网通行条件安全性，不但与气象因素以及道路因素有关，与道路的基础设施状况、交通流量、车辆的速度都有关。而公路等级的选用主要根据公路功能、路网规划、交通量等确定，并充分考虑项目所在地区的综合运输体系、社会经济等因素。综合考虑公路等级的划分，可以使用"公路等级"这个指标来间接反映道路的功能、道路交通流量以及车速。

2)路面温度

路面温度是路面结冰的关键参数。在地面结冰定义中，地面结冰是指外界路面温度在5℃以下，存在可见的潮气(如雨、雪、雨夹雪、冰晶、有雾)或者在地面上出现积水、雪水、冰或雪的气象条件，或者外界大气温度在 10℃以下，外界温度达到或者低于露点的气象条件下，所产生的地面现象。可见温度是地面结冰至关重要的一个参数，因此作为间接指标考虑。

二、冰雪天气区域路网安全性评价体系

综合气象指标、路面指标和基础设施指标来建立冰雪天气公路网通行条件安全性评价指标体系,见图12-2。

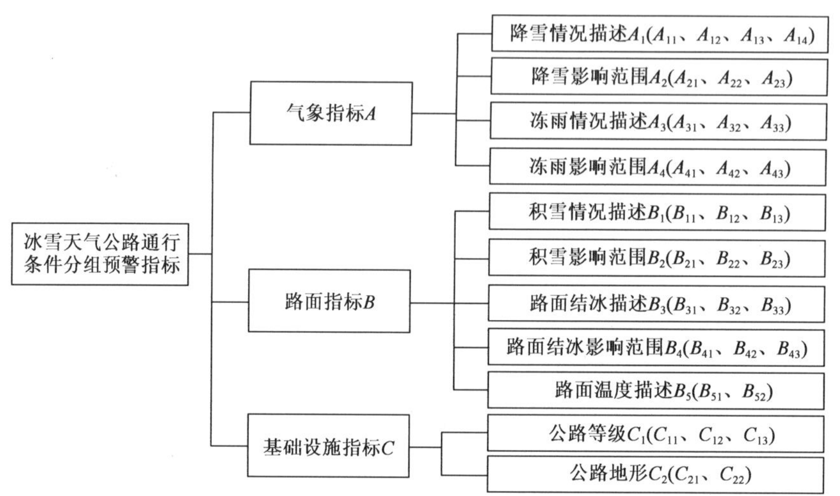

图12-2 冰雪天气公路网通行条件安全性评价指标体系

三、冰雪天气公路网通行条件预警指标描述

根据冰雪天气公路网通行条件安全性评价指标体系,各评价指标描述如下。

1. 降雪情况描述

降雪情况描述(A_1)分为四种。

(1)A_{11}——暴雪,12h降水量不小于6.0mm或24h降水量不小于10.0mm。

(2)A_{12}——大雪,12h降水量将达3.0～5.9mm或24h降水量将达5.0～9.9mm。

(3)A_{13}——中雪,12h降水量将达1.0～2.9mm或24h降水量将达2.5～4.9mm。

(4)A_{14}——小雪或雨夹雪,12h降水量将达0.1～0.9mm或24h降水量将达0.1～2.4mm。

2. 降雪影响范围

降雪影响范围指标A_2分为四种。

(1)A_{21}——在同一次出现大雪过程中,4个或4个以上的省份同时出现大雪。

(2)A_{22}——在同一次出现大雪过程中,2个或2个以上相邻的省份同时出现大雪。

(3)A_{23}——在同一次出现大雪过程中,3个或3个以上的省份同时出现大雪。

(4)A_{24}——在同一次出现大雪过程中,2个或2个以下不相邻的省份同时出现大雪。

3. 冻雨情况描述

冻雨情况描述A_3分为三种。

(1)A_{31}——重级冻雨,冻雨过程持续7d以上。

(2)A_{32}——中级冻雨,冻雨过程持续4～6d。

(3)A_{33}——轻级冻雨,冻雨过程持续 1～3d。

4. 冻雨影响范围

冻雨影响范围指标 A_4 分为三种。

(1)A_{41}——在同一次出现冻雨过程中,4 个或 4 个以上的省份同时出现冻雨。

(2)A_{42}——在同一次出现冻雨过程中,2 个或 2 个以上相邻的省份同时出现冻雨。

(3)A_{43}——在同一次出现冻雨过程中,2 个或 2 个以下不相邻的省份同时出现冻雨。

5. 积雪情况描述

积雪情况描述指标 B_1 分为三种。

(1)B_{11}——特重级积雪,路面积雪深度不小于 5.0cm。

(2)B_{12}——重级积雪,路面积雪深度 3.0～4.9cm。

(3)B_{13}——中级积雪,路面积雪深度 1.0～2.9cm。

6. 积雪影响范围

积雪影响范围指标 B_2 分为三种。

(1)B_{21}——在同一次出现积雪过程中,4 个或 4 个以上的省份同时出现积雪。

(2)B_{22}——在同一次出现积雪过程中,2 个或 2 个以上相邻的省份同时出现积雪。

(3)B_{23}——在同一次出现积雪过程中,2 个或 2 个以上相邻的省份同时出现积雪。

7. 路面结冰情况描述

路面结冰情况描述指标 B_3 分为三种。

(1)B_{31}——路表温度低于 0℃,出现降水,2h 内可能出现或者已经出现对交通有很大影响的道路结冰。

(2)B_{32}——路表温度低于 0℃,出现降水,6h 内可能出现对交通有较大影响的道路结冰。

(3)B_{33}——路表温度低于 0℃,出现降水,12h 内可能出现对交通有影响的道路结冰。

8. 路面结冰影响范围

路面结冰影响范围指标 B_4 分为三种。

(1)B_{41}——在同一次出现路面结冰过程中,4 个或 4 个以上的省份同时出现路面结冰。

(2)B_{42}——在同一次出现路面结冰过程中,2 个或 2 个以上相邻的省份同时出现路面结冰。

(3)B_{43}——在同一次出现路面结冰过程中,2 个或 2 个以上相邻的省份同时出现路面结冰。

9. 路面温度指标

路面温度指标 B_5 分为两种。

(1)B_{51}——路面温度低于或者等于冰点温度。

(2)B_{52}——路面温度高于冰点温度。

10. 公路等级

公路等级 C_1 分为三种。

(1)C_{11}——高速公路,供汽车分向、分车道行驶并全部控制出入的多车道公路,按各种汽车折合成小客车的年平均日交通量,四、六、八车道分别为 25 000～55 000 辆、45 000～80 000 辆、60 000～100 000 辆。

(2)C_{12}——一级公路,供汽车分向、分车道行驶并可根据需要控制出入的多车道公路,按各种汽车折合成小客车的年平均日交通量,四、六车道分别为 15 000～30 000 辆、25 000～55 000辆。

(3)C_{13}——二级公路,供汽车行驶的双车道公路,按各种汽车折合成小客车的年平均日交通量为 5 000～15 000 辆。

四、冰雪天气公路网通行条件预警综合指数

冰雪天气公路网通行条件预警综合指数是量化冰雪天气条件下公路网通行条件安全程度的相对数,用来作为冰雪天气公路网通行条件预警分级的依据。将 33 个二级指标分别乘以权重系数后求和,作为冰雪天气公路通行条件预警综合指数。由于降雪与冻雨天气现象不同时发生,即:

降雪情况:

$$H_s=\sum_{j_1=1}^{4}a_1A_{1j_1}+\sum_{j_2=1}^{3}a_2A_{2j_2}+\sum_{i_3=1}^{4}\sum_{j_3=1}^{3}(b_{i_3}B_{i_3j_3})+\sum_{j_4=1}^{2}b_5B_{5j_4}+\sum_{j_5=1}^{3}c_1C_{1j_5}+\sum_{j_6=1}^{2}c_2C_{2j_6}$$

冻雨情况:

$$H_{fr}=\sum_{i_1=3}^{4}\sum_{j_1=1}^{3}(a_{i_1}A_{i_1j_1})+\sum_{i_3=1}^{4}\sum_{j_3=1}^{3}(b_{i_3}B_{i_3j_3})+\sum_{j_4=1}^{2}b_5B_{5j_4}+\sum_{j_5=1}^{3}c_1C_{1j_5}+\sum_{j_6=1}^{2}c_2C_{2j_6}$$

式中: H_s——降雪天气公路通行条件预警综合指数;

H_{fr}——冻雨天气公路通行条件预警综合指数;

A_{1j}——降雪情况描述指标值;

A_{2j}——降雪影响范围指标值;

A_{3j}——冻雨情况描述指标值;

A_{4j}——冻雨影响范围指标值;

B_{1j}——积雪情况描述指标值;

B_{2j}——积雪影响范围指标值;

B_{3j}——路面结冰情况描述指标值;

B_{4j}——路面结冰影响范围指标值;

B_{5j}——路面温度指标值;

C_{1j}——公路等级指标值;

C_{2j}——公路地形指标值;

a_1、a_2、a_3、a_4、b_1、b_2、b_3、b_4、b_5、c_1、c_2——二级指标的权重系数。

五、冰雪天气预警指标权重及计算取值确定

冬季暴露于路面环境的危险因素和逐渐增加的碰撞危险影响道路交通安全,研究文献表明:在冰雪覆盖的道路上,发生车辆碰撞、刮擦交通事故的概率明显上升。

表 12-11、表 12-12 列出了美国就天气因素对道路交通安全影响的研究成果。可以看出，21%的碰撞、刮擦事故发生在冬季气候环境下；进一步分析表明，这 21%的碰撞、刮擦事故仅是在全年 5%有雪存在期间发生的，但在雪天发生的碰撞、刮擦事故损失较正常天气下有一定程度的降低(14%)，这主要归因于雪天车速的降低。

1996～2000 年艾奥瓦州碰撞事故历史记录分析　　表 12-11

车　　型	所有碰撞事故			冬季的碰撞事故			
	数量(起)	平均严重程度	平均损失(美元)	数量(起)	占总数百分比	平均严重程度	平均损失(美元)
商业车辆	22 048	13.6	38 103	5 487	25%	11.8	34 223
所有车辆	342 732	9.4	71 879	71 879	21%	8.1	16770

天气对高速公路通行能力和速度的平均影响程度　　表 12-12

天气变量	剧烈程度	通行能力(pcu/h)	相对晴朗天气下降低的百分比(%)	速度(km/h)	相对晴朗天气下降低的百分比(%)
雪	0	2 318		106.5	
	≤1.27mm/h	2 220	4	102.0	4
	1.524～2.54mm/h	2 117	9	97.7	8
	2.55～12.7mm/h	2 064	11	96.4	9
	>12.7mm/h	1 801	22	92.1	13
温度	>10℃	2 293		108.9	
	1～10℃	2 269	1	107.5	1
	−20～0℃	2 259	1	107.5	1
	< −20℃	2 099	8	106.7	2
能见度	>1.6km	2 342		112.3	
	0.816～1.6km	2 115	10	104.8	7
	0.4～0.816km	2 069	12	104.3	7
	<0.4km	2 096	11	99.1	12

从表 12-12 可以看出，降雪天气通行能力相对晴朗天气下有所降低，由于降雪天气分为四级，因此降雪情况在整个评价体系中占据的权值以降低百分比的平均值来计算。

令降雪情况权值用 a_1 表示：$a_1=\dfrac{4\%+9\%+11\%+22\%}{4}\approx 0.12$。

同理，路面温度情况的权值用 b_5 表示，积雪情况用 b_1 表示，降雪结冰情况用 b_3 表示，冻雨情况用 a_3 表示，则有：$b_5=\dfrac{1\%+1\%+8\%}{3}\approx 0.03$，$b_1\approx 0.19$，$b_3\approx 0.27$。

目前还没有关于冻雨引起的交通事故的统计，从冻雨形成的原因和对路面摩擦系数的影响程度上分析，在同等条件下，冻雨的影响程度在降雪和路面结冰之间，初定 $a_3\approx 0.1$。

公路等级的权值用 c_1 表示。由于在冰雪天气里，不同的道路等级车流量不同，初拟定 $c_1\approx 0.03$。

降雪影响范围、积雪影响范围、结冰影响范围，对冰雪天气条件下公路通行条件都有影响，拟定权重为0.11。

冻雨影响范围权重拟定为0.16,冻雨结冰情况权重为0.35,冻雨结冰影响范围权重为0.30。

综上所述,冰雪天气公路网通行条件预警指标权重见表12-13和表12-14。

降雪天气公路网通行条件预警的指标权重 表12-13

指标	降雪情况	降雪影响范围	积雪情况	积雪影响范围	结冰情况	结冰影响范围	路面温度情况	公路等级	公路地形
权重系数	0.12	0.11	0.19	0.11	0.27	0.11	0.03	0.03	0.03

冻雨天气公路网通行条件预警的指标权重 表12-14

指标	冻雨情况	冻雨影响范围	结冰情况	结冰影响范围	路面温度情况	公路等级	公路地形
权重系数	0.10	0.16	0.35	0.30	0.03	0.03	0.03

同时,根据专家打分,确定冰雪天气公路网通行条件预警指标的计算取值,如表12-15所示。

冰雪天气公路网通行条件预警的指标值 表12-15

指标分级	降雪情况描述	降雪影响范围	冻雨情况描述	冻雨影响范围	积雪情况描述	积雪影响范围	结冰情况描述	结冰影响范围	路面温度情况	公路等级	公路地形
四级	2										
三级	3	3	3	3	3	3	3	3		3	
二级	6	6	6	6	6	6	6	6	6	6	6
一级	10	10	10	10	10	10	10	10	10	10	10

六、冰雪天气公路网通行条件预警分级

依据预警综合指数,将冰雪天气公路网通行条件分级预警分为四个等级,见表12-16。

冰雪天气公路网通行条件分级预警等级指标 表12-16

公路网通行条件预警等级	四级	三级	二级	一级
冰雪天气公路网通行条件预警综合指数(H)	$0<H<4$	$4\leqslant H<6$	$6\leqslant H<8$	$8\leqslant H\leqslant 10$

第十三章　恶劣气象条件下路段安全管理预案

本章介绍了雾天和冰雪天气条件下的安全管理预案，预案可为路段一级的运营管理部门应对恶劣天气制订具体化的预案或采取管理措施提供参考和借鉴，以便针对局部恶劣气象条件有效开展安全运营保障服务。本章给出的预案基于各地(省级、路段单位)公路与公安部门恶劣天气条件下安全管理与保通预案、恶劣气象条件下交通安全与管理控制策略研究以及有关法律法规等材料制订，具有以下几个显著特点：一是对交通安全中重点涉及的监控、收费、路政、养护等部门职责进行细化；二是给出了更为全面的交通安全应对策略；三是给出了分级响应标准以及不同响应等级下各主要部门具体工作及部门间的衔接配合；四是在冰雪交通管理预案中给出了冬季防结冰与除雪铲冰作业规范，借鉴国外冰雪控制有关研究和经验，提出了预防性养护和处置性养护的概念，并给出每类养护处置方法，特别是融雪剂的科学合理使用方法(使用方式、使用时机、使用数量)。

第一节　雾天交通安全管理预案

大雾天气对高速公路的影响尤为严重，不采取保通措施将影响高速公路的正常通行。高速公路能见度大于100m且小于200m，已显著影响车辆的正常通行；高速公路能见度大于50m且小于100m，已严重影响车辆的正常通行；能见度小于50m，或者部分路段出现持续性团雾现象时，高速公路无法正常通行。

结合高速公路路段管理的实际情况，主要依据能见度的不同来制定不同等级的判别标准，将大雾天气应急灾害险情等级划分为五级，等级的划分标准见表13-1。

大雾天气条件下应急灾害等级划分标准　　表13-1

能见度(m)	等　级	预案响应级别
200～500	Ⅳ级	四级预案响应
100～200	Ⅲ级	三级预案响应
50～100	Ⅱ级	二级预案响应
30～50	Ⅰ级	一级预案响应
≤30	特级	特级预案响应

雾天交通安全管理预案可用于发生在高速公路大雾天气下的监测、预警、应急响应和处置等工作，它将规范高速公路大雾天气条件下的应急管理和应急响应程序，加强对大雾天气条件下高速公路安全运行的管控力度，预防多车相撞事故、二次事故和群死群伤等恶性交通事故的发生，确保高效、有序地开展应急救援工作，提高灾害预警和处置能力，保障高速公路安全、畅通、有序，避免和减少人员伤亡和财产损失。

一、大雾天气应急组织体系及职责

1.组织体系描述

高速公路管理处应成立大雾天气应急工作领导小组，负责领导、指挥、协调大雾天气下的处理工作，组长由管理处处长担任，副组长由分管副处长担任，小组成员由相关职能部门负责人组成，应急指挥中心办公室设在管理处路政科。领导小组下设工作小组，由管理处相关职能部门人员组成，工作小组负责具体的应急组织工作。

高速公路恶劣天气下交通应急管理工作主要涉及信息收集、预防预警、应急交通组织与救援、信息发布、应急演练、灾害恢复等方面，如图13-1所示。

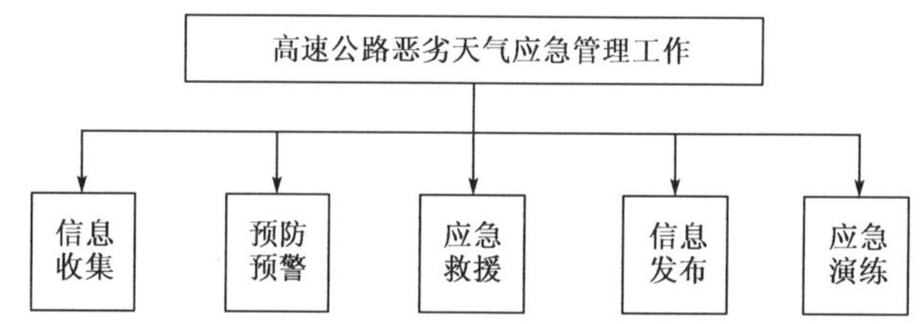

图13-1 高速公路恶劣天气下交通应急管理组织体系

2.各部门职责

高速公路大雾天气条件下交通安全与管理工作主要由高速公路管理处监控部门、路政部门和征费部门等积极开展。各个部门具体职责如下：

1)监控部门职责

(1)负责监控全线情况，负责对路政、交警、养护、收费站、气象部门等单位报告的交通和气象信息进行收集、汇总以及分析。

(2)及时向领导小组报告路况信息，向处属各单位反馈路况信息，根据领导小组指示，以监控中心的名义下达指令，统一发布交通管制命令，通过可变情报板对外发布路况信息。

2)路政部门职责

(1)坚持24h巡逻制度，及时搞好施救工作，加强养护施工现场管理，按照养护施工规范要求监督、指导工作。

(2)在大雾天气条件下，协助工程养护科在重点路段设立标志标牌，提醒驾驶员降低车速，谨慎驾驶。

(3)在大雾恶劣天气条件下，根据交警部门要求配合交警上路引导车辆；如需实施交通管制，配合交警部门进行临时性的交通管制；配合交警进行车辆分流，疏导交通。

(4)负责和气象部门建立联系，签订气象预报合作协议。凡遇大雾等恶劣天气，气象部门以电话方式传递详细的天气预报。

(5)将路况信息及时准确上报监控指挥中心，需要其他部门协助完成的，通过监控指挥中心及时传达给相关部门，迅速组织人员，按要求实施保障畅通措施。

(6)做好临近高速公路管理部门、高速交警的协调工作，确保目标一致，信息共享。

(7)做好恶劣天气条件下(包括交通事故、施工养护等路况事件)交通组织预案的编制、演

练、评估、完善等工作。

3)征费部门职责

(1)检查收费站出入口是否正确设置警示牌,打开防雾灯,根据需要及时增开、更换车道,同时更改车道通行指示灯。

(2)收费员发放通行卡时,主动提示提醒驾驶员"雾天减速行驶,保持车距,注意安全",并视能见度大小分别打出限速"40"、"60"、"80",并派专人疏导收费现场交通。

(3)接到管理处下达通行控制的指令时,按要求实施间断放行、流量控制、车型控制等措施,并主动与交警配合,做好分流工作。

(4)备好医药箱、修理工具、饮用水,力所能及地帮助驾乘人员解决困难。

(5)如收费现场发生交通事故,收费站当班人员应保护好现场,并迅速通知交警;如造成人员伤亡,应立即拨打急救电话,协助交警抢救受伤人员;如造成路况损失,应迅速通知路政、养护部门。收费现场发生突发事件应立即报告值班站长。

二、大雾天气交通安全控制策略

目前高速公路采用的交通控制策略主要有入口匝道控制、主线控制、通道控制等,此外还有一系列管理措施。考虑到我国高速公路监控基础设施以及运行管理的体制与状况,结合目前高速公路在大雾天气条件下运行管理的实践经验,认为以下雾天交通控制策略和措施是比较切实可行的。

1. 压速带道

对已进入高速公路的车辆,实施警车压速带道,控制车速。辖区上下行各保持 2 辆巡逻车,实施警车压速带道通行,控制车速在 20km/h 以下,通过鸣警报、亮警灯、喊话、电子诱导屏播放字幕等方式将车辆带出雾区或在既定点进行交接。

2. 主线分(容)流

对已进入高速公路的车辆,采取主线分(容)留措施。实施分(容)流措施时,应选择雾区以外距来车方向最近的互通(出口)实施。主线容流也可以依托雾区外的服务区实施。分(容)流点车辆发生拥堵,或高速公路主线上的车辆积压超过 2km 的,要迅速组织在来车方向上一个具备条件的互通或服务区实施分(容)流。

3. 限速

限速是高速公路交通管理部门最常用的交通管制方式。当高速公路沿线出现雾情或其他可能影响交通安全的因素而又未达到实施封闭交通管制措施的标准时,通过可变情报板、可变限速标志公布限速值以达到改善道路行车安全的目的。

4. 出入口控制

出入口控制也是当前高速公路交通管制中较为常见的方式,实际中用的比较多的方式包括控制车型、编队行驶、分流疏导、封闭道路等几种形式。

5. 交通诱导

交通诱导分为信息诱导和线形诱导两种类型。信息诱导就是通过可变信息板、收费站口头或发卡通知等方式向驾驶员提供限制速度、交通事件、道路封闭与分流等综合交通管理与控制信息;线形诱导就是通过主动发光设施,按照一定的间距和控制方式来标志道路的轮廓并给驾驶员以警示,雾天线形诱导主要是使用雾灯诱导。

6. 车道控制

车道控制通常包括车道可用状态控制、潮汐可逆车道控制、专用车道控制等方式。高速公路主要涉及车道可用状态控制。车道控制通常利用车道指示灯来控制车道的开启或关闭。

三、大雾天气交通管理预案

雾天交通应急管理预案服务于高速公路运营管理全过程,按照预案处理过程将其划分为预防和准备阶段、应急响应阶段、恢复阶段三部分。下面将详细阐述每个阶段各部门的主要工作措施与响应过程,重点是监控、收费、路政等部门。

1. 预防和准备阶段

(1)认真做好宣传工作,加大宣传力度。在每年雾天多发季节前,在沿线收费站站口加强宣传,提醒驾驶员增强大雾驾驶安全意识,由路政、交警部门联合各收费站人员负责向驾驶员做好安全行车的提示工作,使驾乘人员从思想上得到重视;同时将雾区位置、雾易发季节和时段、路政救援联系方式等宣传资料发给过往驾驶员。

(2)及时掌握雾天信息并上报,防患于未然。监控中心值班人员负责在雾天多发季节利用手机信息、收音机、上网查阅等方式查看天气预报,并做好记录,预先掌握天气变化趋势。当接到有雾信息后,通知相关部门,要求提前安排好值班、巡逻等工作。气象预报有大雾时,向管理处分管领导报告。

(3)安排实战演练,做好各项准备工作。管理处应根据制订的雾区交通管理预案,每年不定期地组织1～2次实战演练,协调有关各方协同工作;定期对雾区外场交通监控设备、救援等器具进行巡查和检修,确保处于良好的工作状态。

(4)监控中心应加强与气象部门的联系,建立中长期预警机制。可通过与当地气象部门建立的联动机制对高速公路可能出现的大雾、团雾等情况作出科学分析,摸清气候状况,分析预测天气变化趋势,做到大雾等恶劣天气早预报、早安排。从气象部门得到雾区(雾多发路段)的精细化气象预报信息,当能见度低于500m时,立即向监控中心值班室和领导工作小组报告。

(5)路政部门加强现场巡逻的次数。特别是在雾多发季节,要加大对雾多发路段的巡查力度,由于大雾一般出现在凌晨,夜间的巡逻工作也必须高度重视。及时掌握信息,准确反映情况,抓好出入口、重点时段、路段的管控,如发现异常情况,及时上报监控中心。

(6)路政部门要与高速公路交警部门进行联动和协调,建立有效的路政交警联动机制,在保证安全的前提下,要尽量避免封闭交通。实施交通管制前,路政部门要积极做好车辆分流前的准备工作,并安排专人做好封道时的交通疏导工作,做到目标一致,配合密切,协同作战。

(7)做好雾能见度的实时采集工作。接收高速公路雾区路段能见度值的实时采集数据,每天按指定周期(如1min)实时接收公路气象站和能见度检测器所采集的能见度值。当能见度低于500m时,做好有雾记录,并将能见度值记录备案,立即向监控中心值班人员和领导小组报告。

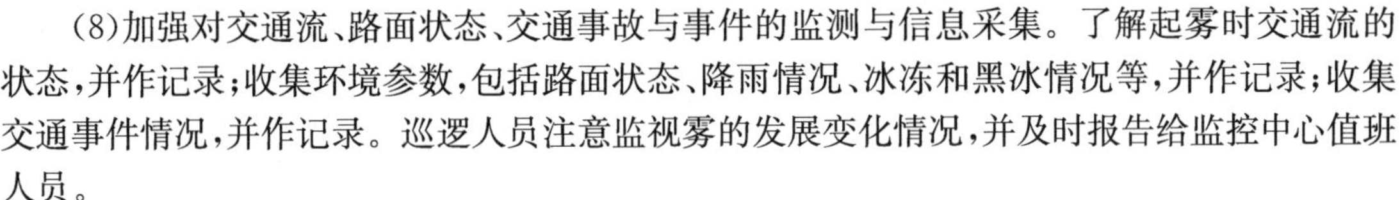

(8)加强对交通流、路面状态、交通事故与事件的监测与信息采集。了解起雾时交通流的状态,并作记录;收集环境参数,包括路面状态、降雨情况、冰冻和黑冰情况等,并作记录;收集交通事件情况,并作记录。巡逻人员注意监视雾的发展变化情况,并及时报告给监控中心值班人员。

2.应急响应阶段

1)四级响应

路政巡逻人员发现大雾天气后,应立即向监控中心报告,经领导小组审核后,监控中心将信息迅速传达至各收费站,同时启动应急预案。

各收费站应在显著位置发布公告,入口处设置醒目的提示牌,如"前方有雾,减速行驶,保持车距","开启雾灯、示宽灯、尾灯和防眩目近光灯","保持车距"等,同时告知驾乘人员因雾限速80km/h行驶,并由收费员在向驾乘人员发放通行卡时,提示其安全行驶。

监控中心应利用雾区内及雾区两端的可变信息情报板,发布"前方薄雾,能见度较好","请开启雾灯,减速慢行"等信息,并通过立柱式限速标志发布限速信息"限速80",不断向车辆提供路况及交通管制信息。

收费站安全人员负责检查进入收费站车辆灯光是否齐全,不齐全的车辆禁止进入高速公路,坚决杜绝病车上路,消除事故隐患。

雾区所在路段的交警、路政大队应派出2辆巡逻车,实行双向不间断巡逻,随时查处超速、违法停车等行为。

当路面上出现交通事故时,交警、路政人员应对事故现场采取警戒措施,增设各种指示标志和警示灯具,防止连锁事故发生。

2)三级响应

路政巡逻人员发现大雾天气后,应立即向监控中心报告,经领导小组审核后,监控中心将信息迅速传达至各收费站,同时启动应急预案。

各收费站应在显著位置向驾乘人员发布通告,入口处设置醒目的提示牌,如"前方有雾,减速行驶,保持车距","开启雾灯、示宽灯、尾灯和防眩目近光灯","保持车距"等,要求车辆限速60km/h行驶。同时,收费人员在向车辆发放通行卡时,应告知驾乘人员限速行驶、注意安全。

监控中心应利用雾区内及雾区两端的可变信息情报板,发布"前方大雾,能见度××米"(根据检测值),"请开启雾灯,减速慢行","雾天请谨慎驾驶","前方有雾,请保持车距"等提示信息;通过立柱式限速标志发布限速信息"限速60";提供各路段能见度、行车安全和限速等信息。

各收费站应设立外勤岗,对进入雾区内的车辆实行间断放行,一般以每通行30辆车后间断5min再放行为原则,减少主线交通流量。外勤岗必须提醒通行车辆开启雾灯、示宽灯,保持合理车距。

雾区所在路段的交警、路政大队应派出2辆巡逻车,实行双向不间断巡逻,并通过喊话等方式提醒通行车辆保持安全间距、车速,及时查处超速、违法停车等行为。对暂时不能行驶的故障车辆一律拖走,不能拖离的提醒驾乘人员做好安全防护措施。

对未中断交通的施工作业路段,要加强管理,增加施工控制区的警示灯具,避免发生交通事故。

一旦发生交通事故，路警人员应立即赶到现场，对现场采取警戒措施，增设标志、警示灯具，对已造成堵塞的交通事故，应立即通知有关收费站和监控中心，向驾乘人员提供交通信息，必要时采取分流措施。

3）二级响应

路政巡逻人员发现大雾天气后，应立即向监控中心报告，经领导小组审核后，监控中心将信息迅速传达至各收费站，同时启动应急预案。

各收费站应在显著位置向驾乘人员发布通告，规定车辆限速 40km/h 行驶。同时，收费人员在发放通行卡时，应提示驾乘人员限速行驶、保持车距、注意安全。

监控中心应利用雾区内及雾区两端的可变信息情报板向驾乘人员发布路况警示信息，发布“前方大雾，能见度××米”（根据检测值），“请开启雾灯，减速慢行”，“雾天请谨慎驾驶”，“前方有雾，请保持车距”等提示信息；通过立柱式限速标志发布限速信息“限速 40”；提供各路段能见度、限速和行车安全等信息；同时，将电子限速牌设为“40”。

各相关收费站应对所有进入雾区行驶的车辆实行间断放行，一般以每通行 30 辆车后间断 5min 再放行为原则。同时在收费站派出外勤岗，疏导指挥车辆，维持站区秩序，对驾乘人员进行路况说明，提醒通行车辆开启雾灯、示宽灯，保持合理车距。

雾区所在路段的交警、路政大队应派出 2 辆联合巡逻车，实行双向不间断巡逻，及时查处超速、违法停车等行为，对暂时不能行驶的故障车辆一律拖走。

可采取主线控制和匝道控制相结合的方式，即开放交通量较大的出入口，关闭交通量小的进出口，限制入口车辆的速度，在入口处对车辆进行编队，最好由交警或路政车辆引导编队车辆行驶。

监控中心应向车流量较大的收费站派出巡逻车及人员，协助收费站维持站区秩序，利用扩音装置向驾乘人员提供路况信息，提示行车注意事项。

对未中断交通的施工作业路段进行管制，必须及时把施工人员、车辆、设备撤离作业区。对因局部开挖、不能及时修复的，应增设各种警示标志和灯具，加强管理。

不影响通行的交通事故，巡逻人员应立即赶到事故现场，设立相应的安全区，增设警示灯具，提示前方发生事故，同时对事故现场实施快速清理，避免连锁事故发生。

对已影响通行或造成堵塞的交通事故，巡逻人员可酌情实施分流，并对事故现场进行快速清理，待事故清理完毕后，再实行间断放行。

4）一级响应

路政巡逻人员发现能见度低于 50m 时，应立即上报监控中心，监控中心值班人员应立即上报领导小组成员，并与交警协商不封闭高速公路，同时报省高速总公司运营处。经领导小组审核后，监控中心将信息迅速传达至各收费站，同时启动应急预案。

各收费站应根据情况采用间隔放行，同时采取限时限速措施。在显著位置向驾乘人员发布通告，规定车辆限速 30km/h 行驶，并要求车辆在行驶时保持 20～30m 的距离，提示驾乘人员限速行驶、保持车距、注意安全。

增加路政巡逻班次，实行路政备勤制，保持 24h 备勤，利用喊话器不间断提醒驾驶员降低车速，在行驶期间，要求驾驶员打开双闪灯，与前面车辆保持 20～30m 的距离。车辆出现故障，立即停靠在紧急停车带内修理或等待拖车。同时，各路政大队留有清障人员备班，做好一切清障准备。

监控中心应利用雾区内及雾区两端的可变信息情报板向行驶车辆发布“前方浓雾，能见度××米”（根据检测值），“请开启雾灯，减速慢行”，“雾天请谨慎驾驶”，“前方有雾，请保持车距”等提示信息；通过立柱式限速标志发布限速信息“限速 30”；提供各路段能见度、限速和行车安全等信息。

路政大队应向车流量较大的收费站派出巡逻车及人员，协助收费站维持站区秩序，利用扩音装置向驾乘人员发布路况信息。路政大队还应对浓雾路段实行双向不间断巡逻，及时向监控中心汇报路况信息。

对已进入高速公路的车辆，采取主线分（容）留措施。分（容）流措施应选择雾区以外距来车方向最近的道口实施，主线容流也可以依托雾区外的服务区实施。分（容）流点车辆发生拥堵，或高速公路主线上的车辆积压超过 2km 的，要迅速组织在来车方向上一个具备条件的道口或服务区实施分（容）流。

对未中断交通的施工作业路段进行管制，必须及时把施工人员、车辆、设备撤离作业区。对因局部开挖、不能及时修复的，应增设各种警示标志和灯具，加强管理。

不影响通行的交通事故，巡逻人员应立即赶到事故现场，设立相应的安全区，增设警示灯具，提示前方发生事故，同时对事故现场实施快速清理，避免连锁事故发生。

对已影响通行或造成堵塞的交通事故，巡逻人员可酌情实施分流，并对事故现场进行快速清理，待事故清理完毕后，再实行间断放行。

5）特级响应

路政巡逻人员发现能见度低于 30m 时，应立即上报监控中心，监控中心值班人员应立即上报领导小组成员，与交警协商封闭高速公路并向各单位下达封闭指令，同时报省高速总公司。经领导小组审核后，监控中心将信息迅速传达至各收费站，同时启动应急预案。

各收费站在接到封闭指令后，应关闭车道，向驾乘人员发布高速公路封闭通告，提示车辆选择其他行驶路线，并在收费站用高音喇叭进行声音提示。

监控中心应利用雾区内及雾区两端的可变信息情报板向行驶车辆发布“前方道路，因雾封闭”，“前方××站（××出口）分流，请驶离高速”，“请开启雾灯，减速慢行”等提示信息；通过立柱式限速标志发布限速信息“限速 20”，引导车辆驶离高速公路主线。

各收费站在高速公路封闭后，应预留紧急通道，保证执行任务的警车和救援专用车辆驶入高速公路的需求。

路政大队应向车流量较大的收费站派出巡逻车及人员，协助收费站维持站区秩序，利用扩音装置向驾乘人员发布路况信息及封路指令。路政大队还应对封闭路段实行双向不间断巡逻，及时向监控中心汇报路况信息。

对已进入高速公路的车辆，实施路政巡逻车和警车联合压速带道，控制车速。辖区上下行各保持 2 辆巡逻车，实施警车压速带道通行，控制车速在 20km/h 以下，通过鸣警报、亮警灯、喊话、电子诱导屏播放字幕等方式将车辆带出雾区并驶离高速公路。

路政和交警双方协调一致，对高速公路车辆进行主线分流。用橡胶安全锥分隔车道，用闪烁警示灯进行提示，必要时，在分流段上游汇流处设置专人进行现场指挥，并利用扬声器进行喊话提醒。如果车流量过大造成交通堵塞，可实施二级分流。

对施工作业路段，必须及时把施工人员、车辆、设备撤离作业区。对因局部开挖、不能及时修复的，应增设各种警示标志和灯具，加强管理。

对于高速公路封闭后滞留在高速公路上的行驶车辆，巡逻人员应引导其就近下路，或到服务区停车，并封闭服务区出口，禁止滞留车辆上路行驶，在接到开通通知后实施放行。

对能见度已达到 50m 以上，具备限速通行条件的，巡逻人员应向监控中心上报，经领导小组与交警部门协商批准后，下达开通指令。监控中心将开通信息传达至各路政大队、收费站，并上报省高速公路总公司。

6)响应阶段中采取的交通控制策略

结合大雾条件下高速公路管理部门的具体实践经验和常见交通管理与控制措施的实施条件，得出响应阶段不同级别应采取的交通控制策略(表 13-2)。

响应阶段不同级别应采取的交通控制策略 表 13-2

能见度(m)	响应级别	压速带道	主线分(容)流	限速	车型控制	编队行驶	间断放行	封闭道路	信息诱导	线性诱导
200～500	四级响应			√					√	
100～200	三级响应			√	√		√		√	
50～100	二级响应	√		√	√	√	√		√	√
30～50	一级响应	√	√	√	√	√	√		√	√
<30	特级响应	√	√					√	√	√

3. 恢复阶段

(1)处理事故，并对事故进行清场，恢复正常交通秩序，并做好相关记录。

(2)应急案例总结。对因大雾天气所造成的人员伤亡、财产损失、应急资源的消耗情况等进行及时、准确的现场记录和分析，对应急指挥的过程信息、分析报告、调查报告、经验教训总结等进行管理，为大雾天气条件下应急预案评估和修订等提供参考依据。

(3)事件统计分析。根据相关模型分析大雾天气条件下所积累的大量应急事件数据，为预防预警、管理决策提供依据。例如通过分析可直观得出某路段是大雾或团雾易发类路段，为高速公路预防和应急管理提供依据。

第二节　冰雪天气交通安全管理预案

为了规范高速公路冰雪天气条件下应急管理和应急响应程序，加强对冰雪天气条件下高速公路安全运行的管控力度，预防多车相撞事故、二次事故和群死群伤等恶性交通事故的发生，确保高效、有序地开展应急救援工作，提高灾害预警和处置能力，保障高速公路安全畅通有序，避免和减少人员伤亡和财产损失，结合高速公路实际情况，制订了冰雪天气条件下交通安全管理应急预案。

主要依据降雪强度、积雪厚度、路面温度、路面结冰状况等参数来制定不同等级的判别标准，结合高速公路实际情况，将冰雪天气应急灾害险情等级划分为四级。等级的划分标准见表 13-3。

冰雪天气条件下应急灾害等级划分标准　　表 13-3

等级	界定指标 积雪厚度、路面温度、路面结冰状况和造成的经济、社会影响	严重程度	预案响应级别
Ⅳ级	(1)监测或预报积雪厚度在 10cm 以下，或者监测或预报出现道路结冰 (2)造成 1 人以上、3 人以下死亡或直接经济损失 1 000 万元以上、1 亿元以下 (3)造成某一县级行政区域内公路或铁路运输受阻或中断，对居民出行产生较大影响	一般	四级预案响应
Ⅲ级	(1)监测或预报持续 2d 以上积雪厚度超过 10cm，或者监测或预报出现道路结冰厚度在 1cm 以上 (2)造成 3 人以上、10 人以下死亡或直接经济损失 1 亿元以上、10 亿元以下 (3)造成某一市境内高速公路或国道严重受阻或中断；或者严重影响铁路运输秩序，境内主要火车站大部分列车班次延误或取消；或者民航运输秩序混乱，境内民航机场较多航班延误或取消。上述情况致使本市境内外交通运输严重受阻或中断，大量旅客滞留在城市，产生较大社会影响	较大	三级预案响应
Ⅱ级	(1)监测或预报 2 个以上市省范围积雪厚度在 20cm 以上；或者监测或预报 2 个以上市省范围出现道路结冰厚度在 2cm 以上；或者监测或预报 2 个以上市省范围持续 2d 以上日最低气温在－3℃以下 (2)造成 10 人以上、30 人以下死亡或直接经济损失 10 亿元以上、30 亿元以下 (3)造成省内高速公路网、重要国省道干线中断，经抢修 24h 无法恢复通车；或者铁路干线运输受阻或中断，省内主要火车站大量列车班次延误或取消；或者民航运输部分中断，省内主要民航机场关闭，当日大量航班延误或取消。上述情况致使省内或省外交通运输受阻或中断情况范围较大，大量旅客滞留在省内各主要城市或高速公路上，或车站、机场、码头等公共场所堵塞道路通行，产生重大社会影响	重大	二级预案响应
Ⅰ级	(1)监测或预报 2 个以上市州范围积雪厚度在 30cm 以上，或持续 3d 以上积雪厚度超过 20cm；或者监测或预报 2 个以上市州范围出现道路结冰厚度在 3cm 以上；或者监测或预报 2 个以上市州范围日最低气温在－5℃以下 (2)造成 30 人以上死亡或直接经济损失 30 亿元以上 (3)造成省内国家高速公路网中断，经抢修 48h 无法恢复通行的；或者铁路干线运输中断，省内主要火车站列车无法正常运行；或者民航运输中断，省内主要民航机场长时间关闭，大量航班取消。上述情况致使省内外交通运输严重受阻或中断，大量旅客长时间滞留在省内各主要城市，产生严重社会影响	特别重大	一级预案响应

本预案适用于高速公路低温冰雪灾害的预防与应急准备、预警发布、应急处置与救援、灾后恢复生产等工作。

一、冰雪天气应急组织体系及职能

1. 组织体系描述

冰雪天气条件下应急指挥体系由领导指挥机构、综合协调机构、专家咨询机构等组成。应对特别重大、重大冰雪灾害，省政府根据实际工作需要，成立领导指挥机构，统一领导、组织协调冰雪灾害的预防和应急处置工作。综合协调机构主要负责冰雪灾害防御和应急处置期间的日常工作。专家咨询机构主要参加冰雪灾害重要信息研判、应急处置和应对评估等工作，为指挥部提供决策咨询、技术支撑和工作建议。

高速公路管理处应成立冰雪天气应急工作领导小组，负责领导、指挥、协调冰雪天气条件下的处理工作，组长由管理处处长担任，副组长由分管副处长担任，小组成员由相关职能部门负责人组成，应急指挥中心办公室设在管理处路政科。领导小组下设工作小组，由管理处相关职能部门人员组成，工作小组负责具体的应急组织工作。

高速公路恶劣天气下交通应急管理工作主要涉及信息收集、预防预警、应急交通组织与救援、信息发布、应急演练、灾害恢复等方面，如图 13-2 所示。冰雪条件下应急预案框图如图 13-3 所示。

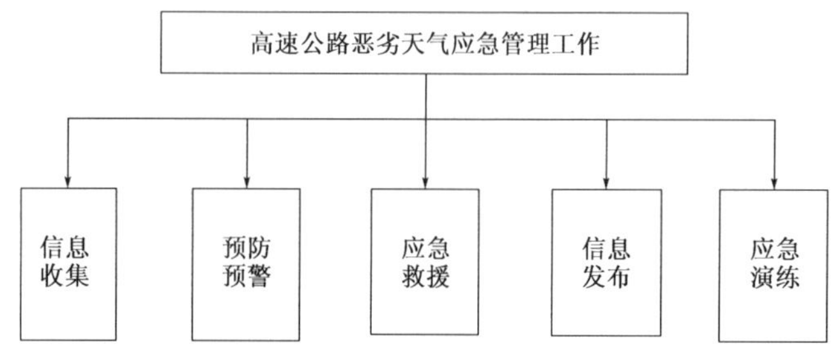

图 13-2 高速公路恶劣天气应急管理工作

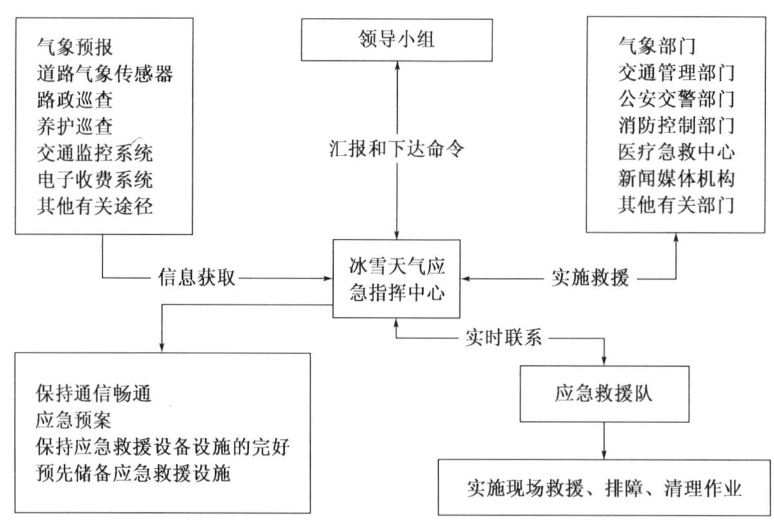

图 13-3 冰雪天气应急指挥预案框图

2. 各部门职责

高速公路冰雪天气条件下交通安全与管理工作主要由高速公路管理处监控部门、养护部门、路政部门和征费部门等积极开展。各个部门具体职责如下：

1)监控部门职责

(1)负责监控全线情况，并且对路政、交警、养护、收费站、气象部门等单位进行报告，同时收集、汇总、分析交通和气象信息。

(2)通过视频监控系统和气象站获得当前气象数据，当发现路面有结冰情况时，及时向上

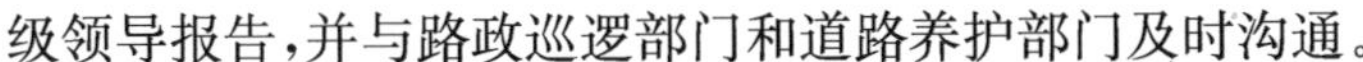

级领导报告，并与路政巡逻部门和道路养护部门及时沟通。

(3)天气出现强降雪，并且通过视频监控系统和气象站数据发现路面积雪厚度达到表 13-3 所述的积雪厚度时，及时向上级领导汇报，并与路政和养护部门及时沟通。

(4)及时向领导小组报告路况信息，向处属各单位反馈路况信息，根据领导小组指示以监控中心的名义下达指令，统一发布交通管制命令，通过可变情报板对外发布路况信息。

2)养护部门职责

(1)提前做好高速公路防冰冻、防积雪物资储备工作，在出现恶劣天气后按上级指令进行工作。

(2)负责融雪剂的储备和使用，融雪剂的存储要分区存放，责任到人，融雪剂要做到定车、定人、定路段使用。

(3)负责除雪铲冰机械设备的准备工作，并保障车辆到位，加强维护保养，使其处于良好的工作状态。机械的使用也要实行分段责任制，分段负责，各负其责，互相配合。

(4)巡查路段和交通设施，适时掌握本所辖段内存在的多发性公路灾害类型，及时进行调查，收集危险情况，描述登记现状、位置，预测、评估可能发生的灾害类型及工程数量。

(5)每年进入桥梁、涵洞和路段易结冰时期，养护部门应根据天气预报、监控系统获得的数据、气象站获得的信息以及历年的数据和经验及时进行养护处置工作。

(6)当天气预报报告未来 12h 内将有降雪情况时，养护部门应及时做好应急处置工作，如撒布融雪剂等。

(7)对因冰雪等恶劣天气造成的路面积雪、路面结冰等影响行车安全的危险路段，按规定设置安全指示标志牌，并在第一时间内组织养护人员进行抢修疏通。

3)路政部门职责

(1)坚持 24h 巡逻制度，及时搞好施救工作，加强养护施工现场管理，按照养护施工规范要求监督、指导工作。

(2)在冰雪天气条件下，协助工程养护科在重点路段设立标志标牌，提醒驾驶员降低车速，谨慎驾驶。

(3)在冰雪恶劣天气条件下，根据交警部门要求配合交警上路引导车辆；如需实施交通管制，配合交警部门进行临时性的交通管制；配合交警进行车辆分流，疏导交通。

(4)负责和气象部门建立联系，签订气象预报合作协议。凡遇冰雪等恶劣天气，气象部门以电话方式传递详细的天气预报。

(5)将路况信息及时准确上报监控指挥中心，需要其他部门协助完成的，通过监控指挥中心及时传达给相关部门，迅速组织人员，按要求实施保障畅通措施。

(6)做好临近高速公路管理部门、高速交警的协调工作，确保目标一致，信息共享。

(7)做好恶劣天气条件下(包括交通事故、施工养护等路况事件)交通组织预案的编制、演练、评估、完善等工作。

4)征费部门职责

(1)遇到冰雪天气时，及时清除车道、收费广场的积雪和冰冻。

(2)检查、督促收费站出入口是否正确设置警示牌，根据需要及时增开、更换车道，同时更改车道通行指示灯。

(3)收费员发放通行卡时,主动提示驾驶员诸如“路面结冰请减速行驶,保持车距,注意安全”。视路面积雪程度和路面结冰情况,分别打出限速“30”、“40”、“60”,并派专人疏导收费现场交通。

(4)接到管理处下达通行控制的指令时,按要求实施间断放行、流量控制、车型控制等措施,并主动与交警配合,做好分流工作。

(5)备好医药箱、修理工具、饮用水,力所能及地帮助驾乘人员解决困难。

(6)如收费现场发生交通事故,收费站当班人员应当保护好现场,并迅速通知交警;如造成人员伤亡,应立即拨打急救电话,协助交警抢救受伤人员;如造成路况损失,应迅速通知路政、养护部门。收费现场发生突发事件应立即报告值班站长。

二、冰雪天气交通安全控制策略

目前高速公路采用的交通控制策略主要有入口匝道控制、主线控制、通道控制等类型,此外还有一系列管理措施。考虑到我国高速公路监控基础设施以及运行管理的体制与状况,结合目前高速公路在冰雪天气条件下运行管理的实践经验,认为以下冰雪交通控制策略和措施是比较切实可行的。

1. 压速带道

对已进入高速公路的车辆,实施警车压速带道,控制车速。辖区上下行各保持 2 辆巡逻车,实施警车压速带道通行,控制车速在 20km/h 以下,通过鸣警报、亮警灯、喊话、电子诱导屏播放字幕等方式将车辆带出冰雪路段或在既定点进行交接。

2. 主线分(容)流

对已进入高速公路的车辆,采取主线分(容)流措施。分(容)流措施应选择结冰或积雪严重路段以外距来车方向最近的互通(出口)实施,主线容流也可以依托结冰或者积雪严重路段外的服务区实施。分(容)流点车辆发生拥堵,或高速公路主线上的车辆积压超过 2km 的,要迅速组织在来车方向上一个具备条件的互通或服务区实施分(容)流。

3. 限速

限速是高速公路交通管理部门最常用的交通管制方式。当高速公路沿线出现降雪强度大、路面积雪、路面结冰或其他可能影响交通安全的因素而又未达到实施封闭交通管制措施的标准时,通过可变情报板、可变限速标志发布限速值,以达到改善道路行车安全的目的。

4. 出入口控制

出入口控制也是当前高速公路交通管制中较为常见的方式,实际中用的比较多的包括控制车型、编队行驶、分流疏导、封闭道路等几种形式。

5. 交通诱导

交通诱导分为信息诱导和线形诱导两种类型。信息诱导就是通过可变信息板、收费站口头或发卡通知等方式向驾驶员提供限制速度、交通事件、道路封闭与分流等综合交通管理与控制信息。

6. 车道控制

车道控制通常包括车道可用状态控制、潮汐可逆车道控制、专用车道控制等方式。高速公

路主要涉及车道可用状态控制。车道控制通常利用车道指示灯来控制车道的开启或关闭。

三、冰雪天气交通管理预案

冰雪天气条件下交通应急管理预案服务于高速公路运营管理全过程，按照预案处理过程将其划分为预防和准备阶段、应急响应阶段、恢复阶段三部分。下面将详细阐述每个阶段各部门的主要工作措施与响应过程，重点是监控、收费、路政和养护等部门的工作。

1. 预防和准备阶段

（1）认真做好宣传工作，加大宣传力度。在每年冰雪天气多发季节前，在沿线收费站入口加强宣传，提醒驾驶员增强冰雪天气驾驶安全意识，由路政、交警部门联合各收费站人员负责向驾驶员做好安全行车的提示工作，使驾乘人员从思想上得到重视，同时将易结冰路段位置和路政救援联系方式等宣传资料发给过往驾驶员。

（2）及时掌握路面积雪、路面结冰和路面温度信息并上报，防患于未然。监控中心值班人员负责在冰雪天气多发季节利用手机信息、收音机、上网查阅等方式查看天气预报，并做好记录，预先掌握天气变化趋势。当接到有冰雪信息后，通知相应部门，要求提前安排好值班、巡逻等工作。气象预报下雪时，向管理处分管领导报告。

（3）在每年冰雪天气多发季节期间，养护中心应根据实际情况，做好融雪剂、盐、水泥、编织袋、警示牌等防滑防冻物资的储备工作，并合理分配到沿线各管理所和施工单位，例如确保融雪剂与防护链的储备和使用，融雪剂的存储要分区存放，责任到人，融雪剂要做到定车、定人、定路段使用；确保除雪铲冰机械设备的准备工作，并保障车辆到位，加强维护保养，使其处于良好的工作状态。机械的使用也要实行分段责任制，分段负责，各负其责，互相配合。

（4）安排实战演练，做好各项准备工作。管理处应根据制订的雾区交通管理预案，每年不定期地组织 1～2 次实战演练，协调有关各方协同工作；定期对易结冰路面外场交通监控设备、救援器具等进行巡查和检修，确保处于良好的工作状态。

（5）监控中心应加强与气象部门的联系，建立中长期预警机制。可通过与当地气象部门建立的联动机制对高速公路可能出现的降雪强度、积雪厚度和路面结冰等情况作出科学分析，摸清气候状况，分析预测天气变化趋势，做到冰雪等恶劣天气早预报、早安排。从气象部门得到冰雪的精细化气象预报信息，当路面温度低于 0℃，并且路面有积雪时，立即向监控中心值班室和领导工作小组报告。

（6）路政部门加强现场巡逻的次数。特别是在冰雪多发季节，要加强对易结冰路段的巡查力度。及时掌握信息，准确反映情况，抓好出入口、重点时段、路段的管控。如发现异常情况，及时上报监控中心。

（7）路政部门要与高速公路交警部门进行联动和协调，建立有效的路政交警联动机制，在保证安全的前提下，要尽量避免封闭交通，实施交通管制前，路政部门要积极做好车辆分流前的准备工作，并安排专人做好封道时的交通疏导工作，做到目标一致，配合密切，协同作战。

（8）做好路面结冰和积雪情况的实时采集工作。接收高速公路易结冰路段的实时采集数据，每天按指定周期（如 1min）实时接收公路气象站和路面状态检测器所采集的路面状态信息，当路面温度低于 0℃时，做好冰雪记录，并将路面温度、降雪强度和路面结冰厚度的信息记录备案，立即向监控中心值班人员和领导小组报告。

(9)加强对交通流、路面状态、交通事故与事件的监测与信息采集。了解下雪、路面结冰时交通流的状态,并作记录;收集环境参数,包括路面状态、降雪情况、路面结冰情况等,并作记录;收集交通事件情况,并作记录。巡逻人员注意监视降雪强度、路面积雪厚度、路面结冰的发展变化情况,并及时报告给监控中心值班人员。

2. 应急响应阶段

1)四级响应

一般冰雪灾害应急响应如下:

(1)路政巡逻人员发现符合四级响应对应的天气情况后,应立即向监控中心报告,经领导小组审核后,监控中心将信息迅速传达至各收费站,同时启动应急预案。

(2)养护中心接到通知后,应立即组织施工单位对降雪路段中的桥面、纵坡大于2.5%的路段以及匝道处进行防冻处理,必要时可调度洒水车在结冰积雪路段喷洒盐水,对降雪路段进行除雪防冰工作。

(3)各收费站应在显著位置发布公告,入口处设置醒目的提示牌,如"下雪天气请谨慎驾驶","请减速慢行","保持车距"等,同时告知驾乘人员因雪天限速60km/h行驶,并由收费员在向驾乘人员发放通行卡时,提示其安全行驶。

(4)监控中心应利用可变信息情报板,发布"下雪天气请谨慎驾驶"等信息,并通过立柱式限速标志发布限速信息"限速60",不断向车辆提供路况及交通管制信息,并提供各路段积雪情况、路面结冰情况等行车安全和限速信息。

(5)各收费站应设立外勤岗,对进入积雪区内的车辆实行间断放行,一般以每通行30辆车后间断5min再放行为原则,减少主线交通流量。外勤岗必须提醒通行车辆减速慢行,保持合理车距。

(6)积雪区所在路段的交警、路政大队应派出2辆巡逻车,实行双向不间断巡逻,并通过喊话等方式提醒通行车辆保持安全间距、车速,及时查处超速、停车等违法行为。对暂时不能行驶的故障车辆一律拖走,不能拖离的提醒驾乘人员做好安全防护措施。

(7)对未中断交通的施工作业路段,要加强管理,增加施工控制区的警示灯具,避免发生交通事故。

(8)一旦发生交通事故,路警人员应立即赶到现场,对现场采取警戒措施,增设标志、警示灯具,对已造成堵塞的交通事故,应立即通知有关收费站和监控中心,向驾乘人员提供交通信息,必要时采取分流措施。

2)三级响应

较大冰雪灾害应急响应如下:

(1)路政巡逻人员发现符合三级响应对应的天气情况后,应立即向监控中心报告,经领导小组审核后,监控中心将信息迅速传达至各收费站,同时启动应急预案。

(2)养护中心立即组织施工单位对积雪和结冰路段进行除雪防冰工作,减少对交通的影响。

(3)各收费站应在显著位置发布公告,入口处设置醒目的提示牌,如"下雪天气请谨慎驾驶","请减速慢行","冰雪路段请保持车距"等,同时告知驾乘人员因雪天限速40km/h行驶,并由收费员在向驾乘人员发放通行卡时提示其安全行驶。

(4)监控中心应利用可变信息情报板，发布“下雪天气请谨慎驾驶”、“路面积雪”、“冰雪路段请保持车距”等信息，并通过立柱式限速标志发布限速信息“限速 40”，提供各路段积雪情况、路面结冰情况等行车安全和限速等信息。

(5)各收费站应设立外勤岗，对进入积雪区内的车辆实行间断放行，一般以每通行 30 辆车后间断 5min 再放行为原则，减少主线交通流量。外勤岗必须提醒通行车辆减速慢行，保持合理车距。

(6)积雪区所在路段的交警、路政大队应派出 2 辆巡逻车，实行双向不间断巡逻，并通过喊话等方式提醒通行车辆保持安全间距、车速，及时查处超速、违法停车等行为。对暂时不能行驶的故障车辆一律拖走，不能拖离的提醒驾乘人员做好安全防护措施。

(7)可采取主线控制和匝道控制相结合的方式，即开放交通量较大的出入口，关闭交通量小的进出口，限制入口车辆的速度，在入口处对车辆进行编队，最好由交警或路政车辆引导编队车辆行驶。

(8)监控中心应向车流量较大的收费站派出巡逻车及人员，协助收费站维持站区秩序，利用扩音装置向驾乘人员提供路况信息，提示行车注意事项。

(9)对未中断交通的施工作业路段进行管制，必须及时把施工人员、车辆、设备撤离作业区。对因局部开挖、不能及时修复的，应增设各种警示标志和灯具，加强管理。

(10)不影响通行的交通事故，巡逻人员应立即赶到事故现场，设立相应的安全区，增设警示灯具，提示前方发生事故，同时对事故现场实施快速清理，避免连锁事故发生。

(11)对已影响通行或造成堵塞的交通事故，巡逻人员可酌情实施分流，并对事故现场进行快速清理，待事故清理完毕后，再实行间断放行。

3)二级响应

重大冰雪灾害应急响应如下：

(1)路政巡逻人员发现符合二级响应对应的天气情况后，应立即上报监控中心，监控中心值班人员应立即上报领导小组成员，并与交警协商不封闭高速公路，同时报省高速总公司运营处。经领导小组审核后，监控中心将信息迅速传达至各收费站，同时启动应急预案。

(2)养护中心应立即组织施工单位对积雪和结冰路段进行除雪除冰工作，减少对交通的影响。

(3)各收费站应根据情况间隔放行，同时采取限时限速措施。在显著位置向驾乘人员发布通告，规定车辆限速 30km/h 行驶，要求车辆在行驶时保持 20～30m 的距离，提示驾乘人员限速行驶、保持车距、注意安全，并对过往车辆发放防滑链。

(4)增加路政巡逻班次，实行路政备勤制，保持 24h 备勤，利用喊话器不间断提醒驾驶员降低车速，在行驶期间，要求驾驶员打开双闪灯，与前面车辆保持 20～30m 的距离。车辆出现故障立即停靠在紧急停车带内修理或等待拖车。同时，各路政大队留有清障人员备班，做好一切清障准备。

(5)监控中心应利用可变信息情报板，发布“下雪天气请谨慎驾驶”、“路面积雪”、“冰雪路段请保持车距”等信息，并通过立柱式限速标志发布限速信息“限速 30”，提供各路段积雪情况、路面结冰情况等行车安全和限速信息。

(6)路政大队应向车流量较大的收费站派出巡逻车及人员，协助收费站维持站区秩序，利用扩音装置向驾乘人员发布路况信息。路政大队还应对路面积雪路段和结冰路段实行双向不间断巡逻,及时向监控中心汇报路况信息。

(7)对已进入高速公路的车辆,采取主线分(容)流措施。分(容)流措施应选择积雪和结冰区域以外距来车方向最近的道口实施,主线容流也可以依托积雪和结冰区域外的服务区实施。分(容)流点车辆发生拥堵,或高速公路主线上的车辆积压超过 2km 的,要迅速组织在来车方向上一个具备条件的道口或服务区实施分(容)流。

(8)对未中断交通的施工作业路段进行管制,必须及时把施工人员、车辆、设备撤离作业区。对因局部开挖、不能及时修复的,应增设各种警示标志和灯具,加强管理。

(9)不影响通行的交通事故,巡逻人员应立即赶到事故现场,设立相应的安全区,增设警示灯具,提示前方发生事故,同时对事故现场实施快速清理,避免连锁事故发生。

(10)对已影响通行或造成堵塞的交通事故,巡逻人员可酌情实施分流,并对事故现场进行快速清理,待事故清理完毕后,再实行间断放行。

4)一级响应

特别重大冰雪灾害应急响应如下:

(1)路政巡逻人员发现符合一级响应对应的天气情况后,应立即上报监控中心,监控中心值班人员应立即上报领导小组成员,与交警协商封闭高速公路,并向各自单位下达封闭指令,同时报省高速总公司。经领导小组审核后,监控中心将信息迅速传达至各收费站,同时启动应急预案。

(2)养护中心积极组织施工单位对积雪和结冰路段进行除雪除冰工作,减少对交通的影响。

(3)监控中心应利用两端的可变信息情报板向行驶车辆发布“前方道路,因冰雪封闭”,“前方××站(××出口)分流,请驶离高速”,“冰雪天气,减速慢行”等提示信息;通过立柱式限速标志发布限速信息“限速 20”,引导车辆驶离高速公路主线。

(4)各收费站在高速公路封闭后,应预留紧急通道,保证执行任务的警车和救援专用车辆驶入高速公路的需求。

(5)路政大队应向车流量较大的收费站派出巡逻车及人员,协助收费站维持站区秩序,利用扩音装置向驾乘人员发布路况信息及封路指令。路政大队还应对封闭路段实行双向不间断巡逻,及时向监控中心汇报路况信息。

(6)对已进入高速公路的车辆,实施路政巡逻车和警车联合压速带道,控制车速。辖区上下行各保持 2 辆巡逻车,实施警车压速带道通行,控制车速在 20km/h 以下,通过鸣警报、亮警灯、喊话、电子诱导屏播放字幕等方式将车辆带出积雪和结冰路段并驶离高速公路。

(7)路政和交警双方协调一致,对高速公路车辆进行主线分流。用橡胶安全锥分隔车道,用闪烁警示灯进行提示,必要时,在分流段上游汇流处设置专人进行现场指挥,并利用扬声器进行喊话提醒。如果车流量过大造成交通堵塞,可实施二级分流。

(8)对施工作业路段,必须及时把施工人员、车辆、设备撤离作业区。对因局部开挖、不能及时修复的,应增设各种警示标志和灯具,加强管理。

(9)对于高速公路封闭后滞留在高速公路上的行驶车辆,巡逻人员应引导其就近下路,或到服务区停车,并封闭服务区出口,禁止滞留车辆上路行驶,在接到开通通知后实施放行。

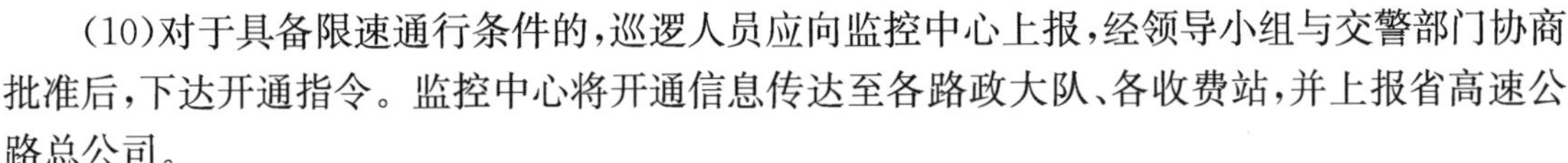

(10)对于具备限速通行条件的，巡逻人员应向监控中心上报，经领导小组与交警部门协商批准后，下达开通指令。监控中心将开通信息传达至各路政大队、各收费站，并上报省高速公路总公司。

5)响应阶段中采取的交通控制策略

基于相关研究成果，结合冰雪天气条件下高速公路管理部门的具体实践经验，并结合常见交通管理与控制措施的实施条件，得出响应阶段不同级别应采取的交通控制策略(表13-4)。

响应阶段不同级别应采取的交通控制策略　　表13-4

响应级别	压速带道	主线分(容)流	限速	车型控制	编队行驶	间断放行	封闭道路	信息诱导	线性诱导
四级响应			√	√		√		√	
三级响应	√		√	√	√	√		√	√
二级响应	√	√	√	√	√	√		√	√
一级响应	√	√					√	√	√

3.恢复阶段

(1)处理事故，并对事故进行清场，恢复正常交通秩序，并做好相关记录。

(2)基础设施恢复，电力、交通、建设、通信等部门加强领导，尽快组织力量对受损的交通设施、电力设施和通信基站进行抢修，尽快恢复上述设施的正常功能。

(3)应急案例总结。对因冰雪天气所造成的人员伤亡、财产损失、应急资源的消耗情况等进行及时、准确的现场记录和分析，对应急指挥的过程信息、分析报告、调查报告、经验教训总结等进行管理，为冰雪天气条件下应急预案评估和修订等提供参考依据。

(4)事件统计分析。根据相关模型分析冰雪天气条件下所积累的大量应急事件数据，为预防预警、管理决策提供依据。例如通过分析可直观得出某路段是易结冰路段，为高速公路预防和应急管理提供依据。

四、防结冰与除雪铲冰作业规范

1.养护作业服务水平

冬季冰雪季节高速公路养护作业服务水平主要与养护时间、处置材料和养护频率有关。

与服务水平相关的冰雪控制操作注意事项主要与作业时间、可用的养护材料、天气条件、现场条件和交通因素等有关。作业时间主要与处理指定道路系统或者路线的工作人员和设备数量有关，同时还与交通流、车速、交通控制设备、道路几何线形或者路况复杂度、材料储备位置等因素有关。

养护作业的服务水平与养护时间是相互联系的。服务水平和养护时间与道路功能分类的重要性有关，而道路功能分类主要与道路的日交通量有关。高水平的冬季道路养护服务水平需求是光秃秃路面需求的几倍。具有适合、完备的防冰策略与高服务水平的设备需求是一致的。

养护作业的服务水平受到养护单位能运输的处置材料类型的影响。能够提供合适液体或者固体融雪剂材料的养护部门将要比只能提供融雪剂与磨蚀材料混合物或者根本就没有融雪剂的养护部门达到的服务水平更高。

冬季天气事件的特定性质和强度将影响冰雪条件下融雪剂工作的有效时间和在除雪时间范围内冰和雪的累积量。

影响养护作业的现场条件有:路面温度、路面积雪或者结冰的数量、冰或者路面凝结物的存在和消失。其他现场条件主要与养护作业的困难程度有关,例如变化的路面宽度、曲线半径等因素。

交通因素主要与快慢速交通流、拥堵车辆、影响养护作业的效果和时间等因素有关。24h交通量变化在养护处置过程中也是十分重要的因素。通行车辆在以下几个方面影响路面状况:车胎压在积雪上,车胎摩擦积雪,使积雪转变成水或者把积雪驱散;来自于车胎、发动机和排气系统的热量能够使路表面温度升高;交通也会从路表面带走或吹走融雪剂和研磨料,因此交通在冰雪控制养护方面既有积极作用也有消极作用。然而,这些影响是很难量化的。

用于冬季养护作业中的各种道路冰雪控制策略主要分为以下两个方面来讨论:预防性养护,也就是预防结冰工作;处置性养护,主要是指除冰,包括机器除冰和融雪剂除冰。

2.冰雪处置材料影响因素

冰雪处置材料的选择主要与路面条件、天气条件和处置材料的特性等有关。

1)融化冰雪能力

冰雪处理材料的实际融化冰雪能力与冰雪累积物、路面状况、路面覆盖物状况以及冰雪处置材料的操作条件密切相关。

2)冰雪累积物稀释能力

冰雪累积物稀释能力是与冰雪累积物类型和比率相关的整体稀释能力。通车含水率越高,稀释能力越大。

3)路面状况

路面状况是影响冰雪处置工作的主要因素。其中路面温度是最重要的因素,同时路面材料也会影响融雪剂的选择。

路表面温度主要影响冰处置材料的工作效果。当路面温度低于−11℃时,由于非常慢的溶解率和非常低的融冰率,大部分融雪剂材料对于除冰都没有意义。

不同道路的表面纹理可能会选用不同的融雪剂。比如沥青混凝土路面和普通硅酸盐水泥混凝土路面对于同样的气象条件,路面温度是不一样的。道路的类型影响道路吸收太阳光的程度,同时也就影响路面温度。未铺砌的道路或者碎石道路不适合融雪剂养护工作。

4)路面覆盖物状况

道路表面状况主要包括冰雪累积在路面的时间和数量。路面覆盖物包括疏松雪、压实雪和冰。实际的路面条件最关注的是是否有冰雪黏合物存留在道路中。

当路面冰雪被清理后,任何遗留在道路中的冰雪都会引起融雪剂迅速溶解。如果冰或者雪黏合在路面上,可能需要更多的融雪剂来溶解这些冰雪沉淀物。

5)操作情况

影响稀释能力的最重要的操作情况是处置时间和交通。处置时间越长,保留在路面的冰雪累积物越多，为了清除这些冰雪累积物所需要的融雪剂就越多。

交通流和交通速度也是影响稀释能力的主要因素。速度和车流越大，融雪剂被车辆带走的就越多。

3.冰处置材料

冰处置材料主要分为四大类：防滑剂、固体融雪剂、预湿融雪剂和融雪剂溶液。

1)防滑剂

防滑剂(通常是煤灰、沙子等材料)是大部分冰雪处置过程中非常重要的材料，它支持低水平服务。当天气太冷时，融雪剂材料不能使用，使用防滑剂能够增大路面摩擦力。防滑剂也能够使用在未铺砌的路面和冰雪覆盖路面比较厚的情况。

当与足够的冰处置材料混合时，防滑剂能用于预防性养护和处置性养护。然而，大部分情况下，效果一般。

2)固体融雪剂

固体融雪剂对于大部分高速公路养护部门来说，使用频率非常高。这些材料支持高水平服务，并且能够用于预防性养护和处置性养护。在预防结冰工作中，当冬季冰雪未凝结在路面时，使用固体融雪剂材料是最有效的。路面上一些冰/雪/水能够减少融雪剂的分散。根据实地观察，固体融雪剂被用作预防性处置，尤其在车速以接近 50km/h，同时每小时的车流量在 100veh 以下的情况比较多。

固体融雪剂，尤其粗等级或者大粒径分布都非常适合于除冰操作。大的颗粒能够溶解路面的冰和雪，而且还能够溶解冰和雪的结合物。

在预防除冰工作中，细盐一般不如粗盐的效果好。对于大部分冰雨和雨夹雪的预防结冰工作，粗盐效果更好。在冬季冰雪预防工作中，细盐比粗盐的溶解速度快，如果和粗盐达到同样的效果，细盐的使用量和使用频率都要比粗盐高。细盐用于预防结冰工作时，溶解速度快，路面易潮湿，如果细盐不能及时播撒，路面就容易二次结冰。细盐比较适合于薄冰情况和天亮之前的预处置工作。由于细盐的高溶解能力，它不适合于除冰工作。

固体融雪剂材料经常与 10%的防滑剂混合用于大面积结冰区域，同时与 20%的防滑剂混合用于大范围冰块的溶解。

3)预湿融雪剂

预湿融雪剂材料除了不能与防滑剂混合使用外，与固体融雪剂的使用方式是相同的。预湿融雪剂材料比固体融雪剂材料溶解冰的速度快，能够加快除冰。

4)融雪剂溶液

融雪剂溶液是固体融雪剂与水混合后形成的溶液。这种材料支持高水平服务，并且能够用于预防结冰工作，主要适合于冰冻、冰和黑冰情况。融雪剂溶液工作时，随着水分的挥发，剩余的残渣将随着车辆通过被带走。融雪剂溶液同样也适用于下雪和结冰前的道路预处置工作，是非常有效的预防结冰手段。由于融雪剂溶液易稀释，不容易渗透到厚冰和积雪中，因此不适合于除冰工作，但是可以用于部分除冰工作。

美国 Illinois 州交通部报道一种除冰方法，使用干盐撒到压实雪上，随后立即洒盐溶液或者 $CaCl_2$ 溶液，天气条件是室外温度在－12℃时并且有太阳。这种除冰方法非常好，是预湿的变异方法。

路面温度在－6℃以下时，融雪剂溶液不能发挥自身效果。大部分化学物质溶解冰的能力有限，但是过度使用液体冰处置材料，在路面还没有干燥时，可能导致路面二次结冰。

融雪剂溶液的适用范围局限于更低的降水量，路面温度高于－6℃，使用时间周期小于1.5h的情况将会减少路面再次结冰。在中到大雪、雨夹雪和冰冻情况下，不建议使用融雪剂溶液。

路面温度高于－2℃时，融雪剂溶液对于处置薄冰是非常有效的。在这种情况下，薄冰的溶解速度非常快。

五、冰雪天气防除冰处置策略

1.预防性养护

路面防冰是一种冰雪处置策略，通过及时使用融雪剂(也常称除冰盐)，可以预防冰雪凝结在路面上。在道路防冰操作过程中，防冰主要使用融雪剂。

防冰工作适合在大多数冬季天气、位置和交通情况下进行。使用融雪剂溶液来处置预期性冰冻和选择性除冰是非常有效果的。当刚刚开始降雪时，路面温度高于－6℃，融雪剂溶液防冰是非常好的方法。当开始降雪，路面温度低于－6℃，或者降雪之后路面温度接近冰点情况下，使用融雪剂溶液防冰处置效果非常不好。融雪剂溶液在下冻雨或者雨夹雪的天气情况下，不推荐使用。

固体或者预湿固体融雪剂在刚刚进入冬季并且路面温度低于－9℃的情况下，是不适合用于防冰处置的。所有融雪剂在路面最低温度降低时，使用的量都会增加。

2.处置性养护

处置性养护主要是指除冰工作，除冰方法主要分为融雪剂除冰、机器除冰和机器与融雪剂相结合除冰三种。

1)融雪剂除冰

除冰工作适合在路面温度高于－6℃的情况下进行，在大多数同样天气、位置和交通情况下也适用。除冰工作也可能在低于路面温度－6℃的情况下完成，但是大部分融雪剂在这样低的路面温度下，用量会比较大并且时间会更长。达到同样路面效果的情况下，除冰时使用的融雪剂要比防冰时使用的融雪剂多。

2)机器除冰

机器除冰适合于很多种情况。机器除冰也是冬季除冰的一种策略，主要使用物理过程移除冰雪，诸如铲雪、扫雪或者吹雪，不使用除冰雪化学物质。

这种除冰方式主要适合于以下几种情况：铺装路面或者低服务水平的路面；路面温度在冰点以上，雪未凝结在路面上时，这种方式是非常有效的；当路面温度低于－11℃时，雪还没有凝结在路面上，这种方式也是有效的；这种方式还适用于使用了融雪剂后，使用机器进一步除雪。

3)机械除冰和融雪剂处置相结合

在增加路面摩擦力的同时，使用机器除冰雪的方式也是冬季除冰的一种有效途径，这种除冰雪的方法主要使用防滑剂(如煤灰、沙子等)或者使用防滑剂与融雪剂的混合物来清除路面上的压实雪或者冰。这种方法可以增大通行车辆车胎与地面的摩擦力。

参考文献

[1] 中国气象局令,气发[2007]16 号.气象灾害预警信号发布与传播办法.

[2] 中国气象局文件,气发[2004]206 号.关于下发《突发气象灾害预警信号发布试行办法》的通知,附件:《突发气象灾害预警信号发布试行办法》.

[3] 中华人民共和国气象行业标准.QX/T 76—2007　高速公路能见度监测及浓雾的预警预报[S].北京:气象出版社,2007.

[4] 王炜,过秀成,等.交通工程学[M].南京:东南大学出版社,2001,7.

[5] 陈宽民,严宝杰,等.道路通行能力分析[M].北京:人民交通出版社,2003,10.

[6] 交通运输部公路局.2009 年全国公路统计资料摘要,2010,3.

[7] 中华人民共和国交通运输行业标准.JTG B01—2003　公路工程技术标准[S].北京:人民交通出版社,2003.

[8] 交通运输部规划研究院.2008 年国家干线公路交通情况分析报告[R],2008.

[9]《中华人民共和国道路交通安全法》及其实施条例.

[10] 中华人民共和国交通运输部.公路交通突发事件应急预案,2009.

[11] 中华人民共和国国务院.国家突发公共事件总体应急预案,2006.

[12] 湖南省办公厅.湖南省雨雪冰冻灾害应急预案,2010,11.

[13] Transportation research board of the national academies. Snow and ice control: Guidelines for Materials and methods, National cooperative highway research program (NCHRP)526.

第五篇　应急管理技术

本篇重点阐述恶劣气象条件下交通应急管理的相关理论、技术与方法，主要包括两个方面，一是交通事件特别是应急事件下的区域路网交通组织技术，按照事件响应的流程展开内容，即事件检测、事件识别、事件评估、影响预测、交通组织；二是恶劣气象应急资源先进管理技术，围绕当前应急资源管理理论与方法中的重点与难点问题展开内容，具体研究了恶劣气象应急资源匹配方法、优化配置技术、资源需求动态评估、供应分配模型、运输调度算法等。本篇由五章组成，具体内容编排如下：第十四章主要划分恶劣气象和应急事件的典型类型与等级标准，根据恶劣气象和应急事件对道路的影响，建立恶劣气象和应急事件的事件组合类型，分析道路事件的传统检测方法，并根据现有检测方式提出以分析交通流状态特征参量为主的应急事件下基于多源信息的快速检测方法和智能识别技术；第十五章分析应急事件对山区公路网产生的时间和空间的影响特征，确定不同事件类型的影响程度和影响范围，分析事件状态下公路网的交通流演变态势；第十六章考虑恶劣气象事件、交通事件、施工维护等计划事件对公路网通行能力和运营安全性的影响，制订事件状态下公路网的交通组织和控制对策，并对交通流组织管理方法与措施进行集成应用，按高速公路网内的设施类型分别制订交通组织管理措施的集成优化控制方法，并介绍了常用的动态交通信息诱导技术，分析驾驶员路径选择行为特征及其对发布信息的要求，进一步完成信息生成、发布范围、发布方式等问题；第十七章对恶劣气象与应急资源进行了关联分析，通过本体技术和运筹学方法建立应急资源匹配知识库的方法，为用户制订具体的应急资源配置方案提供计算机辅助决策支持；第十八章介绍了应急资源管理与调度涉及的关键模型及其求解方法，主要包括应急资源调度的过程模型、应急物资筹措的优化模型、多需求点多供应点应急资源调度模型、应急资源的运输和车辆调度模型等几方面具体内容。

第十四章　应急事件检测与识别技术

第一节　恶劣气象条件及应急事件的类型划分

一、恶劣气象特征

公路上恶劣天气主要包括暴雨、雷电、高温、飓风、浓雾、冰冻和暴雪等。恶劣天气条件引起道路与交通运营环境的恶化，如路面积雪、积水、能见度下降等，容易导致车辆发生交通事故。以2009年我国高速公路不同天气和路面条件下的交通事故分布为例（表14-1），阴天和雨天的事故百分比较大。

不同天气和路面条件下高速公路交通事故分布（2009年）　　表14-1

天气类型	事故百分比(%)	死亡百分比(%)	路面条件	事故百分比(%)	死亡百分比(%)
晴天	64.36	64.96	干燥	76.57	77.29
阴天	15.48	15.00	潮湿	16.41	15.87
雨天	14.14	13.24	积水	1.97	1.48
雪天	1.85	1.76	漫水	0.16	0.10
雾天	3.99	4.86	冰雪	2.95	3.02
大风	0.04	0.03	泥泞	0.01	0.02
沙尘	0.02	0.03	其他	1.93	2.22
其他	0.12	0.12	—	—	—

考虑不同天气条件对公路运营安全的影响程度，以雨、冰冻、雪和雾等四种典型天气为研究对象。

1. 恶劣气象条件组成特征

1）雨

雨是云中降落的水滴，直径一般为0.5～6mm，呈球形。以降雨强度（单位时间内的降雨量）表示雨的影响等级，分为小雨、中雨、大雨和暴雨。

降雨使路面湿滑，路面的摩擦系数和能见度降低，容易导致车辆侧滑或失控而发生交通事故。Daniel研究了美国在1975～2000年交通事故与降水量之间的关系，发现每月降水量和每月重大交通事故之间存在显著负相关关系。南京交通气象研究所研究沪宁高速公路沿线自动气象站采集的降雨数据，发现降雨强度与能见度存在着一定的对应关系，见表14-2。此外，雨灾致使公路边沟积水，浸泡路基，造成边坡滑坡、塌陷，甚至引发泥石流。

降雨强度与能见度的对应关系 表 14-2

降雨强度(mm/min)	能见度(m)	降雨强度(mm/min)	能见度(m)
0.8～1.2	降至 500	2.0～3.0	<200
1.3～1.9	降至 200		

相关研究表明，小雨对通行能力和运行车速的影响较小，车速降幅约为 1.90km/h。当流率为 2 400veh/h 时，小雨作用下的运行车速降至 80km/h，而晴天干燥条件下的运行车速则为 88～95km/h。小雨天气对道路的通行能力无明显影响。

相反，大雨对通行能力和运行车速的影响则较大，大雨天气条件下自由流车速的降幅达 4.8～6.5km/h。当流率为 2 400veh/h 时，大雨作用下的运行车速从 88～95km/h 降至 75～78km/h。与晴天干燥天气相比，大雨天气条件下的通行能力降幅约为 14%～15%。

2)雾

雾是由地表和空气之间的温差引起的地表附近形成的大量微小水滴(或冰晶)的悬浮体，常发生于春季和秋季的凌晨时段。内陆地区形成辐射雾，而沿海地区形成平流雾。雾的浓度用能见度来衡量。按能见度分类，水平能见距离在 1 000～10 000m 之间的雾，称为轻雾(薄雾)；水平能见距离小于 1 000m 的雾，称为雾。

雾能降低能见度，对驾驶员形成了视觉障碍，增加了驾驶员辨别前方事物的时间，导致驾驶员判断和操作失误而产生事故，如 2009 年我国公路发生的交通事故中，能见度低于 200m 情况下的交通事故数约占 50%，见表 14-3。驾驶员为了保证车辆行驶安全，降低车速，扩大车辆间距，从而导致道路的通行能力下降，可见能见度对公路的运营安全影响较大。

不同能见度下的交通事故分布概况(2009 年) 表 14-3

雾天气下能见度(m)	事故起数百分比(%)	死亡人数百分比(%)	受伤人数百分比(%)
<50	10.80	13.37	10.81
50～100	20.52	20.54	20.44
100～200	19.10	18.70	19.14
>200	49.58	47.39	49.61

3)冰

冰是水在 0℃或 0℃以下凝结成的固体。一般情况下，低温下路面上的水珠或降落的雪花凝结形成冰。冰的表征参数为冰点，即水的凝固点，标准大气压下的冰点定义为 0℃。

冰的危害主要体现在路面和路基两方面。路面上形成冰层，路面摩擦系数急剧下降，车辆行驶时轮胎易打滑，容易导致方向失控而产生事故。同时，路基底部的冰丘会引起路基的膨胀，导致路面开裂变形、起包，而融化时的水若不能及时排出，会冲破路基，沿路漫流，影响公路运输安全。

4)雪

雪是由低温引起空气中水珠结晶的冰晶，其直径一般大于 0.3mm，基本形状为六角形。以降雪强度单位时间内的降雪量表示雪的强度等级。

雪的危害主要体现在雪崩的发生可摧毁道路、桥梁及其他公路结构物，造成大雪掩埋公路，致使交通无法畅通甚至阻断，且路面积雪容易导致结冰，车辆轮胎易打滑而发生碰撞等事故。

对交通流产生影响的主要是降雪量，大雪对交通流产生的影响大，而小雪对交通流产生的影响小。当除雪量小于降雪量时，堆积的冰雪容易阻塞车道。在雪天里，驾驶员不但寻求较大车头时距，而且也追求更大的侧向净空，这也导致道路的通行能力下降，如三车道的道路被作为两车道的道路使用。研究表明，小雪天气条件下自由流车速的降幅为 1.0km/h，道路通行能力的降幅为 5%～10 %。大雪对交通流运营产生较大的影响。在晴天条件下，大雪使自由流车速由 100km/h 降至 64km/h，降幅达 36km/h；在干燥环境里，大雪使自由流车速由 106km/h 降至 64km/h，降幅达 42km/h。大雪天气条件下上游行程排队时，道路的通行能力由 2 160veh/h 降至 1 200veh/h；而大雪天气条件下形成道路瓶颈时，道路的通行能力由2 400 veh/h 降至 1 680veh/h，降幅达 30%。

以上四种天气类型包括雾、雨、冰冻和雪对行车安全的影响是多方面的，考虑到下中、大雨，下中、大雪时伴有视线影响以及冬季结冰路面同时出现雾的情况，引入能见度判断是否伴有视线障碍，并将其与晴、雨、冰冻和雪四种基本天气类型组合建立八种高速公路上常出现的气象类型。为了便于划分不同气象类型，分别以 w_1、w_2、w_3、w_4 作为晴、雨、冰冻、雪的天气标识码，以 W_1、W_2、…、W_8 等作为不同典型天气类型集合，即 $W=\{W_1,W_2,\cdots,W_8\}$，见图 14-1。

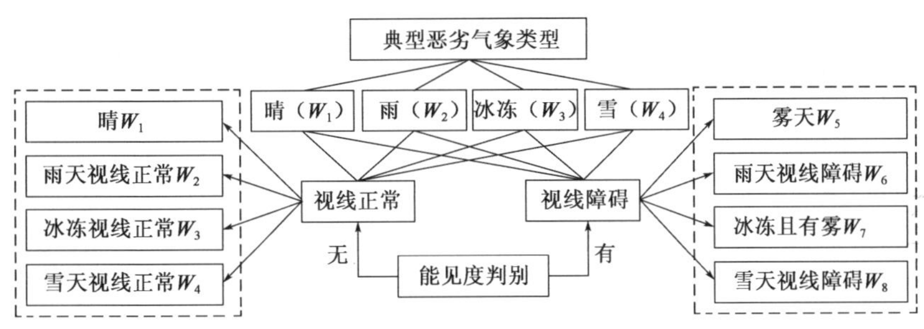

图 14-1　典型恶劣气象条件的类型和分类逻辑关系图

2. 山区公路恶劣气象分析

山区公路受地形的影响，其气象变化呈现一定的特征。

秋冬、春夏等交替季节里，在横跨河流的特大桥路段、公路附近有大量水源经过的路段上容易产生浓雾，如京珠线河南段黄河大桥（桥长约 10km）由于横跨黄河，空气湿度大，温度急剧降低时容易产生浓雾，对大桥的运营造成了很大的影响；又如在京珠线湖南耒宜段的两侧分布着大量的池塘，产生大量的水汽，容易在公路上产生移动团雾。由此可见，沿线水系发达的山区公路容易产生大范围浓雾或移动团雾。

山区公路采用桥梁跨越河谷等地形障碍，而桥梁由于缺乏路基的保温，桥面在秋冬季节容易形成冰层，对行车安全造成了很大的影响。实践经验表明，桥面结冰速度较普通路段快，而冰层融化速度则较普通路段慢，如京珠武汉段的桥梁路段，在初冬季节的夜间，桥面上容易形成薄冰，驾驶员不容易发现而导致操作失误，车辆侧滑或侧翻。由此可知，由于山区公路的桥梁组成比例大，在秋冬季节容易在桥面上形成结冰层，呈现凝结速度快、融化速度慢的特征。

因此，综合现有山区公路的调研结果可知，山区公路的典型恶劣气象是雾和冰，所以将这两种主要恶劣气象作为研究中重点考虑的恶劣气象类型。

二、应急事件的典型类型和运营特征

公路上发生的事件主要有交通事故、交通事件、地质灾害和其他事件等。交通事故是道路上的常见事件，如车辆追尾、侧向刮擦等，是一种具有损伤性的被动型事件；而交通事件则是一种破坏性小的可预见性事件，如车辆故障、违章停车等；地质灾害和其他事件则是一种不可预知的突发型事件，如泥石流、洪水等。

各种事件中交通事故、交通拥堵的发生频率较高，影响范围较大。

交通事故是车辆因某种原因（如制动失效、操作失误等）而发生的意外，本质上交通事故是道路与交通运营系统紊乱的结果。交通事故是道路上常见的应急事件，如车辆追尾、侧向刮擦等，常导致人员和车辆的破坏，是一种具有损伤性的突发事件。高速公路是一种快速的运营通道，高速运行的交通流导致交通事故的后果严重，是高速公路运营过程中常见的事件形态。此外，由于交通事故的发生时间和地点存在一定的预测难度，具有很强的突发性和一定的偶然性。因此，将交通事故作为一种典型的应急事件。

交通拥堵是一种突发性小和破坏性轻的应急事件，分为偶发性拥堵和常发性拥堵。偶发性交通拥堵为难以预测的突发事件，如车辆抛锚、驾驶员违章停车等；常发性交通拥堵为"结构性"原因引发的事件，如匝道入口和交织区的流量急剧增大等。交通拥堵降低了交通流的运营车速，也使驾驶员频繁采取驾驶操作，降低了交通流运营的安全性。因此，将交通拥堵也作为一种典型的应急事件。

在各种应急事件的影响下，公路上交通流状态的总体特征发生了不同程度的变化，最为显著的三种变化状态特征为流速下降、流量减小和密度增大，如图 14-2 所示。从事件的综合结果分析，不论公路上发生何种类型的应急事件，其事件产生影响的结果分别为交通延误、交通拥堵和交通中断。事件的结果则是事件最为显著的表现特征，便于通过交通流状态参量检测，及时有效地检测事件是否发生。综合考虑，以延误事件（A_1）、拥堵事件（A_2）和中断事件（A_3）作为应急事件的典型类型，那么应急事件集 $A=\{A_1,A_2,A_3\}$。

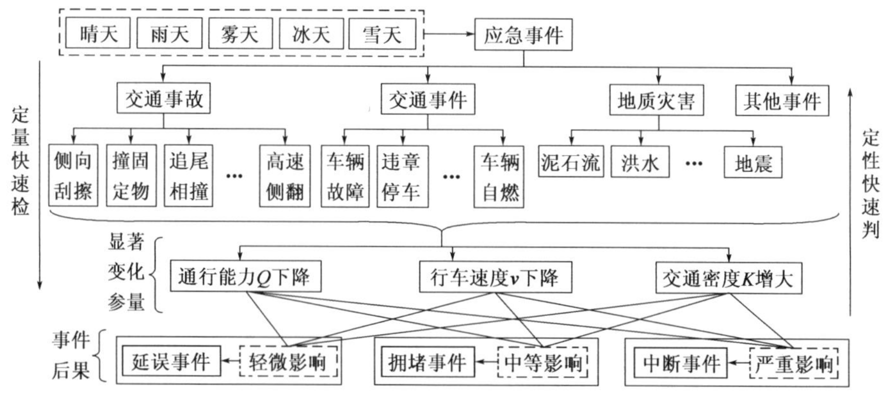

图 14-2 恶劣天气条件下应急事件的分类及分级逻辑关系图

道路发生应急事件导致道路通行能力下降，关闭不同车道的剩余通行能力见表 14-4。

关闭不同车道数的高速公路剩余通行能力 $Q_{剩}$　　表 14-4

单向车道总数（条）	路肩不可用事件		路肩事件		关闭1条车道		关闭2条车道		关闭3条车道	
	剩余率（%）	剩余流量（veh/5min）	剩余率（%）	剩余流量（veh/5min）	剩余率（%）	剩余流量（veh/5min）	剩余率（%）	剩余流量（veh/5min）	剩余率（%）	剩余流量（veh/5min）
2	95	317	81	270	35	58	—	—	—	—
3	99	485	83	415	49	245	17	85	—	—
4	99	660	85	567	58	387	25	167	13	87

注：实际车道流量是高速公路标准车道流量 2 000veh/h，剩余流量为单向所有车道的断面流量。

交通检测器获取的交通参量能表征交通流的运行状态，而事件检测算法判别的基础则是基于交通流运行状态的改变特征。由此可见，交通流运行状态的划分是应急事件检测的重要基础，不同服务水平的交通流状态下车辆间的相互影响也不相同。

三、恶劣天气与应急事件的组合事件类型

通过上述分析可知，恶劣气象和交通事故典型事件对道路的通行能力产生了影响。综合概况为：恶劣气象条件对车辆的运行车速和道路通行能力产生了影响，用自由流车速(FFS)下的速度—流量曲线表示。在小雨或小雪天气条件下，饱和通行能力的车速降幅为 6.5km/h，自由车速降幅为 9.6km/h；在大雨天气条件下，自由车速降幅为 19.3km/h；在暴雪天气条件下，自由车速降幅为 50km/h。交通事故或运营环境产生的影响直接体现为道路通行能力的变化大小，并间接获得相应的车速大小，见图 14-3 和图 14-4。

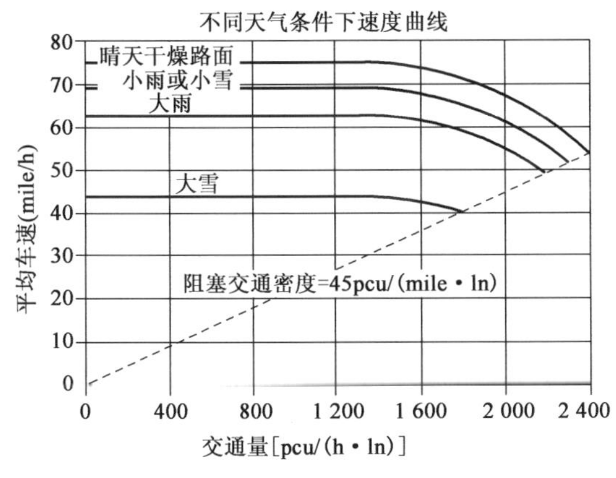

图 14-3　不良天气条件下速度—流量关系曲线

注：1mile/h=0.447 04m/s。

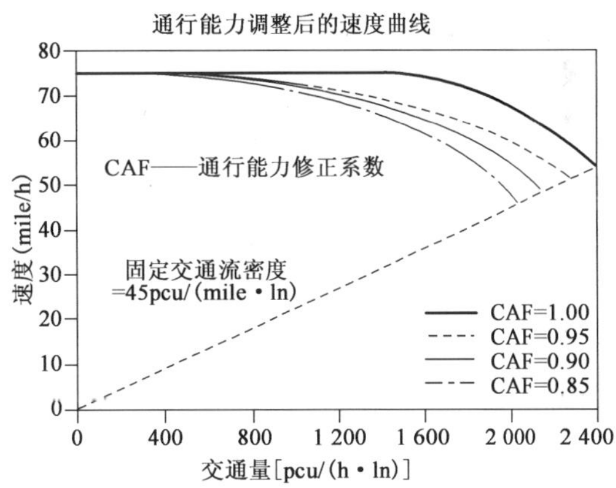

图 14-4　事件状态下速度—流量修正曲线

注：1mile/h=0.447 04m/s。

在不同恶劣天气条件下发生不同的应急事件，其本质上是天气条件与应急事件的组合事件。因此，基于天气类型集合和应急事件集合，构建组合事件的描述矩阵：

$$AW_{ij}^{*}=(A_i^{*})^{\mathrm{T}}\times W_j^{*}=\begin{pmatrix}A_1W_1 & \cdots & A_1W_8\\ A_2W_1 & \cdots & A_2W_8\\ A_3W_1 & \cdots & A_3W_8\end{pmatrix} \tag{14-1}$$

式中：AW_{ij}^{*} ——i 类应急事件和 j 类天气的组合事件，$AW_{ij}^{*}=\{\sum_{i=1}^{3}\sum_{j=1}^{8}A_iW_j\}$；

A_i^* ——第 i 类应急事件类型，$A_i^* = \{A_1, A_2, A_3\}$；

W_j^* ——天气类型，$W_j^* = \{W_1, \cdots, W_8\}$。

通过天气事件和应急事件的组合可知，典型的天气和应急事件组合共 24 种，如图 14-5 所示。

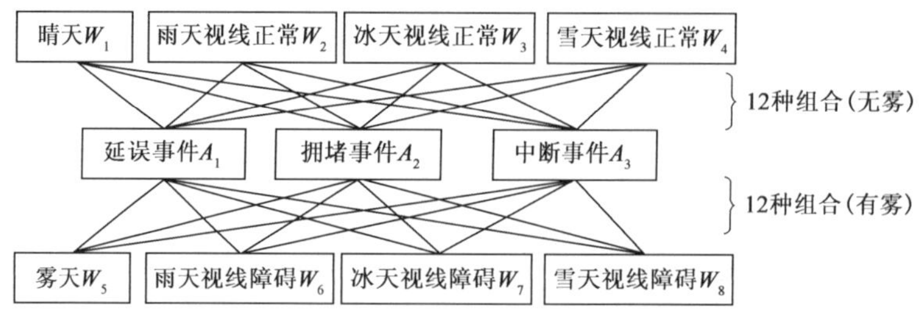

图 14-5　恶劣气象条件和应急事件的不同组合事件关系图

四、恶劣气象条件及应急事件的等级划分

雾、雨、雪和冰等恶劣气象条件的状态描述特征分别为能见度、水膜厚度、积雪厚度和结冰率，依据特征的不同变化范围制定不同级别的判别标准。应急事件的等级划分依据为事件对道路通行能力的影响，即应急事件引发的关闭车道数界定不同等级，见表 14-5。

恶劣天气条件和应急事件的不同等级划分标准　　表 14-5

灾害名称	雾	雨	雪	冰	延误事件	拥堵事件	中断事件
分级指标	能见度(m)	水膜厚度(cm)	积雪厚度(cm)	结冰率(%)	剩余车道数(条)		
一级事件	≤50	≥10	≥10	≥60	—	—	0
二级事件	50～100	5～10	5～10	30～60	—	1	1
三级事件	100～200	2.5～5	2～5	15～30	2	2	—
四级事件	200～500	<2.5	<2	<15	3	—	—

第二节　应急事件的快速检测与识别

一、事件检测算法概述

传统的事件检测算法分为直接检测法和间接检测法两大类。直接检测法主要包括基于图像处理的视频检测技术，由交通管理人员直接通过可视图像或视频处理技术，直观判别道路上是否发生事件，如美国 ISS 公司开发的 Autoscope 视频图像检测系统，该系统包含交通事故、静止车辆、车辆散落物等事件检测的子模块。间接检测法主要以交通学者主观选择的交通参量作为事件检测的变量，包括流量/流率、车速和时间占有率等参数，识别检测区段内的交通流状态变化特征，并以探测率、误报率和平均检测时间评价事件探测算法的性能。该类算法分为两个主要步骤：第一，检测交通是否拥堵；第二，分析拥堵是否由交通事故引发。

目前，交通事故探测算法主要有以下几种。

1. 比较算法

将实时检测的交通参数，如流量、占有率、速度等，与预设的临界阈值进行对比，如果超过设定的阈值，那么启动事故报警。主要包括：

1)决策树算法(California 算法)

该算法起源于 20 世纪 60 年代美国加州运输部,认为当发生交通事故后,车道上游占有率急剧增大,而下游占有率则减小。该算法属于双截面算法,认为事件条件下上游检测截面占有率增加,而下游检测截面占有率降低。以上下游车道占有率的绝对差值和相对差值建立决策树,即首先对比上下游车道占有率差异,然后对比上下游车道占有率差值与上游车道占有率的比值,最后对比下游车道占有率在拥挤开始时占有率的相对差值。到目前为止,California 算法已历经多次修改,其中运用效果最好的是 7 号和 8 号模型,8 号模型的形式较为复杂,能用于检测压缩波的存在。

2)模式识别算法

英国道路交通研究实验室(TRRL)开了 PATREG 算法,该算法与时间序列算法结合,检测事故发生时的交通波动,即通过行程时间估算行程速度,然后与预设的阈值进行对比,超过阈值就自动报警。

3)多目标事件检测算法 APID

Master 将 California 算法简化成一个不同交通情形的结构,包括重交通流检测、低流量检测、中等流量检测、事故检测程序、压缩波检测程序、事故持续检测程序。

2. 统计算法

利用统计学方法分析观测数据与预测结果的拟合程度,包括正态标准差算法和贝叶斯算法两类。

1)标准偏差法

以 t 时刻前 n 个采样周期的交通参数(流量或占有率)的算术平均值作为该参数在 t 时刻的预测值,然后以标准正态偏差与算术平均值对比差值,当该差值大于预设的阈值时,判别 t 时刻发生事故。

2)贝叶斯算法

利用贝叶斯统计方法计算因车道堵塞而引发交通事故的可能性,该算法利用 California 算法计算车道占有率的相对差值和绝对差值,然后利用贝叶斯方法计算事故发生的可能性。通常采用贝叶斯统计方法计算车道占有率来确定事故发生的可能性。该算法应用的前提是假设事故和无事故两种情形时能够获知上下游路段车道占有率的分布,具体包括检测获得事故发生时交通占有率和流率,无事故情形时占有率和流率,以及事故发生的类型、位置和事故严重程度等。

3. 时间序列算法

该算法假设交通是一种能随时间变化的可预测的现象,然后采用时间序列模型预测不同时刻的交通条件,对比分析实测交通参数与预测值的偏差程度,判别事故存在与否,主要有自回归移动平均 ARIMA 算法和高占有率 HIOOC 算法。

1)自回归移动平均 ARIMA 算法

通过均匀 t 时刻前三个时间段观测值与预测值之间的误差,t 时刻与$(t-1)$时刻之间交通参数的变化能被预测,其中在无事故情形下误差服从正态分布,而在发生事故情形下误差则为非正态分布。如果检测的车道占有率超出置信区间范围,那么表明发生事故。

2)高占有率 HIOCC 算法

Collins(1979 年)以环形线圈检测器获得的占有率数据判别缓行车辆的存在,即分析每秒车道占有率变化,认为如果连续几个每隔 10s 的检测值都超过阈值,则表明发生事故。

4. 指数平滑算法

运用线性滤器过滤,剔除检测数据中的短期和不协调“噪声”,产生权重平均的交通参量,然后将处理后数据与预先设定的阈值进行比较,判别事故是否发生。

1)双指数滤波算法 DES

Cook 和 Cleveland 为了使短期内预测交通条件更加符合现实交通条件,采用双指数函数权衡过去和现在的流量、占有率和速度观测值,采用跟踪信号参数,即当前 1min 内所有交通变量观测值和预测值之间的误差代数和。通常,在无事故情形里,跟踪信号值接近于零。

2)低滤波算法 LPF(明尼苏达州法或平滑逻辑检测器)

将检测数据中的高频波动数据剔除,过滤得到与事故条件相关的宽频或低频波动数据。Chassiakos 和 Stephanedes(1993 年)分别采用了两个水平的两种滤波算法,包括 3min 和 5min 移动平均占有率,以及统计中值占有率和指数平滑占有率等算法,区别事故和瓶颈引起的不同堵塞现象,降低误报率。

3)离散微波转换与线性判别分析 DWT-LDA

Samant 和 Adeli 等人分析在降低误报率的同时,很好地提炼交通模式,以便为自适应人工神经网络模型提供输入源。离散微波转换方法用于过滤毛数据,剔除交通随机波动的数据。通过线性判别分析与过滤,降低输入源的数量级,简化计算处理过程。

5. 交通模型算法

运用交通流理论描述和预测事故情形下的交通流行为,通过检测值和模型预测值判别车流是否处于事故状态。

1)动态模型

该算法属于宏观检测方法,由 Willsky 于 1980 年建立,包括多重模型法(MM)和一般似然率法,采用速度—密度和流量—密度的宏观交通流理论检测事故,采用多元变量模型检验观测数据,验证事故发生情形下的流量与密度关系,运用概率模型检验流量与密度的关系是否表征事故条件的存在,从而判别是否发生事故。

2)灾变理论(McMaster 模型)

该算法是由加拿大 McMaster 大学基于突变理论开发,假设在拥堵与非拥堵条件下,速度会发生急剧或跳跃式变化,而流率和车道占有率则连续变化,所以采用速度作为交通流拥堵与否的判别标准。该算法对事件的判别采用两个阶段:第一是判别交通拥挤是否存在;第二是判别交通拥挤的类型,见图 14-6。

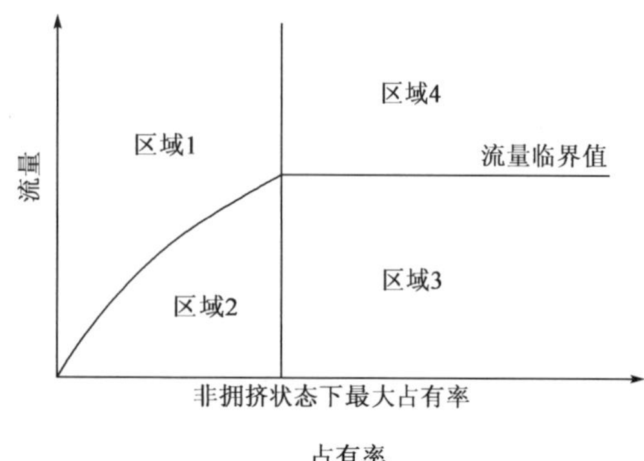

图 14-6　McMaster 算法的交通拥挤状态分类图

Gall 和 Fall 利用 Persaud 和 Hall 创立的灾变模型理论及车道占有率—流量的关系，以历史交通数据建立车道占有率和流量的关系模型，划分为 4 个交通状态区域：区域 1 表示非拥堵交通状态，区域 2 为偶发性交通拥挤地点上游的交通状态，区域 3 为缓慢交通流的阻塞状态，区域 4 为常发性拥挤地点上游的交通状态。在连续 3 个采样周期内，如果车速低于判别阈值(91km/h)，或占有率超过阈值，或流量与占有率都在非拥挤区域之外，那么判别道路上发生事故。在连续 2 个采样周期内，车速、流量和占有率中的任意两个参量值超过各自的阈值，那么也判别道路上发生事故。

该研究方法的不足之处在于：针对不同的路段必须进行大量的历史交通数据的统计，方法应用的有效性依赖于回归模型的优劣；同时，流率与车道占有百分率之间的回归模型没有反映道路和交通环境的变化关系，导致该模型的适应性差。

3)低流量事故检测算法

由于大部分交通流模型不能很好地运用于低流量的交通事故检测，因此将低流量检测单独作为一种算法进行研究。

Fambro 对低流量事故检测算法进行了研究，主要是分析路段长度内车辆进出的时刻，即根据车辆进入上游地点的运行速度和时刻，预测车辆达到下游的时刻，并与下游检测的时刻进行对比分析：驶出流量小于计划流量，表明发生了交通事故；驶出流量等于计划流量，表明无交通事故发生；驶出流量大于计划流量，则属于未知情形。

Monica(1991 年)开发了一个隶属欧洲 DRIVE 项目的事件检测算法，以连续车辆之间车头时距的测量值和方差、连续车辆之间的速度差为基础，当这些参数超过预定的阈值时，则启动突发交通事件的报警系统。此外，荷兰 Dutch 提出类似的单截面算法，运用指数平滑方法对各车道的速度进行滤波后获得平均车速。当实际速度与平均速度的差值超过预定的阈值时，则启动交通事件报警系统。

6. 人工智能算法

采用一系列程序利用“黑匣子”解决复杂的决策和数据分析过程，主要包括人工神经网络算法和模糊逻辑算法以及结合两种算法的综合模型。该算法适用于分析交通事件的宏观特性拟合，其运用的前提是对道路实际运行环境进行大量的检测与分析，以翔实的数据“训练”模型权重的大小。该方法研究的不足之处是：该算法主要依靠实际交通检测数据的训练和拟合，忽略了检测路段内交通流运动特征，导致算法的结果并不能解释交通流内部的实际运营安全状况。

7. 图像处理算法

通过视频监控设备采集交通数据，并结合画面判断是否发生事故，如 Michalopoulos 采用视频处理工具 Autoscope 系统，建立了基于图像处理的事故检测算法。该算法已经在美国和欧洲一些国家进行实际运用，其依据的主要原理是检测视频虚拟检测线圈内是否长时间被车辆占据，并由管理人员经图像观测确认后判断道路是否发生交通事故，能精确地检测道路上是否发生交通事故。该方法研究的不足之处是：视频处理算法只能静态地检测固定的图像虚拟检测线圈，不能检测发生在未设置的检测线圈之外的交通流，存在一定的漏检率。

此外，许多学者还采用了 GPS、路侧电子雷达、移动电话问询等方法建立算法，从而探测事故。

综合分析交通事件的检测算法研究可知，直接检测算法具有直观、检测精度高的优点，但受天气条件、光线和可视距离的影响，其检测时段和检测范围受到一定的限制。间接检测算法不受检测时间和检测范围的影响，但该类算法普遍存在适应性差的缺点，即算法受检测区段长度、实时交通运营状态变化、天气条件和道路环境等外在因素的影响，误报率高。由此可见，智能、快速、精确的事件检测算法应考虑实际检测区段具体道路几何条件、交通状态和天气条件等影响特征。

二、应急事件的快速检测方法

1.事件检测方式

目前，事件检测方式主要分为两大类：第一类是单截面检测，采用检测器实时检测单截面的交通参数，并以此推测下游路段内是否发生事件；第二类是双截面检测，在上游和下游分别设置检测器，实时对比分析上下游交通参数的变化特征，以此推断区段内是否发生事件。

1)单截面检测方式

该方式以路段的断面判断下游路段是否发生事件，通常以一组微波检测器和一组视频检测器为一套单截面检测组合，即微波检测器是对道路上交通状态参数的定量检测，而视频检测器是对路上可能发生的应急事件的定性确认；前者能提高事件检测的速度，后者能提高事件检测的准确性。单截面布设方法具有经济性好、组合布设简便、算法结构简单等优点，但事件检测的速度、精度比双截面布设法略显不足。检测设备布设示意图见图 14-7。

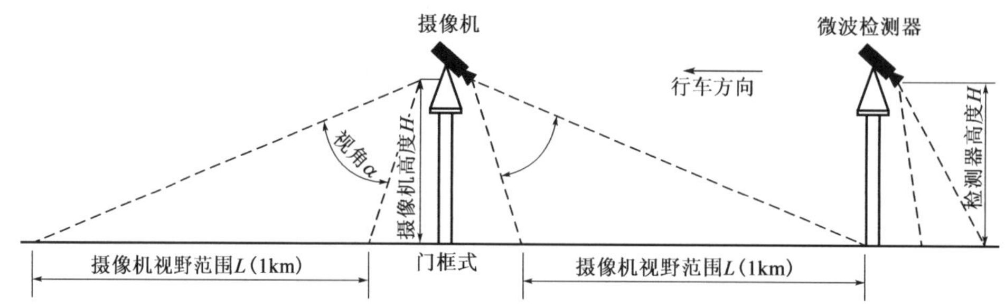

图 14-7　单截面交通检测设备布设示意图

单截面检测方式的理论基础为交通流传递性，即当下游路段发生事件后，交通流车速降低并逐渐向上游传递，导致上游检测器的占有率增大，车速降低，流量减小。其主要缺陷是滞后性大，事件发生地点与检测器的距离对检测算法影响较大。

2)双截面检测方式

该方式对比两个断面的交通状态进而判断断面间是否发生事件，通常以前后两组微波检测器和中间一组视频检测器为一套双截面检测组合，即通过对比两断面交通状态参数的变化特征，判断两断面之间的路段是否发生异常情况，并结合视频检测器确定区段内是否发生应急事件，从而检测事件是否发生。双截面布设方法具有检测精度高、检测速度快等优点，但存在设备费用高、组合布设复杂、算法结构烦琐等缺点。检测设备布设示意图见图

14-8。

双截面检测方式的理论基础是交通流量守恒定理，即上游流入的交通量等于下游流出的交通量。双截面算法的主要缺陷是上下游流量守恒的延迟性，且延迟性与上下游的区间长度有关，该延迟性对事件检测算法的准确性影响较大。当检测区段内发生事件后，上游交通流速度减小，流量增大，占有率增大；下游交通流流量减小，占有率减小。

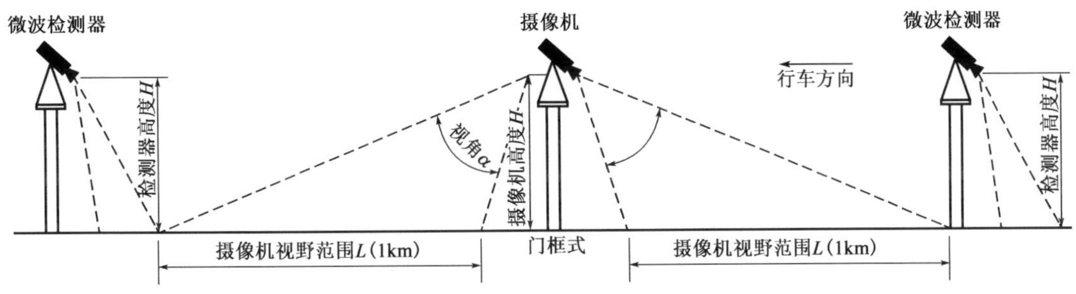

图 14-8　双截面交通检测设备布设示意图

2. 交通流的状态特征参量

应急事件的检测与判别分为三个步骤：①交通流运营状态实时判别，确定检测区段内交通流所处的运营状态；②交通流运营状态异常检测，以上游和下游的状态特征检测区段内是否发生异常事件；③事件性质的判别确定，即进一步确认事件的特征。

交通流的状态特征参量能表征交通流所处的运营状态，分为宏观参量和微观参量两大类。宏观参量包含流量或流率、车道占有率或时间占有率、地点流速或区间流速等，其最大不足是参量对运营状态变化的灵敏性小，即参量波动与交通状态改变的相关性和灵敏性小；微观参量包含车头时距(或间距)、单车车速、行程时间和行驶轨迹等，该类参量不足之处是单辆车在区段的变化规律难以辨识，致使下游出口的状态参量预测与实际车辆状态存在较大的差异。

状态特征参量的选择应遵循以下几个原则：一是特征参量能有效地识别不同交通流的运营状态；二是特征参量能在短时间内灵敏地反映区段状态的变化；三是特征参量能有效地反映检测区段长度、道路几何特征等静态环境影响。因此，依据应急事件的影响特征，建议将以下几个参量作为应急事件的判别特征值：上游断面流量 $Q_{上}$ 大于下游的断面流量 $Q_{下}$，即 $Q_{上}>Q_{下}$；路段内的交通流速 v 减小；交通密度 K 增大；交通流在检测区段内的行程时间增加；连续时间序列的下游实际流量差值(与检测区段的长度、交通流平均车速有关)逐渐增大。

三、应急事件的智能识别技术

1. 检测数据的自检过滤分析

在利用检测器进行交通流状态参数的检测过程中，由于检测器的布设方式、设备自身检测精度和车辆行驶的方式等因素的影响，检测器检测的结果会出现漏检和误检。因此，检测数据应首先进行异常数据的分析与处理，剔除因检测器而产生的异常数据。

检测数据在检测过程中发生数据的漏检和误检，前者是由于数据的遗失，后者是由于数据的异常。在应急事件的快速检测过程中，检测上游和下游在单位时间内通过的车辆数、通过时刻和车速。换言之，当车辆通过一个上游或下游的检测断面时，检测器检测车辆是否通过、通过时刻和车速等三个车辆信息，三者之间是互为补充和修正的关系，该类信息的检测对应急事件的算法判别具有决定性的影响。其中，车速是最关键的因素，即检测器检测的车速出现异常结果，如检测的车速小于 0，或者大于 200km/h 等。因此，对于检查数据的过滤分析，采用上述三个因素之间的相互关系进行处理分析。

实际运行的交通流前后具有一定的连续性和相似性，即前车的运行状态对后车的运行状态产生一定的影响，其理论依据是跟车行驶理论(驾驶员根据前方车辆的车速和车辆间的距离产生驾驶反应刺激)，表现为上一个检测时段和紧挨的下一个检测时段之间的交通流运行具有一定的相似性，通过对比异常数据并剔除的方法对数据进行过滤分析。常用异常数据的剔除方法有拉依达准则、肖维勒准则、格拉布斯准则和 t 检验准则等。

2. 基于多信息源的事件判别

20 世纪 90 年初，受通信技术的限制，当时主流的事件检测算法以间接检测算法为主。随着 20 世纪末通信技术的快速发展，移动通信方式(如手机)得到了迅速普及，事发后的移动或固定通信报警方式已成为事件快速检测的主要信息来源之一，其本质是直接事件检测的方式。因此，结合目前我国通信技术的快速发展现状和高速公路的管理体制，提出直接检测和间接检测相结合的方式。总之，基于多信息源的事件快速判别方法，既考虑了当前的移动技术手段，又结合了理论判别方法，从而最大限度地提高公路应急事件的快速判别过程，见图 14-9。

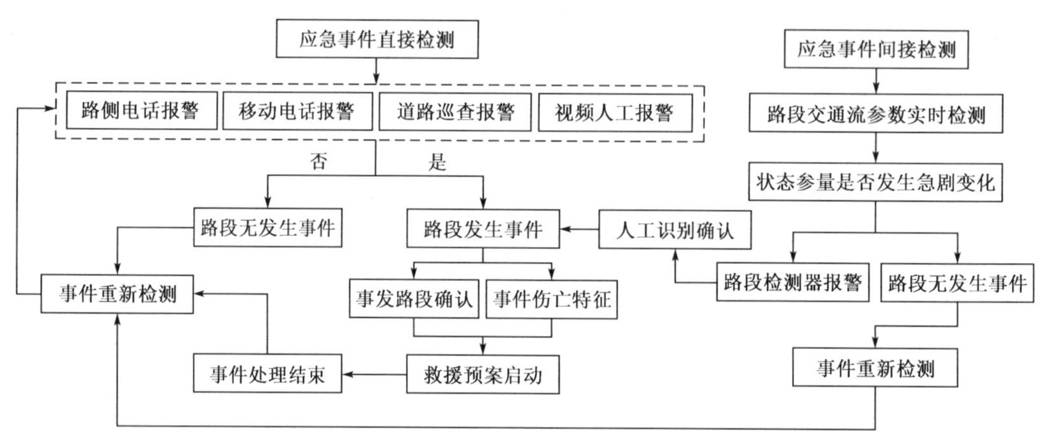

图 14-9　基于多信息源的应急事件快速判别技术图

3. 事件智能识别与处理

事件的检测、识别与反馈是一个连续判别过程，为了提高事件识别的智能性和快速反应的系统功能，采用三级事件的智能识别方法，即包含事件的报警、事件的确认和事件的预处理等三个过程，具体识别过程如图 14-10 所示。

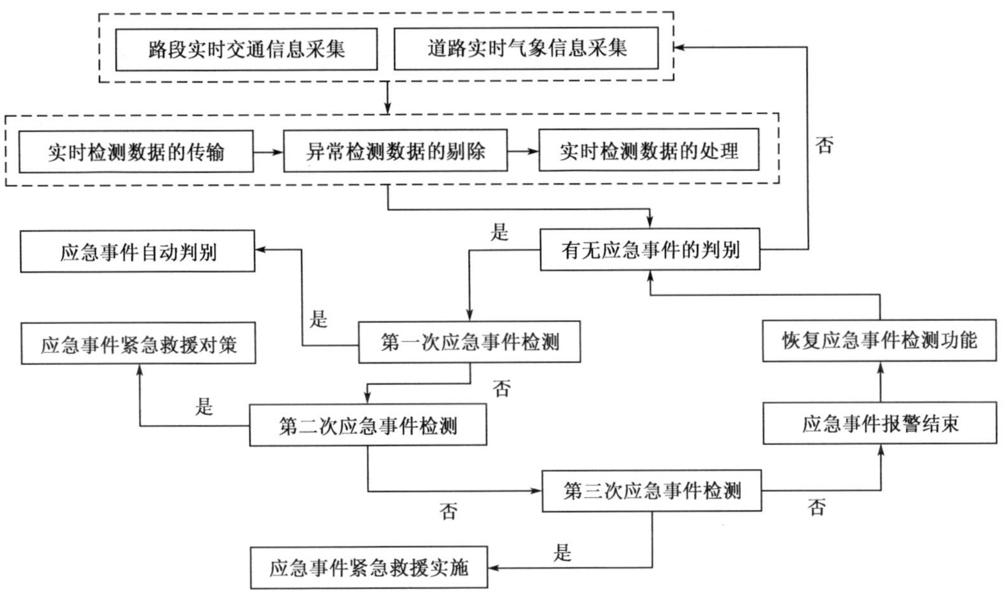

图 14-10　应急事件的智能识别技术逻辑图

第十五章　应急事件评估与态势预测

应急事件下路网运行态势预测包括两方面的内容：一是应急事件的发展态势评估，二是预测灾变事件在高速公路网造成的交通拥堵的演化发展趋势。第一部分内容主要是采用经验回归的方法外推事件的演化发展趋势。第二部分研究内容的基本思想为：结合灾变事件下路网各路段通行能力的变化情况，推算灾变事件信息发布前路网的拥堵范围及其演化发展态势；在灾变事件信息发布后，以随机型用户均衡路网交通流分布模型来预测路网的交通流量分布，再结合路网各路段管理单元在实施了限速限距等交通管理措施后实际具有的通行能力，推算灾变事件信息发布后路网的拥堵范围及其演化发展态势。基于上述思想及交通流理论，即可推算灾变事件下路网运行态势的发展演化趋势，主要是路网拥堵路段及拥堵范围的发展演化态势。

第一节　应急事件发展态势快速评估

一、气象事件的发展演化态势评估

对于大范围的严重恶劣气象条件事件，应由国家气象部门来预测，此处介绍的应急事件发展演化态势预测，仅适用于道路沿线布设的小范围或者局部气象条件的短期(30min 以内)预测。本文采用文献介绍的方法预测与天气环境有关的灾害性事件的发展演化态势。

1.雨、雾、雪等气象要素的预报：短时线性趋势外推预报方法

趋势外推法的原理是根据时间序列的长期趋势，以时间为自变量，以序列指标为因变量，拟合函数方程 $y=f(t)$，据以进行外推预测。进行外推需要满足一定的条件，即需要外推的事物的发展过程没有跳跃式变化，一般属于渐进变化。由于本研究主要针对气象要素的短时(5min、10 min、15 min、30 min)发展情况进行趋势外推，在半小时内大部分气象要素的发展可以认为是连续的渐进变化。

时间序列的趋势外推有很多种模型，在这里我们采用线性模型进行短时的趋势外推：

$$\hat{Y}=\hat{a}+\hat{b}t \tag{15-1}$$

$$\hat{a}=\frac{\sum Y-b\sum t}{n} \tag{15-2}$$

$$\hat{b}=\frac{n\sum Yt-\sum Y\sum t}{n\sum t^2-(\sum t)^2} \tag{15-3}$$

上述各式中，t 为时间变量。

实际应用中，选取气象要素最后 5 个时间点的实况资料对曲线进行了 5 个步长的线性拟合外推。

2.路面极端温度预报

由于路面极端高温、低温给高速公路运输带来了极大的威胁，从高速公路运营安全出发，对路面极端温度进行预测预报是有重要意义的。此处利用上海气象中心提出的上海市路面极端温度的预报模型进行路面极端温度预报。

首先运用2007年6月12日～2008年6月11日徐家汇水泥近地面日最高、最低温度观测资料与相对应的徐家汇观测站日最高、最低气温数据进行回归分析。由于路面温度相对于气温的变化在不同季节不同时段是不一样的，因此，在这里将分春、夏、秋、冬四个季节对其进行拟合，得出以下回归方程。

1)春季拟合方程

$$T_{smin} = 1.70562 + 0.92402T_{min}, R = 0.9782 \tag{15-4}$$

$$T_{smax} = 6.49532 + 0.82014T_{max}, R = 0.7667 \tag{15-5}$$

式中：T_{smin}、T_{smax}——分别为近地面最低、最高温度；

T_{min}、T_{max}——分别为实测最低、最高气温；

R——模拟值与实测值的相关系数。

2)夏季拟合方程

$$T_{smin} = 1.00492T_{min}, R = 0.9994 \tag{15-6}$$

$$T_{smax} = -9.45937 + 1.41869T_{max}, R = 0.9021 \tag{15-7}$$

3)秋季拟合方程

$$T_{smin} = 1.00289T_{min}, R = 0.9802 \tag{15-8}$$

$$T_{smax} = 6.50869 + 0.91729T_{max}, R = 0.7714 \tag{15-9}$$

4)冬季拟合方程

$$T_{smin} = 1.16954 + 0.92905T_{min}, R = 0.9758 \tag{15-10}$$

$$T_{smax} = 4.48945 + 0.97849T_{max}, R = 0.6206 \tag{15-11}$$

以上8个拟合方程均通过$\alpha = 0.05$的显著性检验。

再利用当地气象台发布的今明日最高、最低气温的预报值(5:00、17:00)，代入回归方程中的最高、最低气温实测值T_{max}、T_{min}，即可得出当地路面极端温度的预报。其中上午预报的为当日路面最高温度、第二日路面最低温度；晚上预报的为第二日路面最高温度、最低温度。

3.路面水膜厚度预估

降落在公路表面的雨水，在重力作用下，沿着最大坡度方向运动，在道路表面形成坡面水流。道路表面的水膜严重影响行车安全：第一，汽车行驶由于轮胎作用，路表的水膜会溅起形成水雾，影响后续车辆驾驶员的能见度；第二，由于水膜的润滑作用，轮胎与路面的附着系数显著降低，会引起制动失控，转向不灵。

研究表明，道路表面的水膜厚度主要和降水强度、坡面的构造深度、长度以及坡度这四个因素有关。本书采用东南大学交通学院和交通运输部公路科学研究院共同研究的水膜厚度的经验公式，结合当地道路特征，利用实时气象要素(1h雨量)，对当地道路进行了水膜厚度的预估。

$$H = 0.1258l^{0.6715} \times i^{-0.3147} \times r^{0.7786} \times TD^{0.7261} \tag{15-12}$$

式中：H——水膜厚度；

l——坡面长度；

i——坡面坡度；

r——降雨强度；

TD——表面构造深度。

二、交通事件的发展演化态势评估

高速公路交通事件是指任何偶然发生的、影响交通流正常运行的、与车辆有关的事件，如车辆碰撞、刮擦、抛锚、炸胎、着火、散落物。显然，交通事件的发展演化态势不同于灾害性天气等灾变事件，灾害性天气事件的发展演化态势涉及时空范围的变化发展，而交通事件发生后一般在空间上不会再发生明显变化，变化的只有整个事件的持续时间，或者说剩余的持续时间。因此，交通事件的发展演化态势评估是指事件持续时间的预测。交通事件持续时间包括四个部分：事件发现时间、事件响应时间、事件清除时间和交通恢复时间。此处采用文献提出的多元回归模型来预测交通事件的持续时间，下面进行详细介绍。

1. 事件信息数字化预处理

多元回归模型要求交通管理部门积累足够的数据，这样得到的回归结果才有实际意义。首先对管理部门的文字记录信息进行数字化处理，除事件持续时间为连续性数据外，将各类交通事件的条目信息（周天、天气、报警时间、报警类型、到达现场时间、事件类型、占用车道数、涉及车辆数、受伤人数、死亡人数、最先到达现场的车辆、救援车辆数等）全部数字化为因子变量，经数字化后的交通事件数据表格字段及因子水平说明见表15-1。然后从数字化后的事件信息组成的总体样本中随机抽取一定量的事件信息组成回归建模样本组，总体样本中剩余的事件信息组成模型检验样本组。

交通事件数据表格字段及因子水平解释 表15-1

字段名	水平	因子水平解释
周天	7	周一～周日
天气	6	1-晴天，2-阴天，3-雨天，4-雪天，5-雾天，6-低温结冰
报警时间	24	0～23，即24h时段
报警类型	4	1-驾驶员，2-交警部门，3-高速公司，4-交通部门
到达现场时间	3	1-0～15min，2-16～30min，3-31～60min
事件类型	10	1-追尾，2-翻车，3-撞中间护栏，4-抛锚，5-刮擦，6-炸胎，7-撞边护栏，8-散落物，9-着火，10-其他
占用车道数	5	1～4：分别表示占用1～4条车道，5-单向半幅路封闭 硬路肩视为一个车道
涉及车辆数	10	0～9：分别表示0～9辆车
受伤人数	10	0～8：分别表示受伤0～8人，9-受伤9人以上
死亡人数	3	0～2：分别代表死亡0～2人
最先到达现场的车辆	7	1-警车，2-拖车，3-修胎车，4-医疗车，5-路政，6-管理处，7-巡警
救援车辆数	8	0～6：分别代表0～6辆车，7-7辆车及以上

2. 事件数据总体描述

相对于离散型的解释性变量而言，简单地使用回归模型来描述他们同因变量之间的“线性关系”是不恰当的。方差分析是常用的一种显著性分析方法，可分为单因素、双因素和多因素方差分析。由于交通事件持续时间数据一般不服从正态分布，因此可以采用处理非正态分布样本数据的非参数单因素方差分析方法。

3. 事件持续时间影响因素分析

事件持续时间影响因素分析的目的是为了找出对事件持续时间有显著影响的因素，而对事件持续时间影响很小或无影响的因素则予以剔除。可以采用盒状图来展现因变量和自变量之间的关系，从而找出对所在高速公路事件持续时间影响显著的因子。为了满足线性模型的同方差假设，需要对因变量(交通事件持续时间)实施对数变换。

4. 多元回归建模

设变量 Y 与变量 X_1 , X_2 ,…, X_p 间有以下线性关系：

$$Y = \beta_0 + \beta_1 X_1 + \beta_2 X_2 + \cdots + \beta_p X_p + \varepsilon \tag{15-13}$$

β_0 , β_1 ,…, β_p 是未知参数，其中 $\varepsilon \sim N(0,\sigma^2)$, $p \geqslant 2$ ，则称上式为多元线性回归模型。本书要建立因变量为连续型数据的交通事件持续时间与自变量为离散因子型的各影响因素之间的线性回归模型。

高速公路交通事件影响因素很多，如果在回归方程中忽略了对因变量显著影响的自变量，所建立的预测方程与实际就会有很大偏离；但变量选择过多，使用就不方便，特别是当回归方程中含有对因变量影响不大的变量时，可能因为残差平方和的自由度减小而使 σ^2 的估计值增大，从而影响预测精度。因此，适当的选择变量来建立一个最优的回归方程十分重要，常用的方法有一切子集回归法、前进法、后退法、逐步回归法等。

可采用 SPSS 统计分析软件或 R 软件的逐步回归函数 step 对建模样本组数据进行多元回归和变量选择，使得 AIC 值最小时的变量组合为最佳。一般得到的最优选择变量为报警时间、到达现场时间、事件类型、占用车道数、涉及车辆数、死亡人数、第一辆到达现场的车以及救援车辆数等 8 个变量。当然，不同的管理单位得到的结果可能不一样。

5. 多元回归模型效果检验

为了检验回归模型的有效性，可利用检验样本组对回归方程的预测效果进行检验。应重点对不同类型事件的持续时间的预测效果进行检验，从而知道哪些类型事件的预测精度较高，哪些类型事件的预测精度较差。对于预测精度较好的事件，可在实际中直接应用；而预测精度不好的事件，应结合管理人员的经验直觉来预测事件的持续时间。

由于影响事件持续时间因素的繁多复杂，随机性强，需要对记录历史事件所包含的信息不断地补充完善，考虑更多的影响因素，如路产损坏、交通堵塞程度、交通管制措施等，同时尝试分析可能存在的因素间的交互作用。除了更加深入细致地分析影响因素外，也应尝试采用其他模型或算法，以提高交通事件持续时间的预测精度。

除了上述恶劣气象条件事件和交通事故等事件外，高速公路事件还包括地质灾害事件和施工维修类计划事件。

对于地质灾害事件，由于往往是突发性的，且规律性不明显，因此，其时空发展演化态势很难预测。此外，此类事件往往有重大的社会影响，一般有当地军政部门介入，因此，其时空发展演化态势可由突发公共事件管理部门来预测提供，此处不再进行探讨。

对于道路养护或施工维修等计划性事件，作业方在开工前都有明确的作业计划和进度安排，高速公路管理部门可根据其上报的作业计划推算具体的时空范围，从而作出适当的管理安排。因此，其发展演化态势可按计划安排推算。

第二节　公路网应急事件的态势预测

一、应急事件下路网运行态势指标体系

应急事件下路网的运行态势一般是指路网的交通流运行状态及路网运营风险的水平状况。经研究分析，采取以下四个指标作为反映路网运行态势的指标体系，即行程车速、运营风险、饱和度和拥堵范围。

1. 行程车速

行程车速是车辆行驶路程除以行程时间(包括停车时间)之商，也称全行程车速。所有车辆或其中某类车辆所行经的距离之和除以它们各全行程时间之和所得的商，称为平均全行程车速。行程车速可用来衡量路线通畅程度，评价恶劣气象条件下路网的运行状态。

路段平均行程车速的计算公式为：

$$v_a = \sum_{i=1}^{n} d_i / \sum_{i=1}^{n} t_i \tag{15-14}$$

式中：v_a ——路段 a 的行程车速；

d_i ——时间 t_i 内车辆 i 在路段 a 上的行驶距离；

n ——检测到的车辆数。

路网平均行程车速的计算公式为：

$$v_N = \sum_{a=1}^{m}\sum_{i=1}^{n} d_{ai} / \sum_{a=1}^{m}\sum_{i=1}^{n} t_{ai} \tag{15-15}$$

式中：v_N ——路网 N 的行程车速；

d_{ai} ——时间 t_i 内车辆 i 在路段 a 上的行驶距离；

t_{ai} ——路段 a 上的车辆 i 的行驶时间，$t_{ai} = t_i$ 。

所以，上式可进一步表达为：

$$v_N = \sum_{a=1}^{m}\sum_{i=1}^{n} d_{ai} / (Q t_i) \tag{15-16}$$

式中：Q ——路网 N 中检测到的车辆数，$Q = \sum_{a=1}^{m} n_a$ ，n_a 为路段 a 上检测到的车辆数。

对于路网运营态势预测需要用到的路段行程车速，需要根据预测的路段行程时间来进行计算，因此，结合式(15-14)，可得到路网交通流分配时使用的路段行程车速的近似计算方法，即下式：

$$v_a=\begin{cases}\dfrac{l_a}{t_a(q_a)}=\dfrac{l_a}{t_a(0)\times\left[1+\alpha\left(\dfrac{q_a}{C_a}\right)^{\beta}\right]} & \text{未饱和条件下}\\ \dfrac{l_a}{T(i,t)} & \text{饱和条件下}\end{cases} \tag{15-17}$$

式中：v_a ——预测的路段 a 的行程车速；

l_a ——路段 a 的长度；

$t_a(q_a)$ ——未饱和条件下的路段行程时间。

$$t_a(q_a)=t_a(0)\times\left[1+\alpha\left(\frac{q_a}{C_a}\right)^{\beta}\right] \tag{15-18}$$

式中：$t_a(q_a)$ ——流量为 q_a 条件下路段 a 的行程时间；

q_a ——路段 a 的流量；

$t_a(0)$ ——原表示自由流条件下路段 a 的行程时间，此处表示预测的在采取限速对策（限速标准为 v_r）后非拥挤条件下路段 a 的计算行程时间，按 $t_a(0)=l_a/v_r$ 计算；

C_a ——原表示路段 a 的理论通行能力，此处表示限速条件下路段 a 的理论通行能力；

α、β ——参数，可采用经验法，通过实测进行统计回归后获得，当无实测数据时，可取 $\alpha=2.62$，$\beta=5$ 进行近似计算。

2. 运营风险

运营风险水平是反映应急事件下路网运行态势的重要指标，根据文献可将应急事件下路网的安全水平划分为五个等级，即安全、较安全、一般、较危险和危险。对于这五个等级，通常认为：

(1)当路网中各路段的运营状态处于一般及以上安全等级时，路网属于正常运营状态，其中的一般安全等级属于可接受的风险水平状态。

(2)当路网中特定路段的运营状态处于较危险和危险等级时，应采取措施及时进行安全管理，以将该路段的安全等级提高至可接受的水平。

(3)当路网中特定路段的运营风险处于危险等级且采取措施也无法提高安全等级时，应关闭该路段。

(4)当路网某一截面的所有路段的运营风险都处于危险等级且采取措施也无法提高安全等级时，应关闭路网各入口。

3. 饱和度

根据交通工程学，饱和度是指实时道路断面交流量与该断面的理论通行能力之比，可用下式表示：

$$S=\frac{Q}{C} \tag{15-19}$$

式中：S——饱和度；

Q——交通流量，对于路网，为实时路网瓶颈（路网最小截集）的所有路段交通流量的总和，对于路段，则为道路断面的交通流量；

C——通行能力，对于路网，为实时路网瓶颈（路网最小截集）的通行能力（或容量）总和，对于路段，则为断面通行能力(或容量)。

4. 拥堵范围

拥堵范围是指由于恶劣气象等应急事件导致路段或路网局部通行能力严重下降而引发的交通拥挤波所波及的空间范围，以及交通拥堵波相应的时间进程。以拥堵范围作为评价指标，可以从宏观的角度评价应急事件对路网运营态势的影响程度，可为路网分流诱导决策提供科学的依据。

二、应急事件下路网运营态势预测

1. 应急事件对路段影响预测

当路网发生应急事件时，由于路段瓶颈或路网瓶颈处通行能力的突然降低，瓶颈处及其上游路段发生交通堵塞或拥挤。这种拥挤或堵塞，如果控制不当，拥挤流将如同流体波向上游扩展。根据交通流理论，可用波动理论来计算交通拥挤波的影响范围。

考虑各种事件对交通流影响的异同，应急事件的影响范围分两类计算：恶劣气象条件事件影响范围计算和非恶劣气象条件事件影响范围计算。

1)恶劣气象事件的影响预测

由于无法预测天气现象的持续时间，所以恶劣气象事件的持续时间只能根据天气预报结合人工经验预估，记为 t_w 。

假定重大基础设施所在的高速公路路段范围 $[x_1, x_2]$ 中检测到灾害性天气，其中该范围内最上游的管理单元为 i，x 轴以管理单元 i 的起点为原点。$[x_1, x_2]$ 的通行能力由原来的 C 降低至 C_i'，那么在管理单元 i 上，若 $q_i \leqslant C_i'$，仍能满足本单元的通行需要，不会发生交通拥挤；若 $q_i > C_i'$，管理单元 i 不能正常疏导车流，交通流的变化如图 15-1 所示。此时，两列不同密度的交通波仍以激波形式传递，激波的速度 u_w 是 (k_i, q_i)、(k_r, q_r) 连线的斜率。其中：$u_{w12} = 0$，$u_{wi1} = 0$，$u_{wri} < 0$ 。当管理单元 i 出现灾害性天气时，下游交通流密度减小，上游密度增大，并以 u_{wri} 向上游移动。

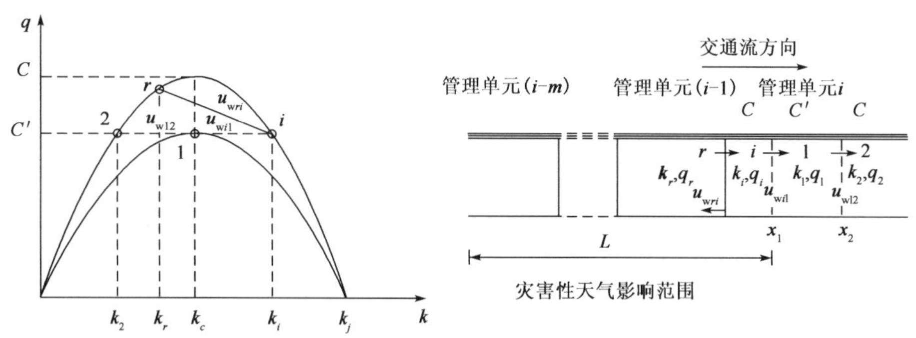

图 15-1 恶劣气象条件事件下交通流变化及影响范围分析

(1)拥堵的空间范围推算

若恶劣气象条件事件持续时间为 t_w，那么影响范围随时间变化以及最大值为：

$$L = -u_{wri} \times t = -\frac{q_i - q_r}{k_i - k_r} \times t = -\frac{C_i' - q_r}{k_i - k_r} \times t$$

$$L_{\max} = L|_{t=t_w} = -\frac{C_i' - q_r}{k_i - k_r} \times t_w \tag{15-20}$$

式中：C_i'——恶劣气象条件事件的通行能力；

q_r——上游交通流量，假定 $q_{i-1} = q_{i-2} = \cdots = q_r$；

k_r——上游管理单元交通流密度，假定 $k_{i-1} = k_{i-2} = \cdots = k_r$；

k_i——邻近事发点上游的拥挤密度。

距管理单元 i 的距离小于 L 的 m 个单元均会受到影响，如图 15-1 所示。

(2)随时间推进的拥堵演化推算

将恶劣气象条件的不良影响扩展到管理单元$(i-1)$，$(i-2)$，…，$(i-m)$所需的时间记为 t_{i-1}，t_{i-2}，…，t_{i-m}，那么：

$$t_{i-1} = \frac{x_1}{u_w} = \frac{k_i - k_r}{C_i' - q_r} \cdot x, t_{i-2} = \frac{k_i - k_r}{C_i' - q_r} \cdot (x_1 + L_{i-1}), \cdots, t_{i-m} = \frac{k_i - k_r}{C_i' - q_r} \cdot (x_1 + \sum_{n=1}^{m-1} L_{i-n}) \tag{15-21}$$

由此，灾害性天气影响在单元$(i-m)$扩展的时间范围为 $[t_{i-m}, t_{i-(m+1)}]$，灾害性天气持续时间 $t_w \geqslant t_{i-m}$ 时，管理单元$(i-m)$将受到不良影响。

2)非恶劣气象事件的影响预测

交通事件持续时间的定义为：从事件产生到交通流状态恢复正常所需的时间。它由四个阶段构成：第一阶段是交通事件产生到 AID 系统检测并确认事件；第二阶段是响应阶段，即从确认事件到救援车辆到达事发现场；第三阶段是清除时间，即从救援车辆到达到离开现场；第四阶段是交通流恢复阶段，即从事件清除到排队完全消散，交通流恢复正常。记检测到事件至清除的时间为 t_e，也就是指前三个阶段的总时间。

事件持续时间为：

$$t_a = t_e \times \left[\frac{4(k_r - k_i)(k_j - k_r - k_i)}{(k_j - 2k_r)^2} + 1\right] \tag{15-22}$$

式中：t_a——事件持续时间；

k_r——上游管理单元交通流密度；

k_i——紧挨事发点上游的车流密度；

k_j——阻塞密度；

t_e——采用统计拟合法确定，此处按以下值初定：一级事件 70min，二级事件 50min，三级事件 30min，四级事件 20min。

在管理单元 i 的路段 $[x_1, x_2]$（以 i 的起点为 x 轴原点）发生非灾害性天气事件时，事发点车道数减少，通行能力下降至 $C_{i,n}$，n 为事件等级，不同等级交通事件的 q—k 曲线变化如图 15-2所示。同理，当 $q_i \leqslant C_{i,n}$ 时，拥挤不会扩散；当 $q_i > C_{i,n}$ 时，事发点上游将发生交通拥挤。下面分别提出其空间影响范围和时间影响范围的计算方法。

(1)拥堵的空间范围的推算

假设事件持续时间为 t_a，可得到非灾害性天气事件下的空间影响范围（以单向三车道为例）。

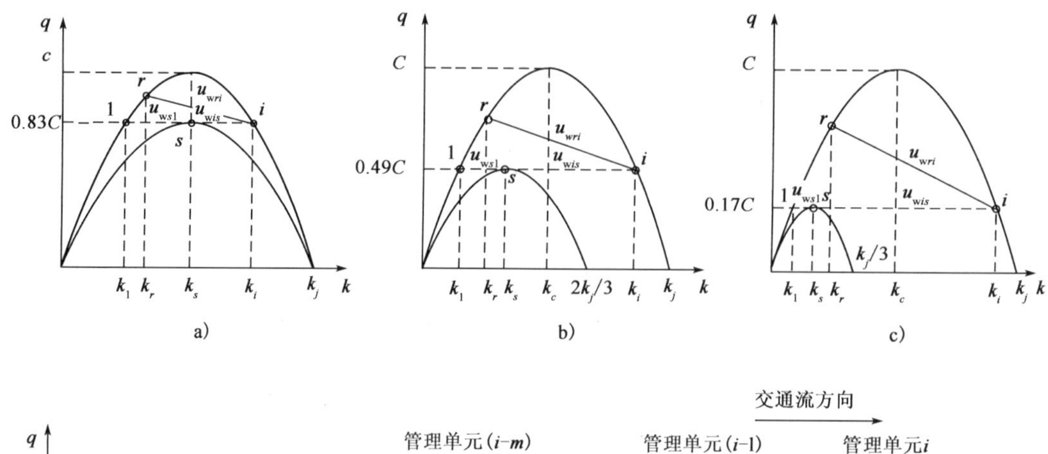

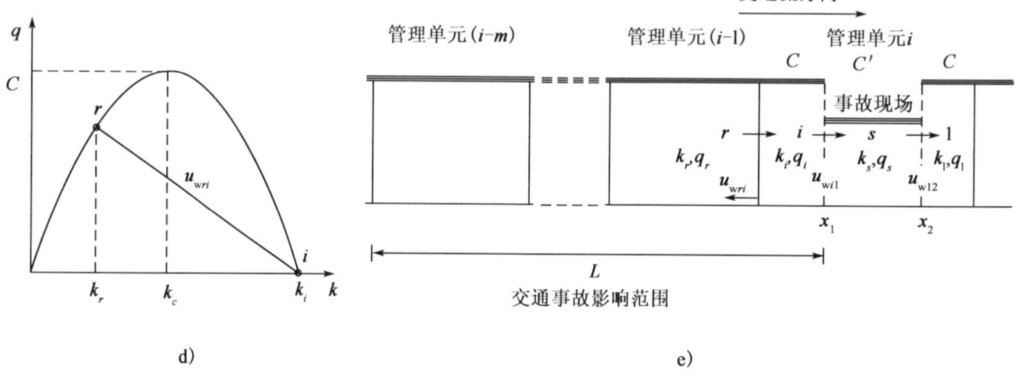

图 15-2　交通流变化及影响范围分析

a)四级:剩余三车道事件;b)三级:剩余两车道事件;c)二级:剩余一车道事件;d)一级:交通中断事件;e)事件影响范围分析

四级事件:

$$L = -u_{wri} \times t = -\frac{q_i - q_r}{k_i - k_r} \times t = -\frac{C_{i,1} - q_r}{k_i - k_r} \times t$$

$$L_{max} = L|_{t=t_w} = -\frac{0.83C - q_r}{k_i - k_r} \times t_a \tag{15-23}$$

三级事件:

$$L = -u_{wri} \times t = -\frac{q_i - q_r}{k_i - k_r} \times t = -\frac{C_{i,2} - q_r}{k_i - k_r} \times t$$

$$L_{max} = L|_{t=t_w} = -\frac{0.49C - q_r}{k_i - k_r} \times t_a \tag{15-24}$$

二级事件:

$$L = -u_{wri} \times t = -\frac{q_i - q_r}{k_i - k_r} \times t = -\frac{C_{i,3} - q_r}{k_i - k_r} \times t$$

$$L_{max} = L|_{t=t_w} = -\frac{0.17C - q_r}{k_i - k_r} \times t_a \tag{15-25}$$

一级事件:

$$L = -u_{wri} \times t = -\frac{q_i - q_r}{k_i - k_r} \times t = \frac{q_r}{k_i - k_r} \times t$$

$$L_{max} = L|_{t=t_w} = \frac{q_r}{k_i - k_r} \times t_a \tag{15-26}$$

(2)随时间推进的拥堵演化推算

此处同样以单向三车道为例提出非灾害性天气事件影响范围计算方法,其余车道数高速公路计算方法类似。

四级事件:

$$t_{i-1}=\frac{x_1}{u_w}=\frac{k_i-k_r}{0.83C-q_r}\times x_1 \tag{15-27}$$

$$t_{i-m}=\frac{k_i-k_r}{0.83C-q_r}\times\left(x_1+\sum_{n=1}^{m-1}L_{i-n}\right) \tag{15-28}$$

三级事件:

$$t_{i-m}=\frac{k_i-k_r}{0.49C-q_r}\times\left(x_1+\sum_{n=1}^{m-1}L_{i-n}\right) \tag{15-29}$$

二级事件:

$$t_{i-m}=\frac{k_i-k_r}{0.17C-q_r}\times\left(x_1+\sum_{n=1}^{m-1}L_{i-n}\right) \tag{15-30}$$

一级事件:

$$t_{i-m}=\frac{k_j-k_r}{q_r}\times\left(x_1+\sum_{n=1}^{m-1}L_{i-n}\right) \tag{15-31}$$

由此,交通事件在单元($i-m$)扩展的时间范围为$[t_{i-m},t_{i-(m+1)}]$,交通事件持续时间$t_a\geqslant t_{i-m}$时,管理单元($i-m$)将受到不良影响。

2.应急事件对路网影响范围的划分及其计算

根据《高速公路灾害性天气运营控制信息系统标准》,结合应急事件安全管理需要,应急事件对高速公路网的影响范围可划分为四个范围。

范围Ⅰ:应急事件所在的路段管理单元,其范围按下式计算:

$$N_{\mathrm{I}}=\begin{bmatrix}L_{a1-\mathrm{u-I}}\\L_{a1-\mathrm{d-I}}\\L_{a2-\mathrm{u-I}}\\L_{a2-\mathrm{d-I}}\\\vdots\\L_{an-\mathrm{u-I}}\\L_{an-\mathrm{d-I}}\end{bmatrix} \tag{15-32}$$

式中:N_{I}——路网的事件所在范围Ⅰ;

$L_{a1-\mathrm{u-I}}$——事件所在路段a_1上行的上游方向,从事发点至事件所在管理单元边界的长度,即事件范围Ⅰ;

$L_{a1-\mathrm{d-I}}$——事件所在路段a_1下行的上游方向,从事发点至事件所在管理单元边界的长度,即事件范围Ⅰ。

式中其余同类符号意义类似,当路段无事件时,相应的事件范围的值取0。

范围Ⅱ:应急事件发生后交通拥堵波反向波及的路网内的所有上游路段,其范围按下式计算：

$$N_{\mathrm{II}} = \begin{bmatrix} L_{a1-\mathrm{u}-\mathrm{II}} \\ L_{a1-\mathrm{d}-\mathrm{II}} \\ L_{a2-\mathrm{u}-\mathrm{II}} \\ L_{a2-\mathrm{d}-\mathrm{II}} \\ \vdots \\ L_{an-\mathrm{u}-\mathrm{II}} \\ L_{an-\mathrm{d}-\mathrm{II}} \end{bmatrix} \tag{15-33}$$

式中：N_{II} ——路网的拥堵范围Ⅱ；

$L_{a1-\mathrm{u}-\mathrm{II}}$ ——事件所在路段 a_1 上行的上游方向，从拥堵范围Ⅰ的边界到最上游拥堵边界的长度，即拥堵范围Ⅱ；

$L_{a1-\mathrm{d}-\mathrm{II}}$ ——事件所在路段 a_1 下行的上游方向，从拥堵范围Ⅰ的边界到最上游拥堵边界的长度，即拥堵范围Ⅱ。

式中其余同类符号意义类似，当路段不会产生拥堵现象时，相应的拥堵范围的值取0。

范围Ⅲ：应急事件持续时间范围内到达范围Ⅱ的车流所在的所有上游路段（路网内），其范围按下式计算：

$$N_{\mathrm{III}} = \begin{bmatrix} L_{a1-\mathrm{u}-\mathrm{III}} \\ L_{a1-\mathrm{d}-\mathrm{III}} \\ L_{a2-\mathrm{u}-\mathrm{III}} \\ L_{a2-\mathrm{d}-\mathrm{III}} \\ \vdots \\ L_{an-\mathrm{u}-\mathrm{III}} \\ L_{an-\mathrm{d}-\mathrm{III}} \end{bmatrix} = \begin{bmatrix} v_{a1-\mathrm{II}-\mathrm{u}} \times t_{\mathrm{a}} \\ v_{a1-\mathrm{II}-\mathrm{d}} \times t_{\mathrm{a}} \\ v_{a2-\mathrm{II}-\mathrm{u}} \times t_{\mathrm{a}} \\ v_{a2-\mathrm{II}-\mathrm{d}} \times t_{\mathrm{a}} \\ \vdots \\ v_{an-\mathrm{II}-\mathrm{u}} \times t_{\mathrm{a}} \\ v_{an-\mathrm{II}-\mathrm{d}} \times t_{\mathrm{a}} \end{bmatrix} \tag{15-34}$$

式中：N_{III} ——受灾变事件影响的路网范围Ⅲ；

$L_{a1-\mathrm{u}-\mathrm{III}}$ ——路段 a_1 上行的上游方向，从拥堵范围Ⅱ的边界到灾变事件持续时间内进入范围Ⅱ的车流所在路段的最外边界的长度，即事件影响范围Ⅲ；

$L_{a1-\mathrm{d}-\mathrm{III}}$ ——路段 a_1 下行的上游方向，从拥堵范围Ⅱ的边界到灾变事件持续时间内进入范围Ⅱ的车流所在路段的最外边界的长度，即事件影响范围Ⅲ；

$v_{a1-\mathrm{II}-\mathrm{u}}$ ——路段 a_1 上行方向，范围Ⅱ的上游路段的行程车速；

$v_{a1-\mathrm{II}-\mathrm{d}}$ ——路段 a_1 下行方向，范围Ⅱ的上游路段的行程车速；

t_{a} ——灾变事件的持续时间。

式中其余同类符号的意义类似。

范围Ⅳ：不受应急事件影响的路网内的正常路段，其范围按下式计算：

$$N_{\mathrm{IV}}=\begin{bmatrix}L_{a1-\mathrm{u}-\mathrm{IV}}\\L_{a1-\mathrm{d}-\mathrm{IV}}\\L_{a2-\mathrm{u}-\mathrm{IV}}\\L_{a2-\mathrm{d}-\mathrm{IV}}\\\vdots\\L_{an-\mathrm{u}-\mathrm{IV}}\\L_{an-\mathrm{d}-\mathrm{IV}}\end{bmatrix}=\begin{bmatrix}L_{a1-\mathrm{u}}-L_{a1-\mathrm{u}-\mathrm{I}}-L_{a1-\mathrm{u}-\mathrm{II}}-L_{a1-\mathrm{u}-\mathrm{III}}\\L_{a1-\mathrm{d}}-L_{a1-\mathrm{d}-\mathrm{I}}-L_{a1-\mathrm{d}-\mathrm{II}}-L_{a1-\mathrm{d}-\mathrm{III}}\\L_{a2-\mathrm{u}}-L_{a2-\mathrm{u}-\mathrm{I}}-L_{a2-\mathrm{u}-\mathrm{II}}-L_{a2-\mathrm{u}-\mathrm{III}}\\L_{a2-\mathrm{d}}-L_{a2-\mathrm{d}-\mathrm{I}}-L_{a2-\mathrm{d}-\mathrm{II}}-L_{a2-\mathrm{d}-\mathrm{III}}\\\vdots\\L_{an-\mathrm{u}}-L_{an-\mathrm{u}-\mathrm{I}}-L_{an-\mathrm{u}-\mathrm{II}}-L_{an-\mathrm{u}-\mathrm{III}}\\L_{an-\mathrm{d}}-L_{an-\mathrm{d}-\mathrm{I}}-L_{an-\mathrm{d}-\mathrm{II}}-L_{an-\mathrm{d}-\mathrm{III}}\end{bmatrix}\tag{15-35}$$

式中：N_{IV} ——受灾变事件影响的路网范围Ⅳ；

$L_{a1-\mathrm{u}-\mathrm{IV}}$ ——路段 a_1 上行的上游方向，不受应急事件影响的正常范围Ⅳ；

$L_{a1-\mathrm{d}-\mathrm{IV}}$ ——路段 a_1 下行的上游方向，不受应急事件影响的范围Ⅳ；

$L_{a1-\mathrm{u}}$ ——路段 a_1 上行的上游方向，从事发点到路网管理边界的距离；

$L_{a1-\mathrm{d}}$ ——路段 a_1 下行的上游方向，从事发点到路网管理边界的距离。

式中其余同类符号的意义类似。

对于按上述方法得到的四个管理范围，其交通组织管理对策的性质如下：

范围Ⅰ的管理对策的性质：强制性管理对策，属以疏通和安全为目标的微观交通组织管理。

范围Ⅱ的管理对策的性质：建议性管理对策，属以保障交通秩序和安全，避免事态恶化为目标的中观交通组织管理。

范围Ⅲ的管理对策的性质：提示性管理对策，属以提高路网效率，尽量减小事件波及面为目标的宏观交通组织管理。

范围Ⅳ的管理对策的性质：以保持路网良好运营状态为目标的常态交通管理。

当灾变事件下路网或路段的通行能力小于通过相应设施的交通需求时，路网或路段的相应范围Ⅱ和范围Ⅲ都应当是交通诱导信息的发布范围。当然，对范围Ⅱ和范围Ⅲ内交通流进行分流诱导还可能由于其他原因。

第十六章　应急事件条件下路网交通组织

第一节　路网交通流组织的集成优化控制方法

一、路网交通流组织的各种管理控制方法

为了降低灾变事件对高速公路网交通流的影响，保证路网安全运营，应综合采用各种交通控制与管理措施，对路网交通流进行组织与管理。这些路网交通流组织管理与控制措施也就是安全管理对策。在总结已有研究成果的基础上，根据管理措施的特征及控制对象的不同，可将路网交通流组织管理的各种措施划分为六大类，出于实际工作的需要，各类管理措施都包含数种更具体、更有针对性的措施或对策，安全管理对策的详细介绍参见第十一章第三节。

(1)分离类措施：对行车道的行驶使用进行控制管理，以在时空上分离车辆，确保交通安全并方便灾变事件的处理。

(2)车辆行驶限制类措施：对车辆的最高运行速度(或者最小行车速度)、车辆之间的最小行驶间距、允许通行车型等进行限制，具体的车辆行驶限制对策由灾变事件的种类、等级及道路条件确定。

(3)流量限制类措施：对进入管理路网或某个路段的交通流量进行限额控制。灾变事件下路网或路段的通行能力和服务水平一般都不同程度地降低，当通过路网或路段的交通需求超过设施的通行能力或所容许的运营风险水平时，应适当限制进入路网或路段的交通流量。

(4)分流诱导类措施：在高速公路网发生灾变事件时对进入路网的交通流进行网内分流路径诱导或入网指导，使交通流在空间和时间的分布有利于路网运营安全与畅通。

(5)生存保障类措施：对处在危及生命安全的灾变事件环境下的人员(驾驶员、乘客及其他人员)进行逃生路径引导或紧急救护。

(6)紧急工程类措施：对受到恶劣气象等灾变事件损坏的高速公路网内的道路或交通工程设施进行紧急工程维修，或在灾变事件严重影响路网行车条件时采取紧急工程措施以减轻灾变事件的影响程度，保证受损或受影响的设施能尽快恢复通行能力，维持设施的正常、安全运营。

二、交通组织管理措施的决策准则

路网交通流组织的各种管理方法或对策的实施条件或决策准则，是恶劣气象条件下路网交通组织管理的决策依据，具有重要意义。经研究分析，得到上述各种管理对策的决策准则，见附录A。

三、交通组织管理措施的集成优化控制方法

为了有效组织交通流，降低灾变事件对路网交通流的影响，保证路网安全运营，必须对上述交通流组织管理方法与措施进行集成应用、整体优化。按高速公路网内的设施类型分别制订交通组织管理措施的集成优化控制方法，见附录B。

第二节　路网动态交通信息多渠道联网发布及交通流诱导方法

一、应急事件信息下驾驶员路径选择行为特征分析

研究表明，在得知发生异常事件后，驾驶员的反应除了对安全的注意有一定程度的上升，驾驶更加谨慎外，普遍表现出对事件情况的关心和对交通拥挤的担心，前者多出于好奇和对自身安全的担心，而后者对其路径选择行为有着更大的影响。调查数据显示，在得知异常事件（以事故为例）发生后，驾驶员最感兴趣的信息是交通事故的发生地点（44.7%），其次是事故类型（19.7%）和事故排除时间（14.5%），而对预测行程时间等预测信息因缺乏应用体验而不太信任。实际上，目前绝大多数驾驶员仍习惯于自行判断行程时间。因此，在向驾驶员提供异常交通信息时，需慎重考虑是否将行程时间预测值作为信息内容。在信息系统运行初期，当提供异常状态有关信息时，应以提供拥挤长度和事件类型、发生地点及排除时间为主要内容。

该研究还发现：

(1)愿意接受交通诱导信息的车辆类型排序：小汽车、客车、载货汽车。

(2)优先关注的信息类型排序：事故信息、封路信息、拥堵信息、行程时间信息。

美国研究者对驾驶员对各种类型信息的关注程度进行了研究，得到了表16-1所示的研究结果。对比分析可发现，国内外的研究成果具有一致性，对灾变事件下高速公路网的交通分流诱导策略的制订有积极的指导意义。

最有用的VMS信息类型　　表16-1

信息类型	排　名	信息类型	排　名
前方事故	1	行程时间	8
拥堵和持续时间	2	未来的路网信息	9
危险的道路情况	3	天气情况	10
路网信息	4	特殊事件信息	11
疏散或自然灾害信息	5	停车信息	12
道路情况	6	环境信息	13
推荐绕行路线	7		

二、各种常用的动态交通信息发布技术

为了更好地对路网交通流进行组织管理，将各种管理控制方法发布出去，引导交通流向路网管理者期望的系统最优方向发展，应综合应用各种动态交通信息发布技术，及时向路网用户

发布信息。表16-2列出可用于发布路网动态交通信息的各种技术手段及各自的优缺点。

常用信息发布技术及其优缺点对照表 表16-2

信息发布技术	优　点	缺　点	适用条件
文字式可变信息板	(1)容易看明白 (2)能很快地从中获得所需信息	(1)能提供的信息量不大 (2)信息使用的驾驶员有限,不适合网络环境 (3)在交通量大、路网复杂的城市快速路或高速路中所发挥的作用有限	(1)各种事件 (2)路段上交通流 (3)文字提供信息
图形式可变信息板	(1)使复杂信息更容易理解 (2)能够提供整个路网的服务水平和旅行时间等信息	(1)需要一个逐步学习、适应的过程 (2)在初期难以被理解 (3)价格昂贵	(1)各种事件 (2)路段上交通流 (3)图文式提供信息
可变限速标志	(1)驾驶员知道限速理由后,会对这一限速更加重视 (2)能够根据需要灵活方便地进行车速控制	发布的信息较单一	(1)各种事件 (2)路段上交通流 (3)数字信息
车载终端	(1)提供信息量大,针对性强 (2)能够根据驾驶员的需要提供信息	(1)投资大,技术难度高 (2)正处于研究开发阶段	(1)各种事件 (2)大范围道路用户 (3)图文信息提示诱导 (4)能按需提供信息
手机短信平台	(1)信息量大 (2)信息影响面大	需要政府协调通信公司配合	(1)重大灾变事件(一级、二级)及紧急事件 (2)大范围道路用户的文字信息提示与诱导
路旁广播	(1)不同路段可以使用不同频率播放不同内容 (2)提供信息量大,针对性强	初期投资大,维护成本高	(1)各种事件 (2)路段上交通流 (3)语音提供信息
交通广播	(1)信息面广,影响范围大 (2)技术简单、成熟,易于推广	(1)对交通状况在时间和地点上的动态变化难于及时跟踪 (2)信息的提供时间与驾驶员的需要时间不协调 (3)信息的内容与驾驶员需要的内容不协调 (4)对跨越多个行政区的高速公路发布信息,协调难度较大	(1)各种事件 (2)大范围道路用户 (3)语音信息提示与诱导 (4)主播与用户能互动,能及时更新部分信息
互联网	(1)信息量大,更新及时 (2)能满足驾驶员的不同需求	(1)需要网络和计算机终端 (2)属于出行前的信息发布,对路上驾驶员帮助有限	(1)各种事件 (2)大范围道路用户 (3)出行前信息提示与诱导
声讯电话	(1)信息量大,灵活多变 (2)能满足驾驶员的不同需求	(1)受电话带宽容量的限制 (2)属于被动的信息发布方式	(1)各种事件 (2)大范围按需提供信息

续上表

信息发布技术	优　　点	缺　　点	适用条件
电视	图文并茂，信息量大，影响面大	属于出行前的信息发布，对路上驾驶员帮助有限	(1)重大灾变事件(一级、二级)及紧急事件 (2)大范围路网用户出行前的图文字信息提示与诱导

三、路网交通流诱导方法

下面简要介绍各种信息发布渠道的交通流诱导方法。

1. VMS 信息板的交通诱导方法

1)信息发布策略

(1)结合分流诱导策略，通过调整信息发布率来改变诱导分流的交通量，主要通过 VMS 信息板在不同滚动时段发布不同的信息来实现，如有的时段提示车辆按指定路径行驶，有的时段则不发布分流诱导信息。

(2)通过调整绕行路径数量的信息来改变诱导分流的交通量。

2)各管理范围的管理对策库

由于 VMS 板布设在高速公路网沿线，因此，可以根据灾变事件对路网不同范围影响特征采取不同的交通分流诱导策略。下面给出各管理范围的包括交通分流诱导对策在内的交通管理对策库(表 16-3～表 16-6)。

安全管理范围Ⅰ对策库及编码　　表 16-3

对策类型	对策代码	对策名称	VMS的显示内容
分离类对策	1-FL-GB-XX	车道关闭对策	前方 XX，注意避让 注：同时在被关闭车道上方亮红灯标志"×"
	1-FL-ZY-XX	专用车道对策	前方 XX，车道限—车用 注：同时在专用车道上方亮绿灯标志
	1-FL-DX-XX	对向车道变向使用对策	前方 XX 封路，请按指示通行
	1-FL-TB-XX	同向车道变向使用对策	XX 封路，请按指示返回 注：同时在各车道上方亮红色"×"标志
	1-FL-CG-XX	出口管理对策	前方 XX 控制出口，注意安全 注：同时出警到现场执行出口控制与指挥任务
车辆行驶控制类对策	1-XK-CS-XX	车速控制对策	XX 危险，请谨慎慢行 注：同时在圆形限速板显示红色限速值 或者：XX 危险，限速—码 "XX 危险，减速慢行，加大车距"
	1-XK-BM-XX	建议避免紧急制动或突然减速对策	XX 危险，请不要紧急制动
	1-XK-CJ-XX	车距控制对策	XX 危险，保持车距—米 "XX 危险，减速慢行，加大车距"

续上表

对策类型	对 策 代 码	对 策 名 称	VMS的显示内容
车辆行驶控制类对策	1-XK-JC-XX	禁止超车对策	XX危险,禁止超车
	1-XK-CX-XX	车型控制对策	XX危险,---车禁行 XX危险,---车请走---车道 注:同时出警在重大基础设施入口进行车型控制
限流类对策	1-XL-LX -XX	入口流量限制对策	因XX拥挤,请谨慎驾驶 注:同时在重大基础设施入口启动流量限制措施
	1-XL-FB-XX	封闭入口对策	前方XX封路,请往---走 注:同时封闭重大基础设施入口
诱导类对策	1-YD-SN-XX	枢纽立交匝道流向重组对策	立交流向改变,请按指示走
生存保障类对策	1-SB-TS-XX	逃生路径引导对策	前方XX危险,请往---撤离
	1-SB-YL-XX	紧急医疗救护对策	
	1-SB-TF-XX	通风对策	
	1-SB-XF-XX	自设消防对策	
	1-SB-LD-XX	联动对策	
	1-SB-ZM-XX	应急照明对策	
紧急工程类对策	1-JG-XW-XX	应急消雾对策	
	1-JG-WH-XX	应急道路维护对策	
	1-JG-CB-XX	应急除冰或除雪对策	

注:1. 对策编码原则:对策代码由1个阿拉伯数字加6个拼音字母组成。阿拉伯数字代表对策实施的空间范围(1代表事发路段管理单元;2代表事发路段管理单元的上游路段,由事发单元引发的交通拥挤波波及范围确定;3代表事件持续时间范围内进入范围2的交通流所在的上游路段;当交通流量小于通行能力时不产生交通拥挤波,范围2和3合并为范围2;范围2和3的计算方法见第15章)。6个拼音字母分成3个字母组,字母组之间由"-"分隔:第1组的两个字母为该对策所属类别的两个代表性汉字的首写字母;第2组的两个字母为该对策本身的两个代表性汉字的首写字母;第3组的两个字母"XX"待定,具体为实施该对策所对应的事件类型的两个代表性汉字的首写字母。

2. XX为代号,具体所代表的两个字母由实际事件类型决定,通过事件检测系统或人工确定生成。

3. VMS显示内容中的"---"由管理部门人工确定。如果是交通分流绕行路径,也可通过分流诱导路径算法模型产生。

4. 范围Ⅰ内VMS显示的信息有强制性质,提醒驾驶员应尽量按照VMS显示的指令驾车,否则可能会面临不良后果。

安全管理范围Ⅱ对策库及编码 表16-4

对策类型	对 策 代 码	对 策 名 称	VMS的显示内容
分离类对策	2-FL-GB-XX-YY	车道关闭对策	前方YYXX注意避让 注:同时在被关闭车道上方亮红灯标志"×"
	2-FL-ZY-XX-YY	专用车道对策	前方YYXX,---车道专用
	2-FL-DX-XX-YY	对向车道变向使用对策	前方YYXX借对向车道通行
	2-FL-TB-XX-YY	同向车道变向使用对策	前方YYXX封路,请绕行

续上表

对策类型	对策代码	对策名称	VMS的显示内容
车辆行驶控制类对策	2-XK-CS-XX-YY	车速控制对策	前方 YYXX，注意减速 注：分路段分级限速时，同时在本路段的圆形限速板显示红色限速值
	2-XK-BM-XX-YY	建议避免紧急制动或突然减速对策	前方 YYXX，请不要紧急制动
	2-XK-CJ-XX-YY	车距控制对策	前方 YYXX，保持车距—米
	2-XK-JC-XX-YY	禁止超车对策	前方 YYXX，禁止超车
	2-XK-CX-XX-YY	车型控制对策	前方 YYXX，—车禁行 前方 YYXX，—车走—车道
限流类对策	2-XL-LX-XX-YY	入口流量限制对策	前方 YYXX 拥挤，请绕行 注：同时在重大基础设施管理路网各入口启动流量限制措施
	2-XL-FB-XX-YY	封闭入口对策	前方 YYXX 封路，请往—走 注：同时封闭重大基础设施管理路网各入口
诱导类对策	2-YD-WN-XX-YY	网内分流路径诱导对策	前方 YYXX 拥挤，请往—走
	2-YD-WW-XX-YY	网外交通流入网诱导对策	前方 YYXX 拥挤，请往—走 注：此对策在重大基础设施管理路网入口处显示
	2-YD-SN-XX-YY	枢纽立交匝道流向重组对策	YY 立交改走—方向，非往勿行 注：VMS 显示板面不够时，"非往勿行"不显示
生存保障类对策	2-SB-TS-XX-YY	逃生路径引导对策	前方 YYXX 封路，请往—绕行

注：1. 对策编码原则：对策代码由 1 个阿拉伯数字加 8 个拼音字母组成。阿拉伯数字代表对策实施的空间范围（1 代表事发路段管理单元；2 代表事发路段管理单元的上游路段，由事发单元引发的交通拥挤波波及范围确定；3 代表事件持续时间范围内进入范围 2 的交通流所在的上游路段；当交通流量小于通行能力时不产生交通拥挤波，范围 2 和 3 合并为范围 2，并执行范围 2 的对策；范围 2 和 3 的计算方法见第 15 章）。8 个拼音字母分成 4 个字母组，字母组之间由"-"分隔：第 1～3 组各自的两个字母所代表的意义同表 1；第 4 组（最后）的两个字母为实施该对策的公路交通重大基础设施的类型的两个代表性汉字的首写字母。

2. XX 为代号，具体所代表的两个字母由实际事件类型决定，通过事件检测系统或人工确定生成。YY 也为代号，具体所代表的两个字母由重大基础设施的类型或位置决定。

3. VMS 显示内容中的"—"由管理部门人工确定。如果是交通分流绕行路径，也可通过分流诱导路径算法模型产生。

4. 范围Ⅱ内 VMS 显示的信息主要是提醒和建议信息，提醒驾驶员在行车上应有所注意，并建议驾驶员绕行。

安全管理范围Ⅲ对策库及编码　　表 16-5

对策类型	对策代码	对策名称	VMS的显示内容
事件提示类对策	3-XX-YY	提示何处发生何事件	前方 YYXX
	3-FL-XX-YY	提示何处因何事件封路	前方 YYXX 封路
	3-CX-XX-YY	车型控制对策	前方 YYXX，—车禁行 前方 YYXX

续上表

对策类型	对策代码	对策名称	VMS的显示内容
车辆行驶控制类对策	3-XK-CS-XX-YY	速度平滑过渡，避免分级限速对策相邻路段限速差过大造成新风险	前方YYXX注意减速慎行 注：分路段分级限速时，同时在本路段的圆形限速板显示红色限速值
诱导提示类对策	3-YD-WN-XX-YY	网内分流路径诱导对策	前方YYXX拥挤
	3-YD-WW-XX-YY	网外交通流入网诱导对策	前方YYXX拥挤请绕行
	3-YD-SN-XX-YY	枢纽立交匝道流向重组对策	前方YY立交改走---方向

注：1. 对策代码中的符号同上表。

2. 范围Ⅲ内VMS显示的信息主要是提醒信息，因此，仅提示在何位置发生何事件。

安全管理范围Ⅳ对策库及编码 表16-6

对策类型	对策代码	对策目的	VMS的显示内容（示例）
服务类信息提示	4-FW-XX	提示用户所处地理位置	欢迎来到XX
法规类信息提示	4-FG-YY	禁止某些危险的驾驶行为	严禁YY
公益类信息提示	4-GY -ZZ	公益类信息提示	紧急情况，请打SOS电话

注：1. 范围Ⅳ为正常无事件状态的路网范围，按常态管理。

2. 范围Ⅳ主要提供各种通用信息。

2. 手机短信平台的交通诱导方法

1)信息发布策略

根据手机短信平台覆盖地域广、不分管理范围的特点，结合分流诱导策略，通过滚动时段发布事件及其影响范围信息，以及分流绕行路径等信息来影响驾驶员的出行决策，包括出行路径和时间选择决策，进而改善路网交通流分布。

2)对策库及其编码

手机短信对策库及编码见表16-7。

手机短信对策库及编码 表16-7

事件类型	信息发布条件	信息编码	手机短信显示内容
交通事件	路段不饱和时	JT-US-DX	---(路)---(位置)---(时间)发生---(事件)，预计持续---分钟，请过往驾驶员注意
	路段饱和时	JT-S-DX	---(路)---(位置)---(时间)发生---(事件)，预计持续---分钟，请过往车辆往RR或SS路绕行
灾害事件	路段不饱和时	ZH-US-DX	---(路)---(位置)---(时间)有---(事件)，预计持续---分钟，此路段行车危险，请过往驾驶员注意安全，按规定驾驶
	路段饱和时	ZH-S-DX	---(路)---(位置)---(时间)有---(事件)，预计持续---分钟，此路段行车危险，请过往车辆往---或---(路)绕行

3. 交通广播的交通分流诱导方法

1)信息发布策略

根据交通广播覆盖地域广，发布信息量大，可以不分时段连续播报交通分流诱导信息的特点，结合分流诱导策略，通过广播主持人不停地反复播放事件类型、地点、持续时间以及分流诱导路径等有关信息，并提醒驾驶员有关的交通管制信息，从而影响驾驶员的出行决策(包括出行路径和出行时间选择决策)以及路上的驾驶行为，进而改善路网交通流分布，并提高行车安全性。

2)交通广播的信息播报

广播主持人可以根据节目安排、事件的紧急程度及信息的更新程度，灵活地进行交通广播。一般认为，应该按表 16-8 中的基本信息方式广播。

交通广播事件播报的基本信息　　表 16-8

事件类型	信息发布条件	交通广播的基本内容
交通事件	路段不饱和时	—(路)—(位置)—(时间)发生—(事件)，预计持续—分钟，请过往驾驶员注意
	路段饱和时	—(路)—(位置)—(时间)发生—(事件)，预计持续—分钟，请过往车辆往 RR 或 SS 路绕行
灾害事件	路段不饱和时	—(路)—(位置)—(时间)有—(事件)，预计持续—分钟，此路段行车危险，请过往驾驶员注意安全，按规定驾驶
	路段饱和时	—(路)—(位置)—(时间)有—(事件)，预计持续—分钟，此路段行车危险，请过往车辆往—或—(路)绕行

4.路侧广播的交通分流诱导方法

1)信息发布策略

由于路侧广播存在仅针对局部路段、发布信息量小且容易受外界噪声干扰的局限，路侧广播宜布设在关键的分流诱导节点，且仅适用于重大应急事件下低速交通流的分流诱导。结合分流诱导策略，可以按照预定的广播格式，不分时段连续播报交通分流诱导信息，主要是不停地反复播放事件类型、地点、持续时间以及分流诱导路径等有关信息，并提醒驾驶员有关的交通管制信息，从而影响驾驶员的路径选择决策，进而改善路网交通流分布。

2)路侧广播的信息播报

由于路侧广播信息量小，只能按录制的格式反复播报，因此灵活性很小。·般认为，路侧广播播报的基本信息可采取与短信平台类似的信息模式，即按表 16-7 的模式播报。

5.互联网的交通分流诱导方法

1)信息发布策略

根据互联网无地域限制，发布信息量大，可以不分时段连续发布交通分流诱导信息的特点，结合分流诱导策略，通过滚动或闪动信息条不停地反复显示事件类型、地点、持续时间以及分流诱导路径等有关信息，或通过视频、新闻报道对事件进行深入的分析报道，从而影响驾驶员出行前的出行决策(包括出行路径和出行时间选择决策)，进而改善路网交通流分布，并提高行车安全性。

此外，政府部门还可以与腾讯 QQ 聊天软件公司合作，利用 QQ 聊天软件作为信息发布平台，发布事件的有关信息，从而影响用户的出行决策，甚至取消出行计划，进而改善路网交通流分布状况。

2)互联网的信息播报

互联网由于信息播报量大,可进行深入报道,信息发布方式灵活多样,不必拘泥于某种形式。对于屏幕滚动信息,则可采取与手机短信平台类似的信息发布方式,即按表16-7的方式发布。

6.车载终端的交通分流诱导方法

1)信息发布策略

车载终端商业公司可根据高速公路管理部门实时发布的交通管理信息,结合分流诱导策略及用户需要,实时建议最佳行驶策略,如行车路线、车速及车距控制等,以保证安全行车,获取最佳行车路径。

2)各管理范围的管理对策库

车载终端商业公司可根据高速公路管理部门实时发布的路网各范围的交通组织管理对策,结合由GPS获得的用户位置信息,向用户提出最佳行车策略。

7.电视的交通分流诱导方法

在政府部门协调和高速公路网管理部门的配合下,结合分流诱导策略,以滚动时段新闻报道及字幕滚动发布方式,及时报道事件的最新进展,并建议相应的绕行路线。

8.声讯电话的交通信息提示

在政府部门协调和高速公路网管理部门的配合下,向查询用户介绍事件的最新进展,结合分流诱导策略,建议相应的绕行路线。

第十七章　恶劣气象条件下应急资源配置技术

恶劣气象条件下公路网应急资源匹配是公路运行安全管理与保障的重要问题，主要包括三方面内容，首先是应急事件与应急资源的特征与关联分析，其次是建立应急资源配置的评估指标体系，最后据此对应急事件处置过程中的应急资源调配管理等工作给出量化描述。目前，国内在处置高速公路应急事件时，应急资源匹配方案的制订大多依赖于决策者的个人经验或者临时邀请部分专家针对恶劣气象和应急事件的具体特征进行制订，受决策者或相关专家业务方向和知识水平的限制，难以保证应急资源配置方案的科学性和合理性。本章将介绍通过本体技术和运筹学方法建立应急资源匹配知识库的方法，为用户制订具体的应急资源配置方案提供计算机辅助决策支持，在资源配置方案的制订效率与配置方案的科学性、合理性方面获得较大的提升。此外，国内尚缺乏对应急资源配置进行评估的统一指标体系，后续部分将从预防绩效、过程绩效、效能绩效和恢复绩效四个方面出发，建立相应的度量指标，力争对应急资源储备、应急部门响应能力和指挥人员决策能力等进行全面度量。

本章从资源和事件的匹配关联特征、匹配模型、资源需求计算等几个方面综合阐述了应急资源的匹配方法，并结合几种常见应急资源的特点，对匹配规则等内容进行了论证分析。

第一节　恶劣气象、高速公路网应急事件与应急资源的特征与关联分析

高速公路网的组成要素包括道路、车辆和人员三个方面，恶劣气象条件通过对人体机能、车辆状况、道路情况等高速公路重要组成因素产生不良影响，造成路网正常功能的受损，进而造成交通事故、道路损毁以及人员伤亡等应急事件。而应急资源与恶劣气象相反，通过为人体机能、车辆状况、道路情况等高速公路重要组成因素提供保障功能，从而消除或减弱路网的受损情况，最终达到应急事件处置的目的。不同的恶劣气象对路网组成要素的影响不同，路网受损类型不同需要采取的路网保障措施也不同，而不同的路网保障措施需要不同的应急资源提供，由此在恶劣气象、应急事件与应急资源之间建立了一种关联关系，如图 17-1 所示。比如降雪可能引起道路积雪事件，而道路积雪事件需要进行积雪清除，融雪剂能提供道路除雪功能，由此在降雪气象、高速公路道路积雪事件和融雪剂之间建立了一种关联关系，根据这一关系可知，当降雪引发高速公路道路积雪事件时，可调用融雪剂资源进行应急处置。

为进行应急资源匹配方案制订的计算机辅助决策，尚需对恶劣气象、路网应急事件和应急资源进行特征分析，在此基础上建立完备的恶劣气象条件下的公路网应急资源匹配规则库，据此进行应急资源匹配方案制订方法的研究。

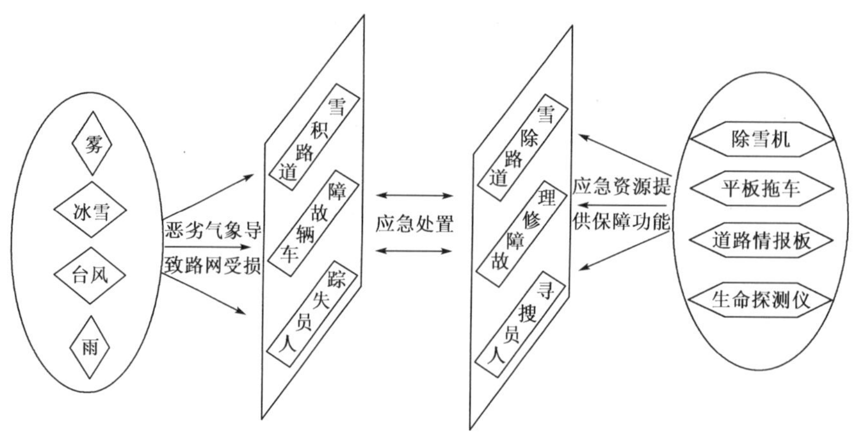

图 17-1　恶劣气象、应急事件与应急资源关联关系

一、公路网应急事件特征分析

恶劣气象条件下的公路网应急事件主要是指恶劣气象条件发生发展过程中，由于其对人员、车辆、道路等高速公路网组成要素影响的不断加重和积累，最终造成交通的延误、拥堵、中断以及车辆损坏或人员伤亡等不可预知的突发事件。高速公路网应急事件可以分为交通事故、道路损毁和人员伤亡三类。为此，本书将根据应急事件对高速公路网各组成要素造成的影响对应急事件进行更为细化的分类，并针对细化后的事件分析其属性特征。

高速公路网应急事件造成的损害最终可归结到对道路、车辆以及人员等高速公路网组成要素的影响上，而道路、车辆、人员三者的受损种类基本固定，比如道路可能发生的损坏种类包括道路积雪、道路结冰、道路积水、道路阻断、道路损毁等，车辆可能发生的损坏种类包括车辆故障、车辆损毁等，人员受到的损害包括人员伤亡、人员被困和人员失踪等。不同要素、不同的受损种类需要采取的应急处置措施不同，根据需要采取的措施可最终确定需要用到的应急资源。因此，可将应急事件按照路网要素的受损种类进行分类，分析细化分类后各类事件的属性特征以及可能需要采取的处置措施，后文将结合该分析结果进行应急资源配置方案的推荐。

结合路网要素的受损种类对高速公路应急事件进行分类的情况以及各类事件的特征属性和处置措施如表 17-1 所示。

高速公路网应急事件分类及其特征属性　　表 17-1

路网要素	应急事件	事件特征属性	应急处置措施
道路	道路积雪	积雪深度，路面温度，地点	道路积雪清除 道路防滑
	道路结冰	结冰深度，路面温度，地点	道路积雪清除 道路防滑
	道路积水	积水地点，积水深度，积水面积，地点	道路积水清除 道路防滑
	道路阻断	阻断地点，阻断面积，情况描述	道路阻断物清除
	道路损毁	损毁地点，损毁面积，情况描述	道路护理

续上表

路网要素	应急事件	事件特征属性	应急处置措施
车辆	车辆故障	故障类型，故障车辆数，地点	车辆故障维修 车辆移除
	车辆损毁	损毁情况描述，损毁车辆数，地点	车辆移除 事故调查
	车辆起火	起火车辆数，情况描述，地点	火情扑灭 事故调查
	车辆被困	被困地点，被困车辆数，情况描述	车辆疏导 车辆移除
人员	人员伤亡	人员地点，伤亡人数，伤情描述	人员救治 事故调查 人员转移
	人员被困	被困地点，被困人数，情况描述	人员转移 饮食供应 生活保障(包括视觉、听觉保障以及保暖、降温等)
	人员失踪	失踪路段，失踪人数，情况描述	人员搜寻

二、应急资源特征分析

根据对恶劣气象、路网应急事件以及应急资源之间关系的分析，为进行恶劣气象条件下公路突发事件应急资源的需求匹配与调度，需要对应急资源的功能特征、性能特征以及属性特征(如所属单位和地理位置)和适用气象特征进行描述，下面给出各特征的具体说明和分析。此外，需要指出的是，由于医疗器材、医护人员和救护车资源大多是从医院同时获得，后文将这几类资源用“医院”统一表示。类似的，用“消防队”统一表示消防车、消防器材及救生设备等资源，用“交警”表示交通警察和交警巡逻车等资源。

1. 应急资源的功能特征

资源的功能特征是指恶劣气象条件下路网受损时，应急资源所能提供的对路网进行维护或对路网的正常运行提供保障支持的功能或服务。应急资源用来进行路网应急事件的处置，应急资源的功能特征与应急事件处置所需的应急处置措施相对应。比如降雪引发道路积雪事件时需要采取道路积雪清除措施，而融雪剂、除雪车均具备该功能，“道路积雪清除”就是融雪剂和除雪车的一个功能特征。

根据恶劣气象条件或者应急事件对高速公路各组成要素可能带来的损坏情况，面向道路，路网应急资源需要提供的功能保障或者说具备的功能特征包括面向道路的道路积雪清除功能、道路防滑功能、道路结冰清除功能、道路阻挡物清除功能和道路护理等功能；面向车辆，应急资源具备的功能特征包括车辆移除功能、车辆疏导功能、车辆解救功能、车辆故障修理功能以及交通事故救援功能和事故调查等功能；面向人员，应急资源的功能特征需包括视觉保障功能、听觉保障功能、触觉保障功能、人员解救功能、饮食供应功能、降温功能、保暖功能、人员救治与人员搜寻及事故处理等功能。此外，为保障应急事件处理过程中信息的共享和通信，应急资源还应具备信息监测功能、信息发布功能以及信息通信功能等功能特征。恶劣气象条件下公路网常见应急资源的功能特征如表 17-2 所示。

恶劣气象条件下路网常见应急资源的功能特征 表 17-2

应急资源	功能特征	应急资源	保障功能
融雪剂	道路积雪清除	水泵	道路积水清除
	道路防滑	发电机	道路积水清除
除雪机	道路积雪清除	推土机	道路积水清除
平地机	道路积雪清除		道路阻挡物清除
	道路结冰清除	挖掘机	道路护理
撒布机	道路积雪清除		道路阻挡物清除
	道路结冰清除	切缝机	道路护理
	道路防滑	潜孔钻	道路阻挡物清除
路政、养护人员	道路积水清除	装载机	道路阻挡物清除
	道路结冰清除		道路护理
	事故救援	雷达地质探测仪	道路护理
	人员搜救		
防滑料	道路防滑	空压机	道路阻挡物清除
防滑链	道路防滑		道路护理
碎冰机	道路结冰防滑	消防队	事故救援
养护车	道路护理		人员解救
平板拖车	车辆移除	交警	事故调查
	车辆疏导		事故处理
移动指挥车	车辆疏导	照明设备	视觉保障
	视觉保障		人员搜寻
	听觉保障	扩音设备	听觉保障
运油车	车辆解救	衣物	保暖
	车辆移除		人员解救
汽车起重机	车辆解救	帐篷	触觉保障
	车辆移除		保暖
方便食品	人员解救	医院	人员救治
	饮食供应	保暖用品	保暖
饮用水	人员解救	降温用品	降温
	饮食供应	运输车辆	人员转移
生命探测仪	人员搜寻	监测设备	信息监测
消防队	人员解救	通信设备	信息发布
	火情扑灭		信息传输

2. 应急资源的性能特征

不同种类的应急资源可能提供相同的路网保障功能，或者说不同资源的功能特征具有重叠的部分，但这些资源往往有各自的适用场合。比如除雪机、平地机、融雪剂、路政、养护人员均具有“道路积雪清除”的功能特征，但融雪剂由其工作原理决定必须在0℃以下方能发挥其融雪作用，且会对环境、路面及车辆造成损坏，因此融雪剂往往仅在下雪之初或者除雪之后用于弯道、陡坡、桥面等危险路段；而除雪机往往用于积雪状态为浮雪（不含冰）时的积雪清除；平地机用于积雪状态为冰雪混合物或含薄冰时的积雪清除；路政、养护人员往往是配合机械除雪设备进行工作。此外，不同种类的应急资源提供同一保障功能时的工作效率、成本也有所不同，在恶劣气象路网应急资源调度的具体过程中应综合考虑应急资源的这些特征，以保证应急资源的合理配置。为此，将应急资源提供路网保障功能时的适用条件、工作效率、救援成本等称为应急资源的性能特征。

以“道路积雪清除”功能为例，融雪剂、除雪机、平地机、路政、养护人员均具备该功能特征，但各自的适用条件、工作效率和成本不同，各有自己的适用场合及优缺点，四类资源的性能特征如表17-3所示。

“道路积雪清除”资源的性能特征　　表17-3

功能特征	应急资源种类	适用条件	工作效率	成本	备注
道路积雪清除	融雪剂	气温＜0℃ 积雪厚度≤5cm 积雪状态不限	即下即溶	破坏环境 破坏路面 破坏车辆 融雪剂费用	下雪之初或者除雪之后在弯道、陡坡、桥面等危险路段使用。撒布8：00～10：00为宜，最晚时间应控制在白天12：00之前。撒布均匀，撒布量与雪情相当，根据雪量大小和气温控制在一定范围内。撒布量少达不到融雪效果，撒布量多对沿线设施造成腐蚀
	除雪机	积雪状态为浮雪 积雪厚度较高	20～45km/h	百公里耗油量 铲刃折旧费用 人工费用	常指在装载机上加装推雪铲和轮式推土机，主要用于清除较厚的积雪
	平地机	积雪状态为压实雪或冰雪混合物	5～20km/h	百公里耗油量 铲刃折旧费用 人工费用	清除已经被压实的积雪
	路政、养护人员	积雪状态为浮雪降雪量3cm以内	2～4km/h	人工费用	作为机械除雪的辅助手段使用，在危险路段实施清雪或者用于除雪之后

3. 应急资源的属性特征

同一种类的应急资源，不同组织管辖或者位于不同位置时资源的调度成本不同，而且设备型号、设备状态、详细参数等也有所不同，为了进行合理的应急资源配置与调度，应急资源的这些特征也应加以描述，称之为应急资源的属性特征。

以除雪设备为例，其属性特征应包含资源 ID、管理机构、地理位置、设备型号、设备状态、设备参数及工作成本等，在制订具体的资源调度方案时，应急资源的属性特征也应予以考虑。表 17-4 给出了三台设备实例的属性特征。

除厚雪设备的属性特征　　表 17-4

资源种类	资源ID	管理机构	地理位置	设备型号	设备状态	设备详细参数					工作成本(元/h)
						除雪速度(km/h)	除雪面积(万 m^2)	除雪宽度(m)	除雪率(%)	除雪机械结构	
除雪机	多功能除雪机 1	管理中心 A	地点描述与 GIS 坐标	CZ-2420-Ⅰ	良好	0～15	0～3.6	2.41	95	双头前绞龙刷，复合越障刮铲，切割滚轮，轧刮滚轮，绞龙排刷，单侧排雪刷组	380
	多功能除雪机 2	管理中心 B	地点描述与 GIS 坐标	CZ-2420-Ⅱ	良好	0～20	0～4.8	2.41	95	双头前绞龙刷，复合越障刮铲，切割滚轮，轧刮滚轮，绞龙排刷，单侧排雪刷组	490
	加强型除雪机 1	管理中心 C	地点描述与 GIS 坐标	CZ-2410	良好	0～45	0～10.8	2.41	98	双头前绞龙刷，复合越障刮铲	690

4. 应急资源的适用气象特征

恶劣气象条件下路网应急事件预警或者处置过程中，由于信息不全或通信不畅，路网受损情况等信息可能无法实时获取，此时需要调度的应急资源种类及数量需要依赖于历史数据或专家经验进行确定。为了方便应急资源配置方案的确定，可以为每类应急资源加入一个适用气象特征，用来描述该资源在特定恶劣气象发生时被使用的概率以及资源用量与气象条件的关系。表 17-5 以融雪剂为例，给出了该类资源的部分气象适用特征。

应急资源的适用气象特征　　表 17-5

应急资源	适用气象条件	使用概率(%)	用量函数
融雪剂	气温[0,+∞)	0	气温 0℃以上时无需使用融雪剂，用量为 0
	(1)24h 降雪量[5mm,10mm] (2)气温[−15℃,0℃]	95	用量根据雪量大小控制在 20～30g/m^2，记 v 为 24h 降雪量，y 为每平方米用量，用量函数 $y=20+(v-10)/5$
	(1)24h 降雪量[10mm,15mm] (2)气温[−∞,−15℃)	85	用量根据雪量大小控制在 30～100g/m^2，记 v 为 24h 降雪量，y 为每平方米用量，用量函数 $y=30+(v-70)/5$

三、恶劣气象与应急事件、应急资源的关联关系

应急事件对人体机能、车辆状况、道路情况等高速公路重要组成因素产生损害，不同种类的应急事件需要采取不同的应急措施，这些应急措施需要具有不同功能特征的应急资源方能实施。应急事件处置所需的处置措施与应急资源的功能特征之间存在对应关系，据此可得应急事件与应急资源之间的匹配关系（表 17-6）。由表中数据可见，当道路发生积雪事件时可能需要除雪车、平地机、融雪剂、撒布机、路政、养护人员进行道路积雪清除，还可能用到防滑料和撒布机进行道路防滑处理，这样就在应急事件与应急资源之间建立了一种关联关系。

应急事件与应急资源之间的关联关系　　表 17-6

路网要素	应急事件	应急处置措施/应急资源功能特征	应急资源
道路	道路积雪	道路积雪清除	除雪机、平地机、融雪剂、撒布机、路政、养护人员
		道路防滑	防滑料、撒布机
	道路结冰	道路结冰清除	碎冰机、平地机、融雪剂、撒布机、路政、养护人员
		道路防滑	防滑料、撒布机
	道路积水	道路积水清除	水泵、发电机、推土机、挖掘机、发电机
		道路防滑	防滑料、撒布机
	道路阻断	道路阻挡物清除	推土机、挖掘机、潜孔钻、装载机、空压机
	道路损毁	道路护理	切缝机、压路机、养护车、装载机、空压机、雷达地质探测仪、挖掘机
车辆	车辆被困	车辆疏导	平板拖车、移动指挥车
		车辆移除	运油车、汽车起重机、拖板车
	车辆故障	车辆故障维修	车辆维修设备、运油车
		事故救援	消防队
		车辆移除	平板拖车、汽车起重机
	车辆损毁	事故救援	路政、养护人员、消防队
		事故调查	交警
		车辆移除	汽车起重机、平板拖车
	车辆起火	火情扑灭	消防队
		事故调查	交警
人员	人员被困	生活保障	衣物、帐篷、照明设备、取暖用品、降温用品
		饮食供应	方便食品、饮用水
		人员转移	运输车辆、消防队
	人员伤亡	人员救治	医院
		事故调查	交警
		人员转移	运输车辆
	人员失踪	人员搜寻	生命探测仪、照明设备、路政、养护人员

续上表

路网要素	应急事件	应急处置措施/应急资源功能特征	应急资源
通信		信息监测	气象站、道路视频监测、路况检测设备
		信息发布	广播电台、道路可变情报板、移动指挥车
		信息通信	移动通信、卫星通信、移动指挥车

需要说明的是，具体应急事件处置过程中，并非上表中所有关联到的应急资源都会用到，还需要考虑事发时的恶劣气象特征。比如，同样是发生人员被困事件，若是冬季降雪发生的人员被困则需要准备取暖用品，若是夏季降雨发生的人员被困则要准备降温用品等。因此，为了更精确地进行应急资源匹配，可先将恶劣气象的交通影响特征与应急事件建立关联，再根据应急事件与应急资源之间的关联关系，通过关系传递，最终给出恶劣气象、应急事件与应急资源三者之间的关联关系，如表 17-7 所示。

恶劣气象、应急事件与应急资源之间的关联关系 表 17-7

恶劣气象	应急事件	应急资源
雪	道路积雪	除雪机、平地机、融雪剂、防滑料、撒布机、路政、养护人员
	道路结冰	碎冰机、平地机、融雪剂、防滑料、撒布机、路政、养护人员
	道路阻断	推土机、挖掘机、潜孔钻、装载机、空压机
	道路损毁	切缝机、压路机、养护车、装载机、空压机、雷达地质探测仪、挖掘机
	车辆故障	车辆维修设备、平板拖车、汽车起重机
	车辆损毁	平板拖车、汽车起重机、交警、消防队
	车辆被困	平板拖车、移动指挥车、运油车、汽车起重机
	人员伤亡	医院、交警、运输车辆
	人员被困	衣物、帐篷、照明设备、取暖用品、方便食品、饮用水、运输车辆、消防队
	人员失踪	生命探测仪、照明设备、路政、养护人员
雨	道路积水	水泵、发电机、推土机、挖掘机、路政、养护人员
	道路阻断	推土机、挖掘机、潜孔钻、装载机、空压机、路政、养护人员
	道路损毁	切缝机、压路机、养护车、装载机、空压机、雷达地质探测仪、挖掘机、水泥、钢桥、钢板、路政、养护人员
	车辆故障	车辆维修设备、平板拖车、汽车起重机
	车辆损毁	路政、养护人员、消防队、汽车起重机、平板拖车、交警
	车辆被困	平板拖车、移动指挥车、运油车、汽车起重机
	人员伤亡	医院、交警、运输车辆
	人员被困	衣物、帐篷、照明设备、方便食品、饮用水、运输车辆、消防队
	人员失踪	生命探测仪、照明设备、路政、养护人员
雾	车辆被困	平板拖车、移动指挥车、运油车、汽车起重机
	车辆损毁	消防队、汽车起重机、平板拖车、交警

续上表

恶劣气象	应急事件	应急资源
雾	人员伤亡	医院、交警、运输车辆
	人员被困	衣物、帐篷、照明设备、方便食品、饮用水、运输车辆、消防队
台风	道路阻断	推土机、挖掘机、潜孔钻、装载机、空压机、路政、养护人员
	道路损毁	切缝机、压路机、养护车、装载机、空压机、雷达地质探测仪、挖掘机、水泥、钢桥、钢板、路政、养护人员
	车辆被困	平板拖车、移动指挥车、运油车、汽车起重机
	车辆故障	车辆维修设备、平板拖车、汽车起重机
	车辆损毁	消防队、汽车起重机、平板拖车、交警
	人员伤亡	医院、运输车辆
	人员被困	衣物、帐篷、照明设备、方便食品、饮用水、运输车辆、消防队
	人员失踪	生命探测仪、照明设备、路政、养护人员

以上给出了恶劣气象、应急事件与应急资源之间的简单关联关系，恶劣气象条件下高速公路网应急事件处置时，据此关联关系推导得到的应急资源并不一定全部用到，还需要考虑恶劣气象的属性特征、事件的属性特征以及应急资源的性能特征、适用气象特征等因素。比如降雪气象条件下道路积雪事件处置时，融雪剂的适用需要气温低于 0℃且积雪深度不能超过 5cm。此外，资源用量的确定也需要借助领域知识。详细的应急资源匹配规则和匹配方案制订需要借助相关领域的专业知识来确定。本节只是给出简单的关联关系，后文将借助本体技术建立领域本体模型，对这些关联关系及匹配规则进行更细致的描述，据此为用户推荐应急资源的需求种类，之后借助优化模型确定应急资源的需求数量，最终为用户制订应急资源配置方案提供计算机辅助决策支持。

第二节　恶劣气象条件下公路网应急资源匹配方法

恶劣气象条件下路网应急资源的匹配过程需要根据应急事件的产生发展过程和所掌握事件信息的完备程度分阶段进行。在发生恶劣气象之初或者路网受损情况不明的情况下，主要根据气象条件信息进行相关的预警处置，需要根据气象信息对可能产生的损害种类和程度进行评估，进而根据各应急资源对路网要素的保障功能和性能特征等确定需要的应急资源种类和数量，也可根据各应急资源的气象适用特征对资源的需求种类和数量进行初步评估。随着恶劣气象和应急事件的逐步发展以及所掌握路网受损信息或其他事件信息的不断完备，应急救援需要的应急资源种类和数量不断明确，在此过程中需要对之前确定的应急资源配置方案进行动态调整。为完成以上工作，需要建立一系列的应急资源匹配规则，具体包括恶劣气象对路网各要素的影响规则、路网受损种类与应急资源功能特性之间的匹配规则、应急资源提供的路网功能保障规则、应急资源与恶劣气象之间的关联规则等。

目前国内在处置高速公路应急事件时，应急资源匹配方案的制订均依赖于决策者的个人经验或者临时邀请部分专家针对恶劣气象和应急事件的具体特征进行制订，受决策者或相关专家业务方向和知识水平的限制，难以保证应急资源配置方案的科学性和合理性。

本节首先结合恶劣气象条件下路网应急的具体领域给出本体建模的相关概念，之后给出各匹配规则的具体定义，最后阐述应急资源需求种类和需求数量的确定方法。

一、恶劣气象条件下路网应急领域的本体模型

所谓本体是一种形式化的对共享概念体系的明确而又详细的说明，通过形式化地定义领域中重要概念、概念之间的分类结构以及概念间的关系，可以构建标准的领域知识库。在此基础上既可以为用户提供明确的、层次化的领域知识，从而消除概念的歧义和存储异构的问题，又可以把知识表示成机器能理解的结构，方便对隐含概念间关系和知识的推理。本书采用本体对恶劣气象条件下路网涉及的概念进行建模，对涉及的概念及相互之间的关系进行形式化定义，通过构建领域知识库，可在恶劣气象突发时对需要的应急资源种类作出推理。

本体模型可采用分层结构，即通用本体和领域本体。这里通用本体基于ABC本体进行设计，方便与其他模型进行互操作；领域本体主要针对恶劣气象条件下路网应急领域涉及的概念、关系、公理等进行建模。

本体模型定义如下：

DomainOnto log y=＜concepts，Relations，Functions，Axioms，Instances＞

Concepts描述领域相关的实体概念及其属性，在本书中主要描述恶劣气象条件下路网应急领域相关实体概念的集合，核心概念包括：①恶劣气象类（Severe_Weather），描述气象概念的分类和属性；②具象类（Actuality），描述应急组织机构、救援部门和应急资源（Resource）概念的分类和属性；③抽象类（Abstraction），描述预警等级、资源功能保障特性（Resource_Function）以及气象影响（Weather_Effect）概念的分类和属性；④空间方位类（Place），描述高速路、路段和桩号的属性描述信息。恶劣气象条件下路网应急领域涉及的相关概念及其结构如图17-2所示。

Relations代表Concepts间的二元关系，恶劣气象条件下路网应急领域的核心关系包括：①导致（causes），描述恶劣气象导致的对人、车、路的影响关系；②保障（features），描述应急资源提供的对人、车、路的功能保障关系；③匹配（pairsFunction），描述气象影响（路网受损种类）与资源功能特性间的对应关系；④需求（needs），描述特定气象条件对应急资源的需求关系；⑤制约（limits），描述特定气象属性和路段属性对资源可用性的约束。上述关系在本体模型中的定义如图17-3所示。

Axioms用以描述领域中的公理性的知识，常用于构建领域知识库，相当于关于Concepts的断言，如“24h之内降雪量大于15mm的是暴雪”，即针对恶劣气象类（Severe_Weather）的一个公理。

Instances是实例的意思，代表隶属于某一Concepts的实体，其相关属性的取值可以具体化。例如图17-4中给出了某场暴雪这一气象实例的本体模型。方框代表Concepts的实体，实体间的连线表明了一个二元关系，这些关系都定义在Relations中；椭圆代表实例的属性，属性是对实体的最具体的描述。具体说来，“某场暴雪”是恶劣气象（Severe_Weather）的一个实体，它有开始时间、降雪量、能见度、持续时间、温度等属性，同时它的降雪范围会涉及“某

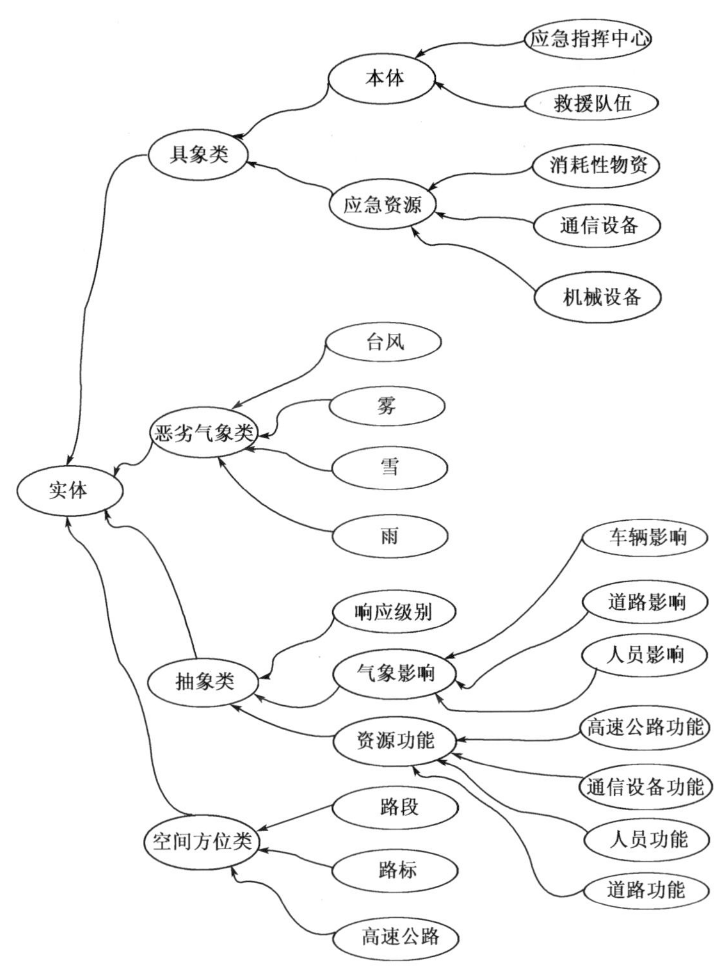

图 17-2　恶劣气象条件下路网应急领域概念分类图

个路段”,而“某个路段”又是空间方位(Place)的一个实体;降雪需要某些资源来清除道路积雪,就用到了“融雪剂”,而“融雪剂”是资源(Resource)的一个实体,其他属性和实体关系不再赘述。

Functions 用以在概念、关系的基础上定义推理的规则。每条规则包括前项和后项两部分,每一部分都由 atom 组成,形如 atom∧ atom…→atom∧ atom,atom 是表达规则的最小单位,如表示变量 x 是一种恶劣气象实体用 Severe_Weather(? x),其中 Severe_Weather 是一个概念类,代表恶劣气象。表达实例 x 的降雪量为 y 用 hasSnowfall(? x,? y)表示,其中 hasSnowfall 是恶劣气象类的一个属性,用以表达恶劣气象实例具有的降雪量大小。表达实例 y 大于某个值(如 15)用 swrlb:greaterThan(? y,15)表示,其中 swrlb:greaterThan 是本体模型中自带的一个比较属性值的 atom。

比如“24h 之内降雪量大于 15mm 的恶劣天气现象是暴雪”就是一条规则,该规则的前项由三个条件组成:①x 为一次具体的恶劣气象实例,以 atom 的形式表达为 Severe_Weather(? x);

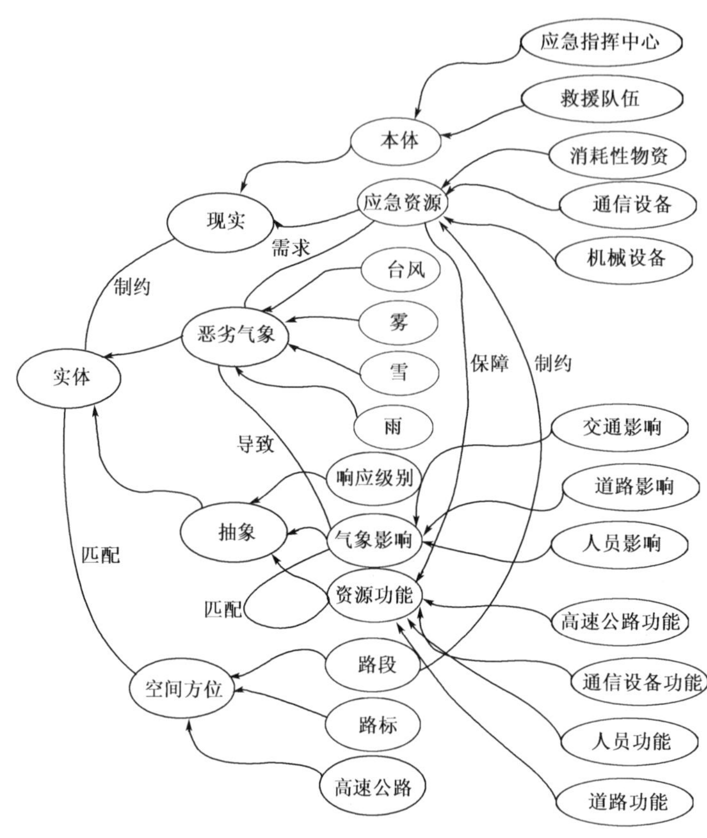

图 17-3　领域核心概念关系图

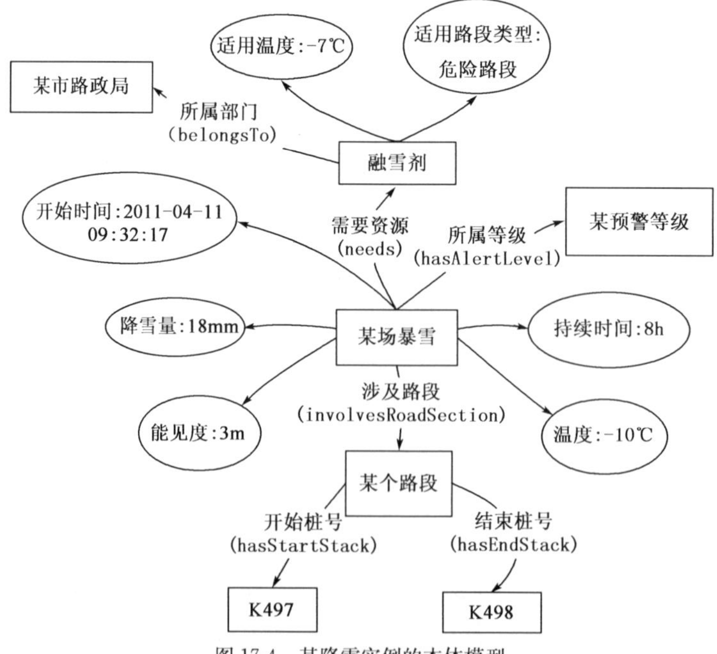

图 17-4　某降雪实例的本体模型

②本次气象过程 x 有一定降雪量 y，以 atom 的形式表达为 hasSnowfall(? x，? y)；③24h 降雪量 y 要大于 15mm，以 atom 的形式表达为 swrlb:greaterThan(? y,15)。规则的后项用一个 atom 即可表达，假设 Blizzard 代表暴雪的概念，则后项可表达为 Blizzard(? x)，x 代表暴雪的实体。综上所述，规则“24h 之内降雪量大于 15mm 的是暴雪”可通过以下公式定义：

Severe_Weather(? x) ∧ hasSnowfall(? x，? y) ∧ swrlb:greaterThan(? y,15) →Blizzard(? x)

二、恶劣气象条件下路网应急资源匹配规则库

1. 恶劣气象对路网各要素的影响规则

该类规则用来定义各类恶劣气象可能导致的人、车、路的受损种类及受损程度。比如，雪天可能导致道路积雪、道路结冰、道路损毁、车辆故障，还可能影响人的视觉能见度或限制人的行动能力。根据某次降雪气象实例的持续时间、影响道路长度、24h 降雪量以及道路的路段环境因子等属性，可以对道路积雪的积雪深度、道路结冰的冰层深度、道路损毁的损毁面积、车辆故障的故障车辆数、人员的能见度等属性通过推理给出预估值，进一步可基于此值推导出可能需要的应急资源。表 17-8 给出的是各类恶劣气象对路网各组成要素的影响规则，其中恶劣气象的参数取值需要根据降雪的具体实例进行赋值，确定影响强度的函数需要由相关专家根据知识或者经验进行确定，还可能会涉及气温、风力等其他参数信息。

恶劣气象对路网组成要素影响规则的定义　　表 17-8

<table>
<tr><th rowspan="2">恶劣气象</th><th colspan="3">共性特征</th><th rowspan="2">强度特征</th><th rowspan="2">路网要素</th><th rowspan="2">交通影响特征</th><th rowspan="2">影响强度</th></tr>
<tr><th>持续时间</th><th>影响路段长度</th><th>路段环境因子</th></tr>
<tr><td rowspan="6">雪</td><td rowspan="6">$T0$</td><td rowspan="6">$D0$</td><td rowspan="6">$\lambda 0$</td><td rowspan="6">降雪量 $k0$</td><td rowspan="3">道路</td><td>道路积雪</td><td>积雪深度 $y=f(T0,D0,\lambda 0,k0)$</td></tr>
<tr><td>道路结冰</td><td>冰层深度 $y=f(T0,D0,\lambda 0,k0)$</td></tr>
<tr><td>道路损毁</td><td>损毁面积 $y=f(T0,D0,\lambda 0,k0)$</td></tr>
<tr><td>车辆</td><td>车辆故障</td><td>故障车辆数 $y=f(T0,D0,\lambda 0,k0)$</td></tr>
<tr><td rowspan="2">人员</td><td>能见度影响</td><td>视觉影响等级 $y-f(T0,D0,\lambda 0,k0)$</td></tr>
<tr><td>行动能力</td><td>行动能力影响等级 $y=f(T0,D0,\lambda 0,k0)$</td></tr>
<tr><td rowspan="7">雨</td><td rowspan="7">$T1$</td><td rowspan="7">$D1$</td><td rowspan="7">$\lambda 1$</td><td rowspan="7">降雨量 $k1$</td><td rowspan="3">道路</td><td>道路积水</td><td>积水深度 $y1=f(T1,D1,\lambda 1,k1)$</td></tr>
<tr><td>道路阻断</td><td>阻断面积 $y1=f(T1,D1,\lambda 1,k1)$</td></tr>
<tr><td>道路损毁</td><td>损毁面积 $y1=f(T1,D1,\lambda 1,k1)$</td></tr>
<tr><td rowspan="2">车辆</td><td>车辆故障</td><td>故障车辆数 $y1=f(T1,D1,\lambda 1,k1)$</td></tr>
<tr><td>车辆被困</td><td>被困车辆数 $y1=f(T1,D1,\lambda 1,k1)$</td></tr>
<tr><td rowspan="2">人员</td><td>能见度影响</td><td>视觉影响等级 $y1=f(T1,D1,\lambda 1,k1)$</td></tr>
<tr><td>行动能力</td><td>行动能力影响等级 $y1=f(T1,D1,\lambda 1,k1)$</td></tr>
</table>

续上表

恶劣气象	共性特征			强度特征	路网要素	交通影响特征	影响强度
	持续时间	影响路段长度	路段环境因子				
雾	$T2$	$D2$	$\lambda 2$	能见度 $k2$	道路	道路阻断	阻断面积 $y2=f(T2,D2,\lambda 2,k2)$
					车辆	机动性降低	机动性降低 $y2=f(T2,D2,\lambda 2,k2)$
						车辆被困	被困车辆数 $y2=f(T2,D2,\lambda 2,k2)$
					人员	能见度影响	视觉影响等级 $y2=f(T2,D2,\lambda 2,k2)$
						行动能力	行动能力影响等级 $y2=f(T2,D2,\lambda 2,k2)$
风	$T3$	$D3$	$\lambda 3$	中心风力 $k3$	道路	道路阻断	阻断面积 $y3=f(T3,D3,\lambda 3,k3)$
						道路损毁	道路损毁面积 $y3=f(T3,D3,\lambda 3,k3)$
					车辆	机动性降低	机动性降低 $y3=f(T3,D3,\lambda 3,k3)$
						车辆故障	故障车辆数 $y3=f(T3,D3,\lambda 3,k3)$
						车辆被困	被困车辆数 $y3=f(T3,D3,\lambda 3,k3)$
					人员	能见度影响	视觉影响等级 $y3=f(T3,D3,\lambda 3,k3)$
						行动能力	行动能力影响等级 $y3=f(T3,D3,\lambda 3,k3)$

下面以降雪气象对道路产生积雪影响的规则为例，给出基于本体的规则描述。假设 s 表示降雪气象的实体，T 表示气象持续时间，k 表示路段的环境因子，rs 表示受影响的路段实体，D 表示路段长度，λ 表示路段环境因子，sc 代表道路积雪影响的实体，且设积雪深度计算函数为 $y=T\cdot k\cdot \lambda$，则可通过以下公式确定恶劣气象 s 发生时是否会引起道路积雪并给出积雪深度的预估值。

$$\begin{gathered}
\mathrm{Snow}(?\ s)\wedge \mathrm{hasDuration}(?\ s,?\ T)\wedge \mathrm{hasSnowfall}(?\ s,?\ k)\\
\wedge\,\mathrm{involvesRoadSection}(?\ s,?\ rs)\\
\wedge\,\mathrm{hasLength}(?\ rs,?\ D)\wedge \mathrm{hasRoadContextFactor}(?\ rs,?\ \lambda)\\
\wedge\,\mathrm{Highway_SnowCoverage}(?\ sc)\\
\wedge\,\mathrm{swrlb{:}multiply}(?\ x,?\ T,?\ k)\\
\wedge\,\mathrm{swrlb{:}multiply}(?\ depth,?\ x,?\ \lambda)\\
\rightarrow \mathrm{causes}(?\ s,?\ sc)\wedge \mathrm{hasSnowDepth}(?\ sc,?\ depth)
\end{gathered}$$

2. 应急事件与应急资源功能特性之间的匹配规则

该类规则用来定义由恶劣气象引起的人、车、路的受损种类或者说应急事件与应急资源能够提供的功能保障种类的对应关系，比如降雪恶劣气象可能引起道路积雪，除雪车、融雪剂具有道路积雪清除功能，而道路积雪恰需要除雪车、融雪剂等资源的积雪清除功能来恢复和保障道路的正常状态，这样就在受损种类“道路积雪”与应急资源的功能特性“道路积雪清除”之间确立了一种匹配规则。表 17-9 给出了人、车、路等路网组成要素可能产生的损毁种类，以及每一种损毁种类对应的应急资源的功能特性之间的匹配规则。

应急事件与应急资源功能特性之间的匹配规则举例　　表 17-9

路网要素	应急事件	应急资源功能特征
道路	道路积雪	道路积雪清除
		道路防滑
	道路结冰	道路结冰清除
		道路防滑
	道路积水	道路积水清除
		道路防滑
	道路阻断	道路阻挡物清除
	道路损毁	道路护理
车辆	车辆被困	车辆疏导
		车辆移除
	车辆故障	车辆故障维修
		事故救援
		车辆移除
	车辆损毁	事故救援
		事故调查
		车辆移除
	车辆起火	火情扑灭
		事故调查
人员	人员被困	生活保障
		饮食供应
		人员转移
	人员伤亡	人员救治
		事故调查
		人员转移
	人员失踪	人员搜寻

由表 17-9 可见，“道路积雪”与应急资源的“道路积雪清除”功能特性相互匹配，“道路积雪”还与应急资源的“道路防滑”功能特性之间相互匹配，要基于本体描述这两条匹配规则，需要在本体模型中建立三个特殊的抽象概念类，即“道路积雪 Highway_SnowCoverage”、“道路积雪清除 Highway_SnowClear”、“道路防滑 Highway_AntiSkid”，并为路网的各种受损种类定义一个 pairsFunction 属性，用来关联与该受损种类相匹配的应急资源的功能特性。其中 Highway_SnowCoverage 是 Weather_Effect 的子类，后者用来描述所有恶劣气象可能产生的路网受损种类；Highway_SnowClear 则是 Resource_Function 的一个实例，后者用来描述所有应急资源的功能特性。

在上述定义的基础上，“道路积雪”与应急资源的“道路积雪清除”功能特性之间的匹配可用下式进行定义：

Highway_SnowCoverage(？ x)→pairsFunction(？ x，Highway_SnowClear)

“道路积雪”与应急资源的“道路防滑”功能特性之间的匹配可用下式进行定义：

Highway_SnowCoverage(？ x)→pairsFunction(？ x，Highway_AntiSkid)

3. 应急资源提供的路网功能保障规则

该类规则用来定义应急资源能够提供的对路网各组成要素的功能保障规则。比如融雪剂能对道路提供"道路积雪清除"和"道路防滑"功能，挖掘机能对道路提供"道路护理"和"道路阻挡物清除"功能等。表 17-10 给出了恶劣气象条件下路网常见应急资源所具有的功能保障规则。

恶劣气象条件下路网常见应急资源所具有的功能保障规则 表 17-10

应急资源	保障功能	保障对象	应急资源	保障功能	保障对象
融雪剂	道路积雪清除	道路	水泵	道路积水清除	道路
	道路防滑	道路	发电机	道路积水清除	道路
除雪机	道路积雪清除	道路	推土机	道路积水清除	道路
平地机	道路积雪清除	道路		道路阻挡物清除	道路
	道路结冰清除	道路	挖掘机	道路护理	道路
撒布机	道路积雪清除	道路		道路阻挡物清除	道路
	道路结冰清除	道路	切缝机	道路护理	道路
	道路防滑	道路	潜孔钻	道路阻挡物清除	道路
路政、养护人员	道路积雪清除	道路	装载机	道路阻挡物清除	道路
	道路结冰清除	道路		道路护理	道路
	事故救援	车辆	雷达地质探测仪	道路护理	道路
	人员搜救	人员			
防滑料	道路防滑	道路	空压机	道路阻挡物清除	道路
防滑链	道路防滑	道路		道路护理	道路
碎冰机	道路结冰清除	道路	消防队	事故救援	车辆
养护车	道路护理	道路		人员解救	人员
平板拖车	车辆移除	车辆	交警	事故调查	车辆
	车辆疏导	车辆		事故处理	人员
移动指挥车	车辆疏导	车辆	照明设备	视觉保障	人员
	视觉保障	人员		人员搜寻	人员
	听觉保障	人员	扩音设备	听觉保障	人员
运油车	车辆解救	车辆	衣物	保暖	人员
	故障修理	车辆		人员解救	人员
汽车起重机	车辆解救	车辆	帐篷	触觉保障	人员
	车辆移除	车辆		保暖	人员
方便食品	人员解救	人员	医院	人员救治	人员
	饮食供应	人员	保暖用品	保暖	人员
饮用水	人员解救	人员	降温用品	降温	人员
	饮食供应	人员	运输车辆	人员转移	人员
生命探测仪	人员搜寻	人员	监测设备	信息监测	信息
消防队	人员解救	人员	通信设备	信息发布	信息
	火情扑灭	车辆		信息传输	信息

以融雪剂具有道路积雪清除功能和路面防滑功能为例，基于本体模型对这两条规则定义如下：

Snow_Melting_Agent(? x)→features(? x,Highway_SnowClear)

Snow_Melting_Agent(? x)→features(? x,Highway_AntiSkid)

式中：x——融雪剂(Snow_Melting_Agent)类实体；

Highway_SnowClear、Highway_AntiSkid——“道路积雪清除”和“路面防滑”两个功能的实体；

features——在应急资源实体和功能实体建立了一种关系，代表应急资源具有相应的保障功能。

4. 恶劣气象条件下路网应急资源需求种类的确定

特定恶劣气象发生导致突发路网应急时需要特定的应急资源参与救援，特定的应急资源能在特定恶劣气象条件下路网应急救援中发挥救援作用，两者之间存在着关联关系，根据这种关联关系可以确定应急资源的需求种类。确定恶劣气象条件下应急资源的需求种类可根据恶劣气象对路网各要素的影响规则，对气象信息可能产生的损害种类和程度进行评估；再根据路网受损种类与应急资源的功能特性之间的匹配规则，找到路网受损部分恢复其功能所需的功能保障措施；最后，由应急资源提供的路网功能保障规则推理得到所需的应急资源种类。

如前所述，对于特定恶劣气象，根据恶劣气象对路网各要素的影响规则可得道路、车辆、人员各自的受损种类，根据路网受损种类与应急资源功能特性之间的匹配规则可得需要应急资源提供的功能保障措施，进而根据应急资源的路网功能保障规则进行推理可以得到需求的应急资源种类。该应急资源种类确定的推理逻辑可通过基于领域本体的推理逻辑表示如下：

Severe_Weather(? x)∧causes(? x,? y)

∧pairsFunction(? y,? z)

∧Resource(? a)∧features(? a,? z)

→needs(? x,? a)

式中：Severe_Weather(? x)——x 为恶劣气象实体；

causes(? x,? y)——恶劣气象实体 x 会导致路网受损种类 y；

pairsFunction(? y,? z)——路网受损种类 y 需要应急资源提供功能保障措施 z 进行功能恢复；

Resource(? a)——a 是一种应急资源；

features(? a,? z)——应急资源 a 提供功能 z；

needs(? x,? a)——气象 x 发生时需要的应急资源种类。

在已建立的恶劣气象条件下路网应急资源调度领域本体模型的基础上，假设气象类型为大雪(x 为 HeavySnow 的实例 HeavySnow_21)，则根据上述推理规则得到的推理结果如图 17-5 所示。图 17-5 中上方框内标注的 Rule_needs2 就是定义的推理规则，下方框内显示了发生大雪的情况下需要的资源种类，包括防滑链(snow_chain)、撒布机(spreader)、除雪车(snow_remover)、平地机(grader)、融雪剂(snow_melting_agent)。需要指出的是，当前的本体模型中录入的应急资源的种类有限，故所得结果只是一种示意，实际应用过程中需要将相关的信息录入完整。

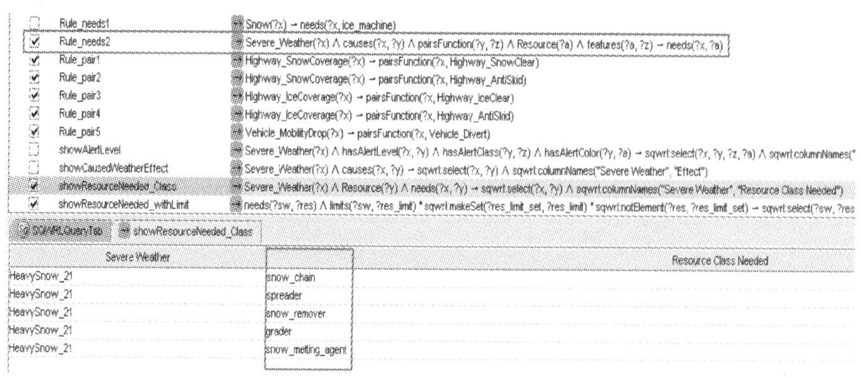

图 17-5　基于匹配规则库的应急资源需求种类推理示意图

三、恶劣气象条件下路网应急资源需求数量的确定

恶劣气象条件下突发应急事件后，根据前文的推理规则可得到应急资源的需求种类，但确定各类资源的使用数量同样重要。只有科学地确定出资源的需求数量，才能避免资源的浪费，方便之后的资源调度，更快、更好地解决事件，防止更多的财产损失、人员伤亡。

确定应急资源的需求数量总体来说有两种方法：一是通过建立优化模型求取最优的资源配置方案，即根据恶劣气象导致的应急事件的强度特征，结合应急资源的性能特征，综合考虑救援时间、救援成本、经济损失等要素建立应急资源配置的优化模型，根据模型求出最优的资源配置方案；二是基于案例模糊推理的应急物资需求分析，即将当前恶劣气象与突发事件的相关信息与历史数据进行对比，找出以往类似事件的应急资源配置方案，结合当时对配置方案的评估给出本次应急处置的最佳资源配置方案。后者通常在应急事件的初期或事件信息掌握不完备的情况下使用；前者通常用于应急事件的发展过程中，随着事件信息掌握的逐步完备或事件的动态发展给出实时的资源配置方案推荐；也可两者综合考虑，相互校正。

1. 基于优化模型的应急物资需求量确定

通常配置的应急资源数量越多，应急救援花费的时间就越短，突发事件造成的损失就会越少，但同时产生的救援成本就会越高。在实际救援过程中，要根据具体的救援策略确定具体的应急资源配置方案。常见的应急救援策略包括“限定时间内完成救援”、“救援时间最短”、“成本及损失最小”、“资源利用率最高”等，不同的策略需要建立不同的数学模型来求取最优的资源配置方案。下面分别给出各种策略下模型的通用形式，之后结合降雪气象下除雪车和融雪剂用量的确定对模型的使用方法加以说明，并对得到的资源配置方案给出评估方法。

1)各种策略下的优化模型

(1)模型一：限定时间内完成救援

假设要求 T 小时内必须完成救援。

资源 A 在该次应急救援过程中的作用为 effect。假设 effect 这项工作总的工作量为 *totalWorkLoad*，资源 A 有某些固定参数集合 $W_1=\{w_{1_1},w_{1_2},w_{1_3},\cdots\}$ 直接决定 A 的工作能力 F（一段时间 t 内可以完成的工作量），该次应急事件造成的环境因子集合 $W_2=\{w_{2_1},w_{2_2},w_{2_3},\cdots\}$ 间接影响 A 的工作能力，则 A 的工作能力 F 可以表示为 W_1 与 W_2 的函数：$F=f(W_1,$

W_2）。

由以上分析可以得到，T 小时内单位数量的资源 A 能够完成的工作量 F_{each} 为：$F_{each}=\frac{T}{t}\cdot F$，则为了实现 T 小时内完成任务的要求，需要分配的资源 A 的数量 N 为：$N=\frac{totalWorkLoad}{F_{each}}=\frac{totalWorkLoad\cdot t}{T\cdot F}$

(2)模型二：损失最小、不限定完成时间

总损失 C_{all} 包括由于气象事件引起的损失 C_{event}，如车流量的损失，以及应急资源耗费 C_{res}，即：$C_{all}=C_{event}+C_{res}$。

假设配置的资源 A 总量为 N_{total}，单位资源 A 消耗代价为 C_e，则为了救援所引起的资源总耗费 C_{res} 为：$C_{res}=C_e\cdot N_{total}$，由于平均救援速度 v_{av} 与资源总量存在正比例关系，因此总耗费 C_{res} 与 v_{av} 也呈现一个正比例关系：$C_{res}=f(v_{av})$。

假设由于气象事件引起的损失 C_{event} 与平均救援速度 v_{av} 存在以下关系：$C_{event}=g(v_{av})$，则总损失 C_{all} 可以表示为：$C_{all}=C_{event}+C_{res}=f(v_{av})+g(v_{av})$。

求出 v_{av} 使得 C_{all} 的值达到最小，求出 v_{av} 后，可以求出完成救援的时间 T，求出 T 后，利用模型一给出的配置模型，可以得到需要配置的资源 A 的数量。

(3)模型三：不限定时间、要求资源利用率最高

假设资源 A 的使用有一定的要求，即应急事件造成的环境因子集合 $W=\{a_1,a_2,\cdots\}$ 满足一定条件 Condition=$Con(W)$ 时，资源 A 才需要使用。这种情况下，资源 A 完成一次功能后，需要等待一段时间 T_0，待应急事件造成的环境因子集合 W 达到条件后，资源 A 再继续工作。

每种可重复使用的资源工作一个周期后都需要一段时间的休息调整。假设资源 A 规定休息调整时间为 T_{reg}，结合上述分析，当 $T_{reg}=T_0$ 时，资源利用率能够达到最高，此时经过规定休息调整时间 T_{reg} 后，资源 A 正好达到了需要工作的条件，既不会延误救援时间，也不会造成资源等待、引起浪费。

假设资源 A 工作一次所需要的时间为 T，则根据上述分析，要使资源利用率最高，则经过 $(T+T_{reg})$ 后，由于应急事件引起的环境因子集合 W 正好满足条件 Condition，假设环境因子 W 的值与时间 t 满足以下关系式：$W=\text{Value}(t)$，则只需要求解 Conditon=$\text{Value}(T+T_{reg})$ 成立时的 T，就可以将该模型再转换为模型一提出的配置模型，进而可以得到需要配置的资源 A 的数量。

(4)模型四：救援时间最短

当发生的应急事件要求尽快完成救援而不计较成本时，可以出动全部需要资源，这样就可以达到最快救援的效果。

资源 A 在该次应急救援过程中的作用为 effect。假设 effect 这项工作总的工作量为 *totalWorkLoad*，资源 A 有某些固定参数集合 $W_1=\{w_{1_1},w_{1_2},w_{1_3},\cdots\}$ 直接决定 A 的工作能力 F（一段时间 t 内可以完成的工作量），该次应急事件造成的环境因子集合 $W_2=\{w_{2_1},w_{2_2},w_{2_3},\cdots\}$ 间接影响 A 的工作能力，则 A 的工作能力 F 可以表示为 W_1 与 W_2 的函数：$F=f(W_1,W_2)$。

假设当前存储资源 A 的总量为 *totalNum*，则出动全部资源 A 时，要完成 *totalWorkLoad*

的工作量,需要的时间 T 为:$T=\frac{totalWorkLoad}{totalNum \cdot F}$,即出动全部资源可以达到最快救援效果,救援需要的时间 T 为:$T=\frac{totalWorkLoad}{totalNum \cdot F}$。

2)应急资源需求量确定实例

以降雪气象条件下除雪车和融雪剂的用量确定为例,对上述各模型的应用加以说明。需要说明的是,应急资源需求数量的确定有时与具体的救援方案有关,比如除雪车的用量在“即下即除”和“雪后清除”两种救援方案下需要采用不同的模型进行求取。因此,恶劣气象条件下路网应急资源配置过程中,确定资源的需求种类后,对于特定的应急资源,首先需要确定应急救援的方案(比如“封闭道路、雪后除雪”或“不封闭道路、即下即除”),之后确定应急救援策略,最后根据不同的救援策略给出不同的优化模型以求取最优的资源配置方案。

下面的模型中均假设积雪路段宽为 x,长为 y,则路段积雪面积 $S=x \cdot y$;除雪车宽度为 B,除雪车速度为 $0 \sim v_{max}$,当积雪厚度达到 h_{max}时,车辆停止运行。

(1)除雪车数量的确定

假设除雪车除雪速度与积雪深度满足线性关系,如图 17-6 所示。

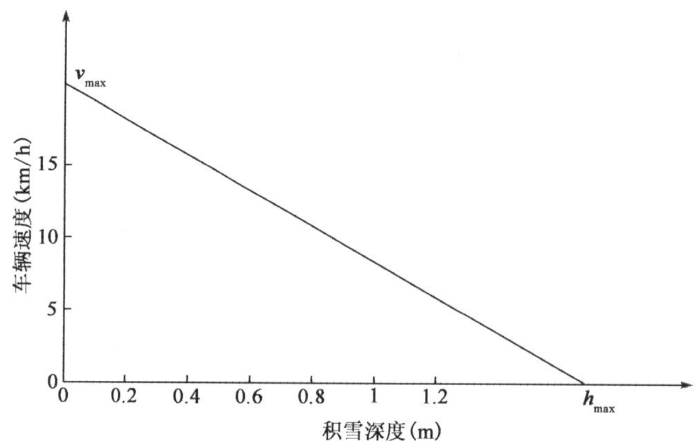

图 17-6　除雪车除雪速度与积雪深度关系图

由此可得,除雪车速度 $v_车$ 与积雪深度 h 的函数关系为:

$$v_车 = -\frac{v_{max}}{h_{max}}h + v_{max}$$

下面分别考虑封闭道路、雪后除雪方案和不封闭道路、即下即除方案下确定除雪车数量的方法。

①雪后除雪

假设道路积雪厚度为 h_0,则除雪车速度 v_0 恒定为:

$$v_0 = -\frac{v_{max}}{h_{max}}h_0 + v_{max}$$

a. 限定时间模型

假设用户限定 T 小时内必须完成清雪,则由除雪车速度可以求得每辆除雪车清理的面积，路段积雪总面积 S 除以每辆除雪车清理面积可以得到除雪车数量。

由于雪后除雪的情况下可以认为除雪车速度恒定为 v_0，因此，经过 T 小时，每辆除雪车处理的路段面积 S_1 为：

$$S_1 = v_0 \cdot T \cdot B \cdot 1000 = \left(\frac{h_{\max} - h_0}{h_{\max}}\right) \cdot v_{\max} \cdot T \cdot B \cdot 1000$$

为了在 T 小时内完成积雪清理，除雪车数量 N 需要满足以下条件：

$$N \geqslant \left|\frac{S}{S_1}\right| = \left|\frac{S \cdot h_{\max}}{(h_{\max} - h_0) \cdot v_{\max} \cdot T \cdot B \cdot 1000}\right|$$

即至少需要 $\left|\frac{S \cdot h_{\max}}{(h_{\max} - h_0) \cdot v_{\max} \cdot T \cdot B \cdot 1000}\right|$ 辆除雪车才能在 T 小时内完成清雪。

b. 时间最短模型

要时间最短，需要出动全部除雪车，由除雪车速度可以求得每辆除雪车单位时间处理的积雪面积，路段积雪面积除以全部除雪车单位时间清理面积就可以得到最短完成时间。

假设当前只存储了 N 辆除雪车，单位时间内每辆除雪车清理的路段面积 S_1 为：

$$S_1 = v_0 \cdot B = \left(-\frac{v_{\max}}{h_{\max}} h_0 + v_{\max}\right) \cdot B = \left(\frac{h_{\max} - h_0}{h_{\max}}\right) \cdot v_{\max} \cdot B$$

由此推出，N 辆除雪车最快完成时间 T_1 满足以下条件：

$$T_1 \geqslant \left|\frac{S}{S_1 \cdot N}\right| = \left|\frac{S \cdot h_{\max}}{(h_{\max} - h_0) \cdot v_{\max} \cdot B \cdot N}\right|$$

即在仅有 N 辆除雪车时，最快 $\left|\frac{S \cdot h_{\max}}{(h_{\max} - h_0) \cdot v_{\max} \cdot B \cdot N}\right|$ 小时能够完成积雪清理。

②即下即除

假设除雪车开始工作时，道路积雪高度已经达到 h_0，下雪速度 u 与时间 t 的关系为 $u(t)$。

a. 限定时间内清完一遍

假设用户限定 T 小时内必须清完一遍，同时假设当前高速公路为单向车道，即除雪车全部并向行驶至所负责路段的另外一端，不需要拐弯。只要求出 T 小时每辆车能走的最远距离 l，然后用路段总长度 x 除以 l，就得到需要的除雪车组数，也就求得了需要除雪车的总数量。具体除雪策略如图 17-7 所示，即每辆除雪车负责长度为 l 的路段内各车道的清雪，其面积为 S。

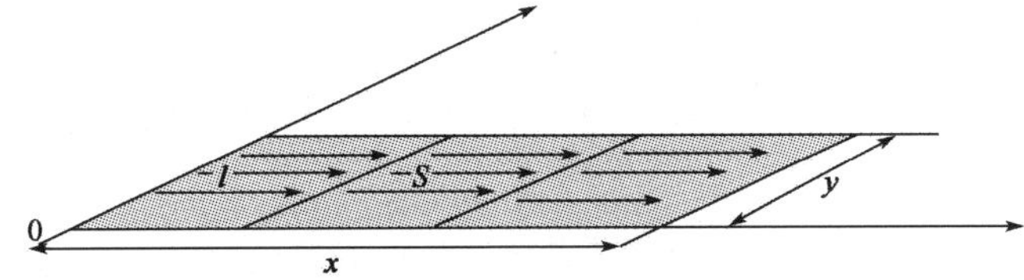

图 17-7　分组除雪示意图(每辆车负责固定长度的路段)

不进行除雪操作的情况下，道路积雪高度 h 与时间 t 的关系为：

$$h(t) = h_0 + \int_0^t u(t)\,\mathrm{d}t$$

所以除雪车的行驶速度 v 随时间 t 的变化函数为：

$$v(t)=-\frac{v_{\max}}{h_{\max}}h(t)+v_{\max}=-\frac{v_{\max}}{h_{\max}}\left[h_0+\int_0^t u(t)\mathrm{d}t\right]+v_{\max}=\frac{h_{\max}-h_0-\int_0^t u(t)\mathrm{d}t}{h_{\max}}\cdot v_{\max}$$

所以 T 小时每辆除雪车行驶的最远距离 l 为：

$$l=\int_0^T v(t)\mathrm{d}t=\int_0^T \frac{h_{\max}-h_0-\int_0^t u(t)\mathrm{d}t}{h_{\max}}\cdot v_{\max}\mathrm{d}t$$

假设每组除雪车都在同一时间开始工作，则每一段的起始位置都可以看作是同一个新的起点。所以需要的除雪车的组数 *teamCount* 为：

$$teamCount=\lceil x/l\rceil=\left\lceil x\Big/\left(\int_0^T \frac{h_{\max}-h_0-\int_0^t u(t)\mathrm{d}t}{h_{\max}}\cdot v_{\max}\mathrm{d}t\right)\right\rceil$$

因为每辆车可以处理的道路宽度为 B，则每组需要的除雪车的数量 *teamNum* 为：

$$teamNum=\lceil y/B\rceil$$

可以得到为了在 T 小时内完成积雪清理，除雪车数量 N 需要满足以下条件：

$$N\geqslant teamCount\cdot teamNum=\left\lceil x\Big/\left(\int_0^T \frac{h_{\max}-h_0-\int_0^t u(t)\mathrm{d}t}{h_{\max}}\cdot v_{\max}\mathrm{d}t\right)\right\rceil\cdot\lceil y/B\rceil$$

即至少需要 $\left\lceil x\Big/\left(\int_0^T \frac{h_{\max}-h_0-\int_0^t u(t)\mathrm{d}t}{h_{\max}}\cdot v_{\max}\mathrm{d}t\right)\right\rceil\cdot\lceil y/B\rceil$ 辆除雪车才能在 T 小时内完成清雪。

需要指出的是，当变成双向车道时，除雪车组数变成原来的两倍（*teamCount*×2），每组除雪车数量变成原来的一半（*teamNum*/2），除雪车总数不变。

b. 除雪车利用率最高的模型

在用户不限定时间、仅追求除雪车利用率最高的情况下，假设除雪车每完成一次推雪，都需要 T_0 小时的休息调整。那么只有当配备的除雪车经过休息后，道路积雪厚度正好达到需要清理的高度 $h_{\min}$（比如 1cm）时，除雪车的配备才达到最高利用率。在这种情况下，如果再增加除雪车，就会造成除雪车的等待，即除雪车休息整顿完毕后，需要经过一段时间的等待，道路积雪才达到最低清雪高度。为了提高应急资源的利用率，提高救援效率，合理的资源配备是很重要的。

假设除雪车完成一次推雪需要的时间为 T，则根据上述分析，经过（$T+T_0$）小时后，除雪车负责路段的初始地点积雪高度应该达到最低清雪高度 $h_{\min}$，可表示为：

$$h_{\min}=\int_0^{T+T_0}u(t)\mathrm{d}t$$

由上式可以求出每次推雪需要的时间 T（T 应该是与 $h_{\min}$ 及 T_0 相关的一个常数），可以求

出除雪车配备数量为 $\left| x/\left(\int_0^T \frac{h_{\max}-h_0-\int_0^t u(t)\mathrm{d}t}{h_{\max}}\cdot v_{\max}\mathrm{d}t\right)\right| \cdot |y/B|$ 时，除雪车利用率达到最高，不会造成资源浪费。

c. 除雪车数量有限、全部出动时的清雪效果评估

此时，按照分组推雪的策略对所有的除雪车进行分组，得到每组除雪车需要负责的路段长度，结合上面除雪车清雪速度的关系式，可以求出清理一次需要的时间，就可以确定清雪模型。

假设当前只储备了 N 辆除雪车，当前道路为双向车道。每组需要的除雪车数目 $teamNum$ 为：

$$teamNum = |y/(2B)|$$

则 N 辆除雪车一共可以分组数目 $teamCount$ 为：

$$teamCount = |N/teamNum| = |N/|y/(2B)||$$

则每组需要负责清理的道路长度 l 为：

$$l = x/(teamCount \times 2) = \frac{x}{2\times |N/|y/(2B)||}\text{（双向车道）}$$

道路积雪高度 h 随时间 t 的变化函数如下：

$$h(t) = h_0 + \int_0^t u(t)\mathrm{d}t$$

所以除雪车清雪速度 v 与时间 t 的变化函数为：

$$v(t) = -\frac{v_{\max}}{h_{\max}}\cdot h(t) + v_{\max} = \frac{h_{\max}-h(t)}{h_{\max}}\cdot v_{\max} = \frac{h_{\max}-h_0-\int_0^t u(t)\mathrm{d}t}{h_{\max}}\cdot v_{\max}$$

按照这种配置方式，设 T 小时能清理道路积雪一趟，则：

$$2l = \int_0^T v(t)\mathrm{d}t = \int_0^T \left(\frac{h_{\max}-h_0-\int_0^t u(t)\mathrm{d}t}{h_{\max}}\cdot v_{\max}\right)\mathrm{d}t$$

由上式可以计算出时间 T，将时间上报给领导或用户，作出资源调度决定。

(2)融雪剂用量推导过程

有部分应急资源的使用无需考虑成本及时间问题。以融雪剂为例，考虑到融雪剂对环境、道路及车辆造成的损失，部分地区规定融雪剂仅能在下雪之初用于斜坡、拐弯、桥梁等危险路段，而且在这些路段融雪剂使用追求的目标是雪即下即融以防发生交通事故。此时，融雪剂数量的确定与时间或成本无关，其用量完全可以由危险路段的面积、雪量大小及气温（在不同气温下能起有效作用的融雪剂数量不同）决定。

根据 2010 年北京最新规定，当气温高于 0℃时，不撒融雪剂；－10℃～0℃时，根据积雪深度预撒融雪剂 20～30g/m^2；低于－10℃时，根据积雪深度预撒融雪剂 30～100g/m^2。由以上规定可以知道，融雪剂的用量由当前温度以及雪量大小共同决定，温度决定融雪剂使用区间，

雪量大小决定融雪剂在以上区间的用量。由此可以得到融雪剂的使用量 a 与温度 C 以及积雪厚度 h 的一个简单的线性关系式：

$$a=\begin{cases}0 & C>0℃\\ \left.\begin{cases}snowHigh+20 & 0<snowHigh<10\\ 30 & snowHigh\geqslant 10\end{cases}\right\} & -10℃\leqslant C\leqslant 0℃\\ \left.\begin{cases}7\times snowHigh+30 & 0<snowHigh<10\\ 100 & snowHigh\geqslant 10\end{cases}\right\} & -10℃\leqslant C\leqslant 0℃\\ 100 & C<-10℃\end{cases}$$

式中：$snowHigh$——24h 降雪量。

由此可得到应该配备的融雪剂量 $N=a\cdot S$。

2. 基于案例模糊推理的应急物资需求量确定

突发事件的不可重复性、不确定性等特点增加了对应急物资需求分析的难度。但在相似的气象类型、事件类型和事件信息的条件下，应急物资的需求也应该是相近的，基于这个假设，可以把以往发生过的同类型突发事件所产生的应急物资需求作为一个案例，利用相似性原理对应急物资需求进行分析推理。

基于案例模糊推理的主要过程包括以下步骤：通过确定问题在各特征因素下的隶属度来描述问题、表示案例；借助预先定义的知识库匹配规则进行案例的模糊匹配并计算当前事件与案例库中各案例的贴近度；根据贴近度计算结果，回取贴近度超过阈值的案例，由相关专家确定最终采用的案例；专家对相似案例的资源配置方案进行适当的修改与评价，得到当前事件处置的应急资源配置方案，并将最终方案用于应急救援的实施；将当前事件信息及其应急资源配置方案保存为新的案例存储到案例库中。具体流程如图 17-8 所示。

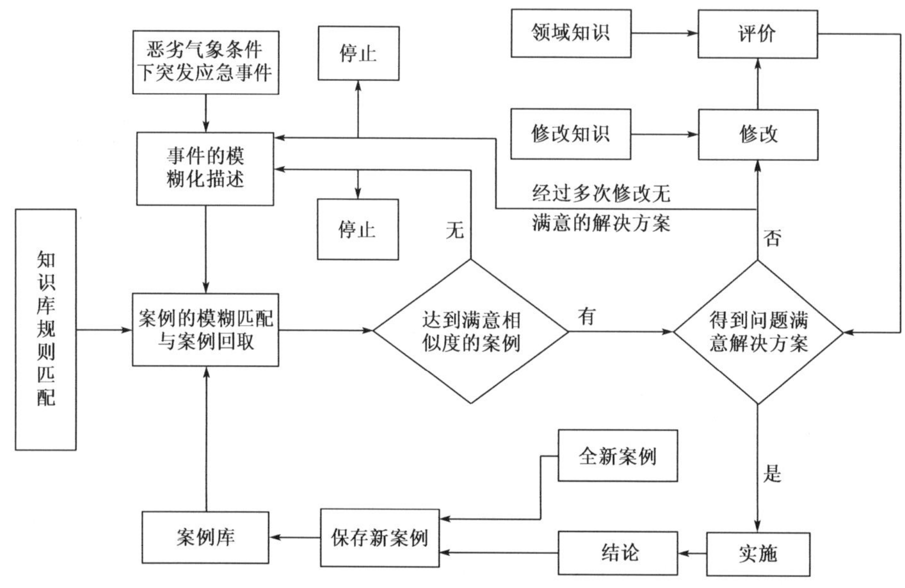

图 17-8　基于案例模糊推理的过程

1)应急物资需求的案例表示

应急物资需求案例一般应包含三个方面的内容:恶劣气象与突发事件的类型和等级、应急物资类型和数量、应急救援活动效果。

首先对问题进行模糊化描述,确定问题在各特征因素下的隶属度,建立描述问题的模糊集。

设案例库中有 n 个案例 $\underline{c_i}(i=1,2,\cdots,n)$,其特征因素集 $f=\{f_1,f_2,\cdots,f_m\}$,$\mu_{\underline{c_i}}(f_j)$ 表示案例 $\underline{c_i}$ 的特征因素 f_j 对应的隶属度,则案例库中案例 $\underline{c_i}$ 对应的特征向量集为:

$$V_{\underline{c_i}}=\{\mu_{\underline{c_i}}(f_1),\mu_{\underline{c_i}}(f_2),\cdots,\mu_{\underline{c_i}}(f_m)\}$$

待求问题 T 的特征向量集为:

$$V_T=\{\mu_T(f_1),\mu_T(f_2),\cdots,\mu_T(f_m)\}$$

特征因素根据需要解决的问题及案例的特点确定,突发事件及物资需求的特征因素示例如表 17-11 所示。

应急物资需求案例的特征因素表　　表 17-11

序号	恶劣气象或突发事件特征因素					应急物资消耗量				
	气象类型	强度	持续时间	地点	…	帐篷	方便食品	挖掘机	平板拖车	…
1	雪	13mm/24h	2008.2.1～2008.2.14	湖南某路段	…					
2	台风	10～11 级	2009.8.8～2009.8.9	广东某路段	…					

2)案例的模糊匹配及推理结果

在建立起案例库中各案例的特征因素的隶属度之后,计算待求问题与案例库中案例的贴近度,再用贴近度来判断相似程度,实现模糊匹配,对达到满意相似度的案例进行回取。

设 $\overline{A}$ 、$\overline{B}$ 、$\overline{C}\in\overline{\Psi}(U)$,定义 $N(\overline{A},\overline{B})$ 为模糊集 $\overline{A}$ 、$\overline{B}$ 的贴近度,且满足以下条件:N: $\overline{\Psi}(U)\times\overline{\Psi}(U)\rightarrow[0,1]$ 满足 $N(\overline{A},\overline{A})=1,N(U,\Phi)=0$, $N(\overline{A},\overline{B})=N(\overline{B},\overline{A})$,若 $\overline{A}\subseteq\overline{B}\subseteq\overline{C}$,则 $N(\overline{A},\overline{C})\leqslant N(\overline{A},\overline{B})\leqslant N(\overline{B},\overline{C})$ 。

贴近度的计算形式为:

$$N(\overline{A},\overline{B})=\frac{\int_U(\overline{A}\wedge\overline{B})(u)\mathrm{d}u}{\int_U(\overline{A}\vee\overline{B})(u)\mathrm{d}u}=\frac{\int_U(\overline{A}(u)\wedge\overline{B}(u))\mathrm{d}u}{\int_U(\overline{A}(u)\vee\overline{B}(u))\mathrm{d}u}$$

当 U 为有限集合 $U=\{u_1,u_2,...,u_m\}$ 时,贴近度的计算方式如下:

$$N(\overline{A},\overline{B})=\frac{\sum_{j=1}^{m}(u_{\overline{A}}(x_j)\wedge u_{\overline{B}}(x_j))}{\sum_{j=1}^{m}(u_{\overline{A}}(x_j)\vee u_{\overline{B}}(x_j))}$$

通常各特征因素的重要性不一致,对案例输出的影响也不同,用影响权重 w 来衡量。假设特征因素 $\{f_1,f_2,\cdots,f_m\}$ 的影响权重为 $\{w_1,w_2,\cdots,w_m\}$,则贴近度计算公式可化为:

$$N(\overline{A},\overline{B})=\frac{\sum_{j=1}^{m}w_j(u_{\overline{A}}(x_j)\wedge u_{\overline{B}}(x_j))}{\sum_{j=1}^{m}w_j(u_{\overline{A}}(x_j)\vee u_{\overline{B}}(x_j))}$$

设 $u(f)$ 为案例在特征因素 f 下的取值，当 $u(f)$ 在分类 $C=\{C_1,C_2,\cdots,C_m\}$ 中的分布差异较大时，说明该特征因素对分类判别的作用较大，应取较高的权重，相反时则应取较低的权重。

将案例库的每个案例看成一类，案例 $\underline{c_i}$ 在特征因素 f_j 的取值 $u(f_j)$ 为该案例在特征因素 f_j 下的隶属度 $\mu_{\underline{c_i}}(f_j)$ 。令：

$$\bar{\mu}(f_j)=\frac{\mu_{\underline{c_1}}(f_j)+\mu_{\underline{c_2}}(f_j)+\ldots+\mu_{\underline{c_n}}(f_j)}{n}=\frac{\sum_{i=1}^{n}\mu_{\underline{c_i}}(f_j)}{n}$$

$$\sigma(f_j)=\sqrt{\frac{\sum_{i=1}^{n}[\mu_{\underline{c_i}}(f_j)-\bar{\mu}(f_j)]^2}{n}}$$

则权重 w_j 为：

$$w_j=\frac{\sigma(f_j)}{\sum_{j=1}^{m}f_j}\qquad j=1,2,\cdots,m$$

将上式代入贴近度的计算公式即可求出待求问题与案例库中案例的贴近度，取相似度值最大的案例作为应急资源配置的参考依据，由专家根据实际情况进行适当修改，即可得到当前问题的应急物资需求数量或者说应急物资配备方案。

第十八章　恶劣气象条件下应急资源管理与调度

本章主要介绍应急资源调度技术，具体内容分为四个方面：第一，对应急处置各阶段应急资源调度工作的特点进行分析，建立应急资源调度的过程模型；第二，根据应急资源的需求用量和储备量，对存在供应缺口的应急资源建立应急物资筹措的优化模型，通过运筹学中的相关算法对问题进行求解；第三，研究多需求点多供应点应急资源调度问题，即根据供应点和需求点的地理位置分布、资源供应成本及资源供应量和需求量，分别建立以成本最低、延误时间最短为目标的单目标或者多目标模型，进而调用相应的优化问题求解算法进行求解；最后，通过建立多模式分层网络解决应急资源在应急资源供应点到应急资源需求点之间的运输和车辆调度问题。

应急事件发生后，首先需根据事件种类等相关条件信息完成应急资源的匹配工作，而依据现场情况，对匹配完成的应急资源进行有效的管理与调度是应急救援行动的重要保障。本章从应急资源管理的过程模型出发，详细分析阐述了多目标条件下整个模型体系的建立过程，并讨论了恶劣气象条件下应急资源运输与车辆调度问题的求解方法。

第一节　应急资源管理与调度模型体系

一、应急资源调度过程

恶劣气象条件下路网突发应急事件时，应急资源调度的整个过程大体可以分为准备、实施和评估三个阶段，具体流程如图 18-1 所示。

应急资源调度的准备阶段主要包含三项任务：首先是成立应急物资调度指挥中心，大规模突发事件发生后，应立即成立应急物资调度指挥中心，负责应急物资调度全过程的指挥决策，如应急物资需求预测、应急物资筹措决策、应急物资存放中心的选址、应急物资的调度等；其次是进行应急资源需求种类和数量的预测，应急物资调度指挥中心应根据突发事件的类型、级别、影响范围，并结合应急预案对所需应急物资需求种类、数量进行初步的需求分析，在应急中后期，物资调度指挥中心应根据应急需求点、物资供应点、物资存放中心的物资信息反馈以及筹措情况作出动态调整；最后是应急物资筹措，应急物资调度指挥中心在应急物资需求预测的基础上，通过应急物资信息系统查询应急物资的储备、分布、品种、规格等具体情况，采用动用储备、物资征收征用、国内捐助等常规筹措方式和国际援助、组织突击生产等非常规筹措方式尽量满足应急需求点对应急物资的数量、种类的需求，同时根据筹措过程也可了解应急供应点的数量、分布和物资的供应数量、质量、品种等。

应急物资调度实施阶段的主要任务是将救援设备、救援器械、医疗器械或药品类紧急物资

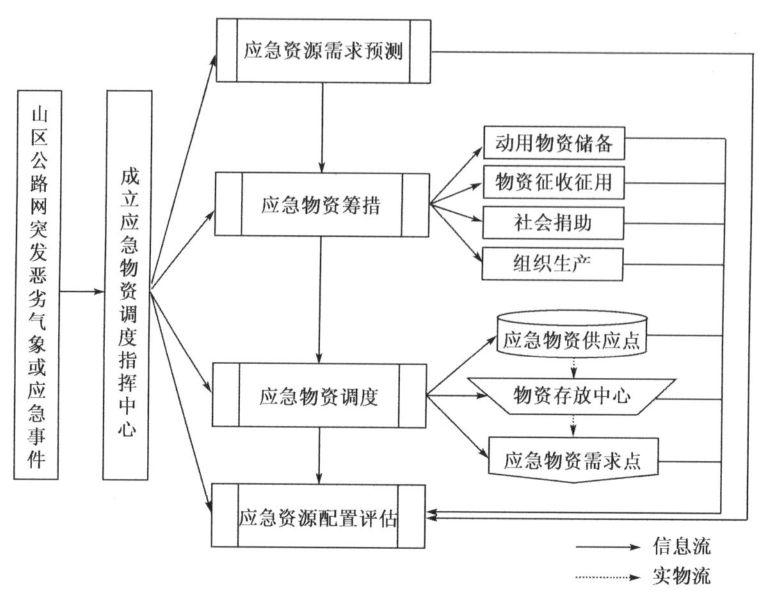

图 18-1　恶劣气象条件下路网应急资源调度过程示意图

从应急供应点向应急需求点进行调度，时间最小化是最重要的考虑目标，必要时可与军方联系，动用直升机、运输机等空中运输装备及陆上、水上军用运输装备、军用运输专用线路以及与之相配套的空投托盘、网袋、降落伞等投送装备。对于衣服、棉被、粮食、食用油、饮用水等生活必需品，由于需求量庞大，种类繁杂，需求持续时间长，调度难度大，可在事发地火车站、飞机场附近建立应急物资存放中心(如事发地已有物资储备中心，并且保存完好，则可用来充当应急物资中心)。这时调度分为从应急物资供应点到存放中心的调度和从应急物资存放中心到应急需求点的调度。对前者来说，在应急的不同阶段从物资供应点到存放中心的调度方式是不同的。在应急初期，应采用供应推动方式，将筹集到的应急物资全部调往物资存放中心，应急物资调度的主要目标是时间最小化，应急物资调度任务包括应急车辆的确定和应急路径的选择，使应急物资能尽快地到达事发地，并使突发事件造成的损失最小；而到了中后期，由于应急筹措渠道的拓宽，应急物资的数量、质量、品种都有了一定保证，这时应根据各需求点在一定时间内的具体需求信息采用需求拉动的方式，有针对性地供应物资，因此要依据各应急供应点到物资存放中心的距离、单位运送成本等约束条件选择参与应急的供应点以及各供应点供应物资的种类、数量。对于后者来说，应急物资从物资供应点运送到应急物资存放中心后，存放中心会根据物资的品种、质量进行编组分类。对于不需要或超过需求的物资，可存放在该中心以便其他突发事件发生时使用；对于需求点需要的物资，应从应急物资存放中心运送到应急需求点。在应急初期，采用供应推动方式，考虑各需求点的满意度，将存放中心的应急物资调往各应急需求点；在应急中后期，则根据各需求点的物资需求量、种类、需求时间，将存放中心的应急物资调往各应急需求点。

应急资源调度的评估阶段需要对应急物资调度的准备和实施阶段中一系列具体工作建立应急资源评估指标体系，采用正确的评估方法进行客观的评估。应急资源调度指挥中心负责应急资源调度全过程的指挥决策，应急资源的需求预测、应急物资筹措、应急物资存放中心选址、应急物资的调度等决策绩效以及应急物资调度中心、各个应急物资供应点与应急物资需求点三方之间的联动效应是评估的重点。具体在应急物资调度的实施过程中，应急物资供应点到存放中心的调度、应急物资存放中心到应急需求点的调度、应急车辆的确定和应急路径的选择等问题都需要通过适当的评估体系进行评价。在不同的应急物资需求时段，通过对初期各需求点的满意度以及中后期各需求点的物资需求量、种类、需求时间的满足程度的对比和评价，为今后的应急物资调度决策提供依据。

二、资源调度供应量分配模型

应急中期属于平稳运作阶段，该阶段主要解决应急资源在各应急资源供应点与应急资源需求点之间的调度问题。为此，根据资源需求以及恶劣气象或者应急事件的具体情况，需要建立多需求点多供应点情况下应急资源的调度模型，以时间最短、成本最低为目标函数建立相应的单目标或者多目标资源供应量分配优化模型，并设计模型的求解算法。

设 $S_1,S_2,\cdots,S_m$ 为 m 个应急资源供应点（或称为应急服务设施点），$D_1,D_2,\cdots,D_n$ 为 n 个应急资源需求点（或称为受灾点），已知供应点 S_i 的最大可供应量为 s'_i，实际供应量为 s_i；需求点 D_j 的需求量为 d_j（d_j 为确定性实数），从供应点 S_i 到需求点 D_j 的应急物资为 x_{ij}，单位成本为 c_{ij}，现要求制订出最优应急调度方案，即确定每个出救点应提供多少单位的应急物资到哪一个或哪几个应急需求点或者每个应急需求点所需的应急物资应由哪一个或哪几个出救点提供。当 $s_i=0$ 时，表示第 i 个应急供应点不参与应急。应急调度目标是在满足各需求点应急需求的条件下，使应急成本最少或延迟时间最短。

根据以上对问题的描述，下面分别围绕成本最少、延误时间最短这两个指标介绍两种单目标的分析模型，并给出以总延误时间最短和总成本最少为目标的多目标模型。

1. 以总成本最少为目标的单目标模型

1）问题描述

假设需求点 D_j 的需求量为 d_j（d_j 为实数），各供应点总的物资供应量 $\sum s_i$ 可能满足各需求点的总需求量 $\sum d_j$，即 $\sum s_i \geqslant \sum d_j$，从供应点 S_i 到需求点 D_j 的单位成本为 c_{ij}，要求制订出最优应急调度方案，即确定出从供应点 i 调度到需求点 j 的应急物资数量 x_{ij}（$x_{ij}=0$ 表示不需要从供应点 i 调度应急物资到需求点 j），使应急总成本最少。

2）模型建立与求解

根据要求，可建立以下模型：

$$\min\sum_{j=1}^{n}\sum_{i=1}^{m}c_{ij}x_{ij} \tag{18-1}$$

$$\text{s. t.} \sum s_i = d_j \tag{18-2}$$

$$\sum_{i=1}^{m}x_{ij} = d_j \tag{18-3}$$

$$\sum_{j=1}^{n}x_{ij} = s_j \tag{18-4}$$

$$0 \leqslant s_i \leqslant s'_i \tag{18-5}$$

$$x_{ij} \geqslant 0 \tag{18-6}$$

模型中，式(18-1)是目标函数，表示应急物资的总成本最小。式(18-2)～式(18-6)是约束条件，其中式(18-2)表示实际总供应量等于总需求量；式(18-3)表示分配到每个需求点的物资数量等于其需求量；式(18-4)表示每个供应点分配到各个需求点的应急物资数量之和等于该供应量的实际供应量；式(18-5)表示各供应点应急物资供应量不能超过其最大供应量；式(18-6)表示从供应点 i 分配到需求点 j 的物资数量为非负数。该模型为线性规划模型，可用 LINGO 或 MATLAB 软件求出。

3)算例

假设 3 个应急供应点的供应量为 60，其中 $s_1=25$，$s_2=15$，$s_3=20$；3 个应急需求点的需求量为 50，其中 $d_1=10$，$d_2=30$，$d_3=10$。从供应点 S_i 到需求点 D_j 的单位成本如表 18-1 所示。

供应点到需求点单位成本表 表 18-1

单位成本	D_1	D_2	D_3
S_1	3	4	5
S_2	2	3	4
S_3	5	3	5

根据表中的数据，可以得到下面的模型：

$$\min(3x_{11}+4x_{12}+5x_{13}+2x_{21}+3x_{22}+4x_{23}+5x_{31}+3x_{32}+5x_{33})$$

$$\text{s. t.}\begin{cases}x_{11}+x_{12}+x_{13}\leqslant 25\\x_{21}+x_{22}+x_{23}\leqslant 15\\x_{31}+x_{32}+x_{33}\leqslant 20\\x_{11}+x_{21}+x_{31}=10\\x_{12}+x_{22}+x_{32}=30\\x_{13}+x_{23}+x_{33}=10\\x_{ij}\geqslant 0\end{cases}$$

用 LINGO 软件可求出：

$$x_{11}=0, x_{12}=5, x_{13}=10, x_{21}=10, x_{22}=5, x_{23}=0, x_{31}=0, x_{32}=20, x_{33}=0$$

即应急需求点 1 所需的 10 个单位的应急物资应由应急供应点 2 提供；应急需求点 2 所需的 30 个单位的应急物资应由应急供应点 1、2、3 共同提供，其中供应点 1 提供 5 个单位，供应点 2 提供 5 个单位，供应点 3 提供 20 个单位；应急需求点 3 所需的 10 个单位的应急物资应由应急供应点 1 提供。

2. *以总延误时间最短为目标的单目标模型*

1)问题描述

假设应急供应点 S_i 到应急需求点 D_j 的应急时间为 t_{ij}(t_{ij} 为确定性实数)，需求点 D_j 的应急物资时间目标值为 t_j，则单位物资延误时间为($t_{ij}-t_j$)。由于在相同延误时间下，延误的物资量越大产生的损失就越大，因此可把从出救点 i 到需求点 j 的物资延误时间记为 $x_{ij}(t_{ij}-t_j)$。现要求制订出最优的物资调度方案，即确定出从供应点 i 调度到需求点 j 的应急物资数量 x_{ij}($x_{ij}=0$ 表示不需要从供应点 i 调度应急物资到需求点 j)，使应急物资总延误时间最短。

2)模型的建立与求解

根据描述的问题，可建立以下模型：

$$\min\sum_{j=1}^{n}\sum_{i=1}^{m}x_{ij}(t_{ij}-t_j) \tag{18-7}$$

$$\text{s. t.}\ \sum s_i=\sum d_j \tag{18-8}$$

$$\sum_{i=1}^{m}x_{ij}=d_j \tag{18-9}$$

$$\sum_{j=1}^{n}x_{ij}=s_i \tag{18-10}$$

$$0\leqslant s_i\leqslant s_i' \tag{18-11}$$

$$x_{ij}\geqslant 0 \tag{18-12}$$

模型中，式(18-7)是目标函数，表示应急物资总延误时间最小。式(18-8)～式(18-12)是约束条件，其中式(18-8)表示实际总供应量等于总需求量；式(18-9)表示分配到每个需求点的物资数量等于其需求量；式(18-10)表示每个供应点分配到各个需求点的应急物资数量之和等于该供应量的实际供应量；式(18-11)表示各供应点应急物资供应量不能超过其最大供应量；式(18-12)表示从供应点 i 分配到需求点 j 的物资数量为非负数。该模型同样为线性规划模型，同样可用 LINGO 或 MATLAB 软件求出。

3)算例

供应点的供应量和需求点的需求量同上一个算例，从供应点 S_i 到需求点 D_j 的单位时间成本如表 18-2 所示。

供应点到需求点单位时间成本表　　表 18-2

单位时间成本	D_1	D_2	D_3
S_1	5	6	5
S_2	3	4	5
S_3	6	5	7

若各需求点应急物资时间目标值为 $t_1=4,t_2=5,t_3=6$，则供应点 S_i 到需求点 D_j 单位物资延误时间如表 18-3 所示。

供应点到需求点单位物资延误时间　　表 18-3

单位物资延误时间	D_1	D_2	D_3
S_1	1	1	−1
S_2	−1	−1	−1
S_3	2	0	1

根据已知数据，得到以下模型：

$$\min f_2(x)=x_{11}+x_{12}-x_{13}-x_{21}-x_{22}-x_{23}+2x_{31}+x_{33}$$

$$\text{s. t.}\begin{cases}x_{11}+x_{12}+x_{13}\leqslant 25\\x_{21}+x_{22}+x_{23}\leqslant 15\\x_{31}+x_{32}+x_{33}\leqslant 20\\x_{11}+x_{21}+x_{31}=10\\x_{12}+x_{22}+x_{32}=30\\x_{13}+x_{23}+x_{33}=10\\x_{ij}\geqslant 0\end{cases}$$

用LINGO软件可求出：

$x_{11}=5, x_{12}=10, x_{13}=0, x_{21}=5, x_{22}=10, x_{23}=0, x_{31}=0, x_{32}=10, x_{33}=10$

即应急需求点1所需的10个单位的应急物资由应急供应点1提供5个单位、供应点2提供5个单位；应急需求点2所需的30个单位的应急物资由应急供应点1提供10个单位、应急供应点2提供10个单位、应急供应点3提供10个单位；应急需求点3所需的10个单位的应急物资由供应点3提供。

3. 以总延误时间最短和总成本最少为目标的确定性多目标模型

1)问题描述

应急决策是一个复杂的决策，不仅要考虑应急成本，也要考虑应急延误时间。假设应急供应点 S_i 到应急需求点 D_j 的应急时间为 t_{ij}，需求点 D_j 的应急物资时间目标值为 t_j，则单位物资延误时间为 $(t_{ij}-t_j)$，需求点 D_j 的需求量为 d_j，t_{ij} 与 d_i 均为确定性实数。现要求制订出最优的物资调度方案，即确定出从供应点 i 调度到需求点 j 的应急物资数量 x_{ij}（$x_{ij}=0$ 表示不需要从供应点 i 调度应急物资到需求点 j），使应急物资总延误时间最短和应急成本最少。

2)模型的建立与求解

根据应急要求，可建立以延误时间最短和应急成本最少的多目标模型：

$$\min \sum_{j=1}^{n}\sum_{i=1}^{m} c_{ij} x_{ij} \tag{18-13}$$

$$\min \sum_{j=1}^{n}\sum_{i=1}^{m} x_{ij}(t_{ij}-T_j) \tag{18-14}$$

$$\text{s. t.} \sum s_i = \sum d_j \tag{18-15}$$

$$\sum_{i=1}^{m} x_{ij} = d_j \tag{18-16}$$

$$\sum_{j=1}^{n} x_{ij} = s_i \tag{18-17}$$

$$s_i \leqslant s_i' \tag{18-18}$$

$$x_{ij} \geqslant 0 \tag{18-19}$$

模型中，式(18-13)和式(18-14)是目标函数，式(18-13)表示应急成本最少，式(18-14)表示延误时间最短。式(18-15)～式(18-19)表示约束条件，其中式(18-15)表示各应急供应点实际总供应量等于各需求点的总需求量；式(18-16)表示调度到每个需求点的物资数量等于其需求量；式(18-17)表示从每个供应点调度到所有需求点的物资数量等于其实际供应量；式(18-18)表示各供应点的实际供应量不能大于其供应能力；式(18-19)表示从供应点 i 调配到需求点 j 的物资数量为非负数。

3)模型的求解

该模型为多目标模型，可用多目标优化模型求解方法进行求解，如理想点法或逐步进行法、极大极小点法、完全分层法等，详细求解过程在此不再详述。

第二节　恶劣气象条件下应急资源运输与车辆调度问题分析求解

运输与车辆调度实现应急救援物资从供给主体向需求主体的空间跨越，以填平物资与受灾群众之间的空间距离。应急物资运输与车辆调度问题是车辆调度中主要的决策问题之一，研究的是在突发恶劣气象事件时，如何调度不同运输方式下的运输工具(为了简便，以下所有运输方式中的运输工具都简称为车辆)，将数量与种类可能随时间变化的救援物资尽快从多个供应点运输到事件发生地，以最小化需求满足时间与运输成本的问题。问题的目标函数是需求延期满足时间最小化基础上的运输费用最小化。运输是资源调度中最重要的功能要素之一，根据社会资源调度总费用分析，在所有资源调度费用中运输费用占的比例最高，达到了50%以上。由于突发恶劣气象事件的突发性、不确定性、非常规性等特点，应急物资运输与普通的 VRP(Vehicle Routing Problem)问题存在较大差别。因此需要建立应急救援物资运输与配送问题的模型，并提供相应的解决方法，为应急管理人员在突发恶劣气象事件后应急救援物资的运输提供决策支持工具，辅助他们制订车辆调度计划，从而使车辆选择一定次序与特定的路径从车辆调度中心运输救援物资到需求中心，在最短时间内以尽可能少的费用满足当地减灾救困的需要，从而最大限度地减小突发恶劣气象事件的冲击。

一、应急物资运输与车辆调度问题模型的构建

应急物质调度中的每种应急物资的源点与终点都可能包括多个应急物质调度中心和需求中心，而且在物资运输过程中经常会使用多种运输方式。为了描述应急救援物资的运输过程，根据应急物质调度中心、需求中心等应急物质调度网络节点设施在物资流转过程中的功能，设计了多模式分层网络。

1. 多模式分层网络

在设计的多模式分层网络中，将每种运输方式分成一个网络层，称为一个模式层，在层与层之间通过模式转换连接。在多模式分层网络中有四类顶点：①供应点，它表示应急物资调度供应网络中的应急物资调度中心，在多模式分层网络中起到物资供应的作用，供应点通过映像点向各模式层上发送物资。②需求点，它是产生物资需求的点，代表应急物资调度供应网络中的需求中心，它通过映像点从各模式层上接收物资。③中转点，它代表交通枢纽和物资中转站，在此进行运输方式转换，由于物资中转站只承担短时间内的物资储存与运输方式转换，所以假定通过该点的应急物资在一个时段内的流入量与流出量相等。④映像点，它是供应点或需求点在某一种运输方式下的映像。当它代表供应点时，通过入弧与该供应点相连，供应点可以通过它的映像点向多模式分层网络中映像点所在的模式层发送物资；当它代表需求点时，通过出弧与该需求点相连，需求点通过它从所在的模式层中接收物资，映像点的物资流入量与流出量相等。供应点通过出弧与映像点相连，需求点通过入弧与映像点相连，所以物资并不能通过供应点或需求点在模式层之间转换。

多模式分层网络中的弧可以分为三类：①载重弧，它代表运输道路。载重弧关联的费用为物资运输费用，物资在载重弧上运输时要消耗与弧长对应的运输时间，同一模式层连接中转点、映像点的弧为载重弧。运输网络中两点之间都是直接连接，没有重复路径。通过该方法一方面可以在突发恶劣气象事件的条件下保证载重弧的连通性，另一方面也可以大大降低在时空网络中求解车辆流问题时的计算复杂度。②转换弧，它是沟通不同运输方式之间的通路，物资通过转换弧在不同运输方式间转运，在其上关联的是物资转运费，同时还需要消耗转运时间，它在模式层之间连接对应的中转点。③映像弧，它是连接映像点与供应点或需求点之间的

弧，没有相关联的费用与容量，也不消耗时间。

作为应急物质调度载体的运输车辆需要循环使用，因此它可以被看成多模式分层网络中单个模式层中的循环流，称为车辆流。从应急救援物资运输问题与车辆路径选择问题的区别分析可以看出，车辆流有特殊的约束条件。首先是车辆可以在网络上的任意点被动员征用，所以车辆可以在对应模式层上的任意点，包括物资中转点或映像点出发执行运输任务。其次是车辆没有固定的车场，完成计划任务后，也不知道是否还有下一项运输任务，所以完成运输任务后车辆不需要返回出发地而是在原地待命。车辆可以在映像点和中转点停留，也就是模式层上任意映像点与中转点都可以作为车辆的收车点与发车点。第三是运载工具不能在不同的运输方式下使用，所以车辆流只能在载重弧上流转，而不能在其他类型的弧上行驶。最后车辆流的流量上限就是载重弧的容量，而物资流的流量上限是分配运输该种物资的车辆容量。

应急物资运输的目标之一是减少运输时间，属于包括时间在内的四维空间优化问题。为了将对时间的考量集成到应急物资运输模型中，将整个应急物资运输的计划周期划分成多个等长时段，模型中与时间有关的变量都以时段数来表示时间维度的值，如载重弧的运输时间表示为通过它所需要的时段数，未满足需求的持续时间是从需求产生时段到需求满足时段之间的时段数。同时物资供应量、需求量、可用车辆数等参数随时间发生变化时，也可以根据时段重新调整计划，以此解决模型参数随时间变化的问题。模型中时段的长度设置必须适中，以尽量减少车辆在完成任务后的闲置时间。但是它也不能太短，太短会使时空网络中路径变量大幅度增加。加入时间维度后，多模式分层网络中的一个模式层可以转换成一个时空网络。

应急物资运输问题是减少运输时间、降低运输费用的多目标规划问题，其中运输费用包括车辆在载重弧上行驶的费用(包括空驶与重载)和运输方式转换的费用。而对于最小化物资运输时间的目标，我们采用了罚函数方法，根据每种应急物资在需求点的需求紧迫性确定一个延期满足罚函数系数，它定义为单位未满足货物需求量延续一个时段对目标函数的增加值。这个方法的优点是使用灵活，比如应急物质调度处于灾害爆发初期，这时应急物资运输的主要目标是减少运输时间，可以将运输费用值设置为0。而如果救援行动持续了一段时间，应急物质调度进入平稳运作阶段，应急物资运输已经成为日常例行事务，这时货物运输的目标是最小化运输费用，就可以将延期满足罚函数系数设为0。也可以根据物资需求的紧迫性来调整物资的罚函数系数，使延迟交货的成本较高的物资具有更高的运输优先级，比如为解决在应急物资供应中经常需要给部分种类物资(如药品)赋予较高优先权的问题，可以设置物资的延期罚函数系数＝权值×平均延期罚函数系数×大宗物资的平均运输量/该种物资运输量，其中权值根据运输优先权的不同在[1,2]之间取值。

2.模型假设与限制条件

(1)在重大及以上级别的突发恶劣气象事件的情况下，需求端对应急物资需求量较大，因此只考虑满载车辆运输方式。

(2)每一载重弧的运输时间都以时段数来衡量，不足一个时段的以一个时段计算。

(3)转运弧消耗的时间都假定为一个时段。

(4)所有的费用函数都假定为线性函数。

(5)物资的供应量与需求量已知。

(6)每一种运输方式下的车辆规格使用平均值。

3. 符号定义

S　供应点点集
R　需求点点集
F　中转点点集
E　映像点点集
FE　中转点与映像点的集合
T　计划期的总时段数
CA　载重弧集
SN_{it}^{g}　g 种类物在 i 点 t 时段新增供应量
RN_{it}^{g}　g 种货物在 i 点 t 时段新增需求量
M　运输方式集合
VA_{it}^{m}　第 m 种运输方式下在 i 点 t 时段新增车辆数
$VCap^{m}$　m 种运输方式下车辆的载质量
G　货物的种类集
t_{mij}　在第 m 种运输方式从 i 点到直接相邻 j 点所需时段数
$ACap_{ij}^{m}$　第 m 种运输方式载重弧 (i,j) 的道路容量
CT^{m}　第 m 种运输方式单位时段内单位车辆的运输费用
$CF_{i}^{gmm'}$　单位 g 货物在 i 点从 m 到 m' 运输方式的模式转换费用
CD_{i}^{g}　在需求点 i 单位 g 货物需求延期单位时段满足的罚函数系数
P^{g}　g 种货物的相对密度

决策变量：

$X_{itjt'}^{gm}$　j 时段从 i 点经过 $(t'-t)$ 时段到达 j 点的 g 货物调度量
$X_{it(t+1)}^{gmm'}$　货物 g 在 t 时段、i 点通过从 m 到 m' 模式的流量
RD_{it}^{g}　需求点 i 在 t 时段 g 货物未满足的需求
SD_{it}^{g}　供应点 i 在 t 时段 g 货物还未运输的供应量
$Y_{itjt'}^{m}$　m 层车辆在 t 时段从 i 点经过 t_{mij} 时段到 j 点的车辆流量
VD_{it}^{m}　模式 m 层在 i 点、t 时段未使用的车辆数

4. 目标函数与约束条件

根据以上符号定义，可以将应急救援物资运输与车辆调度模型构建如下：

目标函数为：

$$\text{Minimize} \sum_{m\in M}\sum_{i\in FE}\sum_{j\in FE}\sum_{t=1}^{T} CT^{m}\times Y_{itj(t+t_{mij})}^{m}\times t_{mij}+\sum_{g\in G}\sum_{i\in FE}\sum_{t=1}^{T}\sum_{m\in M}\sum_{m'\in M} CF_{i}^{gmm'}\times X_{it(t+1)}^{gmm'}+$$
$$\sum_{g\in G}\sum_{i\in R}\sum_{t=1}^{T} CD_{i}^{g}\times RD_{it}^{g}$$

满足以下约束条件：

$$\sum_{\substack{m\in M\\ i'\in E}} X_{iti't}^{mg}=SD_{i(t-1)}^{g}+SN_{it}^{g}-SD_{it}^{g}, i\in S, g\in G, t\in T \tag{18-20}$$

$$-\sum_{\substack{m\in M\\ i'\in E}} X_{i'tit}^{mg} = -RD_{it(t-1)}^{g} + RN_{it}^{g} - RD_{it}^{g}, i\in R, g\in G, t\in T \tag{18-21}$$

$$\sum_{j\in FE} X_{j(t-t_{mjt})it}^{mg} + \sum_{m\in M} X_{i(t-1)t}^{gn'm} + X_{i'tit}^{mg} = \sum_{j\in FE} X_{itj(t+t_{mjt})}^{mg} + \sum_{m\in M} X_{it(t+1)}^{gmm'} + X_{iti't}^{mg},$$
$$i\in FE, g\in G, t\in T, m\in M, i'\in R\cup S \tag{18-22}$$

$$SD_{it}^{g}\geqslant 0; SN_{it}^{g}\geqslant 0; RD_{it}^{g}\geqslant 0; RN_{it}^{g}\geqslant 0; X_{itj(t+t_{mj})}^{gm}\geqslant 0; X_{it(t+1)}^{gmm'}\geqslant 0 \tag{18-23}$$

$$VA_{it}^{m} + \sum_{j\in FE} Y_{j(t-t_{mjt})it}^{m} + VD_{i(t-1)}^{m} = \sum_{j\in FE} Y_{itj(t+t_{mij})}^{m} + VD_{it}^{m}, i\in FE, t\in T, m\in M \tag{18-24}$$

$$Y_{itj(t+t_{mij})}^{m} \leqslant ACap_{ij}^{m}, t\in T, m\in M, (i,j)\in CA \tag{18-25}$$

$$Y_{itj(t+t_{mij})}^{m} \geqslant 0 \text{ 且为整数}, VD_{it}^{m}\geqslant 0 \text{ 且为整数} \tag{18-26}$$

$$\sum_{g\in G} X_{itj(t+t_{mij})}^{gm} \times P^{g} \leqslant VCap^{m} \times Y_{itj(t+t_{mij})}^{m}, t\in T, m\in M, (i,j)\in CA \tag{18-27}$$

模型的开始时刻可以定为物资的最早起运时间，它的目标函数分为三部分：①车辆的行驶费用$\sum_{m\in M}\sum_{i\in FE}\sum_{j\in FE}\sum_{t=1}^{T} CT^{m}\times Y_{itj(t+t_{mij})}^{m}\times t_{mij}$，它表示为单位时间内的运行费用与总运行时间的乘积。②模式转换费$\sum_{g\in G}\sum_{i\in FE}\sum_{t=1}^{T}\sum_{m\in M}\sum_{m'\in M} CF_{i}^{gmm'}\times X_{it(t+1)}^{gmm'}$，它是改变物资运输方式所引起的费用。③需求延期满足所引起的目标函数增加值$\sum_{g\in G}\sum_{i\in R}\sum_{t=1}^{T} CD_{i}^{g}\times RD_{it}^{g}$，其中$CD_{i}^{g}$表示需求的延期满足罚函数系数。在此目标函数中，确定延期满足罚函数系数的值非常关键，如果不能定义合适的罚函数系数，则可以将此单目标函数转化为多目标函数，其中第一个目标函数为最小化费用目标函数，它包括原目标函数的第一部分与第二部分；第二个目标函数为最小化需求延期满足时间目标函数，它包括原目标函数的第三部分。然后根据救援物资运输的紧迫性，选定模型的主要目标与次要目标以及次要目标的期望值，应用多目标规划约束法进行求解。在时间紧迫、不能对延期满足罚函数系数进行充分论证的情况下，这种方法更适合突发恶劣气象事件应急处理的条件约束。

应急救援物资运输与车辆调度模型的约束条件可以分为三类，分别是物资流约束、车辆流约束、物资流与车辆流关联约束。

物资流约束包括模型中式(18-20)～式(18-23)，其中约束式(18-20)是供应点物资流引出约束，它表示供应点向网络发送应急物资的数量与库存量的关系。等式左边是 i 点向多模式分层网络中供应 g 物资的数量，等式右边是 i 点上一时段延期到本时段未起运 g 物资数量加上新增 g 物资供应量再减去延期到下一时段运输的 g 物资的数量。约束式(18-21)是需求点物资流引出约束，它表示需求点从网络中接收应急物资的量与未满足及新增物资需求的关系。等式左边是 i 点从其在 m 模式层的映像点 i' 接收 g 物资的数量之和，等式右边是 i 点上一时段延期到本时段未满足 g 物资的数量加上在 i 点新增的 g 物资的需求量减去本时段已满足的 g 物资的需求量。因使用网络流的公式表示，输入流量用负值表示。式(18-20)与式(18-21)分别定义了供应点与需求点的物资调度平衡，共同促使物资从供应点流向需求点。约束式(18-22)是中转点或映像点物资调度平衡约束，等式左边表示物资流入 i 点的数量，等式右边表示物资流出 i 点的数量，它表示进入中转点或映像点的物资量等于离开该点的物资量。其中等式左侧的第一项表示由同一模式层 j 点运输到 i 的 g 物资数量，第二项表示由其他模式层 i 点通过转换弧转换运输方式到 m 层的 i 点的 g 物资的数量，第三项表示供应点向网络中发送物资 g 的数量；等式右侧第一项表示 i 向同一模式层 j 点发出的物资数量，第二项表示 i 向其他模式层转换运输方式而发出的 g 物资的数量，第三项表示需求点从网络中接收物资 g 的数量。该式左侧 $X^{mg}_{i'tit}$ 表示如果对于 g 物资 i 点是供应映像点，从供应点向供应映像点发送的物资量；右侧 $X^{mg}_{iti't}$ 表示如果对于 g 物资 i 点是需求映像点，则从需求映像点向需求点发送的物资量。约束式(18-23)是非负约束，它限制所有与物资流约束相关变量必须大于或等于零，并且为连续变量。

车辆流约束包括模型中的式(18-24)～式(18-26)。其中约束式(18-24)是车辆流平衡约束，约束进入中转点或映像点的车辆数等于完成任务、停在该点的车辆数与离开该点的车辆数之和。等式左边第一项表示 t 时段在 i 点新增的可用车辆数，第二项表示在 t 时段到达 i 点的车辆数，第三项是从 $(t-1)$ 时段就停留在 i 点的车辆数；等式右边的第一项表示在 t 时段离开 i 点的车辆数，第二项表示在 t 时段停留在 i 点的车辆数。式(18-25)是车辆流上界约束，不等式左边表示在 t 时段通过载重弧 (i,j) 的车辆数，不等式右边表示载重弧 (i,j) 的容量。该式表示任一时刻通过载重弧 (i,j) 的车辆数不能超过该弧的容量。约束式(18-26)限制车辆流相关变量都大于或等于零，并且为整型变量。

物资流与车辆流关联约束式(18-27)表示的是物资流与车辆流之间的关系。上述约束中物资流约束表示物资流从供应点流向需求点应该满足的条件，车辆流约束是限制车辆的流转关系，它们从约束式上看是独立的，它们之间通过关联约束式集成为一个整体，共同表示应急物资运输与车辆调度问题的数学模型。应急物资运输问题研究的是如何高效地调度车辆将应急物资从供应点运输到需求点，这里车辆通过"运载"与物资发生关系。关联约束式的左侧 $\sum_{g\in G} X^{gm}_{itj(t+t_{mij})} \times P^g$ 表示在 t 时段通过载重弧 (i,j) 的应急物资的总质量，不等式的右侧 $VCap^m \times Y^m_{itj(t+t_{mij})}$ 表示在 t 时段通过载重弧 (i,j) 车辆的容量。这个不等式通过限制通过载重弧 (i,j) 的物资质量不能大于通过该弧的车辆的载质量来约束物资流与车辆流量的关系，从而将物资运输与车辆调度统一起来，形成了完整的描述应急物资运输与车辆调度问题的约束集。

二、基于拉格朗日松弛法的解决算法设计

应急物资运输与车辆调度模型是一个混合整型规划，仅在车辆流部分就有 $CA \times T \times Y^m$ 个整型决策变量，如果采用单纯形法与分支定界法解决此问题，车辆数、运输方式、计划周期等变量数的增加将会使计算复杂性快速增加，不能满足突发恶劣气象事件后快速、高效地制订应急物资运输方案的需要。从应急物资运输与车辆调度模型分析，整个模型约束可以分成物资流约束与完成物资运输任务而产生的车辆流约束两部分，而且目标函数也可以分为与物资流相关的运输模式转换费和需求延期满足惩罚费，以及与车辆流相关的车辆行驶费用两部分，它们通过物资流与车辆流关联约束式联系。如果能够使用方法松弛该关联约束，就可以将应急物资运输调度问题分为物资运输问题与车辆调度问题两个子问题，可以大大降低求解该问题的计算复杂度。

根据以上分析，以拉格朗日松弛法(以下简称拉氏松弛)为基础，设计解决应急物资运输与车辆调度模型的拉氏运输调度算法。拉氏运输调度算法应用拉氏松弛将关联约束式乘上拉氏

乘子后加入目标函数中。这个方法类似在问题的目标函数中对每一条物资质量超过车辆容量的弧施加罚数，这样问题就可以划分为物资流问题与车辆流问题两个子问题。使用两个子问题的最优解应用子梯度法来计算拉氏乘子，按照拉氏松弛的原理迭代上述计算步骤，最后得到合适的拉氏乘子向量组，再求出原问题的最优解或近似最优解。应用拉氏松弛后，目标函数成为：

$$\text{Minimize}\sum_{m\in M}\sum_{i\in FE}\sum_{j\in FE}\sum_{t=1}^{T}CT^{m}\times Y_{itj(t+t_{mij})}^{m}\times t_{mij}+\sum_{g\in G}\sum_{i\in FE}\sum_{t=1}^{T}\sum_{m\in M}\sum_{m'\in M}CF_{i}^{gmm'}\times X_{it(t+1)}^{gmm'}+\sum_{g\in G}\sum_{i\in R}\sum_{t=1}^{T}CD_{i}^{g}\times$$

$$RD_{it}^{g}+\sum_{m\in M}\sum_{i\in FE}\sum_{j\in FE}\sum_{t=1}^{T}W_{mijt}(\sum_{g\in G}X_{itj(t+t_{mij})}^{gm}\times P^{g})-\sum_{m\in M}\sum_{i\in FE}\sum_{j\in FE}\sum_{t=1}^{T}W_{mijt}(VCap^{m}\times Y_{itj(t+t_{mij})}^{m})$$

式中：W_{mijt}——拉氏乘子向量组。

将物资流与车辆流关联约束式乘以拉氏乘子向量组加入目标函数中，就可以将关联约束式从原问题“松弛”掉，则应急物资运输与车辆调度模型的拉氏子问题由以上目标函数与约束式组成。以下将应用拉氏松弛的应急物资运输与车辆调度问题简称为 Lag(OP)·Lag(OP)。应用拉氏松弛可以分为物资流问题[简称 Lagl(X)]和车辆流问题[简称 Lag2(Y)]两个子问题。其中 Lagl(X)的目标函数由目标函数的第二、第三和第四部分组成，约束集由式(18-20)～式(18-23)组成，由于在拉氏子问题去掉了关联约束，载重弧上的物资流质量可能会超过弧容量，为了避免这个问题，在 Lag1(X)加入物资流上界约束式(18-28)：

$$\sum_{g\in G}X_{itj(t+t_{mij})}^{gm}\times P^{g}\leqslant ACap_{ij}^{m}\times VCap^{m},t\in T,m\in M,i\in FE,j\in FE \tag{18-28}$$

Lag2(Y)问题的目标函数由目标函数的第一部分和第五部分组成，约束集由式(18-24)～式(18-26)组成。在将应急物资运输与车辆调度模型划分为两个子问题后，求解 Lag(OP)最优解的计算步骤如下。

步骤一：求解 Lag(OP)整型松弛问题的解，如果没有得到解，则终止运算，原问题没有可行解。如果得到 Lag(OP)整型松弛问题的解 S^{*}，则设置迭代计数 $k=1$，问题低界解 $LB=S^{*}$，设置拉氏乘子 $W_{mijt}^{0}=0$。求任意一个原问题的可行解 S'，设置 Lag(OP)最优解 $OP^{*}=S'$，执行步骤二。

步骤二：通过子梯度法来计算拉氏乘子问题，首先分别计算 Lag1(X)和 Lag2(Y)，得到最优解 X^{k} 与 Y^{k}，利用这两个解计算出 Lag(OP)的目标函数值 S^{k}。如果 $S^{k}>LB$，则 $LB=S^{k}$。判断 X^{k} 和 Y^{k} 是否满足原问题的约束条件，如果满足且 $S^{k}<OP^{*}$，则 $OP=S^{k}$，执行步骤三。

步骤三：判断以下循环退出条件。①将 X^{k} 和 Y^{k} 代入关联约束式，判断是否满足左值等于右值的条件；②$(OP^{*}-LB)/OP^{*}<\alpha$；③$k=TK$。其中满足条件①，当前 S^{k} 就是问题的最优解，输出 S^{k}，α 为收敛率，如果当前 OP^{*} 距离低界解 LB 的比率小于 α，认为 OP^{*} 是可接受解，且输出 OP^{*}。TK 是循环次数限制，满足条件③直接退出，将当前的最优解输出。如果以上退出条件都不满足，则执行步骤四。

步骤四：计算拉氏乘子的步长 θ_{k}，设 λ 为比例因子，将 X^{k} 和 Y^{k} 代入式(18-29)计算步长。

$$\theta_{k}=\lambda\times(OP^{*}-LB)/\sum_{m\in M}\sum_{i\in FE}\sum_{j\in FE}\sum_{t=1}^{T}(\sum_{g\in G}X_{itj(t+t_{mij})}^{gm}\times P^{g}-Y_{itj(t+t_{mij})}^{m}\times VCap^{m})^{2} \tag{18-29}$$

为保证目标函数的值收敛，如果 T 在 TLK 次循环中 LB 值没有增加，则减少 $\lambda=\lambda/2$。TLK 是比例因子调整迭代次数上限，如果在 TLK 次循环中目标函数的最低界没有改善，则调整比例因子。将上面计算得到的 θ_k 代入式(18-30)，执行步骤五。

步骤五：计算拉氏乘子，计算式为式(18-30)。

$$W_{mijt}^{k+1}=W_{mijt}^{k}+\theta_k\times(\sum_{g\in G}X_{itj(t+t_{mij})}^{gm}\times P^g-Y_{itj(t+t_{mij})}^{m}\times VCap^m) \tag{18-30}$$

因为 W_{mijt}^{k} 必须满足非负条件，所以 $W_{mijt}^{k+1}=\max(0,W_{mijt}^{k+1})$，$k=k+1$，转步骤二。

原问题应用拉氏运输调度算法可以分为 Lag1(X)物资流和 Lag2(Y)车辆流两个子问题，下面是 Lag1(X)和 Lag2(Y)两个子问题的解法设计。

1. 物资流子问题 Lag1(X)的线性规划模型

目标函数：

$$\text{Minimize}\sum_{g\in G}\sum_{i\in FE}\sum_{t=1}^{T}\sum_{m\in M}\sum_{m'\in M}CF_i^{gmm'}\times X_{it(t+1)}^{gmm'}+\sum_{g\in G}\sum_{i\in R}\sum_{t=1}^{T}CD_i^g\times RD_{it}^t+$$

$$\sum_{g\in G}\sum_{i\in R}\sum_{t=1}^{T}CD_i^t\times RD_{it}^t+\sum_{m\in M}\sum_{i\in FE}\sum_{j\in FE}\sum_{t=1}^{T}W_{mijt}(\sum_{g\in G}X_{itj(t+t_{mij})}^{gm}\times P^g)$$

约束条件：

$$\sum_{\substack{m\in M\\ i'\in E}}X_{iti't}^{mg}=SD_{it(t-1)}^g+SN_{it}^g-SD_{it}^g,i\in S,g\in G,t\in T$$

$$-\sum_{\substack{m\in M\\ i'\in E}}X_{i'tit}^{mg}=-RD_{it(t-1)}^g+RN_{it}^g-RD_{it}^g,i\in R,g\in G,t\in T$$

$$\sum_{j\in FE}X_{j(t-t_{mjt})it}^{mg}+\sum_{m'\in M}X_{i(t-1)t}^{gm'm}+X_{i'tit}^{mg}=\sum_{j\in FE}X_{itj(t+t_{mjt})}^{mg}+\sum_{m'\in M}X_{it(t+1)}^{gmm'}+X_{iti't}^{mg},$$

$$i\in FE,g\in G,t\in T,m\in M,i'\in R\cup S$$

$$\sum_{g\in G}X_{itj(t+t_{mij})}^{gm}\times P^g\leqslant ACap_{ij}^m\times Vcap^m,t\in T,m\in M,i\in FE,j\in FE$$

$$SD_{it}^g\geqslant 0;SN_{it}^g\geqslant 0;RD_{it}^g\geqslant 0;RN_{it}^g\geqslant 0;X_{itj(t+t_{mj})}^{gm}\geqslant 0;X_{it(t+1)}^{gmm'}\geqslant 0$$

从上述模型可以看出，在多模式分层网络中，Lag1(X)可以分析为多货物最小费用流问题，使用列生成法等算法可以较快地计算出最小费用流。其中目标函数的第一项与第三项可以直接表示为弧的费用，目标函数的第二项需要转换为弧形式，如计算 g 物资到需求点成本最少时，网络上弧(i,j)的需求延期满足费率$=t_{mij}\times CD_l^g$。如果应急物资运输的目标是时间最短而不考虑费用，例如在应急资源调度系统的启动阶段，决策者追求的目标是快速响应事件影响区域内应急物资的需求，则可以将 Lag1(X)目标函数的第一项移除后计算，所得结果就是运输时间最短的应急物资运输计划。同时因为物资流子问题的决策变量都是连续变量，所以在多模式分层网络规模不大的情况下，可以直接使用单纯形法求解，也可以满足性能的需要。

2. 车辆流子问题 Lag2(Y)的线性规划模型

目标函数：

$$\text{Minimize}\sum_{m\in M}\sum_{i\in FE}\sum_{j\in FE}\sum_{t=1}^{T}CT^m\times Y_{itj(t+t_{mij})}^{m}\times t_{mij}-\sum_{m\in M}\sum_{i\in FE}\sum_{j\in FE}\sum_{t=1}^{T}W_{mijt}(VCap^m\times Y_{itj(t+t_{mij})}^{m})$$

约束条件：

$$VA_{it}^{m}+\sum_{j\in FE}Y_{j(t-t_{mjt})it}^{m}+VD_{i(t-1)}^{m}=\sum_{j\in FE}Y_{itj(t+t_{mij})}^{m}+VD_{it}^{m},i\in FE,t\in T,m\in M$$

$$Y_{itj(t+t_{mij})}^{m}\leqslant ACap_{ij}^{m},t\in T,m\in M,(i,j)\in CA$$

$$Y_{itj(t+t_{mij})}^{m}\geqslant 0\text{ 且为整数},VD_{it}^{m}\geqslant 0\text{ 且为整数}$$

从上述模型可以看出，车辆流子问题 Lag2(Y)是一个整数规划问题，解决该问题可以将多模式分层网络中每个模式层单独求解。在每个模式层的时空网络中，增加一个发点 Start，一个收点 End。End 点通过入弧与时空网络各 FE 点相连，入弧的关联费用为零，上界约束为无穷；Start 点通过出弧与时空网络上每一个 $VA_{it}>0$ 的 FE 点相连，出弧的关联费用为零，上下界约束都为 VA_{it}。按照上述方法可以将 Lag2(Y)子问题转换为最小费用流问题。

设按照上述方法得到模式层时空网络的转换图为 G(V,A)，在图上每一条弧$(i,j)\in A$，弧的关联费用为 $c_{ij}=t_{mij}\times CT-W_{mijt}\times VCap$，并且大于零，弧的流量上下界分别为 u_{ij} 和 l_{ij}，与 Start 点相连的弧的上下界为 $u_{ij}=l_{ij}=VA_{it}$，其余行驶弧的上界为 $u_{ij}=ACap_{ij}$，下界 $l_{ij}=0$，停靠弧的上界为 $u_{ij}=\sum_{i\in FE}\sum_{t}VA_{it}$，下界 $l_{ij}=0$。对于在 G(V,A)上的一个可行车辆流 x，对应的剩余网络 G(x)的定义：对于 G(V,A)中的弧$(i,j)\in A$，G(x)中有两条弧(i,j)和(j,i)，弧(i,j)相关联的费用为 c_{ij}，剩余容量 $r_{ij}=u_{ij}-x_{ij}$，弧(j,i)相关联的费用 $c_{ji}=-c_{ij}$，剩余容量 $r_{ji}=x_{ij}$，G(x)中只包括剩余容量大于零的弧。

按照上述方法对时空网络进行转换后，就可以使用负费用回路消除算法求解 Lag2(Y)子问题，它首先计算 G(V,A)任意一可行流的剩余网络 G(x)，再使用先进先出标号改正算法计算 G(x)中顶点的标号，然后根据顶点标号与前驱顶点探测 G(x)中的负费用回路 W 进行判断，如果存在负费用回路，则沿回路计算组成负费用回路的弧的最小剩余容量 IncreaseStep，并将组成负费用回路弧的流量值增加 IncreaseStep，直到 G(x)中不再存在负费用回路。

三、应急物资运输与车辆调度计划的调整

由于在突发恶劣气象事件后的短时期内可能会出现信息严重缺失的情况，在这期间应急资源调度系统中的应急资源调度执行机构组织向灾区供应应急物资往往带有一定的盲目性。物资的品种、数量、供应、需求地点可能会随时间变化。运输所用的车辆也随着征用范围的扩大而增加。因此在应急资源调度系统的启动阶段，应急物资运输与车辆调度模型中的供应、需求物资种类、数量、可用车辆数等参数都会变化，根据初始参数计算出的解而制订的应急物资运输计划也会随之进行调整。

应急资源调度具有不确定性的特点，当应急资源调度系统进入平稳运作阶段后，突发恶劣气象事件得到有效控制，影响范围不再扩大，应急资源调度系统中各组成部分信息沟通顺畅，应急资源调度执行机构能够掌握充分信息(例如受灾群众的数量、突发恶劣气象事件的影响情况等)。通过信息沟通与反馈，信息逐渐趋于对称，这时应急资源调度执行机构才能够比较准确地评估突发恶劣气象事件影响区域内需要物资的种类、数量等参数。而在达到这个目标之前，应急资源调度系统中的需求物资的种类、数量，以及对应的应急物流中心供应物资的数量、可用车辆数都会发生变化。因此根据输入参数的变化重新计算模型的优化解，并且调整应急物资运输与车辆调度计划就显得尤为重要。

在建立应急物资运输与车辆调度模型时采用分时段方式，可以在输入参数变化后，按照下

述方法在应急救援物资运输与车辆调度模型中加入参数变化值，并使用拉氏运输调度算法重新求解，从而可以比较方便地根据物资流与车辆流的参数变化调整原有计划。

设在 t^* 时刻模型参数发生变化，需要重新调整应急物资运输计划，调整的计划周期为 T，也就是调整计划的周期从 t^* 时刻开始到 (t^*+T) 时刻结束，调整计划期内时段数用 t 表示，$t^*<t<(t^*+T)$。已经在 t^* 时刻前起运还没有到达目的地的救援物资与在途车辆不参与计划调整，这部分车辆完成任务后再调整可用车辆数。

1. 物资供应量和需求量的调整

计划期 t 时刻在 i 点新增 g 物资供应量 $SAdditon_{it}^{g}$，在 j 点新增 g 物资需求量 $RAddition_{it}^{g}$，按照下述方法进行计划调整。

$SD_{it}^{g}=SAddition_{it}^{g}+SD_{iT}^{g}$，本时段的 g 物资的供应量等于调整计划期新增的 g 物资的供应量与上一个计划期最后一个时段的依然没有起运的 g 物资供应量之和。

$RD_{it}^{g}=RAddition_{it}^{g}+RD_{iT}^{g}$，本时段的 g 物资的需求量等于调整计划期新增的 g 物资的需求量与上一个计划期最后一个时段的未满足的 g 物资需求量之和。

在突发恶劣气象事件应急物资保障的情况下，物资供应量与车辆数都会随着动员范围逐渐扩大而增加，因此不需要考虑负值情况。如果 $RAddition_{it}^{g}<0$，则取 $RD_{it}^{g}=\max(RAddition_{it}^{g}+RD_{it}^{g},0)$。

2. 可用车辆数的调整

上一时期已分配运输任务但还没有到达目的地的车辆不再调整其运输任务。除此之外，在调整计划期 t 时刻的可用车辆数由以下几部分组成：

(1)本时段新征用承担应急物资运输任务的车辆 $VAddition_{it}^{m}$。

(2)以前时段征用，准备承担应急物资运输任务，但一直没有使用的运输车辆。它们在 t^* 时刻之前就可以使用，所以它们是 $VA_{it^*}^{m}$ 的组成部分。

(3)在 t^* 时刻后停留在当地等待新任务的车辆。这一部分车辆可能在上一个计划期就计划在 t^* 时刻后某一个时段离开停靠点，车辆数在 $t>t^*$ 时段可能会减少。因此需要根据前一个计划期判断出该点等待车辆数不再减少的时段 t'，将 t' 时段后停靠在该点待命的车辆加入新计划中该点的可用车辆数中，同时将 t' 以后新增的等待车辆作为在新计划中 t' 时段以后的新增车辆数 VA_{it}^{m} 进行求解。

在突发恶劣气象事件后的应急资源调度启动阶段，为保障应急物资的供应，应急运输所使用的车辆数随着动员范围的扩大而增加。为了避免现有车辆的运载能力不能满足突然增长的物资需求量带来的新增运力需求，不会减少已经征用的车辆数，因此在应急物资运输与车辆调度模型中不需要考虑车辆数减少情况下计划的调整。

参 考 文 献

[1] Samer Hani Hamdar. Modeling Driver Behavior under Extreme Condition [D]. University of Maryland, 2004.

[2] 刘聪,卞光辉,黎健,等.交通气象灾害目[M].北京:气象出版社,2009.

[3] 任东锋.高速公路雾区交通安全与监控系统的研究[D].西安:长安大学,2007.

[4] 公安部交通管理局.道路交通事故统计年报(2009 年度)[R].无锡:公安部交通管理科学研究所,2010.

[5] 同济大学.基于事件的重大公路交通基础设施运营风险评价.国家高技术研究发展 863 计划,2010.

[6] Emily Parkany. A Complete Review of Incident Detection Algorithms & Their Deployment: What Works and What Doesn't. New England Transportation Consortium, 2005.

[7] Payne H J, Thompson S M. Development and testing of operational incident detection algorithms: technical report[R]. BSEO Report No. R-009-97, 1997.

[8] Collins J F , Hopkins C M , Martin J A. Automatic incident detection-TRRL algorithms HIOCC and PATREG[R]. TRRL Supplementary Report, 1979, Vol 526.

[9] Masters P H, Lam J K, Wong K. Incident detection algorithms of COMPASS-an advanced traffic management system[A]. Proceeding of Vehicle Navigation and Information Systems Conference[C], Part 1, 1991: 295-310.

[10] Dudek C L, Messer C J, NucklesN B. Incident detection on urban freeway[J]. Transportation Research Record, 1974,495: 12-24.

[11] Levin M, Krause G M. Incident detection algorithms, Part 2:on-line evaluation[J]. Transportation Research Record, 1979,722: 58-64.

[12] Ahmed M S, Cook A R. Time series models for freeway incident detection[J]. Journal of Transportation Engineering, 1980,106: 731-745.

[13] Cook A R , Cleveland D E. Detection of freeway capacity-reducing incidents by traffic-stream measurements[J]. Transportation Research Record, 1974,495: 1-11.

[14] Stephanedes Y J, Chassiakos A P. Freeway incident detection through filtering[J]. Transportation Research Part C,1993,3:219-233.

[15] Samant A, Adeli H. Feature extraction for traffic incident detection using wavelet transform and linear discriminate analysis[J]. Computer-Aided Civil and Infrastructure Engineering, 2000,15(4): 241-250.

[16] Willsky A S, Chow E Y, Gershwin S B. Dynamic model-based techniques for the detection of incidents on freeways[J]. IEEE Transaction on Automatic Control, 1980,25 (3): 347-360.

[17] Gall A I, Hall F L. Distinguishing between incident congestion and recurrent congestion: a proposed logic[J]. Transportation Research Record, No. 1232: 1-8.

[18] Fambro D B, Ritch G P. Automatic detection of freeway incidents during low volume conditions[R]. Report No, 1979, FHWA/TX-79/23-210-1.

[19] Ritchie S G, Cheu R L. Simulation of freeway incident detection using artificial neural networks[J]. Transportation Research Part C, 1993,1(3): 203-217.

[20] Chang E C-P, Wang S H. Improved freeway incident detection using fuzzy set theory [J]. Transportation Research Record, 1994,1453: 75-82.

[21] Michalopoulos P G, Jacobson R D, Anderson C A. Field implementation and testing of a machine vision based incident detection system[A]. Pacific Rim Trans-Tech Conference Proceedings[C]. ASCE, 1993,1:69-76.

[22] 姜桂艳,温慧敏,杨兆升. 高速公路交通事件自动检测系统与算法设计[J]. 运输工程学报,2001,1(1):77-81.

[23] 杨耀华,李昕,江芳泽,等. 高速公路事件探测系统及算法[J]. 路交通科技,2003,3(20): 133-136.

[24] Transportation Research Board. Maintenance Management, Traffic Safety and Roadsides, 1993, TRB/TRR-1409.

[25] 丛浩哲,方守恩,王俊骅. 交通事件持续时间影响因素分析及其回归模型[J]. 交通信息与安全,2010(3):80-83.

[26] 同济大学交通运输工程学院. 基于事件的重大公路交通基础设施运营安全研究,2010,8.

[27] 王晓飞. 灾变条件下通道路网运营安全管理及应急处置研究 [D]. 同济大学交通运输工程学院,2008,3.

[28] 樊军. 灾变条件下公路重大交通基础设施运营安全对策研究[D]. 同济大学交通运输工程学院,2006.

[29] 杨志清. 服务于安全运营的高速公路网信息系统[D]. 同济大学交通运输工程学院,2008,3.

附　　录

附录 A　路网交通流组织的各种管理方法或对策的决策准则

分离类对策决策准则

表 A-1

对策名称	对策代码	灾害事件							交通事件			计划事件
		雾	雨	雪	冰(雹)	风	地质灾害	洪水	交通事故	车辆抛锚	车上落物	道路养护作业
车道关闭对策	FL-GB	SD≤50	SD≤50 或 SM≥10	SD≤150 XS≥15	SD≤150 IR≥30	WS≥30	设施中断	设施中断	事故车道	被占车道	被占车道	按作业要求
专用车道对策	FL-ZY	SD≤50 需要时	SD≤50 需要时	SD≤150 XS≥15 需要时	SD≤150 IR≥30 需要时	WS≥30 需要时	需要时	需要时	需要时	需要时	需要时	需要时
对向车道变向使用对策	FL-DX	D	D	D	D	D	D	D	D	D	D	D
同向车道变向使用对策	FL-TB	T	T	T	T	T	T	T	T	T	T	×
出口管理对策	FL-CG	SD≤50 需要时	SD≤50 需要时	SD≤150 需要时	SD≤150 需要时	WS≥30 需要时	需要时	需要时	需要时	需要时	需要时	需要时

注:1. 表中符号意义:①×:该灾变事件的所有级别都不采用该对策;②SD:视距(m);SM,水膜厚度(mm);IR:结冰率(%);WS:风速(m/s);XS:雪深度(mm);③D:表示需要时,且对向路借出车道后通行能力满足;T:设施单向交通中断,对向车道不可用。

2. 表中为单项灾变事件下的管理对策;当发生组合事件时,管理对策按后果最严重的单项灾变事件的管理对策执行,当最严重单项灾变事件不必要的管理对策对于次级灾变事件管理是必要的时,按次级事件的管理要求执行。

表 A-2

车辆行驶控制类对策决策准则

对策名称	对策代码	事件等级	灾害性事件							交通事件			计划事件
			雾	雨	雪	冰雹	风	地质灾害	洪水	交通事故	车辆抛锚	车上落物	道路养护作业
车速、车距及车型控制对策	XK-CS, XK-CJ, XK-CX	一级事件限速值	W	YT	关闭	关闭	关闭	关闭	关闭	关闭	关闭	关闭	关闭
		二级事件限速值	W	YT	XS:20 CJ:25	XS:15 CJ:50	客车:禁行; 集卡:XS:20, CJ:20,CX:R; 小汽:XS:50, CJ:60	XS:40 CJ:50	XS:40 CJ:50	XS:40 CJ:50	XS:40 CJ:50	XS:40 CJ:50	XS:40 CJ:50
		三级事件限速值	W	YT	XS:30 CJ:40	XS:20 CJ:60	客车:禁行; 集卡:XS:40, CJ:50,CX:R; 小汽:XS:85, CJ:110	XS:60 CJ:75	XS:60 CJ:75	XS:60 CJ:75	XS:60 CJ:75	XS:60 CJ:75	XS:60 CJ:75
		四级事件限速值	W	YT	XS:50 CJ:60	XS:30 CJ:80	客车:XS:40, CJ:50,CX:R; 集卡:XS:60, CJ:75,CX:RM	XS:80 CJ:90	XS:80 C:J90	XS:80 CJ:90	XS:80 CJ:90	XS:80 CJ:90	XS:80 CJ:90
建议避免紧急制动、突然减速或转向对策	XS2	决策准则	×	×	●	●	●	×	×	×	×	×	×
禁止超车对策	XK-JC	决策准则	SD≤200	SD≤200	●	●	WS≥23	CD≤1 XS≤40	CD≤1 XS≤40	CD≤1 XS≤40	CD≤1 XS≤40	CD≤1 XS≤40	CD≤1 XS≤40

注:1. 表中符号意义:①SD:视距(m);IR:结冰率(%);WS:风速(m/s);CD:剩余车道数(条);XS:车速控制对策的限速值(km/h);CJ:车距控制对策的最小车距控制值(m);CX:车型限制对策的受限车型的行驶车道;R:只限在右车道行驶;RM:只限在右、中车道行驶(单向三车道以上);②●:该灾变事件的所有级别都采用该对策;×:该灾变事件的所有级别都不采用该对策;W:雾天的行车控制对策按雾天控制标准执行;YT:雨天的对策按雨天控制标准执行。

2. 表中为单项灾变事件下的管理对策;当发生组合事件时,管理对策按后果最严重的单项灾变事件的管理对策执行,当最严重单项灾变事件不必要的管理对策对于次级灾变事件管理是必要的时,按次级事件的管理要求执行。

3. 计划事件中的车型控制对策根据维修作业要求确定,不受计划事件的级别限制。

限流类对策决策准则

表 A-3

对策名称	对策代码	事件等级	灾害性事件							交通事件			计划事件
			雾	雨	雪	冰雹	风	地质灾害	洪水	交通事故	车辆抛锚	车上落物	道路养护作业
封闭入口对策	XL—FB	一级事件	●	●	●	●	●	●	●	●	●	●	●
入口流量限制对策	XL-LX	二级事件	Q>C	Q>C	Q>C	Q>C	Q>C	Q>C	Q>C	Q>C	Q>C	Q>C	Q>C
		三级事件	Q>C	Q>C	Q>C	Q>C	Q>C	Q>C	Q>C	Q>C	Q>C	Q>C	Q>C
		四级事件	Q>C	Q>C	Q>C	Q>C	Q>C	Q>C	Q>C	Q>C	XQ>C	Q>C	Q>C

注：1. 表中符号意义：①Q>C：通过重大基础设施的交通需求大于灾变事件下设施的实际通行能力；②●：灾变事件该级别下必须采用该类对策，有特殊需要或采用紧急工程对策改变行车条件后可不受此对策限制。

2. 表中为单项灾变事件下的管理对策；当发生组合事件时，管理对策按后果最严重的单项灾变事件的管理对策执行，当最严重单项灾变事件不必要的管理对策对于次级灾变事件管理是必要的时，按次级事件的管理要求执行。

诱导类对策决策准则

表 A-4

对策名称	对策代码	灾害性事件							交通事件			计划事件
		雾	雨	雪	冰雹	风	地质灾害	洪水	交通事故	车辆抛锚	车上落物	道路养护作业
网内分流路径诱导对策	YD-WN	Q>C	Q>C	Q>C	Q>C	Q>C	Q>C	Q>C	中断交通或 Q>C	中断交通或 Q>C	中断交通或 Q>C	中断交通或 Q>C
网外交通流入网诱导对策	YD-WW	Q>C	Q>C	Q>C	Q>C	Q>C	中断交通或 Q>C	中断交通或 Q>C	中断交通或 Q>C	中断交通或 Q>C	中断交通或 Q>C	中断交通或 Q>C
枢纽立交匝道流向重组对策	YD-SN	×	×	视灾害危害程度及枢纽立交的实施条件而定	视灾害危害程度及枢纽立交的实施条件而定	视灾害危害程度及枢纽立交的实施条件而定	×	视灾害危害程度及枢纽立交的实施条件而定	×	×	×	×

注：1. 表中符号意义：①×：不采用该对策；②Q>C：通过重大基础设施的交通需求大于灾变事件下设施的实际通行能力。

2. 表中为单项灾变事件下的管理对策；当发生组合事件时，管理对策按后果最严重的单项灾变事件的管理对策执行，当最严重单项灾变事件不必要的管理对策对于次级灾变事件管理是必要的时，按次级事件的管理要求执行。

表 A-5

生存保障类对策决策准则

对策名称	对策代码	灾害性事件							交通事件			计划事件
		雾	雨	雪	冰雹	风	地质灾害	洪水	交通事故	车辆抛锚	车上落物	道路养护作业
紧急医疗对策	SB-YL	有伤亡事件时	有伤亡事件时	有伤亡事件时	有伤亡事件时	有伤亡事件时	有伤亡事件时	有伤亡事件时	有伤亡事件时	×	有伤亡事件时	×
通风对策	SB-TF	×	×	×	×	×	×	×	隧道内有毒有害气体	×	×	根据作业要求定
自设消防对策	SB-XF	×	×	×	×	×	×	×	引发隧道内火灾时	×	×	×
联动对策	SB-LD	SD<500	SD<500	SD<375	SD<375	WS>19	设施受损时	设施有危险时	●	●	落物为易燃易爆或有毒物品	×
应急照明对策	SB-ZM	SD≤500	SD≤500	SD≤500	SD≤500	WS>15	对行车有危险时	对行车有危险时	根据需要定	根据需要定	根据需要定	根据需要定

注：1. 表中符号意义：①SD：视距(m)；WS：风速(m/s)；②●：必须采用该类对策；×：不采用该对策。

2. 表中为单项灾变事件下的管理对策；当发生组合事件时，管理对策按后果最严重的单项灾变事件的管理对策执行，当最严重单项灾变事件不必要的管理对策对于次级灾变事件管理是必要的时，按次级事件的管理要求执行。

表 A-6

紧急工程类对策决策准则

对策名称	对策代码	灾害性事件							交通事件			计划事件
		雾	雨	雪	冰雹	风	地质灾害	洪水	交通事故	车辆抛锚	车上落物	道路养护作业
应急消雾对策	JG-XW	SD≤50且需要时	×	×	×	×	×	×	×	×	×	×
应急道路维护对策	JG-WH	×	设施受损时	设施受损时	设施受损时	设施受损时	设施受损时	设施受损时	设施受损时	×	设施受损时	×
应急除冰或除雪对策	JG-CB	×	×	●	●	×	×	×	×	×	×	×

注：1. 表中符号意义：①SD：视距(m)；②●：必须采用该类对策；×：不采用该对策。

2. 表中为单项灾变事件下的管理对策；当发生组合事件时，管理对策按后果最严重的单项灾变事件的管理对策执行，当最严重单项灾变事件不必要的管理对策对于次级灾变事件管理是必要的时，按次级事件的管理要求执行。

附录B 应急事件下重大基础设施及其关联路网安全管理决策准则

1. 应急事件下长大桥梁的安全管理决策准则

1)恶劣气象条件等灾害事件下的安全管理决策准则

恶劣气象条件等灾害事件下的安全管理决策准则　　表 B-1

对策类型	对策代码	对策名称	一级灾害事件							二级灾害事件							三级灾害事件							四级灾害事件						
			雾	雨	雪	冰	风	地质	洪水	雾	雨	雪	冰	风	地质	洪水	雾	雨	雪	冰	风	地质	洪水	雾	雨	雪	冰	风	地质	洪水
分离类对策	FL-GB	车道关闭对策	●	●	●	●	●	●	●	×	×	×	×	×	L	L	×	×	×	×	×	L	L	×	×	×	×	×	L	L
	FL-ZY	专用车道对策	N	N	N	N	N	N	N	N	N	N	N	N	N	N	N	N	N	N	N	N	N	×	×	×	×	×	×	×
	FL-DX	对向车道变向使用对策	D	D	D	D	D	D	D	×	×	×	×	×	D	D	×	×	×	×	×	D	D	×	×	×	×	×	×	×
	FL-TB	同向车道变向使用对策	×	×	×	×	×	T	T	×	×	×	×	×	×	×	×	×	×	×	×	×	×	×	×	×	×	×	×	×
	FL-CG	出口管理对策	×	×	×	×	×	×	×	×	×	×	×	×	×	×	×	×	×	×	×	×	×	×	×	×	×	×	×	×
车辆行驶控制类对策	XK-CS	车速控制对策(km/h)	×	×	×	×	×	×	×	40	30	20	15	C1	40	40	75	60	30	20	C2	60	60	90	80	50	30	C3	80	80
	XK-BM	建议避免紧急制动或突然减速对策	×	×	×	×	×	×	×	×	×	●	●	×	×	×	×	×	●	●	×	×	×	×	×	●	●	×	×	×
	XK-CJ	车距控制对策(m)	×	×	×	×	×	×	×	50	50	25	50	C1	50	50	100	70	40	60	C2	90	90	150	90	60	80	C3	90	90
	XK-JC	禁止超车对策	×	×	×	×	×	×	×	●	●	●	●	●	●	●	×	×	●	●	×	×	×	×	×	●	●	×	×	×
	XK-CX	车型控制对策	×	×	×	×	×	×	×	×	×	×	×	C1	×	×	×	×	×	×	C2	×	×	×	×	×	×	C3	×	×

续上表

对策类型	对策代码	对策名称	一级灾害事件							二级灾害事件							三级灾害事件							四级灾害事件						
			雾	雨	雪	冰	风	地质	洪水	雾	雨	雪	冰	风	地质	洪水	雾	雨	雪	冰	风	地质	洪水	雾	雨	雪	冰	风	地质	洪水
限流对策	XL-LX	入口流量限制对策	×	×	×	×	×	×	×	○	○	○	○	○	○	○	○	○	○	○	○	○	○	○	○	○	○	○	○	○
	XL-FB	封闭入口对策	●	●	●	●	●	●	●	×	×	×	×	×	×	×	×	×	×	×	×	×	×	×	×	×	×	×	×	×
诱导类对策	YD-WN	网内分流路径诱导对策	●	●	●	●	●	●	●	●	●	●	●	●	○	○	○	○	○	○	○	○	○	○	○	○	○	○	○	○
	YD-WW	网外交通流入网诱导对策	×	×	×	×	×	×	×	●	●	●	●	●	○	○	○	○	○	○	○	○	○	○	○	○	○	○	○	○
	YD-SN	枢纽立交匝道流向重组对策	×	×	×	×	×	×	×	×	×	×	×	×	×	×	×	×	×	×	×	×	×	×	×	×	×	×	×	×
生存保障类对策	SB-TS	逃生路径引导对策	○	○	○	○	○	○	○	×	×	○	○	○	○	○	×	×	×	×	×	×	×	×	×	×	×	×	×	×
	SB-YL	紧急医疗救护对策	Y	Y	Y	Y	Y	Y	Y	Y	Y	Y	Y	Y	Y	Y	Y	Y	Y	Y	Y	Y	Y	Y	Y	Y	Y	Y	Y	Y
	SB-TF	通风对策	×	×	×	×	×	×	×	×	×	×	×	×	×	×	×	×	×	×	×	×	×	×	×	×	×	×	×	×
	SB-XF	自设消防对策	×	×	×	×	×	×	×	×	×	×	×	×	×	×	×	×	×	×	×	×	×	×	×	×	×	×	×	×
	SB-LD	联动对策	●	●	●	●	●	●	●	●	●	●	●	●	●	●	●	●	●	●	●	●	●	N	N	N	N	N	N	N
	SB-ZM	应急照明对策	●	●	●	●	●	●	●	●	●	●	●	●	●	●	●	●	●	●	●	●	●	×	×	×	×	×	×	×
紧急工程对策	JG-XW	应急消雾对策	N	×	×	×	×	×	×	N	×	×	×	×	×	×	×	×	×	×	×	×	×	×	×	×	×	×	×	×
	JG-WH	应急道路维护对策	×	N	N	N	N	●	●	×	N	N	N	N	●	●	×	N	N	N	N	●	●	×	N	N	N	N	●	●
	JG-CB	应急除冰或除雪对策	×	×	●	●	×	×	×	×	×	●	●	×	×	×	×	×	●	●	×	×	×	×	×	●	●	×	×	×

注:1. 表中符号意义:①●:表示必须采用该类对策;○:表示在一定条件下采用该对策;×:表示不采用该对策;N:表示需要时;D:表示需要且对向路借出车道后通行能力满足时;T:设施单向交通中断,对向车道不可用;②C1:客车:禁行,集卡:XS:20,CJ:20,CX:R,小汽:XS:50,CJ:60;③C2:客车:禁行,集卡:XS:40,CJ:50,CX:R,小汽:XS:85,CJ:110;④C3:客车:XS:40,CJ:50,CX:R,集卡:XS:60,CJ:75,CX:RM;⑤Y:有伤亡事件时;L:表示仅在被破坏车道采用车道关闭对策。

2. 表中为单项灾变事件下的管理对策;组合事件下,管理对策按后果最严重的单项灾变事件的管理对策执行,当最严重单项灾变事件不必要的管理对策对于次级灾变事件管理是必要的时,按次级事件的管理要求执行。

2)交通事件下的安全管理决策准则

交通事件下的安全管理决策准则

表 B-2

对策类型	对策代码	对策名称	一级交通事件			二级交通事件			三级交通事件			四级交通事件		
			交通事故	车辆抛锚	车上落物	交通事故	车辆抛锚	车上落物	交通事故	车辆抛锚	车上落物	交通事故	车辆抛锚	车上落物
分离类对策	FL-GB	车道关闭对策	●	●	●	L	L	L	L	L	L	L	L	L
	FL-ZY	专用车道对策	N	N	N	N	N	N	N	N	N	N	N	N
	FL-DX	对向车道变向使用对策	D	D	D	D	D	D	D	D	D	×	×	×
	FL-TB	同向车道变向使用对策	T	T	T	×	×	×	×	×	×	×	×	×
	FL-CG	出口管理对策	×	×	×	×	×	×	×	×	×	×	×	×
车辆行驶控制类对策	XK-CS	车速控制对策(km/h)	×	×	×	40	40	40	60	60	60	80	80	80
	XK-BM	建议避免紧急制动或突然减速对策	×	×	×	×	×	×	×	×	×	×	×	×
	XK-CJ	车距控制对策(m)	×	×	×	50	50	50	75	75	75	90	90	90
	XK-JC	禁止超车对策	×	×	×	●	●	●	×	×	×	×	×	×
	XK-CX	车型控制对策	×	×	×	×	×	×	×	×	×	×	×	×
限流类对策	XL-LX	入口流量限制对策	×	×	×	○	○	○	○	○	○	○	○	○
	XL-FB	封闭入口对策	●	●	●	×	×	×	×	×	×	×	×	×
诱导类对策	YD-WN	网内分流路径诱导对策	●	●	●	○	○	○	○	○	○	○	○	○
	YD-WW	网外交通流入网诱导对策	×	×	×	○	○	○	○	○	○	○	○	○
	YD-SN	枢纽立交匝道流向重组对策	×	×	×	×	×	×	×	×	×	×	×	×
生存保障类对策	SB-TS	逃生路径引导对策	N	×	N	N	×	N	N	×	N	N	×	N
	SB-YL	紧急医疗救护对策	●	×	Y	●	×	Y	Y	×	Y	Y	×	Y
	SB-TF	通风对策	×	×	×	×	×	×	×	×	×	×	×	×
	SB-XF	自设消防对策	×	×	×	×	×	×	×	×	×	×	×	×
	SB-LD	联动对策	●	●	●	●	●	●	N	N	N	×	×	×
	SB-ZM	应急照明对策	×	×	×	×	×	×	×	×	×	×	×	×
紧急工程类对策	JG-XW	应急消雾对策	×	×	×	×	×	×	×	×	×	×	×	×
	JG-WH	应急道路维护对策	N	×	N	N	×	N	N	×	N	N	×	N
	JG-CB	应急除冰或除雪对策	×	×	×	×	×	×	×	×	×	×	×	×

注:1. 表中符号意义:①●:表示必须采用该类对策;○:表示在一定条件下采用该对策;×:表示不采用该对策;N:表示需要时;D:表示需要且对向路借出车道后通行能力满足时;T:设施单向交通中断,对向车道不可用;②Y:有伤亡事件时;L:表示仅在被破坏车道采用车道关闭对策。

2. 表中为单项灾变事件下的管理对策;当发生组合事件时,管理对策按后果最严重的单项灾变事件的管理对策执行,当最严重单项灾变事件不必要的管理对策对于次级灾变事件管理是必要的时,按次级事件的管理要求执行。

3）计划事件下的安全管理决策准则

施工维护等计划事件下的安全管理决策准则

表 B-3

对策类型	对策代码	对策名称	一级计划事件	二级计划事件	三级计划事件	四级计划事件
分离类对策	FL-GB	车道关闭对策	●	L	L	L
	FL-ZY	专用车道对策	N	N	N	N
	FL-DX	对向车道变向使用对策	D	D	D	×
	FL-TB	同向车道变向使用对策	×	×	×	×
	FL-CG	出口管理对策	×	×	×	×
车辆行驶控制类对策	XK-CS	车速控制对策（km/h）	×	40	60	80
	XK-BM	建议避免紧急制动或突然减速对策	×	×	×	×
	XK-CJ	车距控制对策（m）	×	50	75	90
	XK-JC	禁止超车对策	×	●	×	×
	XK-CX	车型控制对策	×	N	N	N
限流类对策	XL-LX	入口流量限制对策	×	○	○	○
	XL-FB	封闭入口对策	●	×	×	×
诱导类对策	YD-WN	网内分流路径诱导对策	●	○	○	○
	YD-WW	网外交通流入网诱导对策	●	○	○	○
	YD-SN	枢纽立交匝道流向重组对策	×	×	×	×
生存保障类对策	SB-TS	逃生路径引导对策	×	×	×	×
	SB-YL	紧急医疗救护对策	×	×	×	×
	SB-TF	通风对策	×	×	×	×
	SB-XF	自设消防对策	×	×	×	×
	SB-LD	联动对策	×	×	×	×
	SB-ZM	应急照明对策	N	N	N	N
紧急工程类对策	JG-XW	应急消雾对策	×	×	×	×
	JG-WH	应急道路维护对策	×	×	×	×
	JG-CB	应急除冰或除雪对策	×	×	×	×

注：1. 表中符号意义：①●：表示必须采用该类对策；○：表示在一定条件下采用该对策；×：表示不采用该对策；N：表示需要时；D：表示需要且对向路借出车道后通行能力满足时；②L：表示仅在被破坏车道采用车道关闭对策。

2. 表中为单项灾变事件下的管理对策；当发生组合事件时，管理对策按后果最严重的单项灾变事件的管理对策执行，当最严重单项灾变事件不必要的管理对策对于次级灾变事件管理是必要的时，按次级事件的管理要求执行。

2. 应急事件下长大隧道(群)的安全管理决策准则

1)恶劣气象条件等灾害事件下的安全管理决策准则

恶劣气象条件等灾害事件下的安全管理决策准则

表 B-4

对策类型	对策代码	对策名称	一级灾害事件							二级灾害事件							三级灾害事件							四级灾害事件						
			雾	雨	雪	冰	风	地质	洪水	雾	雨	雪	冰	风	地质	洪水	雾	雨	雪	冰	风	地质	洪水	雾	雨	雪	冰	风	地质	洪水
分离类对策	FL-GB	车道关闭对策	×	×	×	×	×	●	●	×	×	×	×	×	L	●	×	×	×	×	×	L	L	×	×	×	×	×	L	L
	FL-ZY	专用车道对策	×	×	×	×	×	N	N	N	N	N	N	N	N	N	N	N	N	N	N	N	N	×	×	×	×	×	N	N
	FL-DX	对向车道变向使用对策	D	D	D	D	D	D	D	×	×	×	×	×	D	D	×	×	×	×	×	D	D	×	×	×	×	×	×	×
	FL-TB	同向车道变向使用对策	×	×	×	×	×	T	T	×	×	×	×	×	×	×	×	×	×	×	×	×	×	×	×	×	×	×	×	×
	FL-CG	出口管理对策	×	×	×	×	×	×	×	×	×	×	×	×	×	×	×	×	×	×	×	×	×	×	×	×	×	×	×	×
车辆行驶控制类对策	XK-CS	车速控制对策(km/h)	×	×	×	×	×	×	×	50	40	30	25	30	40	40	75	60	30	20	C2	60	60	90	80	50	30	C3	80	80
	XK-BM	建议避免紧急制动或突然减速对策	×	×	×	×	×	×	×	×	×	●	●	×	×	×	×	×	●	●	×	×	×	×	×	●	●	×	×	×
	XK-CJ	车距控制对策(m)	×	×	×	×	×	×	×	60	50	40	30	40	50	50	100	70	40	60	C2	90	90	150	90	60	80	C3	90	90
	XK-JC	禁止超车对策	×	×	×	×	×	×	×	×	×	●	●	●	●	●	×	×	●	●	×	×	×	×	×	●	●	×	×	×
	XK-CX	车型控制对策	×	×	×	×	×	×	×	×	×	×	×	C1	×	×	×	×	×	×	C2	×	×	×	×	×	×	C3	×	×
限流对策	XL-LX	入口流量限制对策	×	×	×	×	×	×	×	○	○	○	○	○	○	○	○	○	○	○	○	○	○	○	○	○	○	○	○	○
	XL-FB	封闭入口对策	×	×	×	×	×	●	●	×	×	×	×	×	×	×	×	×	×	×	×	×	×	×	×	×	×	×	×	×

续上表

对策类型	对策代码	对策名称	一级灾害事件							二级灾害事件							三级灾害事件							四级灾害事件						
			雾	雨	雪	冰	风	地质	洪水	雾	雨	雪	冰	风	地质	洪水	雾	雨	雪	冰	风	地质	洪水	雾	雨	雪	冰	风	地质	洪水
诱导类对策	YD-WN	网内分流路径诱导对策	●	●	●	●	●	●	●	●	●	●	●	●	○	○	○	○	○	○	○	○	○	○	○	○	○	○	○	○
	YD-WW	网外交通流入网诱导对策	●	●	●	●	●	●	●	●	●	●	●	●	○	○	○	○	○	○	○	○	○	○	○	○	○	○	○	○
	YD-SN	枢纽立交匝道流向重组对策	×	×	×	×	×	×	×	×	×	×	×	×	×	×	×	×	×	×	×	×	×	×	×	×	×	×	×	×
生存保障类对策	SB-TS	逃生路径引导对策	○	○	○	○	○	○	○	×	×	○	○	○	○	○	×	×	×	×	×	×	×	×	×	×	×	×	×	×
	SB-YL	紧急医疗救护对策	Y	Y	Y	Y	Y	Y	Y	Y	Y	Y	Y	Y	Y	Y	Y	Y	Y	Y	Y	Y	Y	Y	Y	Y	Y	Y	Y	Y
	SB-TF	通风对策	×	×	×	×	×	×	×	×	×	×	×	×	×	×	×	×	×	×	×	×	×	×	×	×	×	×	×	×
	SB-XF	自设消防对策	×	×	×	×	×	×	×	×	×	×	×	×	×	×	×	×	×	×	×	×	×	×	×	×	×	×	×	×
	SB-LD	联动对策	●	●	●	●	●	●	●	●	●	●	●	●	●	●	●	●	●	●	●	●	●	N	N	N	N	N	N	N
	SB-ZM	应急照明对策	●	●	●	●	●	●	●	●	●	●	●	●	●	●	●	●	●	●	●	●	●	●	●	●	●	●	●	●
紧急工程对策	JG-XW	应急消雾对策	N	×	×	×	×	×	×	N	×	×	×	×	×	×	×	×	×	×	×	×	×	×	×	×	×	×	×	×
	JG-WH	应急道路维护对策	×	N	N	N	N	●	●	×	N	N	N	N	●	●	×	N	N	N	N	●	●	×	N	N	N	N	●	●
	JG-CB	应急除冰或除雪对策	×	×	×	×	×	×	×	×	×	×	×	×	×	×	×	×	×	×	×	×	×	×	×	×	×	×	×	×

注:1. 表中符号意义:①●:表示必须采用该类对策;○:表示在一定条件下采用该对策;×:表示不采用该对策;N:表示需要时;D:表示需要且对向路借出车道后通行能力满足时;T:设施单向交通中断,对向车道不可用;②C1:客车:禁行,集卡:XS:20,CJ:20,CX:R,小汽:XS:50,CJ:60;③C2:客车:禁行,集卡:XS:40,CJ:50,CX:R,小汽:XS:85,CJ:110;④C3:客车:XS:40,CJ:50,CX:R,集卡:XS:60,CJ:75,CX:RM;⑤Y:有伤亡事件时;L:表示仅在被破坏车道采用车道关闭对策。

2. 表中为单项灾变事件下的管理对策;当发生组合事件时,管理对策按后果最严重的单项灾变事件的管理对策执行,当最严重单项灾变事件不必要的管理对策对于次级灾变事件管理是必要的时,按次级事件的管理要求执行。

3. 为了保证隧道内外运行车速的顺利过渡,除了二级灾害事件下洞内车速控制标准比洞外高 10km/h 外,其他级别灾害事件下洞内外采用同样的车速控制标准,以提高运营安全性。

2)交通事件下的安全管理决策准则

交通事件下的安全管理决策准则 表 B-5

对策类型	对策代码	对策名称	一级交通事件			二级交通事件			三级交通事件			四级交通事件		
			交通事故	车辆抛锚	车上落物	交通事故	车辆抛锚	车上落物	交通事故	车辆抛锚	车上落物	交通事故	车辆抛锚	车上落物
分离类对策	FL-GB	车道关闭对策	●	●	●	L	L	L	L	L	L	L	L	L
	FL-ZY	专用车道对策	N	N	N	N	N	N	N	N	N	N	N	N
	FL-DX	对向车道变向使用对策	×	×	×	×	×	×	×	×	×	×	×	×
	FL-TB	同向车道变向使用对策	T	T	T	×	×	×	×	×	×	×	×	×
	FL-CG	出口管理对策	×	×	×	×	×	×	×	×	×	×	×	×
车辆行驶控制类对策	XK-CS	车速控制对策(km/h)	×	×	×	40	40	40	60	60	60	80	80	80
	XK-BM	建议避免紧急制动或突然减速对策	×	×	×	×	×	×	×	×	×	×	×	×
	XK-CJ	车距控制对策(m)	×	×	×	50	50	50	75	75	75	90	90	90
	XK-JC	禁止超车对策	×	×	×	●	●	●	×	×	×	×	×	×
	XK-CX	车型控制对策	×	×	×	×	×	×	×	×	×	×	×	×
限流类对策	XL-LX	入口流量限制对策	×	×	×	○	○	○	○	○	○	○	○	○
	XL-FB	封闭入口对策	●	●	●	×	×	×	×	×	×	×	×	×
诱导类对策	YD-WN	网内分流路径诱导对策	●	●	●	N	×	N	○	○	○	○	○	○
	YD-WW	网外交通流入网诱导对策	×	×	×	●	×	Y	○	○	○	○	○	○
	YD-SN	枢纽立交匝道流向重组对策	×	×	×	N	×	N	×	×	×	×	×	×
生存保障类对策	SB-TS	逃生路径引导对策	N	×	N	N	×	×	N	×	N	N	×	N
	SB-YL	紧急医疗救护对策	●	×	Y	●	●	●	Y	×	Y	Y	×	Y
	SB-TF	通风对策	N	×	N	●	●	●	N	×	N	N	×	N
	SB-XF	自设消防对策	N	×	×	N	×	N	N	×	×	N	×	×
	SB-LD	联动对策	●	●	●	N	×	N	N	N	N	×	×	×
	SB-ZM	应急照明对策	●	●	●	×	×	×	●	●	●	●	●	●
紧急工程类对策	JG-XW	应急消雾对策	N	×	N	N	×	N	N	×	N	N	×	N
	JG-WH	应急道路维护对策	N	×	N	●	×	Y	N	×	N	N	×	N
	JG-CB	应急除冰或除雪对策	×	×	×	N	×	N	×	×	×	×	×	×

注:1. 表中符号意义:①●:表示必须采用该类对策;○:表示在一定条件下采用该对策;×:表示不采用该对策;N:表示需要时;T:设施单向交通中断,对向车道不可用;②Y:有伤亡事件时;L:表示仅在被破坏车道采用车道关闭对策。

2. 表中为单项灾变事件下的管理对策;当发生组合事件时,管理对策按后果最严重的单项灾变事件的管理对策执行,当最严重单项灾变事件不必要的管理对策对于次级灾变事件管理是必要的时,按次级事件的管理要求执行。

3)施工养护计划事件下的安全管理决策准则

施工养护计划事件下的安全管理决策准则 表 B-6

对策类型	对策代码	对策名称	一级计划事件	二级计划事件	三级计划事件	四级计划事件
分离类对策	FL-GB	车道关闭对策	●	L	L	L
	FL-ZY	专用车道对策	N	N	N	N
	FL-DX	对向车道变向使用对策	×	×	×	×
	FL-TB	同向车道变向使用对策	×	×	×	×
	FL-CG	出口管理对策	×	×	×	×
车辆行驶控制类对策	XK-CS	车速控制对策(km/h)	×	40	60	80
	XK-BM	建议避免紧急制动或突然减速对策	×	×	×	×
	XK-CJ	车距控制对策(m)	×	50	75	90
	XK-JC	禁止超车对策	×	●	×	×
	XK-CX	车型控制对策	×	N	N	N
限流类对策	XL-LX	入口流量限制对策	×	○	○	○
	XL-FB	封闭入口对策	●	×	×	×
诱导类对策	YD-WN	网内分流路径诱导对策	●	○	○	○
	YD-WW	网外交通流入网诱导对策	×	○	○	○
	YD-SN	枢纽立交匝道流向重组对策	×	×	×	×
生存保障类对策	SB-TS	逃生路径引导对策	×	×	×	×
	SB-YL	紧急医疗救护对策	×	×	×	×
	SB-TF	通风对策	×	×	×	×
	SB-XF	自设消防对策	×	×	×	×
	SB-LD	联动对策	×	×	×	×
	SB-ZM	应急照明对策	N	N	N	N
紧急工程类对策	JG-XW	应急消雾对策	×	×	×	×
	JG-WH	应急道路维护对策	×	×	×	×
	JG-CB	应急除冰或除雪对策	×	×	×	×

注:1. 表中符号意义:①●:表示必须采用该类对策;○:表示在一定条件下采用该对策;×:表示不采用该对策;N:表示需要时;②L:表示仅在被破坏车道采用车道关闭对策。

2. 表中为单项灾变事件下的管理对策;当发生组合事件时,管理对策按后果最严重的单项灾变事件的管理对策执行,当最严重单项灾变事件不必要的管理对策对于次级灾变事件管理是必要的时,按次级事件的管理要求执行。

3. 应急事件下枢纽立交的安全管理决策准则

1)恶劣气象条件等灾害事件下的安全管理决策准则

恶劣气象条件等灾害事件下的安全管理决策准则

表 B-7

对策类型	对策代码	对策名称	一级灾害事件							二级灾害事件							三级灾害事件							四级灾害事件				
			雾	雨	雪	冰	风	地质	洪水	雾	雨	雪	冰	风	地质	洪水	雾	雨	雪	冰	风	地质	洪水	雾	雨	雪	冰	风
分离类对策	FL-GB	车道关闭对策	●	●	●	●	●	●	●	×	×	×	×	×	L	L	×	×	×	×	×	L	L	×	×	×	×	×
	FL-ZY	专用车道对策	N	N	N	N	N	N	N	N	N	N	N	N	N	N	N	N	N	N	N	N	N	×	×	×	×	×
	FL-DX	对向车道变向使用对策	×	×	×	×	×	×	×	×	×	×	×	×	×	×	×	×	×	×	×	×	×	×	×	×	×	×
	FL-TB	同向车道变向使用对策	×	×	×	×	×	T	T	×	×	×	×	×	×	×	×	×	×	×	×	×	×	×	×	×	×	×
	FL-CG	出口管理对策	N	N	N	N	N	N	N	N	N	N	N	N	N	N	N	N	N	N	N	N	N	×	×	×	×	×
车辆行驶控制类对策	XK-CS	车速控制对策(km/h)	×	×	×	×	×	×	×	−20	−20	−30	−30	−30	−30	−30	−10	−10	−20	−20	−20	−20	−20	Sd	Sd	−10	−10	−10
	XK-BM	建议避免紧急制动或突然减速对策	×	×	×	×	×	×	×	×	×	●	●	×	×	×	×	×	●	●	×	×	×	×	×	●	●	×
	XK-CJ	车距控制对策(m)	×	×	×	×	×	×	×	30	30	25	25	25	25	25	40	40	50	50	30	30	30	50	50	60	60	40
	XK-JC	禁止超车对策	×	×	×	×	×	×	×	●	●	●	●	●	●	●	●	●	●	●	●	●	●	●	●	●	●	●
	XK-CX	车型控制对策	×	×	×	×	×	×	×	×	×	×	×	×	×	×	×	×	×	×	×	×	×	×	×	×	×	×
限流对策	XL-LX	入口流量限制对策	×	×	×	×	×	×	×	○	○	○	○	○	○	○	○	○	○	○	○	○	○	○	○	○	○	○
	XL-FB	封闭入口对策	●	●	●	●	●	●	●	×	×	×	×	×	×	×	×	×	×	×	×	×	×	×	×	×	×	×

续上表

对策类型	对策代码	对策名称	一级灾害事件							二级灾害事件							三级灾害事件							四级灾害事件				
			雾	雨	雪	冰	风	地质	洪水	雾	雨	雪	冰	风	地质	洪水	雾	雨	雪	冰	风	地质	洪水	雾	雨	雪	冰	风
诱导类对策	YD-WN	网内分流路径诱导对策	●	●	●	●	●	●	●	●	●	●	●	●	○	○	○	○	○	○	○	○	○	○	○	○	○	○
	YD-WW	网外交通流入网诱导对策	●	●	●	●	●	●	●	●	●	●	●	●	○	○	○	○	○	○	○	○	○	○	○	○	○	○
	YD-SN	枢纽立交匝道流向重组对策	×	×	Z	Z	Z	×	Z	×	×	×	×	×	×	×	×	×	×	×	×	×	×	×	×	×	×	×
生存保障类对策	SB-TS	逃生路径引导对策	○	○	○	○	○	○	○	×	×	○	○	○	×	○	×	×	×	×	×	×	×	×	×	×	×	×
	SB-YL	紧急医疗救护对策	Y	Y	Y	Y	Y	Y	Y	Y	Y	Y	Y	Y	Y	Y	Y	Y	Y	Y	Y	Y	Y	Y	Y	Y	Y	Y
	SB-TF	通风对策	×	×	×	×	×	×	×	×	×	×	×	×	×	×	×	×	×	×	×	×	×	×	×	×	×	×
	SB-XF	自设消防对策	×	×	×	×	×	×	×	×	×	×	×	×	×	×	×	×	×	×	×	×	×	×	×	×	×	×
	SB-LD	联动对策	●	●	●	●	●	●	●	●	●	●	●	●	●	●	●	●	●	●	●	●	●	N	N	N	N	N
	SB-ZM	应急照明对策	●	●	●	●	●	●	●	●	●	●	●	●	●	●	●	●	●	●	●	●	●	×	×	×	×	×
紧急工程对策	JG-XW	应急消雾对策	N	×	×	×	×	×	×	N	×	×	×	×	×	×	×	×	×	×	×	×	×	×	×	×	×	×
	JG-WH	应急道路维护对策	×	N	N	N	N	●	●	×	N	N	N	N	●	●	×	N	N	N	N	●	●	×	N	N	N	N
	JG-CB	应急除冰或除雪对策	×	×	●	●	×	×	×	×	×	●	●	×	×	×	×	×	●	●	×	×	×	×	×	●	●	×

注：1. 表中符号意义：①●：表示必须采用该类对策；○：表示在一定条件下采用该对策；×：表示不采用该对策；N：表示需要时；D：表示需要且对向路借出车道后通行能力满足时；T：设施单向交通中断，对向车道不可用；②车速控制对策行中，Sd：表示设计速度，−10、−20 等表示限速值＝设计速度减去该值；③Z：视雪灾危害程度、枢纽立交的实施条件而定；Y：有伤亡事件时；L：表示仅在被破坏车道采用车道关闭对策。

2. 表中为单项灾变事件下的管理对策；当发生组合事件时，管理对策按后果最严重的单项灾变事件的管理对策执行，当最严重单项灾变事件不必要的管理对策对于次级灾变事件管理是必要的时，按次级事件的管理要求执行。

2)交通事件下的安全管理决策准则

交通事件下的安全管理决策准则

表 B-8

对策类型	对策代码	对策名称	一级交通事件			二级交通事件			三级交通事件		
			交通事故	车辆抛锚	车上落物	交通事故	车辆抛锚	车上落物	交通事故	车辆抛锚	车上落物
分离类对策	FL-GB	车道关闭对策	●	●	●	L	L	L	L	L	L
	FL-ZY	专用车道对策	N	N	N	N	N	N	N	N	N
	FL-DX	对向车道变向使用对策	×	×	×	×	×	×	×	×	×
	FL-TB	同向车道变向使用对策	T	T	T	×	×	×	×	×	×
	FL-CG	出口管理对策	N	N	N	N	N	N	N	N	N
车辆行驶控制类对策	XK-CS	车速控制对策(km/h)	×	×	×	20	20	20	30	30	30
	XK-BM	建议避免紧急制动或突然减速对策	×	×	×	×	×	×	×	×	×
	XK-CJ	车距控制对策(m)	×	×	×	30	30	30	40	40	40
	XK-JC	禁止超车对策	×	×	×	●	●	●	●	●	●
	XK-CX	车型控制对策	×	×	×	×	×	×	×	×	×
限流类对策	XL-LX	入口流量限制对策	×	×	×	○	○	○	○	○	○
	XL-FB	封闭入口对策	●	●	●	×	×	×	×	×	×
诱导类对策	YD-WN	网内分流路径诱导对策	●	●	●	○	○	○	○	○	○
	YD-WW	网外交通流入网诱导对策	×	×	×	○	○	○	○	○	○
	YD-SN	枢纽立交匝道流向重组对策	×	×	×	×	×	×	×	×	×
生存保障类对策	SB-TS	逃生路径引导对策	N	×	N	N	×	N	N	×	N
	SB-YL	紧急医疗救护对策	●	×	Y	●	×	Y	Y	×	Y
	SB-TF	通风对策	×	×	×	×	×	×	×	×	×
	SB-XF	自设消防对策	×	×	×	×	×	×	×	×	×
	SB-LD	联动对策	●	●	●	●	●	●	N	N	N
	SB-ZM	应急照明对策	×	×	×	×	×	×	×	×	×
紧急工程类对策	JG-XW	应急消雾对策	×	×	×	×	×	×	×	×	×
	JG-WH	应急道路维护对策	N	×	N	N	×	N	N	×	N
	JG-CB	应急除冰或除雪对策	×	×	×	×	×	×	×	×	×

注:1. 表中符号意义:①●:表示必须采用该类对策;○:表示在一定条件下采用该对策;×:表示不采用该对策;N:表示需要时;T:设施单向交通中断,对向车道不可用;②Y:有伤亡事件时;L:表示仅在被破坏车道采用车道关闭对策。

2. 表中为单项灾变事件下的管理对策;当发生组合事件时,管理对策按后果最严重的单项灾变事件的管理对策执行,当最严重单项灾变事件不必要的管理对策对于次级灾变事件管理是必要的时,按次级事件的管理要求执行。

3)施工养护等计划事件下的安全管理决策准则

施工养护等计划事件下的安全管理决策准则　表 B-9

对策类型	对策代码	对策名称	一级计划事件	二级计划事件	三级计划事件
分离类对策	FL-GB	车道关闭对策	●	L	L
	FL-ZY	专用车道对策	N	N	N
	FL-DX	对向车道变向使用对策	×	×	×
	FL-TB	同向车道变向使用对策	×	×	×
	FL-CG	出口管理对策	N	N	N
车辆行驶控制类对策	XK-CS	车速控制对策(km/h)	×	20	30
	XK-BM	建议避免紧急制动或突然减速对策	×	×	×
	XK-CJ	车距控制对策(m)	×	30	40
	XK-JC	禁止超车对策	×	●	●
	XK-CX	车型控制对策	×	N	N
限流类对策	XL-LX	入口流量限制对策	×	○	○
	XL-FB	封闭入口对策	●	×	×
诱导类对策	YD-WN	网内分流路径诱导对策	●	●	○
	YD-WW	网外交通流入网诱导对策	●	●	○
	YD-SN	枢纽立交匝道流向重组对策	×	×	×
生存保障类对策	SB-TS	逃生路径引导对策	×	×	×
	SB-YL	紧急医疗救护对策	×	×	×
	SB-TF	通风对策	×	×	×
	SB-XF	自设消防对策	×	×	×
	SB-LD	联动对策	×	×	×
	SB-ZM	应急照明对策	×	×	×
紧急工程类对策	JG-XW	应急消雾对策	×	×	×
	JG-WH	应急道路维护对策	×	×	×
	JG-CB	应急除冰或除雪对策	×	×	×

注:1. 表中符号意义:①●:表示必须采用该类对策;○:表示在一定条件下采用该对策;×:表示不采用该对策;N:表示需要时;②L:表示仅在被破坏车道采用车道关闭对策。

2. 表中为单项灾变事件下的管理对策;当发生组合事件时,管理对策按后果最严重的单项灾变事件的管理对策执行,当最严重单项灾变事件不必要的管理对策对于次级灾变事件管理是必要的时,按次级事件的管理要求执行。

4. 应急事件下高速公路基本路段的安全管理决策准则

1)恶劣气象条件等灾害事件下的安全管理决策准则

恶劣气象条件等灾害事件下的安全管理决策准则

表 B-10

对策类型	对策代码	对策名称	一级灾害事件							二级灾害事件							三级灾害事件							四级灾害事件						
			雾	雨	雪	冰	风	地质	洪水	雾	雨	雪	冰	风	地质	洪水	雾	雨	雪	冰	风	地质	洪水	雾	雨	雪	冰	风	地质	洪水
分离类对策	FL-GB	车道关闭对策	●	●	●	●	●	●	●	×	×	×	×	×	L	L	×	×	×	×	×	L	L	×	×	×	×	×	L	L
	FL-ZY	专用车道对策	N	N	N	N	N	N	N	N	N	N	N	N	N	N	N	N	N	N	N	N	N	×	×	×	×	×	×	×
	FL-DX	对向车道变向使用对策	D	D	D	D	D	D	D	×	×	×	×	×	D	D	×	×	×	×	×	D	D	×	×	×	×	×	×	×
	FL-TB	同向车道变向使用对策	×	×	×	×	×	T	T	×	×	×	×	×	×	×	×	×	×	×	×	×	×	×	×	×	×	×	×	×
	FL-CG	出口管理对策	×	×	×	×	×	×	×	×	×	×	×	×	×	×	×	×	×	×	×	×	×	×	×	×	×	×	×	×
车辆行驶控制类对策	XK-CS	车速控制对策(km/h)	×	×	×	×	×	×	×	40	30	20	15	C1	40	40	75	60	30	20	C2	60	60	90	80	50	30	C3	80	80
	XK—BM	建议避免紧急制动或突然减速对策	×	×	×	×	×	×	×	×	×	●	●	×	×	×	×	×	●	●	×	×	×	×	×	●	●	×	×	×
	XK-CJ	车距控制对策(m)	×	×	×	×	×	×	×	50	50	25	50	C1	50	50	100	70	40	60	C2	90	90	150	90	60	80	C3	90	90
	XK-JC	禁止超车对策	×	×	×	×	×	×	×	●	●	●	●	●	●	●	×	×	●	●	×	×	×	×	×	●	●	×	×	×
	XK-CX	车型控制对策	×	×	×	×	×	×	×	×	×	×	×	C1	×	×	×	×	×	×	C2	×	×	×	×	×	×	C3	×	×
限流对策	XL-LX	入口流量限制对策	×	×	×	×	×	×	×	○	○	○	○	○	○	○	○	○	○	○	○	○	○	○	○	○	○	○	○	○
	XL-FB	封闭入口对策	●	●	●	●	●	●	●	×	×	×	×	×	×	×	×	×	×	×	×	×	×	×	×	×	×	×	×	×

续上表

对策类型	对策代码	对策名称	一级灾害事件							二级灾害事件							三级灾害事件							四级灾害事件						
			雾	雨	雪	冰	风	地质	洪水	雾	雨	雪	冰	风	地质	洪水	雾	雨	雪	冰	风	地质	洪水	雾	雨	雪	冰	风	地质	洪水
诱导类对策	YD-WN	网内分流路径诱导对策	●	●	●	●	●	●	●	●	●	●	●	●	○	○	○	○	○	○	○	○	○	○	○	○	○	○	○	○
	YD-WW	网外交通流入网诱导对策	×	×	×	×	×	×	×	●	●	●	●	●	○	○	○	○	○	○	○	○	○	○	○	○	○	○	○	○
	YD-SN	枢纽立交匝道流向重组对策	×	×	×	×	×	×	×	×	×	×	×	×	×	×	×	×	×	×	×	×	×	×	×	×	×	×	×	×
生存保障类对策	SB-TS	逃生路径引导对策	○	○	○	○	○	○	○	×	×	○	○	○	○	○	×	×	×	×	×	×	×	×	×	×	×	×	×	×
	SB-YL	紧急医疗救护对策	Y	Y	Y	Y	Y	Y	Y	Y	Y	Y	Y	Y	Y	Y	Y	Y	Y	Y	Y	Y	Y	Y	Y	Y	Y	Y	Y	Y
	SB-TF	通风对策	×	×	×	×	×	×	×	×	×	×	×	×	×	×	×	×	×	×	×	×	×	×	×	×	×	×	×	×
	SB-XF	自设消防对策	×	×	×	×	×	×	×	×	×	×	×	×	×	×	×	×	×	×	×	×	×	×	×	×	×	×	×	×
	SB-LD	联动对策	●	●	●	●	●	●	●	●	●	●	●	●	●	●	●	●	●	●	●	●	●	N	N	N	N	N	N	N
	SB-ZM	应急照明对策	●	●	●	●	●	●	●	●	●	●	●	●	●	●	●	●	●	●	●	●	●	×	×	×	×	×	×	×
紧急工程类对策	JG-XW	应急消雾对策	N	×	×	×	×	×	×	N	×	×	×	×	×	×	×	×	×	×	×	×	×	×	×	×	×	×	×	×
	JG-WH	应急道路维护对策	×	N	N	N	N	●	●	×	N	N	N	N	●	●	×	N	N	N	N	●	●	×	N	N	N	N	●	●
	JG-CB	应急除冰或除雪对策	×	×	●	●	×	×	×	×	×	●	●	×	×	×	×	×	●	●	×	×	×	×	×	●	●	×	×	×

注：1. 表中符号意义：①●：表示必须采用该类对策；○：表示在一定条件下采用该对策；×：表示不采用该对策；N：表示需要时；D：表示需要且对向路借出车道后通行能力满足时；T：设施单向交通中断，对向车道不可用；②C1：客车：禁行，集卡：XS：20，CJ：20，CX：R，小汽：XS：50，CJ：60；③C2：客车：禁行，集卡：XS：40，CJ：50，CX：R，小汽：XS：85，CJ：110；④C3：客车：XS：40，CJ：50，CX：R，集卡：XS：60，CJ：75，CX：RM；⑤Z：视雪灾危害程度、枢纽立交的实施条件而定；Y：有伤亡事件时；L：表示仅在被破坏车道采用车道关闭对策。

2. 表中为单项灾变事件下的管理对策；当发生组合事件时，管理对策按后果最严重的单项灾变事件的管理对策执行，当最严重单项灾变事件不必要的管理对策对于次级灾变事件管理是必要的时，按次级事件的管理要求执行。

2)交通事件下的安全管理决策准则

交通事件下的安全管理决策准则

表 B-11

对策类型	对策代码	对策名称	一级交通事件			二级交通事件			三级交通事件			四级交通事件		
			交通事故	车辆抛锚	车上落物	交通事故	车辆抛锚	车上落物	交通事故	车辆抛锚	车上落物	交通事故	车辆抛锚	车上落物
分离类对策	FL-GB	车道关闭对策	●	●	●	L	L	L	L	L	L	L	L	L
	FL-ZY	专用车道对策	N	N	N	N	N	N	N	N	N	N	N	N
	FL-DX	对向车道变向使用对策	D	D	D	D	D	D	D	D	D	×	×	×
	FL-TB	同向车道变向使用对策	T	T	T	×	×	×	×	×	×	×	×	×
	FL-CG	出口管理对策	×	×	×	×	×	×	×	×	×	×	×	×
车辆行驶控制类对策	XK-CS	车速控制对策(km/h)	×	×	×	40	40	40	60	60	60	80	80	80
	XK-BM	建议避免紧急制动或突然减速对策	×	×	×	×	×	×	×	×	×	×	×	×
	XK-CJ	车距控制对策(m)	×	×	×	50	50	50	75	75	75	90	90	90
	XK-JC	禁止超车对策	×	×	×	●	●	●	×	×	×	×	×	×
	XK-CX	车型控制对策	×	×	×	×	×	×	×	×	×	×	×	×
限流类对策	XL-LX	入口流量限制对策	×	×	×	○	○	○	○	○	○	○	○	○
	XL-FB	封闭入口对策	●	●	●	×	×	×	×	×	×	×	×	×
诱导类对策	YD-WN	网内分流路径诱导对策	●	●	●	○	○	○	○	○	○	○	○	○
	YD-WW	网外交通流入网诱导对策	×	×	×	○	○	○	○	○	○	○	○	○
	YD-SN	枢纽立交匝道流向重组对策	×	×	×	×	×	×	×	×	×	×	×	×
生存保障类对策	SB-TS	逃生路径引导对策	N	×	N	N	×	N	N	×	N	N	×	N
	SB-YL	紧急医疗救护对策	●	×	Y	●	×	Y	Y	×	Y	Y	×	Y
	SB-TF	通风对策	×	×	×	×	×	×	×	×	×	×	×	×
	SB-XF	自设消防对策	×	×	×	×	×	×	×	×	×	×	×	×
	SB-LD	联动对策	●	●	●	●	●	●	N	N	N	×	×	×
	SB-ZM	应急照明对策	×	×	×	×	×	×	×	×	×	×	×	×
紧急工程类对策	JG-XW	应急消雾对策	×	×	×	×	×	×	×	×	×	×	×	×
	JG-WH	应急道路维护对策	N	×	N	N	×	N	N	×	N	N	×	N
	JG-CB	应急除冰或除雪对策	×	×	×	×	×	×	×	×	×	×	×	×

注:1. 表中符号意义:①●:表示必须采用该类对策;○:表示在一定条件下采用该对策;×:表示不采用该对策;N:表示需要时;D:表示需要且对向路借出车道后通行能力满足时;T:设施单向交通中断,对向车道不可用;②Y:有伤亡事件时;L:表示仅在被破坏车道采用车道关闭对策。

2. 表中为单项灾变事件下的管理对策;当发生组合事件时,管理对策按后果最严重的单项灾变事件的管理对策执行,当最严重单项灾变事件不必要的管理对策对于次级灾变事件管理是必要的时,按次级事件的管理要求执行。

3)施工养护计划事件下的安全管理决策准则

施工养护计划事件下的安全管理决策准则

表 B-12

对策类型	对策代码	对策名称	一级计划事件	二级计划事件	三级计划事件	四级计划事件
分离类对策	FL-GB	车道关闭对策	●	L	L	L
	FL-ZY	专用车道对策	N	N	N	N
	FL-DX	对向车道变向使用对策	D	D	D	×
	FL-TB	同向车道变向使用对策	×	×	×	×
	FL-CG	出口管理对策	×	×	×	×
车辆行驶控制类对策	XK-CS	车速控制对策(km/h)	×	40	60	80
	XK-BM	建议避免紧急制动或突然减速对策	×	×	×	×
	XK-CJ	车距控制对策(m)	×	50	75	90
	XK-JC	禁止超车对策	×	●	×	×
	XK-CX	车型控制对策	×	×	×	×
限流类对策	XL-LX	入口流量限制对策	×	○	○	○
	XL-FB	封闭入口对策	●	×	×	×
诱导类对策	YD-WN	网内分流路径诱导对策	●	○	○	○
	YD-WW	网外交通流入网诱导对策	×	○	○	○
	YD-SN	枢纽立交匝道流向重组对策	×	×	×	×
生存保障类对策	SB-TS	逃生路径引导对策	×	×	×	×
	SB-YL	紧急医疗救护对策	×	×	×	×
	SB-TF	通风对策	×	×	×	×
	SB-XF	自设消防对策	×	×	×	×
	SB-LD	联动对策	×	×	×	×
	SB-ZM	应急照明对策	×	×	×	×
紧急工程类对策	JG-XW	应急消雾对策	×	×	×	×
	JG-WH	应急道路维护对策	×	×	×	×
	JG-CB	应急除冰或除雪对策	×	×	×	×

注:1. 表中符号意义:①●:表示必须采用该类对策;○:表示在一定条件下采用该对策;×:表示不采用该对策;N:表示需要时;D:表示需要且对向路借出车道后通行能力满足时;②L:表示仅在被破坏车道采用车道关闭对策。

2. 表中为单项灾变事件下的管理对策;当发生组合事件时,管理对策按后果最严重的单项灾变事件的管理对策执行,当最严重单项灾变事件不必要的管理对策对于次级灾变事件管理是必要的时,按次级事件的管理要求执行。